高等学校"十二五"规划教材

无机及分析化学实验

贾佩云　陈春霞　主　编
周志强　曹晶晶　副主编
　　　胡忠勤　主　审

化学工业出版社
·北京·

本书将无机化学实验和分析化学实验融合起来，内容主要包括化学实验基本知识，无机化学实验，分析化学实验以及综合性、设计性实验四部分内容。其中主要安排无机化学实验38个，分析化学实验18个，综合性、设计性实验24个，总计安排实验项目80个。本书在介绍化学实验基础知识、基本操作和基本技能的基础上，增加综合性、设计性实验，以培养学生实事求是的科学态度，提高学生的创新能力和综合素质。

本书可作为综合性大学化学、化工、食品、环境、材料、生物、植物学、动物学等专业无机化学实验和分析化学实验的教材，也可供相关人员参考。

图书在版编目（CIP）数据

无机及分析化学实验/贾佩云，陈春霞主编． —北京：化学工业出版社，2013.8（2023.9重印）
高等学校"十二五"规划教材
ISBN 978-7-122-17835-0

Ⅰ.①无… Ⅱ.①贾…②陈… Ⅲ.①无机化学-化学实验-高等学校-教材②分析化学-化学实验-高等学校-教材 Ⅳ.①O61-33②O65-33

中国版本图书馆 CIP 数据核字（2013）第 146056 号

责任编辑：宋林青 马 波　　　　　　　文字编辑：张春娥
责任校对：蒋 宇　　　　　　　　　　　装帧设计：史利平

出版发行：化学工业出版社（北京市东城区青年湖南街 13 号 邮政编码 100011）
印　　装：北京天宇星印刷厂
787mm×1092mm　1/16　印张 16　彩插 1　字数 398 千字　2023 年 9 月北京第 1 版第 7 次印刷

购书咨询：010-64518888　　　　　　　　售后服务：010-64518899
网　　址：http://www.cip.com.cn
凡购买本书，如有缺损质量问题，本社销售中心负责调换。

定　价：30.00 元　　　　　　　　　　　　　　　　　　　　版权所有　违者必究

前　　言

"无机及分析化学实验"是"无机及分析化学"理论课的配套实验教材。"无机及分析化学实验"是一门独立课程，它与"无机及分析化学"理论课尽管在某些方面存在着紧密的联系，但在教学目的方面却有着显著的差别。"无机及分析化学实验"课程的教学目标是在"无机及分析化学"理论知识的指导下，培养学生的基本操作和基本技能，努力提高学生解决实际问题的能力，培养学生的创新意识与创新能力。为了达到这一教学目标，本实验教材根据对学生实验技能的要求标准，将实验课划分为三个阶段，即基本技能训练阶段、应用技能训练阶段和综合技能训练阶段。三个阶段的实验由浅入深，由简到繁，由单一技能训练到综合技能训练，最后跨入综合设计实验，以全面提高学生的实验技能，提高学生理论联系实际的能力。

本实验教材中，我们在保持原有无机及分析化学经典实验的基础上，结合"无机及分析化学"教学对象的专业特点，适当增加了部分与学生专业相关的实验内容，设计了部分综合性实验和设计性实验。在实验选材方面，我们在兼顾基础时，更加注重实验的应用性、综合性、设计性，希望通过这些实验内容的系统学习，在提高学生基本实验技能的基础上，能够在培养学生解决实际问题的能力、独立思考能力、创新能力等方面获得一些有益的经验。

本教材主要包括绪论，化学实验数据处理，常用仪器及其基本操作等共十章及附录。其中第1章至第4章以及第10章由贾佩云撰写，第5章、第6章由陈春霞撰写，第7章和第8章由周志强撰写，第9章由曹晶晶撰写，第10章及附录由胡忠勤撰写，此外，参与编写工作的还有张志民、陈英海老师等。

由于编者水平有限，难免有疏漏之处，敬请广大读者不吝赐教、批评指正。

编者
2013年5月于哈尔滨

目 录

1 绪论 ··· 1
　1.1 无机及分析化学实验目的 ··· 1
　1.2 无机及分析化学实验学习方法 ·· 1
　1.3 化学实验室规则及安全守则 ··· 2
　1.4 实验室事故处理 ··· 4
　1.5 实验室三废处理 ··· 5
2 实验数据处理 ··· 7
　2.1 测量误差 ·· 7
　2.2 有效数字及其运算规则 ·· 9
　2.3 无机及分析化学实验中的数据处理 ·· 11
3 常用仪器及其基本操作 ·· 13
　3.1 无机及分析化学实验中常用的仪器 ·· 13
　3.2 电子分析天平及其使用方法 ··· 17
　3.3 pH 计及其使用方法 ·· 18
　3.4 722 型光栅分光光度计的使用 ··· 20
　3.5 DDS-11 A 型电导率仪 ··· 23
4 无机及分析化学实验基本操作 ·· 26
　4.1 玻璃仪器的洗涤 ··· 26
　4.2 玻璃仪器的干燥 ··· 27
　4.3 加热方法 ·· 27
　4.4 冷却方法 ·· 31
　4.5 固体物质的溶解、固液分离、蒸发(浓缩)和结晶 ································ 31
　4.6 蒸发、浓缩 ··· 35
　4.7 结晶与重结晶 ·· 36
　4.8 化学试剂的取用 ··· 36
　4.9 量筒、移液管、容量瓶、滴定管的使用 ·· 38
　4.10 试纸的使用 ·· 43
5 无机化合物的提纯或制备 ··· 46
　实验1 仪器的认领和洗涤 ·· 46
　实验2 各种灯的使用、简单玻璃加工技术和塞子的钻孔 ··························· 47
　实验3 粗食盐的提纯 ··· 49
　实验4 硫酸铜晶体的制备 ··· 52
　实验5 硫代硫酸钠晶体的制备 ··· 54
　实验6 硫酸亚铁铵晶体的制备 ··· 56
　实验7 转化法制备硝酸钾 ··· 58
　实验8 三草酸合铁(Ⅲ)酸钾的制备和性质 ·· 61
　实验9 由铬铁矿制备重铬酸钾晶体 ··· 64
　实验10 由软锰矿制备高锰酸钾晶体 ··· 66
6 化学反应基本原理 ··· 69

  实验 11 电解质溶液 ··· 69
  实验 12 酸碱反应与缓冲溶液 ··· 73
  实验 13 氧化还原反应和氧化还原平衡 ····························· 76
  实验 14 配合物的性质 ··· 79

7 一些物理常数的测定 ·· **83**
  实验 15 阿伏加德罗常数的测定 ·· 83
  实验 16 摩尔气体常数的测定 ·· 84
  实验 17 化学反应平衡常数的测定（光电比色法） ····· 87
  实验 18 化学反应速率和活化能的测定 ····························· 89
  实验 19 pH 法测定醋酸解离度和解离常数 ······················ 93
  实验 20 电导率法测定醋酸解离度和解离常数 ·············· 94
  实验 21 碘化铅溶度积常数的测定 ······································· 96
  实验 22 银氨配离子配位数及稳定常数的测定 ············ 100
  实验 23 凝固点降低法测定分子量 ······································ 102
  实验 24 过氧化氢分解热的测定 ·· 105
  实验 25 二氧化碳相对分子质量的测定 ·························· 108
  实验 26 原子结构和分子的性质 ·· 110
  实验 27 分光光度法测定配合物 $[Ti(H_2O)_6]^{3+}$ 的分裂能 ········ 113
  实验 28 邻二氮菲亚铁配合物的组成和稳定常数的测定 ······· 115

8 元素化合物的性质 ·· **117**
  实验 29 p 区非金属元素——卤素、氧、硫 ················· 117
  实验 30 p 区非金属元素——氮、磷、硅、硼 ············ 121
  实验 31 碱金属和碱土金属 ·· 125
  实验 32 p 区元素铝、锡、铅、锑、铋及其化合物的性质 ······· 128
  实验 33 第一过渡系元素——钛、钒、铬、锰 ············ 131
  实验 34 第一过渡系元素——铁、钴、镍 ······················ 136
  实验 35 ds 区金属——铜、银、锌、镉、汞 ················ 138
  实验 36 常见非金属阴离子的鉴定与分离 ······················ 141
  实验 37 常见阳离子的分离与鉴定（一） ······················ 146
  实验 38 常见阳离子的分离与鉴定（二） ······················ 152

9 分析化学实验 ·· **155**
  实验 39 称量练习 ··· 155
  实验 40 酸碱标准溶液的配制及比较滴定 ······················ 156
  实验 41 酸碱标准溶液浓度的标定 ······································ 158
  实验 42 氨水中氨含量的测定 ·· 161
  实验 43 铵盐中含氮量的测定 ·· 162
  实验 44 混合碱的测定（双指示剂法） ····························· 166
  实验 45 食醋中总酸量的测定 ·· 169
  实验 46 重铬酸钾法测定亚铁盐中铁的含量 ················· 170
  实验 47 高锰酸钾标准溶液的配制和标定 ······················ 171
  实验 48 高锰酸钾法测钙 ··· 173
  实验 49 高锰酸钾法测定双氧水 ·· 175
  实验 50 胆矾中铜的测定 ··· 176
  实验 51 自来水总硬度的测定 ·· 178
  实验 52 铅-铋混合液中铅、铋含量的连续测定 ·········· 181

实验 53	碘盐中含碘量的测定	183
实验 54	氯化物中氯含量的测定（莫尔法）	184
实验 55	氯化钡样品中钡含量的测定	186
实验 56	磷钼蓝分光光度法测定磷	189
实验 57	可见分光光度法测定铁	191
实验 58	酱油中总酸量（度）和氨基氮的测定	194

10 综合实验和设计实验 … 197

实验 59	四氧化三铅组成的测定	197
实验 60	十二钨磷酸和十二钨硅酸的制备——乙醚萃取法制备多酸	198
实验 61	铬(Ⅲ)配合物的制备和分裂能的测定	200
实验 62	三草酸合铁(Ⅲ)酸钾的制备、组成测定及表征	202
实验 63	三氯化六氨合钴(Ⅲ)的制备及其实验式的确定	206
实验 64	从锌焙砂制备七水硫酸锌及锌含量的测定	208
实验 65	配合物键合异构体的红外光谱测定	210
实验 66	石灰石中钙的测定——高锰酸钾间接滴定法	212
实验 67	铁矿中铁含量的测定	214
实验 68	水中化学需氧量（COD）的测定——重铬酸钾法	215
实验 69	水中溶解氧的浓度测定	217
实验 70	烟气中 SO_2 含量的测定	219
实验 71	维生素 C 片剂中维生素 C 含量的测定——碘量法	220
实验 72	紫菜中碘的提取及其含量测定	221
实验 73	大豆中钙、镁、铁含量的测定	222
实验 74	从铬盐生产的废渣中提取无水硫酸钠	224
实验 75	硝酸钾溶解度的测定与提纯	225
实验 76	氯化铵的制备及氮含量的测定	225
实验 77	由废铝箔制备硫酸铝钾大晶体	226
实验 78	印刷电路腐蚀废液回收铜和氯化亚铁	226
实验 79	微波辐射法制备磷酸锌纳米材料	227
实验 80	无氰镀锌液的成分分析	227
实验 81	水泥中铁、铝、钙和镁的测定	228
实验 82	硫酸亚铁铵的制备	230

附录 … 232

附录 1	气体在水中的溶解度	232
附录 2	常用酸、碱的浓度	232
附录 3	弱电解质的解离常数（离子强度等于 0 的稀溶液）	232
附录 4	溶度积	234
附录 5	常见沉淀物的 pH	235
附录 6	标准电极电势	236
附录 7	常见离子的稳定常数	241
附录 8	某些试剂溶液的配制	242
附录 9	危险药品的分类、性质和管理	243
附录 10	几种常见的化学手册	245
附录 11	国际相对原子质量表	246

参考文献 … 248

1 绪 论

1.1 无机及分析化学实验目的

无机及分析化学是农学、林学、生命科学、环境科学、材料科学等专业重要的专业基础课；无机及分析化学实验是与其配套的实验课程，是无机及分析化学的重要补充，是学好无机及分析化学的一个重要环节，也是高等院校农、林、生命、环境、材料等专业一年级学生必修的基础课程之一。该课程的主要目的是：通过无机及分析化学实验，巩固并加深对无机及分析化学基本概念和基本理论的理解；掌握无机及分析化学实验的基本操作和基本技能；学会正确记录、分析、处理实验数据，表达实验结果；培养学生独立思考的能力、分析和解决问题的能力以及创新能力；培养学生实事求是、严谨认真的科学态度和整洁卫生的良好习惯，为学生学好后继课程如有机化学、物理化学及其实验，各类专业课程及其实验，以及今后参加实际工作和开展科学研究打下良好的基础。

1.2 无机及分析化学实验学习方法

要学好无机及分析化学实验这门课程，首先要有明确的学习目的、端正的学习态度、扎实的无机及分析化学理论知识，还要有良好的学习方法。无机及分析化学实验的学习方法大致包括以下三方面。

1.2.1 认真预习并完成预习报告

① 认真钻研无机及分析化学教材及实验教材中的有关内容；
② 明确实验目的及要求，并理解实验原理；
③ 熟悉实验内容、基本操作、操作步骤、仪器使用方法和实验注意事项；
④ 写好预习报告，主要包括：实验目的、实验原理、仪器及药品、操作步骤、注意事项及有关的实验安全问题等。

1.2.2 认真做好实验并如实记录实验现象及数据

① 按照实验教材规定的实验方法、操作步骤、试剂用量及操作规程进行实验，要做到：认真操作，仔细观察并如实记录实验现象、实验数据；遇到问题要善于思考，力求自己解决问题，确实有困难可请教指导老师；如果发现实验现象与理论不一致，应认真查明原因，经指导教师同意后重做实验，直到得出正确的结果。

② 要严格遵守实验室规则和实验室安全守则（见1.3）。要做到：严守纪律，保持肃静；爱护国家财产，小心使用仪器和设备，节约药品、水、电和煤气；保持实验室整洁、卫生和安全。

③ 实验完成后要认真清扫地面，检查台面是否整洁，关闭水、电、煤气、门窗，经指导教师签字允许后方可离开实验室。

1.2.3 写好实验报告

实验报告是用来记录实验现象和数据、概括和总结实验内容及原理的文字材料,写好实验报告是对实验者综合能力的考核。每个学生在做完实验后都必须在实验预习及原始数据记录报告的基础上,及时、独立、认真地完成实验报告,并及时交指导教师批阅。一份合格的报告应包括以下内容:

① 实验名称以及完成该实验的时间、地点,实验者的姓名、班级等信息,通常将其填入实验报告单的相应位置。

② 实验目的和要求,简要阐述该实验所要达到的目的。

③ 实验所用的仪器、药品及装置,要写明所用仪器的型号、数量,药品的名称、规格,以及装置示意图等。

④ 实验原理,简要介绍实验的基本原理并写出主要化学反应方程式。

⑤ 实验内容及操作步骤,要用表格、框图、符号及简明扼要的语言叙述实验内容及操作步骤,切忌抄书。

⑥ 实验现象和数据的记录,在仔细观察的基础上如实记录实验现象,依据所用仪器的精密度,正确记录实验数据。

⑦ 解释、结论和数据处理。化学现象的解释最好用化学反应方程式,如还不能完全说明问题,可用文字简要叙述;结论要精炼、完整、正确;数据处理要根据有效数字的修约规则、运算规则以及可疑数据的取舍规则进行。

⑧ 问题与讨论。主要针对实验中遇到的疑难问题提出自己的见解,分析误差产生的主要原因,也可以对实验方法、教学方法、实验内容、实验装置等提出意见或建议。

实验报告的书写要做到文字工整、图表清晰、形式规范。

1.3 化学实验室规则及安全守则

化学实验室是学生学习化学知识、研究化学问题的重要场所。在化学实验室中工作或学习,总要接触各类化学试剂、各种玻璃仪器、各种电器设备及水、电、煤气等。化学试剂中,有的有毒,有的有刺激性气味,有的有腐蚀性,有的易燃易爆;玻璃仪器破碎容易造成划伤;各种电器使用不当可能造成触电等意外事故;煤气使用不当可能造成爆炸等严重后果;因此,在化学实验室工作或学习时必须高度重视实验安全问题,要像重视实验一样重视实验安全。实践证明,只要实验者思想上高度重视,具备必要的安全知识,严格遵守实验室操作规程,事故是可以避免的。即使万一发生了事故,只要事先掌握了一般的防护方法和措施,也能够及时妥善地加以处理,不致酿成严重后果。为了防患于未然,确保实验安全顺利进行,每个化学实验室都制定了严格的化学实验室规章制度、安全防范措施、操作细则及各项完善安全设施。学生首次进入化学实验室必须进行化学实验室规则和化学实验室安全守则教育。

1.3.1 实验室规则

① 实验前要认真预习,明确实验目的和要求,弄懂实验原理,了解实验方法,熟悉实验步骤,写出预习报告。

② 严格遵守实验室各项规章制度。

③ 实验前要认真清点仪器和药品，如有破损或缺少，应立即报告指导教师，按规定手续向实验室补领。实验时如有仪器损坏，应立即主动报告指导教师，进行登记，按规定进行赔偿，再换取新仪器，不得擅自拿别的位置上的仪器。

④ 实验室要保持肃静，不得大声喧哗。实验应在规定的位置上进行，未经允许，不得擅自挪动。

⑤ 实验时要认真观察，如实记录实验现象，使用仪器时，应严格按照操作规程进行，药品应按规定量取用，无规定量的，应本着节约的原则，尽量少用。

⑥ 爱护公物，节约药品、水、电、煤气。

⑦ 保持实验室整洁、卫生和安全。实验后应将仪器洗刷干净，将药品放回原处，摆放整齐，用洗净的湿抹布擦净实验台。实验过程中的废纸、火柴梗等固体废物，要放入废物桶（或箱）内，不要丢在水池中或地面上，以免堵塞水池或弄脏地面。规定回收的废液要倒入废液缸（或瓶）内，以便统一处理。严禁将实验仪器、化学药品擅自带出实验室。

⑧ 实验结束后，由同学轮流值日，清扫地面和整理实验室，检查水龙头、煤气，以及门、窗是否关好，电源是否切断。得到指导教师许可后方可离开实验室。

1.3.2 化学实验室安全守则

在化学实验室工作，首先在思想上必须高度重视安全问题，以防任何事故的发生。要做到这一点，除在实验前必须充分了解所做实验中应该注意的事项和可能出现的问题及在实验过程中要认真操作，集中注意力外，还应遵守如下规则。

① 学生进实验室前，必须进行安全、环保意识的教育和培训。

② 熟悉实验室环境，了解与安全有关的设施（如水、电、煤气的总开关，消防用品、急救箱等）的位置和使用方法。

③ 容易产生有毒气体，挥发性、刺激性毒物的实验应在通风橱内进行。

④ 一切易燃、易爆物质的操作应在远离火源的地方进行，用后把瓶塞塞紧，放在阴凉处，并尽可能在通风橱内进行。

⑤ 金属钾、钠应保存在煤油或石蜡油中，白磷（或黄磷）应保存在水中，取用时必须用镊子，绝不能用手拿。

⑥ 使用强腐蚀性试剂（如浓 H_2SO_4、浓 HNO_3、浓碱、液溴、浓 H_2O_2、浓 HF 等）时，切勿溅在衣服和皮肤上、眼睛里，取用时要戴胶皮手套和防护眼镜。

⑦ 使用有毒试剂应严防进入口内或伤口，实验后废液应回收，集中统一处理。

⑧ 用试管加热液体时，试管口不准对着自己或他人；不能俯视正在加热的液体，以免溅出的液体烫伤眼、脸；闻气体的气味时，鼻子不能直接对着瓶（管）口，而应用手把少量的气体扇向鼻孔。

⑨ 绝不允许将各种化学药品随意混合，以防发生意外；自行设计的实验，需和老师讨论后方可进行。

⑩ 不准用湿手操作电器设备，以防触电。

⑪ 加热器不能直接放在木质台面或地板上，应放在石棉板、绝缘砖或水泥地板上，加热期间要有人看管。大型贵重仪器应有安全保护装置。加热后的坩埚、蒸发皿应放在石棉网或石棉板上，不能直接放在木质台面上，以防烫坏台面，引起火灾，更不能与湿物接触，以防炸裂。

⑫ 实验室内严禁饮食、吸烟、游戏打闹、大声喧哗。实验完毕应洗净双手。

⑬ 实验后的废弃物，如废纸、火柴梗、碎试管等固体物应放入废物桶（箱）内，不要丢入水池内，以防堵塞。

⑭ 贵重仪器室、化学药品库应安装防盗门，剧毒药品、贵重物品应贮存在专门的保险柜中，发放时应严加控制，剩余回收。有机化学药品库应安装防爆灯。

⑮ 每次实验完毕，应将玻璃仪器擦洗干净，按原位摆放整齐，台面、水池、地面打扫干净，药品按序摆好。检查水、电、煤气、门、窗是否关好。

化学实验室规则和安全守则是人们长期从事化学实验工作的经验总结，是保持良好的工作环境和工作秩序，防止意外事故发生，保证实验安全顺利完成的前提，人人都应严格遵守。

1.4 实验室事故处理

1.4.1 实验室常备药品及医用工具

实验室应配备医药箱，以便在发生意外事故时临时处置之用。医药箱应配备如下药品和工具。

① 药品　碘酒、红药水、紫药水、创可贴、止血粉、消炎粉、烫伤膏、鱼肝油、甘油、无水乙醇、硼酸溶液（1%～3%或者饱和）、2%醋酸溶液、1%～5%碳酸氢钠溶液、20%硫代硫酸钠溶液、10%高锰酸钾溶液、20%硫酸镁溶液、1%柠檬酸溶液、5%硫酸铜溶液、1%硝酸银溶液、由20%硫酸镁溶液＋18%甘油＋水＋12%盐酸普鲁卡因配成的药膏、可的松软膏、紫草油软膏及硫酸镁糊剂、蓖麻油等。

② 工具　医用镊子、剪刀、纱布、药棉、棉签、绷带、医用胶布、担架等。医用药箱供实验室急救用，不允许随便挪动或借用。

1.4.2 实验室事故处理

(1) 中毒急救

在实验过程中，若感到咽喉灼痛，嘴唇脱色或发绀，胃部痉挛，或出现恶心呕吐，心悸，头晕等症状时，则可能是中毒所致，经以下方法急救后，立即送医院抢救。

如果是固体或液体毒物中毒，嘴里若还有毒物者，应立即吐掉，并用大量水漱口；碱中毒应先饮用大量水，再喝牛奶适量；误饮酸者应先饮用大量水，再服氢氧化镁乳剂，最后饮用适量牛奶。重金属中毒应喝一杯含几克硫酸镁的溶液后立即就医。汞及汞化合物中毒，立即就医。

如果是气体或蒸气中毒，如不慎吸入煤气、溴蒸气、氯气、氯化氢、硫化氢等气体时，应立即到室外呼吸新鲜空气，必要时做人工呼吸（但不要口对口）或送医院治疗。

用作金属解毒剂的药物如表1-1所示。

表1-1　常用金属解毒剂

有害金属元素	解毒剂	有害金属元素	解毒剂
铅、铀、钴、锌等	乙二胺四乙酸合钙酸钠	铊、锌	二苯硫腙
汞、镉、砷等	2,3-二巯基丙醇	镍	二乙氨基二硫代甲酸钠
铜	R-青霉胺	铍	金黄素三羧酸

(2) 酸或碱灼伤

酸灼伤先用大量水冲洗，再用饱和碳酸氢钠溶液或稀氨水冲洗，然后浸泡在冰冷的饱和硫酸镁溶液中半小时，最后敷以 20%硫酸镁-18%甘油-水-12%盐酸普鲁卡因的药膏。伤势严重者，应立即送医院急救。酸溅入眼睛时，先用大量水冲洗，再用 1%碳酸氢钠溶液洗，最后用蒸馏水或去离子水洗。氢氟酸能腐烂指甲、骨头，溅在皮肤上会造成痛苦的难以治愈的烧伤。皮肤若被烧伤，应用大量水冲洗 20min 以上，再用冰冷的饱和硫酸镁溶液或 70%酒精清洗半小时以上；或用大量水冲洗后，再用肥皂水或 2%～5%碳酸氢钠溶液冲洗，用 5%碳酸氢钠溶液湿敷局部，再用可的松软膏或紫草油软膏及硫酸镁糊剂涂抹。

碱灼伤后先用大量水冲洗，再用 1%柠檬酸或 1%硼酸，或 2%醋酸溶液浸洗，最后用水洗，再用饱和硼酸溶液洗，最后滴入蓖麻油。

(3) 溴灼伤

溴灼伤一般不易愈合，必须严加防范。凡用溴时应预先配制好适量 20%硫代硫酸钠溶液备用。一旦被溴灼伤，应立即用乙醇或硫代硫酸钠溶液冲洗伤口，再用水冲洗干净，并敷以甘油。若起泡，则不宜把水泡挑破。

(4) 磷烧伤

用 5%硫酸铜溶液、1%硝酸银溶液或 10%高锰酸钾溶液冲洗伤口，并用浸过硫酸铜溶液的绷带包扎，或送医院治疗。

(5) 划伤

化学实验中要用到各种玻璃仪器，如不小心容易被碎玻璃划伤或刺伤。若伤口内有碎玻璃渣或其他异物，应先取出。轻伤可用生理盐水或硼酸溶液擦洗伤处，并用 3%的 H_2O_2 溶液消毒，然后涂上红药水，撒上消炎粉，并用纱布包扎。伤口较深、出血过多时，可用云南白药或扎止血带，并立即送医院救治。玻璃溅进眼里，千万不要揉擦，不要转眼球，任其流泪，并迅速送医院处理。

(6) 烫伤

一旦被火焰、蒸汽、红热玻璃、陶器、铁器等烫伤，轻者可用 10%高锰酸钾溶液擦洗伤处，撒上消炎粉，或在伤处涂烫伤药膏（如氧化锌药膏、獾油或鱼肝油药膏等），重者需及时送医院救治。

(7) 触电

人体若通以 50Hz、25mA 交流电时，会感到呼吸困难，100mA 以上则会致死。因此，使用电器必须制定严格的操作规程，以防触电。要注意：已损坏的插头、插座、电线接头、绝缘不良的电线，必须及时更换；电线的裸露部分必须绝缘；不要用湿手接触或操作电器；接好线路后再通电，用后先切断电源再拆线路；一旦遇到有人触电，应立即切断电源，尽快用绝缘物（如竹竿、干木棒、绝缘塑料管棒等）将触电者与电源隔开，切不可用手去拉触电者。

1.5 实验室三废处理

在化学实验室中会遇到各种有毒的废渣、废液和废气（简称三废），如不加处理随意排放，就会对周围的空气、水、土壤等造成污染，影响环境。三废中的某些有用成分应予以回收，通过回收处理，减少污染，综合利用，也是实验室工作的重要组成部分。

1.5.1 废渣处理

有回收价值的废渣应收集起来统一处理，回收利用，少量无回收价值的有毒废渣也应集中起来分别进行处理或深埋于离水源远的指定地点。

钠、钾、碱金属、碱土金属氢化物、氨化物,将其悬浮于四氢呋喃中,在搅拌下慢慢滴加乙醇或异丙醇至不再放出氢气为止,再慢慢加水澄清后冲入下水道。

硼氢化钠或者硼氢化钾应该用甲醇溶解后,用水充分稀释,再加酸并放置,此时有剧毒硼烷产生,所以应在通风橱内进行,其废液用水稀释后冲入下水道。

酰氯、酸酐、三氯化磷、五氯化磷、氯化亚砜,在搅拌下加入大量水后冲走,五氧化二磷加水,用碱中和后冲走。

沾有铁、钴、镍、铜催化剂的废纸、废塑料,变干后易燃,不能随便丢入废纸篓内,应趁未干时,深埋于地下。

重金属及其难溶盐,能回收的尽量回收,不能回收的集中起来深埋于远离水源的地下。

1.5.2 废液处理

废酸或者废碱液处理时应将废酸液与废碱液中和至 pH=6～8 并过滤掉沉淀后排放。

少量含氰废液可加入硫酸亚铁使之转变为毒性较小的亚铁氰化物冲走,也可用碱将废液调到 pH>10 后,用适量高锰酸钾将氢氰酸根离子氧化后排放。大量含氰废液则需将废液用碱调至 pH>10 后加入足量的次氯酸盐,充分搅拌,放置过夜,使氢氰酸根离子分解为二氧化碳和氮气后,再将溶液 pH 调到 6～8 排放。

$$2CN^- + 5ClO^- + H_2O = 2CO_2 + N_2 + 5Cl^- + 2HO^-$$

含砷废水可以通过三种方法处理后排放:其一是石灰法,其二是硫化法,还有一种是镁盐脱砷法。石灰法是将石灰投入到含砷废液中,使其生成难溶性的砷酸盐和亚砷酸盐。

$$As_2O_3 + Ca(OH)_2 = Ca(AsO_2)_2 + H_2O$$
$$As_2O_5 + 3Ca(OH)_2 = Ca_3(AsO_4)_2 + 3H_2O$$

硫化法用 H_2S 或 Na_2S 作硫化剂,使含砷废液生成难溶硫化物沉淀,沉降分离后,调溶液 pH=6～8 后排放。镁盐脱砷法是在含砷废水中加入足够的镁盐,调节镁砷比为 8～12,然后利用石灰或其他碱性物质将废水中和至弱碱性,控制 pH 在 9.5～10.5,利用新生的氢氧化镁与砷化合物共沉积和吸附作用,将废水中的砷除去。沉降后,将溶液 pH 调到 6～8 之间后排放。

含汞废水处理也包括三种方法:一种是化学沉淀法,一种是还原法,还有一种是离子交换法。化学沉淀法是在含 Hg^{2+} 的废液中通入 H_2S 或 Na_2S,使 Hg^{2+} 形成 HgS 沉淀。为防止形成 HgS_2^{2-} 可加入少量 $FeSO_4$ 使过量的 S^{2-} 与 Fe^{2+} 作用生成 FeS 沉淀。过滤后残渣可回收或深埋,溶液调 pH=6～8 排放。还原法是利用镁粉、铝粉、铁粉、锌粉等还原性金属,将 Hg^{2+}、HgS_2^{2-} 还原为单质 Hg(此法并不十分理想)后回收。离子交换法是利用阳离子交换树脂把 Hg^{2+}、Hg_2^{2+} 交换于树脂上,然后再回收利用(此法较为理想,但成本较高)。

含铬废水的处理包括铁氧体法和离子交换法。铁氧体法是在含 Cr(Ⅵ) 的酸性溶液中加硫酸亚铁,使 Cr(Ⅵ) 还原为 Cr(Ⅲ),使用 NaOH 调 pH 至 6～8,并通入适量空气,控制 Cr(Ⅵ) 与 $FeSO_4$ 的比例,使生成难溶于水的组成类似于 Fe_3O_4(铁氧体)的氧化物(此氧化物有磁性),借助于磁铁或电磁铁可使其沉淀分离出来,达到排放标准(0.5mg·L^{-1})。含铬废水中,除含有 Cr(Ⅵ) 外,还含有多种阳离子。离子交换法通常是将废液在酸性条件下(pH 2～3)通过强酸性 H 型阳离子交换树脂,除去金属阳离子,再通过大孔弱碱性 OH 型阴离子交换树脂,除去 SO_4^{2-} 等阴离子。流出液为中性,可作为纯水循环再用。阳离子树脂用盐酸再生,阴离子树脂用氢氧化钠再生,再生可回收铬酸钠。

2 实验数据处理

2.1 测量误差

为了加深学生对无机及分析化学基本概念和基本理论的理解，培养学生严肃认真、实事求是的科学态度，使学生熟悉常用仪器的使用方法以及实验数据的记录、处理和结果分析，在无机及分析化学实验中安排有一定数量的物理常数测定实验、定量分析实验。由于这些实验测得的数据需要经过分析、取舍、计算、处理才能最后获得实验结果，因而对实验结果的准确度通常有一定的要求。所以在实验过程中，除要选用合适的仪器和正确的操作方法外，还要学会科学地处理实验数据，以使实验结果与理论值尽可能地接近。为此，需要掌握误差和有效数字的概念，正确的列表法、作图法、计算机数据处理方法，并把它们应用于实验数据的分析和处理中。

2.1.1 误差

测定值与真实值之间的差值称为误差。误差在测量工作中是普遍存在的，即使采用最先进的测量方法，使用最先进的精密仪器，由最熟练的工作人员来测量，测定值与真实值也不可能完全符合。测量的误差越小，测定结果的准确度就越高。根据误差性质的不同，可把误差分为系统误差、随机误差两类。

（1）系统误差

又称可测误差，主要包括仪器误差、人员误差、方法误差等。系统误差是由某些比较确定的因素引起的，它对测定结果的准确度影响比较固定，重复测量时，它会重复出现。系统误差是由实验方法的不完善、仪器不准、试剂不纯、操作不当以及条件不具备等原因引起的，可以通过改进实验方法、校正仪器、提高试剂纯度、严格操作规程和实验条件等手段来减小这种误差。

（2）随机误差

又称偶然误差。随机误差是由某些难以预料的偶然因素，如环境温度、湿度、振动、气压、测量者心理和生理状态变化等引起的。它对实验结果的影响无规律可循，一般只有通过多次测量取其算术平均值来减小这种误差。

误差的大小可以通过绝对误差或者相对误差来表示。绝对误差是用实验测量值与真实值之间的差值来表示。当测定值大于真实值时，绝对误差是正的；测定值小于真实值时，绝对误差是负的。绝对误差只能显示出误差变化的范围，而不能确切地表示测量结果的准确度，所以一般用相对误差来表示测量的误差，相对误差用绝对误差在真值中所占的百分数来表示：

$$相对误差\ E_r = \frac{E_a}{T} \times 100\% \tag{2-1}$$

相对误差不仅与测量值的绝对误差有关，还与真值的大小有关，可以更好地表示实验结果的准确度。例如，醋酸的解离常数真实值为 1.76×10^{-5}，两次实验测得的醋酸解离常数

分别为 1.80×10^{-5} 和 1.75×10^{-5}，则测量的绝对误差分别为

$$1.80\times10^{-5}-1.76\times10^{-5}=4\times10^{-7}$$
$$1.76\times10^{-5}-1.75\times10^{-5}=1\times10^{-7}$$

测量的相对误差分别为：

$$\frac{4\times10^{-7}}{1.76\times10^{-5}}\times100\%=2.27\%$$

$$\frac{1\times10^{-7}}{1.76\times10^{-5}}\times100\%=0.57\%$$

显然，后一数值准确度较高。

2.1.2 偏差

每次测量结果与平均值之差，称为偏差。偏差包括绝对偏差和相对偏差，绝对偏差等于每次测量值与平均值的差值；相对偏差通常用绝对偏差在平均值中所占百分数来表示。绝对偏差或者相对偏差越小，表示测量结果的重现性越好，即精密度高。实验中我们通常以测量结果的平均偏差或者标准偏差来表示测量结果的精密度。

$$平均偏差\ d=\frac{|d_1|+\cdots+|d_n|}{n} \tag{2-2}$$

或

$$标准偏差\ s=\sqrt{\frac{d_1^2+\cdots+d_n^2}{n-1}}$$

式中，n 表示测量次数；d_1 表示第一次测量的绝对偏差；d_n 表示第 n 次测量的绝对偏差。其中用标准偏差比用平均偏差更好，因为将每次测量的绝对偏差平方之后，较大的绝对偏差会更显著地显示出来，这就可以更好地反映测量数据的波动性及数据的分散程度。绝对偏差（d_i）和标准偏差（s）都是指个别测定值与算术平均值之间的关系。若要用测量的平均值来表示真实值，还必须了解真实值与算术平均值之间的偏差 $s_{\bar{x}}$ 以及算术平均值的极限误差 $\delta_{\bar{x}}$，这两个值可分别由以下两个公式求出：

$$s_{\bar{x}}=\frac{s}{\sqrt{n}}=\sqrt{\frac{\sum_1^n(\Delta\Delta_i)^2}{n(n-1)}}$$

(2-3)

$$\delta_{\bar{x}}=3s_{\bar{x}} \tag{2-4}$$

这样，准确测量的结果（真实值）就可以近似地表示为 $x=\bar{x}\pm\delta_{\bar{x}}$。

2.1.3 准确度与精密度

准确度是指测定值与真实值之间的偏离程度，通常用误差来量度。误差越小说明测量结果的准确度越高。精密度是指测量结果的相互接近程度，通常以偏差来表示，偏差越小说明测量结果的精密度越高。可以看出，误差和偏差、准确度与精密度的含义是不同的。误差是以真实值为基准，而偏差则是以多次测量结果的平均值为标准。精密度高不一定准确度就好，但准确度高一定要求精密度高。精密度是保证准确度的先决条件。由于通常真实值无法知道，因此往往以多次测量结果的平均值来近似代替真实值。评价某一测量结果时，必须将系统误差和随机误差的影响结合起来考虑，把准确度与精密度统一起来要求，才能确保测定结果的可靠性。

2.1.4 减小误差的主要措施

要提高测量结果的准确度，必须尽可能地减小系统误差、随机误差。通过多次实验，取

其算术平均值作为测量结果，严格按照操作规程认真进行测量，就可以减小随机误差和消除过失误差。在测量过程中，提高准确度的关键就在于减小系统误差。减小系统误差，通常采取如下三种措施：

① 校正测量方法和测量仪器　可用国家标准方法与所选用的方法分别进行测量，将结果进行比较，校正测量方法带来的误差。对准确度要求高的测量，可对所用仪器进行校正，求出校正值，以校正测定值，提高测量结果的准确度。

② 进行对照试验　用已知准确成分或含量的标准样品代替试验样品，在相同实验条件下，用同样方法进行测定，来检验所用的方法是否正确、仪器是否正常、试剂是否有效。

③ 进行空白试验　空白试验是在相同测定条件下，用蒸馏水（或去离子水）代替样品，用同样的方法、同样的仪器进行实验，以消除由水质不纯所造成的系统误差。

2.2　有效数字及其运算规则

2.2.1　有效数字位数的确定

有效数字是由准确数字与一位可疑数字组成的测量值。它除最后一位数字是不准确的外，其他各数都是确定的。有效数字的有效位数反映了测量结果的精密度。有效位是从有效数字最左边起第一个不为零的数字起到最后一个数字止的数字个数。例如，用精密度为千分之一的天平称一块锌片其质量为 0.321g，这里 0.321 就是一个三位有效数字，其中最后一个数字 1 是不甚确定的。用某一测量仪器测定物质的某一物理量，其准确度都是有一定限度的。测量值的准确度取决于仪器的可靠性，也与测量者的判断力有关。测量的准确度是由仪器刻度标尺的最小刻度决定的。如上面这台天平的绝对误差为 0.001g，称量这块锌片的相对误差为：

$$\frac{0.001}{0.321} \times 100\% = 0.31\%$$

在记录测量数据时，不能随意乱写，不然就会增大或缩小测量的准确度。如把上面的称量数字写成 0.3210，这样就把可疑数字 1 变成了确定数字 1，从而夸大了测量的准确度，这是和实际情况不相符的。

有的人可能认为：测量时，小数点后的位数愈多，精密度愈高，或在计算中保留的位数越多，准确度就越高。其实小数点后面位数的多少与实验结果的准确度之间并无必然联系。小数点的位置只与单位有关，如 135mg，也可以写成 0.135g，也可以写成 1.35×10^{-4}kg，三者的精密度完全相同，都是 3 位有效数字。注意：首位数字 $\geqslant 8$ 的数据其有效数字的位数在计算过程中可多算 1 位，如 9.25 可算作 4 位有效数字。常数、系数等有效数字的位数没有限制。

记录和计算测量结果都应与测量的精确度相一致，任何超出或低于仪器精确度的数字都是错误的。常见仪器的精确度见表 2-1。

表 2-1　常见仪器的精确度

仪器名称	仪器精确度	例子	有效数字位数
台天平	0.1g	6.5g	2 位
电子分析天平	0.0001g	1.2458g	5 位
100mL 量筒	1mL	75mL	2 位

续表

仪器名称	仪器精确度	例子	有效数字位数
移液管	0.01mL	25.00mL	4位
容量瓶	0.01mL	100.00mL	5位
滴定管	0.01mL	25.34mL	4位
酸度计	0.01	4.56	2位

对于有效数字的确定，还有几点需要指出：

第一，"0"在数字中是否是有效数字，与"0"在数字中的位置有关。"0"在数字后或在数字中间，都表示一定的数值，都算是有效数字，"0"在数字之前，只表示小数点的位置（仅起定位作用）。如 3.0005 是五位有效数字，2.5000 也是五位有效数字，而 0.0025 则是两位有效数字。

第二，对于很大或很小的数字，如 260000 和 0.0000025 采用科学计数法表示更简便合理，写成 2.6×10^5 和 2.5×10^{-6}。"10"不包含在有效数字中。

第三，对化学中经常遇到的 pH、lgK 等对数数值，有效数字仅由对数的小数部分数字位数来决定，首数（整数部分）只起定位作用，不是有效数字。如 pH=4.76 的有效数字为两位，而不是三位。4 是"10"的整数方次，即 10^4 中的 4。

第四，在化学计算中，有时还遇到表示倍数或分数的数字，如 $n(KMnO_4)/5$，式中的 5 是个固定数，不是测量所得，不应当看作一位有效数字，而应看作无限多位有效数字。

2.2.2 有效数字的运算规则

(1) 有效数字取舍规则

记录和计算结果所得的数值，均只保留 1 位可疑数字。当有效数字的位数确定后，其余的数应按照"四舍六入五成双，奇进偶不进"的原则进行修约。"四舍六入五成双，奇进偶不进"的原则是：当尾数≤4 时舍去；尾数≥6 时进位；当尾数为 5 时，则要看尾数前一位数是奇数还是偶数，若为奇数则进位，若为偶数则舍去。

(2) 有效数字的四则运算规则

① 加减法运算规则　进行加法或减法运算时，所得的和或差的有效数字的位数，应与各个加、减数中小数点后位数最少者相同。例如：23.456+0.000124+3.12+1.6874=28.263524，应取 28.26。

以上是先运算后取舍，也可以先取舍后运算，取舍时也是以小数点后位数最少的数为准。

② 乘除法运算规则　进行乘除运算时，其积或商的有效数字的位数应与各数中有效数字位数最少的数相同，而与小数点后的位数无关。例如：$2.35\times3.642\times3.3576=28.73669112$，应取 28.7。

同加减法一样，也可以先以小数点后位数最少的数为准四舍五入后再进行运算。当有效数字为 8 或 9 时，在乘除法运算中也可运用"四舍六入五成双，奇进偶不进"的原则，将此有效数字的位数多加 1 位。

(3) 对数字进行其乘方或开方运算时，幂或根的有效数字的位数与原数相同。若乘方或开方后还要继续进行数学运算，则幂或根的有效数字的位数可多保留 1 位。

(4) 在对数运算中，所取对数的尾数应与真数有效数字位数相同。反之，尾数有几位，则真数就取几位。例如：溶液 pH=4.74，其 $c(H^+)=1.8\times10^{-5}mol\cdot L^{-1}$，而不是 $1.82\times10^{-5}mol\cdot L^{-1}$。

（5）在所有计算式中，常数 π、e 的值及某些因子 $\sqrt{2}$、1/2 的有效数字的位数，可认为是无限制的，在计算中需要几位就可以写几位。一些国际定义值，如摄氏温标的零度值为热力学温标的 273.15K，标准大气压 1atm＝1.0×10^5Pa，自由落体标准加速度 g＝9.8066m·s^{-2}，R＝8.314J·K^{-1}·mol^{-1}，被认为是严密准确的数值。

（6）误差一般只取 1 位有效数字，最多取 2 位有效数字。

2.3 无机及分析化学实验中的数据处理

化学实验中测量一系列数据的目的是要找出一个合理的实验值，通过实验数据找出某种变化规律来，这就需要将实验数据进行归纳和处理。数据处理包括数据计算处理和根据数据进行作图处理和列表处理。对要求不太高的定量实验，一般只要求重复两三次，所得数据比较平行，用平均值作为结果即可；对要求较高的实验，往往要进行多次重复实验，所得的一系列数据要经过较为严格的处理。

2.3.1 数据的计算处理步骤

① 整理数据，将平行测定的结果按照从小到大或者从大到小的顺序排列。

② 算出算术平均值 $\bar{x}$。

③ 算出各数与平均值的偏差 d_i。

④ 算出绝对平均偏差 $\bar{d}$，由此评价每次测量的质量。若每次测得的值都落在（$\bar{x}-\bar{d}$）区间（实验重复次数≥15），则所得实验值为合格值，若其中有某值落在上述区间之外，则实验值应予以剔除。

⑤ 求出剔除后剩下数的 $\bar{x}$、$\bar{d}$，按上述方法检查，看还有没有需要剔除的数，如果还有要剔除的，继续剔除，直到剩下的数都落在相应的区间为止，然后求出剩下数据的标准偏差（s）。

⑥ 由标准偏差算出算术平均值的标准偏差。

⑦ 算出算术平均值的极限误差（$\delta_{\bar{d}}$）；

⑧ 真实值可近似地表示为 $\delta_{\bar{d}}=3s_{\bar{d}}$。

2.3.2 列表法

把实验数据按顺序、有规律地用表格表示出来，一目了然，既便于数据的处理、运算，又便于检查。一张完整的表格应包含如下内容：表格的顺序号、名称、项目说明及数据来源。表格的横排称为行，竖排称为列。列表时应注意以下几点：

① 每张表都要有含义明确的完整名称。

② 每个变量占表格的一行或一列，一般先列自变量，后列因变量，每行或每列的第一栏要写明变量的名称、量纲和公用因子。

③ 表中的数据排列要整齐，有效数字的位数要一致，同一列数据的小数点要对齐。若为函数表，数据应按自变量递增或递减的顺序排列，以显示出因变量的变化规律。

④ 处理方法和计算公式应在表下注明。

2.3.3 作图法处理实验数据

利用图形来表达实验结果的好处是：

① 显示数据的特点和数据变化的规律；

② 由图可求出斜率、截距、内插值、切线等；
③ 由图形找出变量间的关系；
④ 根据图形的变化规律，可以剔除一些偏差较大的实验数据。

作图的步骤简略介绍如下：

(1) 作图纸和坐标的选择

无机及分析化学实验中一般常用直角坐标纸。习惯上以横坐标作为自变量，纵坐标表示因变量。坐标轴比例尺的选择一般应遵循以下原则：第一，坐标刻度要能表示出全部有效数字；从图中读出的精密度应与测量的精密度基本一致。通常采取读数的绝对误差在图纸上仍相当于 0.5~1 小格（最小分刻度），即 0.5~1mm。第二，坐标标度应取容易读数的分度，通常每单位坐标格子应代表 1、2 或 5 的倍数，而不采用 3、6、7、9 的倍数，数字一般标示在逢 5 或逢 10 的粗线上。第三，在满足上述两个原则的条件下，所选坐标纸的大小应能包容全部所需数而略有宽裕。如无特殊需要（如直线外推求截距等），就不一定要把变量的零点作为原点，可从略低于最小测量值的整数开始，以便于充分利用图纸，且有利于保证图的精密度，若为直线或近乎直线的曲线，则应安置在图纸对角线附近。

(2) 点和线的描绘

点线的描绘应注意如下几点：第一，点的描绘。在直角坐标系中，代表某一读数的点常用 ◎、⊙、×、△ 等不同的符号表示，符号的重心所在即表示读数值，符号的大小应能粗略地显示出测量误差的范围。第二，曲线的描绘。根据大多数点描绘出的线必须平滑，并使处于曲线两边的点的数目大致相等。第三，在曲线的极大、极小或折点处，应尽可能地多测量几个点，以保证曲线所示规律的可靠性。另外，对于个别远离曲线的点，如不能判断被测物理量在此区域会发生什么突变，就要分析一下测量过程中是否有偶然性的过失误差，如果属误差所致，描线时可不考虑这一点。否则就要重复实验，如仍有此点，说明曲线在此区间有新的变化规律，要通过认真仔细测量，按上述原则描绘出此段曲线。

若同一图上需要绘制几条曲线，不同曲线上的数值点可以用不同的符号来表示，描绘出来的不同曲线，也可以用不同的线（虚线、实线、点线、粗线、细线、不同颜色的线）来表示，并在图上标明。

画线时，一般先用淡、软铅笔沿各数值点的变化趋势轻轻地手绘一条曲线，后用曲线尺逐段吻合手绘线，作出光滑的曲线。

(3) 图名和说明　图形作好后，应注上图名，标明坐标轴所代表的物理量、比例尺及主要测量条件（温度、压力、浓度等）。

3 常用仪器及其基本操作

3.1 无机及分析化学实验中常用的仪器

无机及分析化学实验中经常需要使用各种仪器，表 3-1 中给出了无机及分析化学实验中常用仪器的名称、图像、规格、用途及其注意事项。

表 3-1　无机及分析化学实验中常用仪器

名称	图像	规格	用途	注意事项
试管		玻璃质，普通试管以管口外径(mm)×管长(mm)表示，有 12×150、15×100、30×200 等规格	普通试管用于少量试剂的反应器；也可以用于少量气体的收集	加热试管时要用试管夹夹持，加热后不能骤冷，加热时反应液不能超过试管高度的1/3，加热时要停止摇荡，试管口不要对着别人和自己，以防发生意外
离心试管		离心试管以容积(mL)表示，有 5mL、10mL、15mL 等规格	离心试管主要用于少量沉淀与溶液的分离	离心试管主要用于离心分离固液混合物，不可以加热离心试管
试管夹		通常为木质	夹持试管用	防止烧伤或锈蚀
试管刷		用动物毛或化学纤维和铁丝制成，以大小和用途表示，如试管刷、滴定管刷等	刷玻璃仪器用	小心刷子顶端的铁丝撞破玻璃仪器，顶端无毛者不可再用
烧杯		玻璃质，分普通型、高型、有刻度型和无刻度型，规格以容积(mL)表示，有 25mL、50mL、100mL、200mL、250mL、400mL、500mL 等	用作反应物量较多时的反应容器，可搅拌也可以作配制溶液时的容器，或简便水浴的盛水器	加热时外壁不能有水，要放在石棉网上，先放溶液后加热，加热后不可放在湿物上
锥形瓶		玻璃质，规格以容量(mL)表示，常见有125mL、250mL、500mL 等规格	用作反应容器，振荡方便，适用于滴定操作	加热时外壁不能有水，要放在石棉网上，加热后也要放在石棉网上，不要与湿物接触，不可干加热

3　常用仪器及其基本操作

续表

名称	图像	规格	用途	注意事项
圆底烧瓶		玻璃质,有普通型、标准磨口型,规格用容量(mL)表示,磨口烧瓶是以口径的大小为标号的,如 10、14、19 等	反应物较多,且需较长时间加热时用的反应器	加热时应放在石棉网上,加热前外壁应擦干,圆底烧瓶竖放时应垫以合适的器具,以防滚动
蒸馏烧瓶		玻璃质,规格以容量(mL)表示,磨口蒸馏烧瓶是以口径大小为标号的,如 10、14、19 等	用于液体蒸馏,也可用作少量气体的发生装置	加热时应放在石棉网上,加热前外壁应擦干,圆底烧瓶竖放时应垫以合适的器具,以防滚动
容量瓶		玻璃质,以刻度以下的容积(mL)表示,有磨口瓶塞,有 10mL、25mL、50mL、100mL、250mL、500mL、1000mL	用以配制准确浓度一定体积的溶液	不能加热,不能用毛刷洗刷瓶的磨口,与瓶塞配套使用,不能互换
量筒		玻璃质,规格以刻度所能量度的最大容积(mL)表示,有 10mL、25mL、50mL、100mL、200mL、500mL、1000mL	用以量度一定体积的溶液	不能加热,不能量热的液体,不能用作反应器
长颈漏斗		化学实验室使用的一般为玻璃质或塑料质。规格以口径大小表示	用于过滤等操作,尤其适用于定量分析中的过滤操作	不能用火加热
吸滤瓶·布氏漏斗		布氏漏斗为瓷质,规格以容量(mL)和口径大小表示,玻璃质以容量大小(mL)表示,有 250mL、500mL、1000mL	两者配套,用于沉淀的减压过滤,利用水泵或真空泵降低吸滤瓶中的压力而加速过滤	滤纸要略小于漏斗的内径才能贴紧,要先将滤饼取出后停泵,以防液体回流,不能用火直接加热

3.1 无机及分析化学实验中常用的仪器

续表

名称	图像	规格	用途	注意事项
分液漏斗		玻璃质,规格以容积(mL)大小和形状(球形、梨形、筒形、锥形)表示	用于互不相溶的液-液分离,也可用于少量气体发生器装置中的加液器	不能用火直接加热,漏斗塞子不能互换,活塞处不能漏液
微孔玻璃漏斗		玻璃质,砂芯滤板为烧结陶瓷,其规格以砂芯板孔的平均孔径(μm)和漏斗的容积(mL)表示	用于细颗粒沉淀,以至细菌的分离,也可以用于气体洗涤和扩散实验	不能用于含HF、浓碱液和活性炭等物质的分离,不能直接用火加热,用后应及时清洗
表面皿		玻璃质,规格以口径(mm)大小表示	盖在烧杯上,防止液体进溅或其他用途	不能用火直接加热
蒸发皿		瓷质、玻璃质、石英质、金属质、规格以口径(mm)或容量(mL)表示	蒸发、浓缩用,随液体性质的不同选用不同材质的蒸发皿	瓷质蒸发皿加热前应擦干外壁,加热后不能骤冷,溶液不能超过2/3,可直接用火加热
坩埚		有瓷质、石英、刚玉、铂等质,规格以容积(mL)表示	用于灼烧固体用,随固体性质不同选用不同的坩埚	可直接用火加热至高温,加热至灼热的坩埚应放在石棉网上,不能骤冷
称量瓶		玻璃质,规格以外径(mm)×高(mm)表示	准确称量一定量的固体样品用	不能用火直接加热,瓶和塞是配套的,不能互换使用
泥三角		用铁丝拧成,套以瓷管,有大小之分	加热时,坩埚或蒸发皿放在其上直接加热	灼烧后的泥三角应放在石棉网上
石棉网		由细铁丝编成,中间涂有石棉,规格以铁网边长(cm)表示	置于受热仪器和热源之间,使受热容器受热均匀	石棉脱落者不能用,不可与水接触,不可折叠
研钵		用瓷、玻璃、玛瑙或金属制成,规格以口径(mm)表示	用于研磨固体物质及固体物质的混合物,按固体物质的性质和硬度选用	不能加热,研磨时不能捣碎,只能碾压,不能研磨易爆炸物品

15

续表

名称	图像	规格	用途	注意事项
点滴板		瓷质,分白釉和黑釉两种,按凹凸多少分为四穴、六穴和十二穴等	用于生成少量沉淀或带色物质反应的实验,根据产物颜色的不同选择不同点滴板	不能加热,不能用于含 HF 和浓碱的反应,用后要洗净
洗瓶		塑料质,规格以容积(mL)表示,常有 250mL、500mL	装蒸馏水或去离子水用,用于挤出少量水洗涤沉淀或仪器	不能漏气,远离火源
移量管		玻璃质,以容积(mL)大小表示,有 5mL、10mL、20mL、50mL 等规格,精密度一般为 0.01mL	用以较精确量取一定体积的溶液	不能加热或移取热溶液,使用时末端的溶液一般不允许吹出
移液管		玻璃质,以容积(mL)大小表示,有 10mL、25mL、50mL 等规格,精密度一般为 0.01mL	用以较精确量取一定体积的溶液	只能精确量取固定体积的液体,不能加热或移取热溶液,使用时末端的溶液一般不允许吹出
酸式滴定管		玻璃质,规格以容积(mL)表示,下端以玻璃旋塞控制液体流出速度	可以较精确量取一定体积的溶液,或分析化学中定量滴定用	不能加热及量取较热的液体,使用前应排除其尖端气泡并检漏,酸碱式滴定管不能互换使用
碱式滴定管		玻璃质,规格以容积(mL)表示,下端连接一里面放有玻璃珠的乳胶管以控制液体流速	可以较精确量取一定体积的溶液,或分析化学中定量滴定用	不能加热及量取较热的液体,使用前应排除其尖端气泡并检漏,酸碱式滴定管不能互换使用
滴瓶		玻璃质,带有磨口胶头滴管,有无色和棕色,规格以容积(mL)大小表示	滴瓶、细口瓶用以存放液体药品,广口瓶用于存放固体药品	不能直接加热,瓶塞配套,不能互换

续表

名称	图像	规格	用途	注意事项
细口试剂瓶	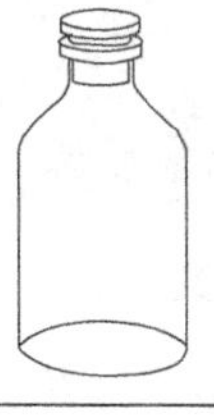	玻璃质，带有磨口塞，有无色和棕色，规格以容积(mL)大小表示	用以存放液体药品	不能直接加热，瓶塞配套，不能互换，存放碱液时用橡皮塞，以防打不开
广口试剂瓶		玻璃质，带有磨口塞，有无色和棕色，规格以容积(mL)大小表示	用于存放固体药品	不能直接加热，瓶塞配套，不能互换，存放碱时用橡皮塞，以防打不开
干燥器	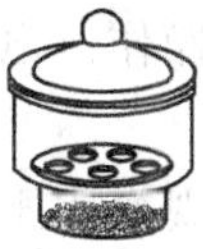	玻璃质，规格以外径(mm)大小表示，分普通干燥器和真空干燥器	内放干燥剂，可保持样品的干燥	防止盖子滑动打碎，灼热的样品待稍冷后再放入，通常在口部涂以凡士林以保持密闭
吸滤瓶	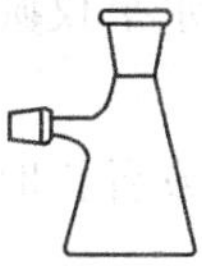	玻璃质，磨口口径，与磨口漏斗配合使用，规格以磨口口径表示	用于常压或减压过滤	不可加热，通常和真空泵配合使用
漏斗		玻璃质，磨口口径，与磨口吸滤瓶配合使用，规格以磨口口径表示	用于常压或减压过滤	

3.2 电子分析天平及其使用方法

电子分析天平是一种现代化的高科技先进称量仪器，它利用电子装置完成电磁力补偿的调节，使物体在重力场中实现力的平衡，或通过电磁力矩的调节使物体在重力场中实现力矩的平衡。电子分析天平最基本的功能是：自动调零、自动校准、自动扣除空白和自动显示称量结果，因此使用电子分析天平称量方便、迅速，读数稳定、准确度高。目前市场上出现了各种从简单到复杂的，使用于各种称量目的的电子天平。以下以赛多利斯系列电子分析天平为例介绍电子分析天平的主要技术参数及使用方法。

3.2.1 赛多利斯系列电子分析天平

赛多利斯天平的外形如图 3-1 所示。赛多利斯系列电子分析天平可精确称量到 0.1mg，最大称量值为 220g。

3.2.2 赛多利斯系列电子分析天平主要技术参数

以赛多利斯 BS 系列电子分析天平为例，列出该型号电子天平的主要技术参数，其他型号天平的主要技术参数可查阅相关电子天平安装操作手册。

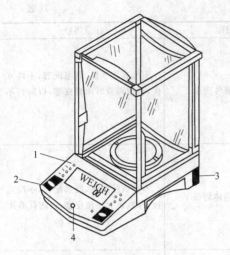

图 3-1 电子分析天平示意图
1—电源开关；2—O/T 旋钮；
3—水平脚；4—水平指示

量程：单量程；
最大称量重量：220g；
可读性：0.1mg；
标准偏差：0.1mg；
响应时间：2s；
允许环境温度：+5～+40.0℃；
操作温度：+10～30.0℃；
灵敏度飘移+10～+30.0℃：小于 $2×10^{-6}$；
电压要求：220V±35V；
频率：48～63Hz；
功耗：最大 16W，平均 8W。

3.2.3 电子分析天平操作程序

天平调校前不能进行任何称量操作。电子天平的主要操作步骤包括如下 5 步。

(1) 调水平 使用天平前首先观察水平仪，看天平是否水平，若不水平，可调整地脚螺栓高度，使水平仪内空气气泡位于水平仪圆环中央。

(2) 开机 接通电源，按开关键直至显示全屏自检。

(3) 预热 为了达到理想的校准效果，电子分析天平在初次接通电源或者长时间断电之后，至少需要预热 30min，只有这样天平才能达到所需要的工作温度。

(4) 校准 电子分析天平的灵敏度与其工作环境密切相关，因此在改变了天平的工作场所，工作环境发生变化（如环境温度），或者天平被搬动以后，或者天平使用一段时间后都必须进行重新调校才能保证测量结果的准确度。校准天平时，按校准键"CAL"键，BS 系列电子分析天平将显示所需校准砝码质量，放上砝码直至出现"g"，校准结束；BT 系列电子分析天平自动进行内部校准直至出现"g"，校准结束。

(5) 称量 使用除皮键"Tare"键，除皮清零，放置样品进行称量，待读数稳定后读取被称量物质质量，完成称量；称量完毕，取下被称物，按一下"OFF"键，让天平处于待机状态。再次称量时按一下"ON"键就可使用。最后使用完毕，要盖上防尘罩。

(6) 关机 天平应一直保持通电状态（24h），不使用时将开关键关至待机状态，使天平保持保温状态，可延长天平使用寿命。

3.3 pH 计及其使用方法

pH 计又称酸度计，是测定溶液 pH 值的常用仪器。pH 计有多种型号，各种型号的结构虽有不同，但其主要组成部分及工作原理都基本一致。一般来说，pH 计主要由电极和电计两部分组成，电极是 pH 计的检测部分，电计是其指示部分。现以 Sartorius pH 计 PB10 为例介绍 pH 计的技术参数、基本组成及工作原理。

3.3.1 PB10型 pH 计的主要技术性能

① pH 测量范围：0.00～14.00pH；分辨率：0.01pH；精确度：±0.01pH。
② mV 测量范围：±1500.0mV；分辨率：0.1mV；精确度：±0.4mV。

③ 温度 测量范围：-5~105.0℃；分辨率：0.1℃；精确度：±0.2℃。

3.3.2 pH计测量原理

复合电极在溶液中组成如下电池：

| 内参比电极 | 内参比溶液 | 电极球泡 | | 被测溶液 | 外参比溶液 | 外参比电极 |
（-） $E_{内参}$ $E_{内玻}$ $E_{外玻}$ $E_{液接}$ $E_{外参}$ （+）

其中，$E_{内参}$表示内参比电极与内参比溶液之间的电势差；$E_{内玻}$表示内参比溶液与玻璃球泡内壁之间的电势差；$E_{外玻}$表示玻璃球泡外壁与被测溶液之间的电势差；$E_{液接}$表示被测溶液与外参比溶液之间的接界电势；$E_{外参}$表示外参比电极与外参比溶液之间的电势差。电池的电极电势为各级电势之和。

$$E = -E_{内参} - E_{内玻} + E_{外玻} + E_{液接} + E_{外参} \tag{3-1}$$

其中，$E_{外玻} = E_{玻}^{\ominus} - \dfrac{2.303RT}{F}\text{pH}$。

再设 $A = E_{内参} - E_{内玻} + E_{液接} + E_{外参} + E_{玻}^{\ominus}$，在固定条件下，$A$为常数，所以

$$E = A - \dfrac{2.303RT}{F}\text{pH} \tag{3-2}$$

可见电极电势E与被测溶液的pH成线性关系，其斜率为$-2.303RT/F$。

因为式(3-2)中常数项A随各支电极和各种测量条件而异，因此，只能用比较法，即用已知pH的标准缓冲溶液定位，通过pH计中的定位调节器消除式中的常数项A，以便保持相同的测量条件，来检测被测溶液的pH。

3.3.3 pH计电计部分主要功能键及接口介绍

Setup键主要用于清除缓冲溶液，调出电极校准数据或者选择自动识别缓冲溶液；Mode键主要用于pH、mV和相对mV测量方式的转换。Enter键用于菜单选择确认；Standarize键用于可识别缓冲溶液进行校准。Power接口用于连接电源；Input接口用于与pH计电极相连；ATC接口连接温度探头。

3.3.4 电极的安装与维护

① 去掉电极的防护帽。

② 如电极在第一次使用前或者电极填充液干了时，应将电极在标准溶液或者KCl饱和溶液中浸泡24h以上。

③ 去掉pH计接头的防护帽，将电极插头接到背面的BNC（电极）和ATC（温度探头）输入孔。

④ ORP及离子选择性电极的选择性连接，去掉BNC（电极）密封盖，将电极接到BNC输入孔。

⑤ 在每次测量之间要清洗电极：吸干电极表面的溶液（不要擦拭电极），用蒸馏水或者去离子水或者待测溶液进行冲洗。

⑥ 测量完成后需将玻璃电极存放在电极填充液KCl溶液中或者电极存储液中。测量过程中如选择可填充电解液电极，加液口应敞开，存放时关闭，并应注意在内部溶液液面较低时添加电解液。

3.3.5 pH计的校准

因为电极的响应会发生变化，pH计和电极在测定pH过程中都应该经常校准，以补偿

电极的变化。校准进行得越有规律，测量越精确。pH计最多可以使用三种缓冲溶液进行自动校准，若再输入第四种缓冲溶液将替代第一种缓冲溶液的值。pH计有自动温度补偿功能。

① 将电极浸入缓冲溶液中，搅拌均匀直至稳定。

② 按Mode键直至显示出所需的pH测量方式，用此键可以在pH和mV模式之间进行切换。

③ 在进行一个新的两点或三点校准之前，要将已经存储的校准点清除。使用Setup键和Enter键可以清除已有缓冲液校准值，并选择所需要的缓冲液组。

④ 按Standarize键，pH计识别缓冲溶液并将闪烁显示缓冲溶液pH值，在达到稳定后按Enter键即可存储现有缓冲溶液pH，此时pH计显示电极斜率100.0%。

⑤ 为了输入第二种缓冲溶液pH，将电极浸入第二种缓冲溶液中，搅拌均匀，并等到pH值稳定后，按Standarize键，pH计识别缓冲溶液并在显示屏上显示第一、第二缓冲液pH值。此时电极斜率应在90%～105%之间。如果不在此范围，应重复步骤③至⑤直到其电极斜率范围在90%～105%之间为止。

⑥ 第三种缓冲溶液pH值的输入同步骤⑤。

⑦ 为了校准pH计，至少使用两种缓冲溶液，待测溶液的pH值应处于两种缓冲溶液pH之间，用磁力搅拌器搅拌可使电极相应速度更快。

3.3.6 pH计的使用

① 将变压器插头与pH计Power接口相连，并接好交流电；

② 将pH复合玻璃电极与BNC电极和ATC温度探头输入孔连接；

③ 按Mode键直至显示屏上出现相应的测量方式；

④ 按3.3.5所述进行pH计校准。

⑤ 显示屏显示当前pH、mV或相对mV测量值；

⑥ 按Setup键可显示经校准而得到的信息和清除或者选择输入的缓冲溶液值。

3.4 722型光栅分光光度计的使用

分光光度计的型号较多，其测量基本原理大致相同，以下主要以722型光栅分光光度计来说明分光光度计的工作原理及使用方法。

3.4.1 基本原理

光通过有色溶液后有一部分被有色物质吸收，有色物质浓度越大或液层越厚，即有色物质质点数目越多，则对光的吸收也越多，透过的光就越弱。如果以I_0为入射光的强度，I_t为透过光的强度，则I_t/I_0是透光率，$\lg(I_0/I_t)$定义为吸光度A。吸光度越大，溶液对光的吸收越多。实验证明，当一束单色光（具有一定波长的光）通过一定厚度的有色溶液时，有色溶液对光的吸收程度与溶液中有色物质的浓度c成正比：

$$A=\varepsilon bc \tag{3-3}$$

这就是朗伯-比耳定律的数学表达式。式中，A表示吸光度；ε是一个比例常数，它与入射光的波长以及溶液的性质、温度等因素有关；b表示比色皿的厚度；c表示溶液中有色物质的浓度。

白光通过衍射光栅分光后可得到不同波长的单色光。将单色光通过待测溶液，经待测液吸收后的透射光射向光电转换元件，变成电信号，在显示器上就可读出该物质在测试条件下的吸光度。

有色物质对光的吸收有选择性，通常用光的吸收曲线来描述有色溶液对光的吸收情况。将不同波长的单色光依次通过一定浓度的有色溶液，分别测定吸光度，以波长为横坐标、吸光度为纵坐标作图，所得曲线称为该物质的吸收曲线（图 3-2）。其中吸光度最大处所对应的单色光的波长称为该物质的最大吸收波长（λ_{max}），一般选择 λ_{max} 处的光进行测量，因为用最大吸收波长测定物质的吸光度，样品的吸光度最大，测定的灵敏度和准确度都高。

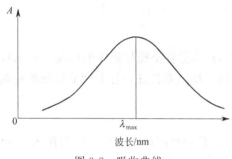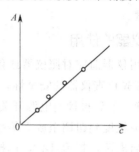

图 3-2　吸收曲线　　　　　　　　　图 3-3　工作曲线

在测定样品前，首先必须建立吸光度与待测物质浓度间的依存关系。即在与试样完全相同的测试条件下，测量一系列已知准确浓度的标准溶液的吸光度，作出吸光度-浓度曲线，即该物质在特定测试波长下的标准曲线（图 3-3），测出试样的吸光度后，就可从标准曲线读出其浓度值。

3.4.2　722 可见分光光度计

722 型光栅分光光度计采用衍射光栅取得单色光，以光电倍增管作为光电转换元件，用数字显示器直接显示测定数据波长范围宽，灵敏度高，使用方便。

仪器的性能如下：

① 波长范围 330～1000nm。
② 光谱带宽 4nm。
③ 光源：钨卤素灯 12V，30W。
　　　　杂散光：＜0.5％T（360nm）。
④ 波长准确度：±2nm。
⑤ 波长重复性：1nm。
⑥ 光度范围：-0.301A～3A。
⑦ 透射比准确率：±0.5％T。
⑧ 透射比重复性：±0.2％T。
⑨ 透射比范围：0.0～125％T。
⑩ 浓度显示范围：0～9999。
⑪ 稳定性：＜0.003A/h。

3.4.3　比色皿

比色皿是分光光度法中用以盛放溶液的玻璃器皿，通常为长方体形，由无色透明、耐腐蚀石英玻璃制成，通常由三个磨砂面和两个光滑透明石英玻璃透光面组成。为了使液层厚度一致，在同一测试中使用的4个比色皿厚度必须一致。检查方法是：将一定浓度的重铬酸钾溶液分别装入厚度相同的几个比色皿中，以其中任一比色皿的溶液作为空白，在440nm处测定其他各比色皿中溶液的透光率，然后选用透光率差小于0.5%的比色皿使用。一般分光光度计配有0.5cm、1cm、2cm、3cm厚的比色皿，以供选择。

取用比色皿时，应手持两边的磨砂面，不要用手直接接触其透光面，以免沾上油污，影响透光率。比色皿一般用自来水、蒸馏水洗涤，然后用比色溶液润洗3次，再装入比色溶液。用镜头纸将器壁沾附的液体擦干，切不可用普通滤纸条擦拭比色皿的两个透光面，以免在其上产生划痕，影响透过率，观察透光面清洁透明，没有气泡沾附于内壁，方可放入比色皿架中测试。

3.4.4 仪器的使用

① 使用仪器前应对照仪器或仪器外形图（图3-4）熟悉各个操作旋钮的功能。在未接通电源前，应先检查仪器的安全性，电源线接线应牢固，接地要良好，各个调节旋钮的起始位置应该正确，然后再接通电源开关。

② 将灵敏度旋钮调至放大倍率最小的"1"档。

③ 开启电源，指示灯亮，选择开关置于"T"，波长调至测试用波长。仪器预热20min。

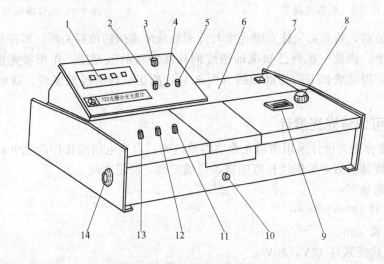

图3-4 仪器外形图

1—数字显示器；2—吸光度调零旋钮；3—选择开关；4—吸光度调斜率电位器；
5—浓度旋钮；6—光源室；7—电源开关；8—波长手轮；9—波长刻度窗；10—试样架拉手；
11—100%T旋钮；12—0%T旋钮；13—灵敏度调节旋钮；14—干燥器

④ 打开试样室盖，光门立即自动关闭。调节"0"旋钮，使数字显示"00.0"。盖上试样室盖，光门自动打开。将比色皿架处于蒸馏水校正位置，使光电管受光，调节透过率"100%"旋钮，使数字显示为"100.0"，连续几次调整"0"和"100"直至稳定，仪器即可进行测定工作。

⑤ 如果显示不到"100.0"，则可适当增加微电流放大器的倍率挡数，但倍率尽可能置于低挡使用，使仪器有更高的稳定性。倍率改变后必须按④重新校正"0"和"100"。

⑥ 吸光度A的测量：将选择开关置于"A"，利用试样空白作参比溶液，调节吸光度调零旋钮，使数字显示为"00.0"，然后将被测试样移入光路，显示值即为被测试样的吸光

度值。

⑦ 每次改变测试波长时，都必须重新完成步骤④至⑥，否则测量没有意义。在较大范围改变测试波长时，应在调整"0"和"100"后稍等片刻（因光能量变化急剧，光电管受光后响应缓慢，需要光响应平衡时间），当稳定后，重新调整"0"和"100"方可工作。

⑧ 每台仪器所配套的比色皿，不能与其他仪器上的比色皿单个调换。

3.4.5 仪器的维护

① 为确保仪器稳定工作，如电压波动较大，则应将220V电源预先稳压。

② 当仪器工作不正常时，如数字表无亮光，光源灯不亮，开关指示灯无信号，应检查仪器后盖保险丝是否损坏，然后检查电源线是否接通，再检查电路。

③ 仪器要接地良好。

④ 仪器左侧下角有一只干燥剂筒，试样室内也有硅胶，应保持其干燥性，发现变色立即更新或加以烘干再用。当仪器停止使用后，也应该定期更新烘干。

⑤ 为了避免仪器积灰和沾污，在停止工作时，用套子罩住整个仪器，在套子内应放数袋防潮硅胶，以免灯室受潮使反射镜镜面有霉点或沾污，从而影响仪器性能。

⑥ 仪器工作数月或搬动后，要检查波长精度和吸光度精度等，以确保仪器的使用和测定精度。

3.5 DDS-11 A型电导率仪

3.5.1 基本概念

导体导电能力的大小常以电阻（R）或电导（G）表示，电导是电阻的倒数：

$$G=\frac{1}{R} \tag{3-4}$$

电阻、电导的SI单位分别是欧［姆］（Ω）、西［门子］（S），显然 $1S=1\Omega^{-1}$。

导体的电阻与其长度（L）成正比，而与其截面积（A）成反比：

$$R=\rho\frac{L}{A} \tag{3-5}$$

式中，ρ 为比例常数，称电阻率或比电阻。根据电导与电阻的关系，容易得出：

$$G=\kappa\frac{A}{L}$$

$$或者\ \kappa=G\frac{L}{A} \tag{3-6}$$

式中，κ 称为电导率，是长1m、截面积为1m² 导体的电导，SI单位是西门子每米，用符号 $S\cdot m^{-1}$ 表示。对于电解质溶液来说，电导率是电极面积为1m²，且两极相距1m时溶液的电导。电解质溶液的摩尔电导率（Λ_m）是指把含有1mol的电解质溶液置于相距为1m的两个电极之间的电导。溶液的浓度为 c，通常用 $mol\cdot L^{-1}$ 表示，则含有1mol电解质溶液的体积为 $\frac{10^{-3}}{c}m^3$，此时溶液的摩尔电导率等于电导率和溶液体积的乘积：

$$\Lambda_m=\kappa\times\frac{10^{-3}}{c} \tag{3-7}$$

式中，摩尔电导率的单位是 $S\cdot m^2\cdot mol^{-1}$。摩尔电导率的数值通常是测定溶液的电导率，用上式计算得到。

测定电导率的方法是用两个电极插入溶液，测出两极间的电阻 R_x。对于一个电极而言，电极面积 A 与间距 L 都是固定不变的，因此 L/A 是常数，称电极常数，以 Q 表示。根据式(3-4)和式(3-6)得：

$$\kappa = \frac{Q}{R_x} \tag{3-8}$$

由于电导的单位西门子太大，常用毫西门子（mS）、微西门子（μS）表示。

3.5.2 DDS-11A 型电导率仪的测量范围

① 测量范围　$0 \sim 10^5 \mu S \cdot cm^{-1}$，分 12 个量程。
② 配套电极　DJS-1 型光亮电极；DJS-1 型铂黑电极；DJS-10 型铂黑电极。
③ 各量程范围与配用电极　如表 3-2 所示。

表 3-2　测量范围与配用电极

量程	电导率/$\mu S \cdot cm^{-1}$	测量频率	配用电极
(1)	$0 \sim 0.1$	低周	DJS-1 型光亮电极
(2)	$0 \sim 0.3$	低周	DJS-1 型光亮电极
(3)	$0 \sim 1$	低周	DJS-1 型光亮电极
(4)	$0 \sim 3$	低周	DJS-1 型光亮电极
(5)	$0 \sim 10$	低周	DJS-1 型光亮电极
(6)	$0 \sim 30$	低周	DJS-1 型铂黑电极
(7)	$0 \sim 10^2$	低周	DJS-1 型铂黑电极
(8)	$0 \sim 3 \times 10^2$	低周	DJS-1 型铂黑电极
(9)	$0 \sim 10^3$	低周	DJS-1 型铂黑电极
(10)	$0 \sim 3 \times 10^3$	低周	DJS-1 型铂黑电极
(11)	$0 \sim 10^4$	高周	DJS-1 型铂黑电极
(12)	$0 \sim 10^5$	高周	DJS-10 型铂黑电极

3.5.3 使用方法

① 未开电源前，观察表头指针是否指零。如不指零，可调整表头上的调零螺丝，使表针指零。

② 将校正、测量开关拨在"校正"位置。

③ 将电源插头先插在仪器插座上，再接上电源。打开电源开关，并预热数分钟（待指针完全稳定下来为止）。调节校正调节器，使电表满刻度指示。

④ 根据液体电导率的大小选用低周或高周，将低周、高周开关拨向"低周"或"高周"。

⑤ 将量程选择开关旋至所需要的测量范围。如预先不知道待测液体的电导率范围，应先把开关旋至最大测量挡，然后逐挡下降，以防表针被打弯。

⑥ 根据液体电导率的大小选用不同的电极。使用 DJS-1 型光亮电极和 DJS-1 型铂黑电极时，把电极常数调节器调节在与配套电极的常数相对应的位置上。例如，若配套电极的常数为 0.95，则把电极常数调节器调节在 0.95 处。当待测溶液的电导率大于 $10^4 \mu S \cdot cm^{-1}$，以致用 DJS-1 型电极测不出时，选用 DJS-10 型铂黑电极，这时应把调节器调节在配套电极的 1/10 常数位置上。例如，若电极的常数为 9.8，则应使调节器指在 0.98 处，再将测得的读数乘以 10，即为被测溶液的电导率。

⑦ 电极使用时，用电极夹夹紧电极的胶木帽，并通过电极夹把电极固定在电极杆上。将电极插头插入电极插口内，旋紧插口上的紧固螺丝，再将电极浸入待测液中。

⑧ 将校正、测量开关拨在校正位置，调节校正调节器使电表指示满刻度。注意，为了提高测量精度，当使用"$\times 10^4 \mu S \cdot cm^{-1}$、$\times 10^3 \mu S \cdot cm^{-1}$"挡时，校正必须在接好电导池（电极插头插入插口，电极浸入待测溶液）的情况下进行。

⑨ 将校正、测量开关拨向测量，这时指示读数乘以量程开关的倍率即为待测液的实际电导率。如开关旋至 $0 \sim 100 \mu S \cdot cm^{-1}$ 挡，电表指示为 0.9，则被测液的电导率为 $90 \mu S \cdot cm^{-1}$。

⑩ 用（1）、（3）、（5）、（7）、（9）、（11）各挡时，看表头上面的一条刻度（0~1.0）；当用（2）、（4）、（6）、（8）、（10）各挡时，看表头下面的一条刻度（0~3），即红点对红线、黑点对黑线。

⑪ 当用 $0 \sim 0.1 \mu S \cdot cm^{-1}$ 或 $0 \sim 0.3 \mu S \cdot cm^{-1}$ 挡测量高纯水时，先把电极引线插入电极插口，在电极未浸入溶液前，调节电容补偿调节器使电表指示为最小值（此最小值即电极铂片间的漏电阻，由于漏电阻的存在，使得调节电容补偿调节器时电表指针不能达到零点），然后开始测量。

3.5.4 注意事项

① 电极的引线不能潮湿，否则测不准。

② 高纯水盛入容器后应迅速测量，否则电导率将很快增加；因为空气中的二氧化碳溶入水中形成 CO_3^{2-}，影响了电导率的数值。

③ 盛待测溶液的容器必须清洁，无离子沾污。

④ 每测定一份试样后，用蒸馏水冲洗电极，并用吸水纸吸干，但不能用吸水纸擦铂黑电极，以免铂黑脱落。也可用待测液荡洗 3 次后测定。

4 无机及分析化学实验基本操作

4.1 玻璃仪器的洗涤

无机及分析化学实验仪器大多是玻璃制品。要想获得准确的实验结果，必须保证所用仪器的洁净，因此玻璃仪器的洗涤是做好无机及分析化学实验的一个重要环节。洗涤玻璃仪器的方法有很多，通常根据实验的要求、污物的性质及器皿的沾污程度来选择。一般说来，附着在仪器上的污物，既有可溶性的物质，也有难溶性物质，还可能有油污等有机物，洗涤时应根据污物的性质和种类，采取不同的洗涤方法。

4.1.1 水洗

借助于毛刷等工具用水洗涤，既可使可溶物溶去，又可使附着在仪器壁面上的不溶物脱落下来，但通常水洗不能去除油污等有机物。对试管、烧杯、量筒等普通玻璃仪器，可先在容器内注入 1/3 左右的自来水，选用大小合适的毛刷子蘸去污粉刷洗，再用自来水冲洗后，容器内外壁能被水均匀润湿既不聚集成滴也不成股流下，证实洗涤干净，否则表明内壁或外壁仍有污物，应重新洗涤，最后用蒸馏水或去离子水冲洗 2～3 次。使用毛刷洗涤试管、烧杯或其他薄壁玻璃容器时，毛刷顶端必须有竖毛，没有竖毛的不能用。洗试管时，将刷子顶端毛顺着伸入试管，用一手捏住试管，另一手捏住毛刷，把蘸有去污粉的毛刷来回擦拭或在试管内壁旋转擦拭，注意不要用力过猛，以免铁丝刺穿试管底部。

4.1.2 洗涤剂洗涤

常用的洗涤剂有去污粉和合成洗涤剂。在用洗涤剂之前，先用自来水洗，然后用毛刷蘸少许去污粉或合成洗涤剂在润湿的仪器内外壁上擦洗，再用自来水冲洗干净，最后用蒸馏水或去离子水润冲至仪器内外壁被水均匀润湿既不聚集成滴也不成股流下为止。

4.1.3 用铬酸洗液洗

洗液是重铬酸钾在浓硫酸中的饱和溶液，通常将 50g 粗重铬酸钾加到 1L 浓 H_2SO_4 中加热溶解即可制得铬酸洗液。洗液具有很强的氧化性，能将油污及有机物洗去。使用时应注意以下几点：首先，使用前最好先用水或去污粉将仪器预洗一下。其次，使用洗液前，应尽量把容器内的水去掉，避免稀释洗液。第三，洗液具有很强的腐蚀性，会灼伤皮肤和损坏衣服，使用时要特别小心，尤其不要溅到眼睛内。使用时最好戴橡皮手套和防护镜，万一不慎溅到皮肤或衣服上，要立即用大量水冲洗；最后洗液为深棕色，某些还原性污物能使洗液中的 $Cr(Ⅵ)$ 还原为绿色的 $Cr(Ⅲ)$。所以已变成绿色的洗液就不能使用了，未变色的洗液可倒回原洗液瓶中继续使用。用洗液洗后的仪器还要用蒸馏水冲洗干净。最后，用洗液洗涤仪器应遵循少量多次的原则，这样既节约，又可提高洗涤效率。

4.1.4 特殊物质的去除

① 由铁盐引起的黄色可用盐酸或硝酸洗去；

② 由锰盐、铅盐或铁盐引起的污物，可用浓 HCl 洗去；
③ 由金属硫化物沾污的颜色可用硝酸（必要时可加热）除去；
④ 容器壁沾有硫黄可用与 NaOH 溶液一起加热或加入少量苯胺加热或用浓 HNO_3 加热溶解。

经上述处理后的仪器，均需用蒸馏水或者去离子水少量多次淋洗干净。

4.1.5 一些精密量器的洗涤

对于比较精密的量器如容量瓶、移液管、滴定管，不能用毛刷洗，也不宜用去污粉等洗涤，一般可先用自来水少量多次冲洗，再用蒸馏水或者去离子水少量多次洗涤。

4.2 玻璃仪器的干燥

（1）自然晾干

不急用的仪器，洗净后倒置于仪器架上，让其自然干燥，不能倒置的仪器可将水倒净后任其干燥。

（2）烘箱烘干

洗净后仪器可放在电烘箱内烘干，温度控制在 105～110℃。仪器在放入烘箱之前，应尽可能把水甩净，放置时应使仪器口向上，木塞和橡皮塞不能与仪器一起干燥，玻璃塞应从仪器上取下，放在仪器的一旁，这样可防止仪器干后卡住拿不下来。

（3）小火烤干

急于使用的仪器可置于石棉网上用小火烤干。试管可直接用火烤，但必须使试管口稍微向下倾斜，以防水珠倒流，引起试管炸裂。

（4）吹风机吹干

用吹风机将洗净的急于使用的玻璃仪器吹干。

（5）有机溶剂干燥

带有刻度的仪器，既不易晾干或吹干，又不能用加热方法进行干燥，但可用与水相溶的有机溶剂如乙醇、丙酮等进行干燥。方法是：往仪器内倒入少量酒精或酒精与丙酮的混合溶液（体积比 1∶1），将仪器倾斜、转动，使水与有机溶剂混溶，然后倒出混合液，尽量倒干，再将仪器口向上，任有机溶剂挥发，或向仪器内吹入冷空气使挥发快些。

4.3 加热方法

在实验室中加热常用酒精灯、酒精喷灯、煤气灯、煤气喷灯、电炉、电热板、电热套、水浴、油浴、红外灯、白炽灯、马弗炉、管式炉、烘箱及恒温水浴等。

（1）酒精灯的使用方法

酒精灯是无机及分析化学实验室中使用频率最高的加热工具之一。酒精灯的构造如图 4-1 所示，主要由灯帽、灯芯和灯壶三部分组成，其加热温度通常在 400～500℃ 之间。使用酒精灯时，首先要检查灯芯，灯芯不要过紧，灯芯不齐或烧焦，应用剪刀剪齐。其次要检查灯壶中酒精量的多少，如果酒精体积小于灯壶体积的 1/2，则应用漏斗向灯壶中添加酒精，通常以酒精体积在灯壶 1/2～2/3 为宜。点燃酒精灯时，取下灯帽，直放在台面上，不要让其滚动，擦燃火柴，从侧面移向灯芯点燃，燃烧时火焰不发出嘶嘶声，并且是火焰较暗时火

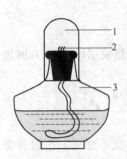

图 4-1 酒精灯的构造图
1—灯帽；2—灯芯；3—灯壶

力较强，一般用火焰上部加热。熄灭酒精灯时不能用口吹灭，而要用灯帽从火焰侧面轻轻罩上，切不可从高处将灯帽扣下，以免损坏灯帽。灯帽和灯壶是配套的，不要搞混。灯帽不合适，不但酒精会挥发，而且酒精由于吸水而变稀。因此灯口有缺损及损伤者不能使用。

用酒精灯加热盛液体的试管时，要用试管夹夹持试管的中上部，试管与台面成60°倾斜，试管口不要对着他人或自己。先加热液体的中上部，再慢慢移动试管热及下部，然后不时地移动或振荡试管，使液体各部受热均匀，避免试管内液体因局部沸腾而溅出，引起烫伤。试管中被加热液体的体积不要超过试管高度的1/2。烧杯、烧瓶加热一般要放在石棉网上。

使用酒精灯时的注意事项有：第一，长时间使用或在石棉网下加热时，灯口会发热，为防止熄灭时冷的灯帽使酒精蒸气冷凝而导致灯口炸裂，熄灭后可暂将灯帽拿开，等灯口冷却以后再罩上。第二，酒精蒸气与空气混合气体的爆炸极限为3.5%～20%，夏天无论是灯内还是酒精桶中都会自然形成达到爆炸极限的混合气体，因此点燃酒精灯时，必须注意这一点。使用酒精灯时必须注意补充酒精，以免形成爆炸极限的酒精蒸气与空气的混合气体。第三，燃着的酒精灯不能补添酒精，更不能用点着的酒精灯对点。第四，酒精易燃，其蒸气易燃易爆，使用时一定要按规范操作，切勿溢洒，以免引起火灾。最后，酒精易溶于水，着火时可用水灭火。玻璃加工时，有时还要用到酒精喷灯。

(2) 煤气灯的构造及使用方法

煤气灯是利用煤气或天然气为燃料气的实验室常用加热装置。煤气和天然气一般由一氧化碳、氢气、甲烷和不饱和烃等组成。煤气燃烧后的产物为二氧化碳和水。煤气本身无色无臭、易燃易爆，并且有毒，不用时一定要关紧阀门，绝不可将其逸入室内。为提高人们对煤气的警觉和识别能力，通常在煤气中掺入少量有特殊臭味的硫醇，这样一旦漏气，马上可以闻到气味，便于检查和排除。

煤气灯有多种样式，但其构造原理基本相同，如图4-2所示，煤气灯主要由灯管和灯座两部分组成。灯管下部有螺旋与灯座相连。灯管下部还有几个分布均匀的小圆孔为空气的入口，旋转灯管就可完全关闭或不同程度地开启圆孔，以调节空气的进入量。煤气灯构造简单，使用方便，用橡皮管将煤气灯与煤气龙头连接起来即可使用。

点燃煤气灯需严格按照如下步骤进行：首先关闭空气入口（因空气进入量大时，灯管口气体冲力太大，不易点燃）；然后擦燃火柴，将火柴从斜方向移近灯管口；打开煤气阀门即可点燃煤气灯；最后调节煤气阀门或螺旋针，使火焰高度适宜（一般高度为4～5cm）。这时火焰呈黄色，逆时针旋转灯管，调节空气进入量，使火焰呈淡紫色。

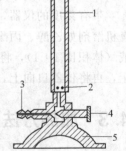

图 4-2 煤气灯的构造
1—灯管；2—空气入口；3—煤气入口；4—螺旋针；5—灯座

煤气在空气中燃烧不完全时，会部分分解产生炭。火焰因炭粒发光而呈黄色，黄色的火焰温度不高。煤气与适量空气混合后燃烧可完全生成二氧化碳和水而产生正常火焰。正常火焰不发光而呈近无色，它由三部分组成，如图4-3(a)所示：内层（焰心）呈绿色，圆锥状，在这里煤气和空气仅仅混合，并未燃烧，所以温度不高（约300℃左右）；中层（还原焰）呈淡蓝色，在这里，由于空气不足，煤气燃烧不完全，并部分地分解出含碳的产物，具有还原性，温度约700℃左右；外层（氧化焰）

呈淡紫色，这里空气充足，煤气完全燃烧，具有氧化性，温度约1000℃左右。通常利用氧化焰来加热。在淡蓝色火焰上方与淡紫色火焰交界处为最高温度区，约1500℃。

当煤气和空气的进入量调配不合适时，点燃时会产生不正常火焰，如图4-3(b)、(c)所示。当煤气和空气进入量都很大时，由于灯管口处气压过大，容易造成以下两种后果：①用火柴难以点燃；②点燃时会产生临空火焰［火焰脱离灯管口，临空燃烧，如图4-3(b)所示］。遇到这种情况，应适当减少煤气和空气进入量。如空气进入量过大，则会在灯管内燃烧，这时能听到一种特殊的嘶嘶声，有时在灯管口的一侧有细长的淡紫色的火舌，形成"侵入焰"，如图4-3(c)所示。有时在煤气灯使用过程中，由于某种不确定因素导致煤气量突然减小、空气量相对过剩，这时就容易产生"侵入焰"，这种现象称为"回火"。产生"侵入焰"时，应立即减少空气的进入量或增大煤气的进入量。当灯管已烧热时，应立即关闭煤气灯，待灯管冷却后再重新点燃和调节。

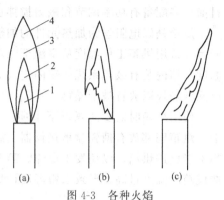

图4-3 各种火焰

(a) 正常火焰；(b) 临空火焰；(c) 侵入火焰
1—焰心；2—还原焰；3—氧化焰；4—最高温区

使用煤气灯时的注意事项有：第一，煤气中的一氧化碳有毒，且当煤气和空气混合到一定比例时，遇火源即可发生爆炸，所以不用时一定要把煤气阀门关好；点燃时一定要先划燃火柴，再打开煤气龙头；离开实验室时，要再检查一下煤气开关是否关好。第二，点火时要先关闭空气入口，再擦燃火柴点火，这是因为空气孔太大，管口气体冲力太大，不易点燃，且易产生"侵入焰"。玻璃加工时，有时还要用到煤气喷灯。

(3) 电加热方法

无机及分析化学实验中还经常使用到电炉、电热板、电热套、管式炉和马弗炉等各种电器加热，如图4-4至图4-9所示。与酒精灯和煤气等加热相比，电加热方法有许多优点，如电加热不会产生有毒物质，可以产生各种不同温度范围，满足不同的加热目的，所以掌握各种电加热方法很有必要。

电炉是利用电阻丝作为发热元件的电加热装置（图4-4），根据发热量不同可以有不同规格，如300W、500W、800W、1000W等。有些电炉还配有调节装置，以满足不同的加热需求。使用电炉时应注意以下几点：首先，电源电压要与电炉电压相一致；其次，不可以用电炉直接加热加热器皿，在它们之间应放一块儿石棉网，方可使加热均匀；第三，电炉盘中要保持清洁，要及时清除烧焦物，以保证电阻丝传热良好，延长使用寿命。

图4-4 电炉

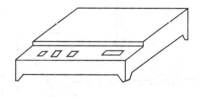

图4-5 电热板

电热板是利用电阻丝作为加热元件做成的封闭式加热装置（图4-5），电热板加热是平面的，一般升温较慢，可作为水浴、油浴的热源，也常用于加热烧杯、平底烧瓶、锥形瓶等平底容器。许多电热板还具有磁力搅拌和功率调节功能。

电热套是以电阻丝为加热元件,专为加热圆底容器而设计的电加热装置,特别适合作为蒸馏易燃物品的蒸馏热源(图 4-6)。可以根据不同规格的烧瓶选择不同的电热套。电热套目前也多配备有功率调节和磁力搅拌功能。

烘箱是以电阻丝为加热元件的加热装置,主要用于烘干玻璃仪器和固体试剂,如图 4-7 所示。常用烘箱工作温度从室温至额定温度,在此温度范围内可通过自动控温系统任意选择温度。箱内装有鼓风系统使箱内空气对流,保证烘箱内各个部分温度均匀。工作室内设有两层网状隔板以放置被干燥物。

使用烘箱时需要注意以下事项:第一,被烘的仪器应洗净、沥干后再放入,且使口朝下,烘箱底部放有搪瓷盘承接仪器上滴下的水,不让水滴到电热丝上。第二,易燃、易挥发物不能放进烘箱,以免发生爆炸。第三,升温时应检查控温系统是否正常,一旦失效就可能造成箱内温度过高,导致水银温度计炸裂。第四,升温时,箱门一定要关严。

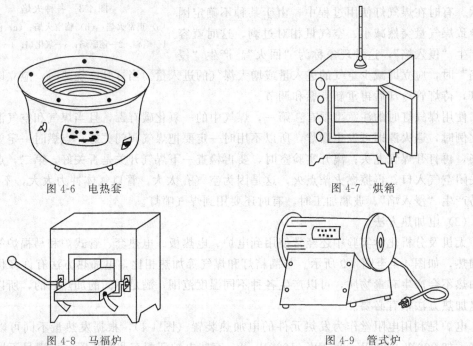

图 4-6 电热套　　　　　　　　图 4-7 烘箱

图 4-8 马福炉　　　　　　　　图 4-9 管式炉

马福炉是常用的固相反应加热装置(图 4-8),马福炉的额定温度主要决定于其发热体的材质,通常额定温度在 900℃ 以下时,可用镍铬丝;1300℃ 以下用硅碳棒;1800℃ 以下用硅钼棒作为加热元件。所有这些发热体都是嵌入由耐火材料制成的炉膛内壁中。

管式炉是高温下气-固反应常用加热装置(图 4-9),也可以对固相反应提供各种气氛保护,防止氧化反应的发生或者制备还原性固体材料。管式炉与马福炉一样,可以根据所需温度选择不同的加热元件。

当被加热的物质需要均匀受热且不能超过一定温度时,通常可通过特定热浴间接加热。根据所选加热物质的不同,可选择水浴或油浴加热。当要求温度不超过 100℃ 时可用水浴加热(图 4-10)。使用水浴锅

图 4-10 水浴

时应注意水浴锅中的存水量应保持在总体积的 2/3 左右；受热玻璃器皿不要触及水浴锅壁及其底部。油浴适用于 100～250℃ 温度范围内的加热。通常反应温度要低于油浴液温度 20℃ 左右。常用作油浴的有：甘油（140～150℃）、植物油（220℃）、石蜡（200℃）、硅油（250℃）等。由于油浴中使用的甘油、植物油、石蜡等属于易燃物，因此使用油浴时，要特别注意防止着火。当油受热冒烟时，要立即停止加热；油要适量，不可过多，以免受热膨胀溢出；油锅外不能沾油；如遇油浴着火，要立即拆除热源，用石棉布盖灭火焰，切勿用水浇。

4.4 冷却方法

在化学实验中有些反应、分离、提纯要求在低温下进行，这就需要选择合适的制冷技术。通常的冷却方法包括：自然冷却，即将热的物质在空气中放置一定时间使其自然冷却至室温；吹风冷却，当实验需要快速冷却时，可吹风机吹冷风冷却；还有水冷，最简便的水冷方法就是将盛有被冷却物的容器放在冷水浴中。冰水浴通常是将水和碎冰的混合物作冷却剂，其效果比单独使用冰块要好，因为它能和容器更好地接触。如果需要更低的冷却温度，可以根据反应所需冷却温度选择合适的冰盐冷却剂来降低温度。实验室中常用冰盐冷却剂及其所能达到的低温情况如表 4-1 所示。制冰盐冷却剂时，应把盐研细，将冰用刨冰机刨成粗砂糖状，然后按一定比例均匀混合。

表 4-1　常用冰盐冷却剂

盐　类	100g 碎冰（或雪）中加盐量/g	能够达到最低温度/℃
NH_4Cl	25	−15
$NaNO_3$	50	−18
$NaCl$	33	−21
$CaCl_2 \cdot 6H_2O$	100	−29
$CaCl_2 \cdot 6H_2O$	143	−55

4.5 固体物质的溶解、固液分离、蒸发(浓缩)和结晶

在无机及分析化学中，经常需要制备、提纯某些物质，因此常用到溶解、过滤、蒸发（浓缩）和结晶（重结晶）等基本操作。

4.5.1 固体物质的溶解

将固体物质溶解于溶剂中时，首先需要考虑选取适当的溶剂，还应该考虑温度对物质溶解度的影响。一般说来，加热可以加速固体物质的溶解过程。而使用什么加热装置、采用什么加热方式主要取决于物质的热稳定性。

搅拌可以加速溶解过程。用玻璃棒搅拌时，应手持玻璃棒使其在溶液中均匀转圈，不要用力过猛，不要使玻璃棒碰到器壁，以免发出响声、损坏容器。如果固体颗粒太大，应预先研细，然后溶解。

目前实验室中大多配备了磁力加热搅拌装置和机械搅拌装置，集加热、搅拌功能于一体。常温易溶解的物质通常可通过磁力加热搅拌装置来溶解，而需要高温溶解的物质可以通过机械搅拌装置实现，因为高温下磁性转子会消磁。

4.5.2 固液分离

固体与液体的分离方法有三种：倾析法、过滤法、离心分离法。

(1) 倾析法

主要用于沉淀的相对密度较大或晶体的颗粒较大，静置后能很快沉降至容器底部的固体与液体的分离或洗涤。倾析法是通过沉淀静置沉降后将上层清液倾倒到另一容器中而使沉淀与溶液分离的。如要洗涤沉淀时，只需向盛沉淀的容器内加入少量洗涤液，再用倾析法，如此反复操作两三遍，即可将沉淀洗净。

(2) 过滤法

过滤是最常用的分离方法之一。当沉淀和溶液经过过滤器时，沉淀留在过滤器上，溶液通过过滤器而进入接受容器中，所得溶液为滤液，而留在过滤器上的沉淀称为滤饼。过滤时应根据沉淀颗粒的大小、状态及溶液的性质而选用合适的过滤器和采取相应的措施。黏度小的溶液比黏度大的过滤快，热的比冷的过滤快，减压过滤比常压过滤快。如果沉淀是胶状的，可在滤前加热破坏。常用的过滤方法有常压过滤、减压过滤和热过滤三种。

常压滤纸过滤是以滤纸和普通漏斗作为过滤器，实现固液分离的方法。完成常压滤纸过滤需要如下几个步骤。

首先是滤纸的选择。通常常压滤纸过滤需要根据实验目的的不同选择不同的滤纸。滤纸可分为定性滤纸和定量滤纸两种。在定量分析中，当需将滤纸连同沉淀一起灼烧后称量，就采用定量滤纸。在无机实验或者定性分析实验中常用定性滤纸。滤纸按孔隙大小分为"快速"、"中速"和"慢速"三种；按直径大小分为 7cm、9cm、11cm 等几种。应根据沉淀的性质选择滤纸的类型，如 $BaSO_4$ 为细晶型沉淀，应选用慢速滤纸；NH_4MgPO_4 为粗晶形沉淀，宜选用中速滤纸；$Fe_2O_3 \cdot nH_2O$

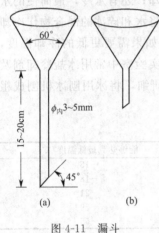

图 4-11 漏斗
(a) 长颈漏斗；(b) 短颈漏斗

为胶状沉淀，需选用快速滤纸过滤。滤纸直径的大小由沉淀量的多少来决定，一般要求沉淀的总体积不得超过滤纸锥体高度的 1/3。滤纸的大小还应与漏斗的大小相适应，一般滤纸上沿应低于漏斗上沿约 1cm。

第二是漏斗的选择。常压滤纸过滤中应根据需要选择合适的漏斗，普通漏斗大多是玻璃质的，分长颈和短颈两种，长颈漏斗颈长 15～20cm；颈的直径一般为 3～5mm，颈口处磨成 45°角，漏斗锥体角度应为 60°，如图 4-11 所示。普通漏斗的规格按半径划分，常用的有 30mm、40mm、60mm、100mm、120mm 等几种。使用时应依据溶液体积的大小来选择半径适当的漏斗。

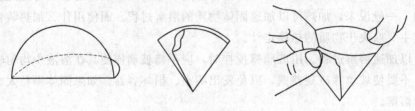

图 4-12 滤纸的折叠

第三是滤纸的折叠。常压滤纸过滤中需要将滤纸折叠成特定的锥形以使滤纸和漏斗相互吻合，通常按四折法折叠滤纸，折叠时应把手洗净擦干，以免弄脏滤纸。滤纸的折叠方法是先将滤纸整齐地对折,然后再对折,如图 4-12 所示。为保证滤纸与漏斗密合,第二次对折时不要折死,先把锥体打开,放入漏斗(漏斗内壁应干净且干燥),如果上边缘不十分密合,可以稍微改变滤纸的折叠角度,使滤纸与漏斗密合,此时可以把第二次的折叠边折死。将折叠好的滤纸放在准备好的与滤纸大小相适应的漏斗中,打开三层的边对准漏斗出口短的一边。用食指按紧三层的边。为使滤纸和漏斗内壁贴紧至无气泡,常在三层厚的外层滤纸折角处撕下一小块(保留以备擦拭烧杯中的残留沉淀用),用洗瓶吹入少量去离子水(或蒸馏水)将滤纸润湿,然后轻按滤纸,使滤纸的锥体上部与漏斗间无气泡,而下部与漏斗内壁形成缝隙。按好后加水至滤纸边缘。这时漏斗颈内应全部充满水,形成水柱。由于液柱的重力可起抽滤作用,故可加快过滤速度。若未形成水柱,可用手指堵住漏斗下口,稍掀起滤纸的一边,用洗瓶向滤纸和漏斗的空隙处加水,使漏斗充满水,压紧滤纸边,慢慢松开堵住下口的手指,此时应形成水柱,如仍不能形成水柱,可能是漏斗形状不规范。漏斗颈不干净也影响水柱的形成,这时应重新清洗。将准备好的漏斗放在漏斗架上,漏斗下面放一承接滤液的洁净烧杯,其容积应为滤液总量的 5~10 倍,并斜盖以表面皿。漏斗颈口长的一边紧贴杯壁,使滤液沿烧杯壁流下。漏斗放置位置的高低,以漏斗颈下口不接触滤液为度。

图 4-13 过滤

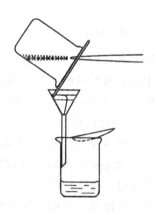

图 4-14 沉淀的转移

第四是过滤和转移。常压滤纸过滤操作多采用倾析法,如图 4-13 所示。即待烧杯中的沉淀静置沉降后,只将上面的清液倾入漏斗中,而不是一开始就将沉淀和溶液搅浑后过滤。溶液应从烧杯尖口处沿玻璃棒流入漏斗中,而玻璃棒的下端对着三层滤纸处,但不要触到滤纸。一次倾入的溶液最多不要超过充满滤纸的 2/3,以免少量沉淀由于毛细作用越过滤纸上沿而损失。倾析完成后,在烧杯内用少量洗涤液如去离子水或蒸馏水,将沉淀作初步洗涤,再用倾析法过滤,如此重复 3~4 次。为了把沉淀转移到滤纸上,先用少量洗涤液把沉淀搅起,立即按上述方法转移到滤纸上,如此重复几次,一般可将绝大部分沉淀转移到滤纸上。残留少量沉淀,按图 4-14 所示方法全部转移干净。左手持烧杯倾斜着在漏斗上方,烧杯嘴向着漏斗。用食指将玻璃棒横架在烧杯口上,玻璃棒的下端向着滤纸的三层处,用洗瓶吹出少量洗液冲洗烧杯内壁,沉淀连同溶液沿玻璃棒流入漏斗中。

第五是滤饼的洗涤。沉淀转移到滤纸上以后,仍需在滤纸上进行洗涤,以除去沉淀表面吸附的杂质和残留的母液。其方法是用洗瓶吹出的洗液从滤纸边沿稍下部位置开始,按螺旋形向下移动,将沉淀集中到滤纸锥体的下部,如图 4-15 所示。注意:洗涤时切勿将洗涤液冲在沉淀上,否则容易溅出。为提高洗涤效率,应本着"少量多次"的原则,即每次使用少量的洗涤液；洗后尽量沥干，多洗几次。选用什么样的洗涤剂洗涤沉淀，应由沉淀性质而定。晶形沉淀，可用冷的稀沉淀剂洗涤，利用沉淀剂产生的同离子效应，可降低沉淀的溶解量；但若沉淀剂为不易挥发的物质，则只好用水或其溶剂来洗涤，对非晶形沉淀，需用热的电解质溶液为洗涤剂，以防止产生胶溶现象，多数采用易挥发的铵盐作洗涤剂；对溶解度较大的沉淀，可采用沉淀剂加有机溶剂来洗涤，以降低沉淀的溶解度。

  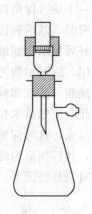

图 4-15　沉淀的洗涤　　　图 4-16　微孔玻璃漏斗　　　图 4-17　抽滤装置

除常压滤纸过滤外，常压过滤还包括微孔玻璃漏斗过滤和纤维棉过滤。微孔玻璃漏斗主要用于烘干后即可称量的沉淀的过滤。微孔玻璃漏斗如图 4-16 所示。此种过滤器皿的滤板是用玻璃粉末在高温熔结而成。按照微孔的孔径，由大到小分为六级：G1～G6（或称 1 号至 6 号）。1 号的孔径最大（80～1200μm），6 号孔径最小（2μm 以下）。在定量分析中一般用 G3～G5 规格（相当于慢速滤纸过滤细晶形沉淀）。使用此类滤器时，需用抽气法过滤（图 4-17）。不能用微孔玻璃漏斗过滤强碱性溶液，因它会损坏漏斗或坩埚的微孔。纤维棉过滤主要用于过滤有些浓的强酸、强碱和强氧化性溶液，过滤时不能用滤纸，因为溶液会和滤纸作用而破坏滤纸，可用石棉纤维来代替，但此法不适用于分析或滤液需要保留的情况。

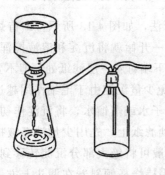 

图 4-18　减压过滤装置　　　　　　　图 4-19　热过滤漏斗

减压过滤也称吸滤或抽滤，其装置如图 4-18 所示，该装置是利用真空泵产生的真空不断把吸滤瓶中的空气带走以使吸滤瓶内的压力减小，在布氏漏斗内的液面与吸滤瓶之间造成一个压力差，从而提高了过滤速度。安装时，布氏漏斗通过橡皮塞与吸滤瓶相连，布氏漏斗的下端斜口应正对吸滤瓶的侧管，橡皮塞与瓶口间必须紧密不漏气，吸滤瓶的侧管用橡皮管与真空泵相连。滤纸要比布氏漏斗内径略小，但必须能"全部盖没漏斗的瓷孔"。将滤纸放入布氏漏斗并用溶剂将滤纸润湿后,打开真空泵使滤纸与布氏漏斗密合。然后通过玻璃棒向漏斗内转移溶液。注意加入的溶液的量不要超过漏斗容积的2/3。打开真空泵待溶液抽干后再转移沉淀,继续抽滤,直至沉淀抽干。过滤完成,先拔掉橡皮管,再关真空泵,用玻璃棒轻轻掀起滤纸边缘,取出滤纸和沉淀。滤液则由吸滤瓶上口倾出。

减压过滤能够加快过滤速度,并能使沉淀抽吸得较干燥。热溶液和冷溶液都可选用减压过滤。若为热过滤,则过滤前应将布氏漏斗放入烘箱(或用吹风机)预热,抽滤前用同一热溶剂润湿滤纸。为了更好地将晶体与母液分开,最好用洁净的玻璃塞将晶体在布氏漏斗上挤压,使母液尽量抽干。晶体表面残留的母液,可用少量的溶剂洗涤,这时抽气应暂时停止。把少量溶剂均匀地洒在布氏漏斗内的滤饼上,使全部晶体刚好被溶剂没过为宜。用玻璃棒或不锈钢刮刀搅松晶体(勿把滤纸捅破),使晶体润湿后稍候片刻,再开真空泵把溶剂抽干,如此重复两次,就可把滤饼洗涤干净。

若溶液在温度降低时易结晶析出,可用热滤漏斗进行过滤,如图4-19所示。过滤时把玻璃漏斗放在铜质的热滤漏斗内,热滤漏斗内装有热水(水不要装得太满,以免加热至沸后溢出)以维持溶液的温度。也可以事先把玻璃漏斗在水浴上用蒸汽预热,再使用。热过滤选用的玻璃漏斗颈越短越好。

(3) 离心分离法

当被分离的沉淀量很少时,采用一般的方法过滤后沉淀会黏附在滤纸上,难以取下,这时可以用离心分离法,其操作简单而迅速。实验室常用的电动离心机如图4-20所示。操作时,把盛有沉淀与溶液混合物的离心试管放入离心机的套管内。离心试管的放置以保持平衡为原则,如混合溶液仅可装满一个离心试管,则应在放置这一离心试管的套管的相对位置

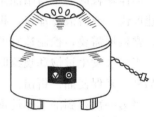

图4-20 电动离心机

再放一同样大小的试管,内装与混合物等体积的水,以保持转动平衡。然后启动离心机,由低到高缓慢加速,在一定转速下离心分离1~2min后,由高到低缓慢减速,直到离心机自然停下。在任何情况下,不可以打开正在进行离心操作的离心机的上盖,以免发生危险。

由于离心作用,离心后的沉淀紧密聚集于离心试管的尖端,上方的溶液通常是澄清的,可用滴管小心地吸出上方的清液,也可将其倾出。如果沉淀需要洗涤,可以加入少量洗涤液,用玻璃棒充分搅动,再进行离心分离,如此重复操作两三遍即可。

4.6 蒸发、浓缩

当溶液很稀而欲制备的无机物质的溶解度又较大时,为了能从溶液中析出该物质的晶体,就需对溶液进行蒸发、浓缩。在无机制备、提纯实验中,蒸发、浓缩一般在水浴上进行。若溶液很稀,物质对热的稳定性又比较好时,也可先放在石棉网上以煤气灯(或酒精灯)用小火直接加热蒸发(防止溶液暴沸、飞溅),然后再放在水浴上加热蒸发。常用的蒸发容器是蒸发皿,蒸发皿内所盛放的液体体积不应超过其容积的2/3。在石棉网上或直火加热前应把外壁水揩干,水分不断蒸发,溶液逐渐浓缩,当蒸发到一定程度后冷却,就可以析出晶体。蒸发、浓缩的程度与溶质溶解度的大小和对晶粒大小的要求以及有无结晶水有关。溶质的溶解度越大,要求的晶粒越小,晶体又不含结晶水的,则蒸发、浓缩的时间要长些,蒸得要干一些;反之则短些、稀些。

在定量分析中，常通过蒸发来减少溶液的体积，而又保持不挥发组分不致损失。蒸发时容器上要加盖表面皿，容器与表面皿之间应垫以玻璃棒，以便蒸汽逸出。应当小心控制加热温度，以免因暴沸而溅出试样。

用蒸发的方法还可以除去溶液中的某些组分，如驱氧、驱赶 H_2O_2，加入硫酸并加热至产生大量 SO_3 白烟时，可除去 Cl^-、NO_3^- 等。

4.7 结晶与重结晶

晶体从溶液中析出的过程称为结晶，结晶是提纯固态物质的重要方法之一。结晶时要求溶液中溶质的浓度达到饱和。要使溶液成为饱和溶液，通常有两种方法，一种是蒸发法，即通过蒸发、浓缩减少一部分溶剂使溶液达到饱和而结晶析出。此法主要用于溶解度随温度改变而变化不大的物质（如氯化钠）。另一种是冷却法，即通过降低温度使溶液冷却达到饱和而析出晶体。此法主要用于溶解度随温度下降而明显减小的物质（如硝酸钾）。有时需将两种方法结合使用。

晶体颗粒的大小与结晶条件有关，如果溶质的溶解度小，或溶液的浓度高，或溶剂的蒸发速度快，或溶液冷却快，析出的晶粒就细小，反之，就可得到较大的晶体颗粒。实际操作中，常根据需要，控制适宜的结晶条件，以得到大小合适的晶体颗粒。

当溶液发生过饱和现象时，可以振荡容器、用玻璃棒搅动或轻轻地摩擦器壁，或投入几粒晶种，来促使晶体析出。

当第一次得到的晶体纯度不符合要求时，可将所得的晶体溶于少量溶剂中，再进行蒸发或冷却、结晶、分离。如此反复操作称为重结晶。重结晶是提纯固体物质常用的重要方法之一。它适用于溶解度随温度改变而有显著变化的物质的提纯。有些物质的纯化，需经过几次重结晶才能完成。

4.8 化学试剂的取用

4.8.1 化学试剂分类

化学试剂是用以研究其他物质的组成、性质及其质量优劣的纯度较高的化学物质。化学试剂的纯度级别及其类别和性质，一般在标签的左上方用符号注明，规格则在标签的右端，并用不同颜色的标签加以区别。

世界各国对化学试剂的分类和级别的标准不尽一致，各国都有自己的国家标准或其他标准（如部颁标准、行业标准等）。国际纯粹化学与应用化学联合会（IUPAC）对化学标准物质的分类也有规定，如表 4-2 所示。

表 4-2 IUPAC 对化学标准物质的分类

A 级	原子量标准
B 级	基准物质
C 级	质量分数为 100%±0.02% 的标准试剂
D 级	质量分数为 100%±0.05% 的标准试剂
E 级	以 C 级和 D 级试剂为标准进行的对比测定所得的纯度或相当于这种纯度的试剂，比 D 级的纯度低

注：表中 C 级与 D 级为滴定分析标准试剂，E 级为一般试剂。

我国化学试剂的纯度标准有国家标准（GB）、化工部标准（HG）及企业标准（QB），目前部级标准已归纳为行业标准（ZB）。按照药品中杂质含量的多少，我国生产的化学试剂分为五个等级，如表 4-3 所示。

表 4-3 化学试剂的级别与适用范围

级别	一级品	二级品	三级品	四级品	生物试剂
英文名称	guaranteed reagent	analytical reagent	chemical pure	laboratorial reagent	biological reagent
英文缩写	GR	AR	CP	LR	BR
瓶签颜色	绿	红	蓝	棕或黄	啡或玫红

实践中应根据实验的不同要求选用不同级别的试剂。在一般的无机化学实验中，采用化学纯试剂基本就能符合要求，但在有些实验中则要用分析纯试剂。随着科学技术的发展，对化学试剂的纯度要求也愈加严格、愈加专门化，因而出现了具有特殊用途的专门试剂。如以符号 CG-S 表示的高纯试剂；以 GC、GLC 表示的色谱纯试剂；以 BR、CR、EBP 表示的生化试剂等。化学试剂在分装时，一般把固体试剂装在广口瓶中，把液体试剂或配制的溶液盛放在细口瓶或带有滴管的滴瓶中，而把见光易分解的试剂或溶液（如硝酸银等）盛放在棕色瓶中。每一试剂瓶上都贴有标签，上面写有试剂的名称、规格或浓度（溶液）以及日期。在标签外面涂上一层蜡或蒙上一层透明胶纸来保护它。

4.8.2 化学试剂取用规则

(1) 固体试剂取用规则

第一，要用干燥、洁净的药匙取试剂。药匙的两端有大小不同的两个匙，分别用于取大量固体和少量固体，应专匙专用。用过的药匙必须洗净擦干后方可再使用。

第二，取用药品前，要看清标签。取用时，先打开瓶盖和瓶塞，将瓶塞反放在实验台上。不能用手接触化学试剂。应本着节约的原则，用多少取多少，多取的药品不能倒回原瓶。药品取完后，一定要把瓶塞塞紧、盖严，绝不允许将瓶塞张冠李戴。

第三，称量固体试剂时应放在干净的纸或表面皿上。具有腐蚀性、强氧化性或易潮解的固体试剂应放在玻璃容器内称量。

第四，往试管（特别是湿的试管）中加入固体试剂时，可用药匙或将取出的药品放在对折的纸片上，伸进试管的 2/3 处。如固体颗粒较大，应放在干燥洁净的研钵中研碎。研钵中的固体量不应超过研钵容量的 1/3。

第五，取用有毒药品应在教师指导下进行。

(2) 液体试剂取用规则

第一，从细口瓶中取用液体试剂时，一般用倾注法。先将瓶塞取下，反放在实验台面上，手握住试剂瓶上贴标签的一面，逐渐倾斜瓶子，让液体试剂沿着器壁或沿着洁净的玻璃棒流入接受器中。倾出所需量后，将试剂瓶口在容器上靠一下，再逐渐竖起瓶子，以防遗留在瓶口的试液流到瓶的外壁。

第二，从滴瓶中取用液体试剂时，要用滴瓶中的滴管，滴管绝不能伸入所用的容器，以免触及器壁面沾污药品。欲从试剂瓶中取少量液体试剂时，则需用附于该试剂瓶的专用滴管取用。装有药品的滴管不得横置或滴管向上斜放，以免液体流入滴管的胶皮乳头中。

第三，定量取用液体时，要用量筒或移液管或吸量管取，根据用量选用一定规格的量筒、移液管或吸量管。

4.9 量筒、移液管、容量瓶、滴定管的使用

4.9.1 量筒和量杯

量筒和量杯都是外壁有容积刻度的准确度不高的玻璃量器。量筒（图 4-21）和量杯（图 4-22）都不能用作精密测量，只能用来测量液体的大致体积，也可用来配制大量溶液。市售量筒（杯）有 5mL、10mL、25mL、50mL、100mL、500mL、1000mL、2000mL 等各种规格，可根据需要来选用。

图 4-21 量筒　　　　　　　　　图 4-22 量杯

量液时，眼睛要与液面取平，即眼睛置于液面最凹处（弯月面底部）同一水平面上进行观察，读取弯月面底部的刻度（如图 4-23 所示）。量筒（杯）不能放入高温液体，也不能用来稀释浓硫酸或溶解氢氧化钠（钾）。

用量筒量取不润湿玻璃的液体（如水银）应读取液面最高部位。量筒（杯）易倾到而损坏，用时应放在桌面中间，用后应放在平稳之处。

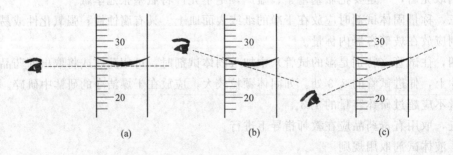

图 4-23 观看量筒内液体的容积

4.9.2 移液管和吸量管

移液管是用来准确移取一定量液体的量器。它是一根细长而中部膨大的玻璃管，上端刻有环形标线，膨大部分标有它的容积和标定时的温度（图 4-24）。常用的移液管容积有 5mL、10mL、25mL 和 50mL 等。

吸量管是具有分刻度的准确移取一定量液体的量器（图 4-25），用以移取所需体积的液体。常用的吸量管有 1mL、2mL、5mL、10mL 和 20mL 等规格。

移液管和吸量管使用过程中应遵循如下步骤。

(1) 洗涤和润冲

移液管和吸量管在使用前要洗至内壁不挂水珠。洗涤时在烧杯中盛自来水，将移液管（或吸量管）下部伸入水中，右手拿住管颈上部，用洗耳球轻轻将水吸入至管内容积的一半左右，用右手食指按住管口，取出后把管横放，左右两手的拇指和食指分别拿住管的上、下两端，转动管子使水布满全管，然后直立，将水放出。如水洗不净，则用洗耳球吸取铬酸洗液洗涤。也可将移液管（或吸量管）放入盛有洗液的大量筒或高形玻璃筒内浸泡数分钟至数小时，取出后用自来水洗净，再用纯水润冲，方法同前。吸取试液前，要用滤纸拭去管外水，并用少量试液润冲2~3次。方法同上述水洗操作。

(2) 溶液的移取

用移液管移取溶液时，右手大拇指和食指拿住管颈标线上方，将管下部插入溶液中，左手拿洗耳球把溶液吸入，待液面上升到比标线稍高时，迅速用右手稍微润湿的食指压紧管口，大拇指和中指垂直拿住移液管，管尖离开液面，但仍靠在盛溶液器皿的内壁上。稍微放松食指使液面缓缓下降至溶液弯月面与标线相切时（眼睛与标线处于同一水平上观察），立即用食指压紧管口，然后将移液管移入预先准备好的器皿（如锥形瓶）中。移液管应垂直，锥形瓶稍倾斜，管尖靠在瓶内壁上，松开食指让溶液自然地沿器壁流出（图4-26）。待溶液流完，等15s后取出移液管。残留在管尖的溶液切勿吹出，因校准移液管时已将此考虑在内。吸量管的用法与移液管基本相同。使用吸量管时，通常是使液面从它的最高刻度降至另一刻度，使两刻度间的体积恰为所需的体积。在同一实验中应尽可能使用同一吸量管的同一部位，且尽可能用上面部分。如果吸量管的分刻度一直刻到管尖，而且又要用到末端收缩部分时，则要把残留在管尖的溶液吹出。若用非吹入式的吸量管，则不能吹出管尖的残留液。移液管和吸量管使用完毕应立即用水洗净后放在管架上。

图 4-24 移液管　　　图 4-25 吸量管　　　图 4-26 移取溶液姿势

4.9.3 容量瓶

容量瓶主要用来把精确称量的物质准确配成一定体积的溶液，或将浓溶液准确地稀释成一定体积的稀溶液。容量瓶的形状如图4-27所示，瓶颈上刻有环形标线，瓶上标有它的容积和标定时的温度，通常有 1mL、2mL、5mL、10mL、25mL、50mL、100mL、200mL、250mL、500mL、1000mL 等规格。

容量瓶使用前同样应洗到不挂水珠。使用时，瓶塞与瓶口对号，不要弄错。为防止弄错引起漏水,可用橡皮筋或细绳将瓶塞系在瓶颈上。当用固体配制一定体积的准确浓度的溶液时,通常将准确称量的固体放入小烧杯中,先用少量纯水溶解,然后定量地转移到容量瓶内。转移时,烧杯嘴紧靠玻璃棒,玻璃棒下端靠着瓶颈内壁,慢慢倾斜烧杯,使溶液沿玻璃棒顺瓶壁流下(图4-28)。溶液流完后,将烧杯沿玻璃棒轻轻上提,同时将烧杯直立,使附在玻璃棒与烧杯嘴之间的液滴回到烧杯中。用纯水冲洗烧杯壁几次,每次洗涤液如上法转入容量瓶内。然后用纯水稀释,并注意将瓶颈附着的溶液洗下。当水加至容积的一半时,摇荡容量瓶使溶液均匀混合,但注意不要让溶液接触瓶塞及瓶颈磨口部分。继续加水至接近标线。稍停,待瓶颈上附着的液体流下后,用滴管仔细加纯水至弯月面下沿与环形标线相切。用一只手的食指压住瓶塞,另一只手的大、中、食三个指头顶住瓶底边缘(图4-29),倒转容量瓶,使瓶内气泡上升到顶部,激烈振摇5~10s,再倒转过来,如此重复十次以上,使溶液充分混匀。

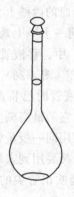  

图 4-27　容量瓶　　　　图 4-28　向容量瓶转移溶液　　　　图 4-29　溶液的摇匀

当用浓溶液配制稀溶液时,则用移液管或吸量管取准确体积浓溶液放入容量瓶中,按上述方法冲稀至标线,摇匀。若操作失误,使液面超过标线面仍欲使用该溶液时,可用透明胶布在瓶颈上另作一标记与弯月面相切。摇匀后把溶液转移。加水至刻度,再用滴定管加水至所作标记处。则此溶液的真实体积应为容量瓶容积与另加入的水的体积之和。这只是一种补救措施,在正常操作中应避免出现这种情况。

容量瓶不可在烘箱中烘烤,也不能用任何加热的办法来加速瓶中物料的溶解。长期使用的溶液不要放置于容量瓶内,而应转移到洁净干燥或经该溶液润冲过的贮藏瓶中保存。

4.9.4　滴定管

滴定管是滴定分析时用以准确量度流出的操作溶液体积的量出式玻璃量器。常用的滴定管容积为50mL和25mL,其最小刻度是0.1mL,在最小刻度之间可估计读出0.01mL。一般读数误差为±0.02mL。此外,还有容积为10mL、5mL、2mL和1mL的半微量和微量滴定管,最小分度值为0.05mL、0.01mL或0.005mL,它们的形状各异。

根据控制溶液流速的装置不同,滴定管可分为酸式滴定管和碱式滴定管两种。酸式滴定管(图4-30)下端有一玻璃旋塞。开启旋塞时,溶液即从管内流出。酸式滴定管用于装酸性或氧化性溶液,但不宜装碱液,因玻璃易被碱液腐蚀而黏住,以致无法转动。碱式滴定管(图4-31)下端用乳胶管连接一个带尖嘴的小玻璃管,乳胶管内有一玻璃珠用以控制溶液的流出。碱式滴定管用来装碱性溶液和无氧化性溶液,不能用来装对乳胶有侵蚀作用的酸性溶液和氧化性溶液。滴定管有无色和棕色两种。棕色的主要用来装见光易分解的溶液(如

KMnO₄、AgNO₃等溶液)。

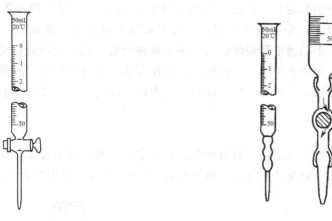

图 4-30　酸式滴定管　　　　　　　图 4-31　碱式滴定管

酸式滴定管的使用包括：洗涤、涂脂、检漏、润冲、装液、气泡的排除、读数、滴定等步骤。

(1) 洗涤

先用自来水冲洗，再用滴定管刷蘸肥皂水或合成洗涤剂刷洗。滴定管刷的刷毛要相当的软，刷头的铁丝不能露出，也不能向旁边弯曲，以防划伤滴定管内壁。洗净的滴定管内壁应完全被水润湿而不挂水珠。若管壁挂有水珠，则表示其仍附有油污，需用洗液装满滴定管浸泡 10～20min。回收洗液，再用自来水洗净。

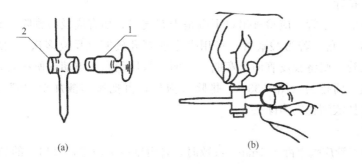

图 4-32　栓塞的涂脂
1—旋塞栓；2—旋塞栓管

(2) 涂脂与检漏

酸式滴定管的旋塞必须涂脂，以防漏水并保证转动灵活。其方法是，将滴定管平放于实验台上，取下旋塞，用滤纸将洗净的旋塞栓和栓管擦干（绝对不能有水）。在旋塞栓粗端和栓管细端均匀地涂上一层凡士林。然后将旋塞小心地插入栓管中（注意不要转着插，以免将凡士林弄到栓孔里使滴定管堵塞）。向同一方向转动旋塞（如图 4-32 所示），直到全部透明。为了防止旋塞栓从栓管中脱出，可用橡皮筋把旋塞栓系牢，或用橡皮筋套住旋塞末端。凡士林不可涂得太多，否则易使滴定管的细孔堵塞；涂得太少则润滑不够，旋塞栓转动不灵活，甚至会漏水。涂得好的旋塞应当透明、无纹络、旋转灵活，涂完脂后，在滴定管中加少许水，检查是否堵塞或漏水。若碱式管漏水，可更换乳胶管或玻璃珠。若酸式管漏水或旋塞转动不灵，则应重新涂凡士林，直到满意为止。

(3) 润冲

用自来水洗净的滴定管，首先要用纯水润冲 2~3 次，以避免管内残存的自来水影响测定结果。每次润冲加入 5~10mL 纯水，并打开旋塞使部分水由此流出，以冲洗出口管。然后关闭旋塞，两手平端滴定管慢慢转动，使水流遍全管。最后边转动边向管口倾斜，将其余的水从管口倒出。用纯水润冲后，再按上述操作方法，用待装标准溶液润冲滴定管 2~3 次，以确保待装标准溶液不被残存的纯水稀释。每次取标准溶液前，要将瓶中的溶液摇匀，然后倒出使用。

(4) 装液

关好旋塞，左手拿滴定管，略微倾斜，右手拿瓶子或烧杯等容器向滴定管中注入标准溶液。不要注入太快，以免产生气泡，待至液面到 "0" 刻度线附近为止。用布擦净外壁。

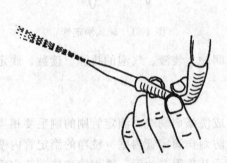

图 4-33　碱式滴定管排气泡法

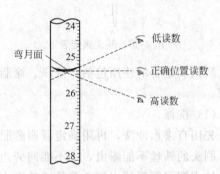

图 4-34　滴定管的正确读数方法

(5) 气泡的排除

装入操作液的滴定管，应检查出口下端是否有气泡，如有应及时排除。其方法是：取下滴定管倾斜成约 45°角，若为酸式管，可用手迅速打开旋塞（反复多次），使溶液冲出带走气泡；若为碱式管，则将胶皮管向上弯曲，用两指挤压稍高于玻璃珠所在处，使溶液从管口喷出，气泡亦随之而排去（图 4-33）。排除气泡后，再把操作液加至 "0" 刻度处或稍下。滴定管下端如悬挂液滴也应当除去。

(6) 读数

读数前，滴定管应垂直静置 1min。读数时，管内壁应无液珠，管出口的尖嘴内应无气泡，尖嘴外应不挂液滴，否则读数不准。读数方法是：取下滴定管，用右手大拇指和食指捏住滴定管上部无刻度处，使滴定管保持垂直，并使自己的视线与所读的液面处于同一水平面上（图 4-34），也可以把滴定管垂直地在滴定管架上进行读数。对无色或浅色溶液，读取弯月面下层最低点；对有色或深色溶液，则读取液面最上缘。读数要准确至小数点后第二位。为了帮助读数，可用带色纸条围在滴定管外弧形液面下的一格处，当眼睛恰好看到纸条前后边缘相重合时，在此位置上可较准确地读出弯月面所对应的液体体积刻度（图 4-35）；也可以采用黑白纸板作辅助（图 4-36），这样能更清晰地读出黑色弯月面所对应的滴定管读数。若滴定管带有白底蓝条，则调整眼睛和液面在同一水平后，读取两尖端相交处的读数（图 4-37）。

(7) 滴定操作

滴定过程的关键在于掌握滴定管的操作方法及溶液的混匀方法。使用酸式滴定管滴定时，身体直立，以左手的拇指、食指和中指轻轻地拿住旋塞柄，以无名指及小指抵住旋塞下部并手心弯曲，食指和中指由下向上各顶住旋塞柄一端，拇指在上面配合转动（见图 4-38）。转动旋塞时应注意不要让手掌顶出旋塞而造成漏液。右手持锥形瓶使滴定管管尖伸入瓶内,边滴定边摇动锥形瓶（如图4-39所示）,瓶底应向同一方向（顺时针）作圆周运动,不可前后振荡,以免溅出溶液。滴定和摇动溶液要同时进行,不能脱节。在整个滴定过程中,左手一直不能离开旋塞而任溶液自流。锥形瓶下面的桌面上可衬白纸,使终点易于观察。

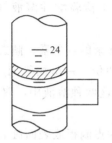 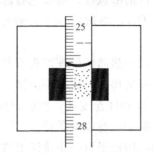

图 4-35　用纸条帮助读数　　　　图 4-36　使用黑白板读数用纸条帮助读数

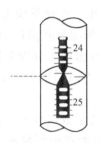 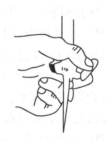 

图 4-37　带蓝条滴定管的读数　　图 4-38　旋塞转动的姿势　　图 4-39　滴定姿势

使用碱式滴定管时,左手拇指在前、食指在后,捏挤玻璃珠外面的橡皮管,溶液即可流出,但不可捏挤玻璃珠下方的橡皮管,否则会在管嘴出现气泡。滴定速度不可过快,要使溶液逐滴流出而不连成线。滴定速度一般为 10mL/min,即 3~4 滴/s。

滴定过程中要注意观察标准溶液的滴落点。开始滴定时,离终点很远,滴入标准溶液时一般不会引起可见的变化,但滴到后来,滴落点周围会出现暂时性的颜色变化而当即消失,随着离终点愈来愈近,颜色消失渐慢,在接近终点时,新出现的颜色暂时地扩散到较大范围,但转动锥形瓶 1~2 圈后仍完全消失。此时应不再边滴边摇,而应滴一滴摇几下。通常最后滴入半滴,溶液颜色突然变化而半分钟内不褪,则表示终点已到达。滴加半滴溶液时,可慢慢控制旋塞,使液滴悬挂管尖而不滴落,用锥形瓶内壁将液滴擦下,再用洗瓶以少量纯水将之冲入锥形瓶中。

滴定过程中,尤其是临近终点时,应用洗瓶将溅在瓶壁上的溶液洗下去,以免引起误差。滴定完毕,应将剩余的溶液从滴定管中倒出,用水洗净。对于酸式滴定管,若较长时间放置不用,还应将旋塞拔出,洗去润滑脂,在旋塞栓与柱管之间夹一小纸片,再系上橡皮筋。

4.10　试纸的使用

在无机及分析化学实验中经常采用试纸来定性检验一些溶液的酸碱性或某些物质（气

体）是否存在，这些试纸操作简单，使用方便。试纸的种类很多，无机及分析化学实验中常用的有：石蕊试纸、pH 试纸、醋酸铅试纸和淀粉-碘化钾试纸等。

4.10.1 石蕊试纸

用于检验溶液的酸碱性，有红色石蕊试纸和蓝色石蕊试纸两种。红色石蕊试纸用于检验碱性溶液（或气体），遇碱时变蓝；蓝色石蕊试纸用于检验酸性溶液（或气体），遇酸时变红。

制备方法为：用热酒精处理市售石蕊以除去其中夹杂的红色素。倾去浸液后将一份固体与六份水浸煮并不断摇荡，滤去不溶物。将滤液分成两份，一份加稀 H_3PO_4 或 H_2SO_4 至变红，另一份加稀 NaOH 至变蓝，然后将滤纸分别浸入这两种溶液中，取出后在避光且没有酸碱蒸气的房中晾干，剪成纸条即可。

使用方法为：用镊子取一小块试纸放在干燥清洁的点滴板或表面皿上，用蘸有待测液的玻璃棒点试纸的中部，观察被润湿试纸颜色的变化。如果检验的是气体，则先将试纸用去离子水润湿，再用镊子夹持横放在试管口上方，观察试纸颜色的变化。

4.10.2 pH 试纸

pH 试纸用以检验溶液的 pH 值，分为两类，一类是广泛 pH 试纸，变色范围为 pH=1～14，用来粗略检验溶液的 pH 值；另一类是精密 pH 试纸，这种试纸在溶液 pH 变化较小时就有颜色变化，因而可较精确地估计溶液的 pH 值。根据其颜色变化范围可分为多种，如变色范围为 pH 2.7～4.7、3.8～5.4、5.4～7.0、6.9～8.4、8.2～10.0、9.5～13.0 等。可根据待测溶液的酸碱性，选用某一变色范围的试纸。

制备方法为：广泛 pH 试纸是将滤纸浸泡于通用指示剂溶液中，然后取出晾干，裁成小条而成。通用指示剂是几种酸碱指示剂的混合溶液，它在不同 pH 的溶液中可显示不同的颜色。

通用酸碱指示剂有多种配方，如通用酸碱指示剂 B 的配方为：1g 酚酞、0.2g 甲基红、0.3g 甲基黄、0.4g 溴百里酚蓝，溶于 500mL 无水乙醇中，滴加少量 NaOH 溶液调至黄色。这种指示剂在不同 pH 溶液中的颜色是：

pH	2	4	6	8	10
颜色	红	橙	黄	绿	蓝

通用酸碱指示剂 C 的配方是：0.05g 甲基橙、0.15g 甲基红、0.3g 溴百里酚蓝和 0.35g 酚酞，溶于 66% 的酒精中，它在不同 pH 溶液中的颜色如下：

pH	<3	4	5	6	7	8	9	10	11
颜色	红	橙红	橙	黄	黄绿	绿蓝	蓝	紫	红紫

使用方法为：与石蕊试纸使用基本方法相同。不同之处在于 pH 试纸变色后要和标准色板进行比较，方能得出 pH 或 pH 范围。

4.10.3 醋酸铅试纸

主要用于定性检验反应中是否有 H_2S 气体或者溶液中是否有 S^{2-} 存在。

制备方法为：将滤纸浸入 3%$Pb(Ac)_2$ 溶液中，取出后在无 H_2S 处晾干，裁剪成条。

使用方法为：将试纸用去离子水润湿，加酸于待测液中，将试纸横置于试管口上方，如有 H_2S 逸出，遇润湿 $Pb(Ac)_2$ 试纸后，即有黑色（亮灰色）PbS 沉淀生成，使试纸呈黑褐色并有金属光泽。

$$Pb(Ac)_2 + H_2S \longrightarrow PbS + 2HAc$$

4.10.4 碘化钾-淀粉试纸

用于定性检验氧化性气体如 Cl_2、Br_2 等，其原理是：

$$2I^- + Cl_2 \longrightarrow I_2 + 2Cl^-$$

I_2 和淀粉作用呈蓝色。如气体氧化性很强，且浓度较大，还可进一步将 I_2 氧化成 IO_3^-（无色），使蓝色褪去：

$$I_2 + 5Cl_2 + 6H_2O \longrightarrow 2HIO_3 + 10HCl$$

制备方法为：将 3g 淀粉与 25mL 水搅拌均匀，倾入 225mL 沸水中，加 1g KI 及 1g $Na_2CO_3 \cdot 10H_2O$，用水稀释至 500mL，将滤纸浸入，取出晾干，裁成纸条即可。

使用方法为：先将试纸用去离子水润湿，将其横在试管口的上方，如有氧化性气体（如 Cl_2、Br_2 等）则试纸变蓝。使用试纸时，要注意节约，除把试纸剪成小条外，用时不要多取，用多少取多少。取用后，马上盖好瓶盖，以免试纸被污染变质。用后的试纸要放在废液缸内，不要丢在水槽中，以免堵塞下水道。

5 无机化合物的提纯或制备

实验1 仪器的认领和洗涤

【实验目的】
(1) 熟悉无机化学实验室的设置、规则和要求。
(2) 领取常用实验仪器，熟知仪器名称、规格、使用方法和注意事项。
(3) 学习并练习常用仪器的洗涤和干燥方法。

【基本操作】
(1) 仪器的洗涤
① 冲洗法。可溶性污染物可用水振荡冲洗而去除。向仪器中注入少量水（约占总容量的1/3），稍用力振荡后将水倒出，如此反复冲洗数次。
② 刷洗法。内壁附有不易冲洗掉的物质，可用毛刷刷洗。根据所洗仪器的口径大小选取合适的毛刷，向仪器中注入一半水，确定好手拿部位，用毛刷来回柔力刷洗。
③ 用去污粉等洗涤剂刷洗。用少量水将仪器润湿，将湿润的毛刷蘸取少量去污粉（或其他洗涤剂）来回柔力刷洗，待仪器内外壁都仔细擦洗后，用自来水冲洗干净。
④ 特殊物质的去除。根据粘在器壁上的物质，采用适当的试剂进行处理。
⑤ 洗净标准。已洗净的仪器清洁透明，内壁被水均匀润湿（不挂水珠）。
注意事项：对于比较精密的仪器，不能用毛刷刷洗，且不宜用碱液、去污粉洗涤，已洗净的仪器，不要用布或纸擦干，否则布或纸上的纤维及污物会玷污仪器。
(2) 仪器的干燥
① 晾干。不急用的仪器，可倒置在实验柜内或仪器架上自然晾干。
② 烘干。洗净的仪器可放在气流式烘干器或干燥箱内烘干。
③ 吹干。用压缩空气机或吹风机把洗净的仪器吹干。
④ 烤干。急用的仪器可置于石棉网上用小火烤干，试管可以用试管夹夹住直接用小火烤干，操作时必须使试管口略向下倾斜（防止水珠倒流引起试管炸裂）并不时来回移动，赶掉水滴，烤到不见水滴时，试管口向上，把水汽赶尽。
⑤ 有机溶剂干燥。洗净的仪器内加入少量有机溶剂（如乙醇、丙酮等），转动仪器使内壁均匀润湿一遍倒出（回收），晾干或吹干。
注意事项：带有刻度的计量仪器不能用加热的方法进行干燥，以免影响仪器的精密度。

【仪器和试剂】
试管，烧杯，量筒，漏斗，酒精灯，毛刷，去污粉。

【实验步骤】

(1) 仪器的认领

按仪器单认领无机实验常用仪器,并熟悉其名称、规格、使用方法及注意事项。

(2) 仪器的洗涤

将领取的仪器洗涤干净,并接受老师的检查。将洗净的仪器按要求摆放于实验柜中。

(3) 仪器的干燥

取两支试管进行干燥(用两种方法干燥)。

【思考题】

(1) 下列操作是否正确?

① 反应容器内的废液未倾倒就注水洗涤。

② 将几支试管握在一起刷洗。

③ 用吹风机的热风将容量瓶吹干。

(2) 烤干试管时,为什么将试管口略向下倾斜?

实验 2　各种灯的使用、简单玻璃加工技术和塞子的钻孔

【实验目的】

(1) 了解酒精喷灯的构造和原理,掌握使用方法。

(2) 练习简单的玻璃加工操作。

(3) 练习塞子的钻孔操作。

【基本操作】

(1) 酒精喷灯的构造和使用

酒精喷灯是实验中常用的热源,火焰温度在 800℃ 左右,最高可达 1000℃。主要用于需加强热的实验、玻璃加工等。酒精喷灯按形状可分为座式酒精喷灯和挂式酒精喷灯。常用的是座式喷灯,以下介绍座式酒精喷灯的结构、使用方法及维护。

① 座式酒精喷灯的外形结构如图 5-1 所示。它主要由酒精入口、酒精壶、预热碗、预热管、燃烧管以及空气调节杆等组成。预热管与燃烧管焊在一起,中间有一细管相通,使蒸发的酒精蒸气从喷嘴喷出,在燃烧管燃烧。通过空气调节杆控制火焰的大小。喷灯的火力,主要靠酒精蒸气与空气混合后燃烧而获得高温火焰。

② 使用方法

a. 旋开旋塞,通过漏斗把酒精倒入酒精壶中,至灯壶总容量的 2/5～2/3 之间,不得注满,也不能过少。过满易发生危险,过少则灯芯线会被烧焦,影响燃烧效果。拧紧旋塞,避免漏气。每耗

图 5-1　座式酒精喷灯的结构

用酒精 200mL，可连续工作半小时左右。

新灯或长时间未使用的喷灯，点燃前需将灯体倒转 2～3 次，使灯芯浸透酒精。

b. 将喷灯放在石棉板或大的石棉网上（防止预热时喷出的酒精着火），往预热碗中注入酒精并将其点燃。等预热管内酒精受热气化并从喷口喷出时，预热盘内燃着的火焰就会将喷出的酒精蒸气点燃，有时也需用火柴点燃。

c. 移动空气调节杆（逆时针转开），使火焰按需求稳定。

d. 停止使用时，可用石棉网覆盖燃烧口，同时移动空气调节杆，关闭空气入口喷灯即熄火。

e. 稍微拧松旋塞（铜帽），使灯壶内的酒精蒸气放出，将剩余酒精倒出。

③ 维护

a. 严禁使用开焊的喷灯。

b. 严禁用其他热源加热灯壶。

c. 若经过两次预热，喷灯仍然不能点燃时，应暂时停止使用。应检查接口处是否漏气（可用火柴点燃检验）、喷出口是否堵塞（可用探针进行疏通）和灯芯是否完好（灯芯烧焦、变细应更换），待修好后方可使用。

d. 喷灯连续使用时间为 30～40min 为宜。使用时间过长，灯壶的温度逐渐升高，导致灯壶内部压力过大，喷灯会有崩裂的危险，可用冷湿布包住喷灯下端以降低温度。

e. 在使用中如发现灯壶底部凸起时应立刻停止使用，查找原因（可能是使用时间过长、灯体温度过高或喷口堵塞等）并做相应处理后方可使用。

（2）玻璃加工操作

① 玻璃棒（管）的截断和熔光。根据需要截取一定长度的玻璃棒（管），将玻璃棒（管）平放于实验台上，在需要截断处用锉刀的棱边朝一个方向锉出一道凹痕（注意：只向一个方向锉，不能来回锉），锉出的凹痕应与玻璃棒（管）垂直，这样折断后的玻璃棒（管）的平面才能是平整的，然后双手持玻璃棒（管）将凹痕向外，用拇指在凹痕的背面轻轻外推，同时两手向外拉，折断玻璃棒（管）。

玻璃棒（管）的截面很锋利，需要进行熔光（也称圆口）。操作时，将截面斜插入氧化焰中加热，并不断来回转动玻璃棒（管），直至截面变为红热平滑为止。

② 弯曲玻璃管。将玻璃管左右移动预热，加热时双手平持玻璃管同时缓慢而匀速地转动玻璃管，使其受热均匀（注意两手要用力均匀，防止玻璃管扭曲），为增大玻璃管受热面积，可倾斜玻璃管或左右移动进行加热，当玻璃管烧至发黄并充分软化时，从火焰中取出，稍等瞬间轻轻用力弯曲成所需角度。若所需角度较小时，可分几次弯曲完成，操作时注意每次加热的部位要稍有偏移。合格的玻璃管不仅角度要符合要求，弯曲处还要圆而不扁，整个玻璃管侧面应处于同一水平面上。

③ 拉制玻璃管。将玻璃管将要拉细的部位放于氧化焰中加热并不断转动玻璃管（与弯曲玻璃管的烧管操作相同），待玻璃管充分软化时，立即取出，边旋转边沿水平方向向两端拉动，直至达到所需细度为止。冷却，拉细部分截断后形成的尖嘴应熔光，另一侧粗的一端应扩口，即将管口烧至红热后，用金属锉刀柄斜放管口内迅速而均匀地旋转或直接向石棉网上轻轻一压。

（3）塞子的钻孔。

指对橡皮塞或软木塞进行钻孔，具体操作如下：

① 塞子的选择。首先，根据所盛或所接触物质的性质选用不同种类的塞子，例如：软木塞不易与有机物质作用，但易被酸碱侵蚀；橡皮塞耐强碱性物质的侵蚀，但易被酸、氧化

剂和某些有机物质（如汽油、丙酮、苯、氯仿、二氧化碳等）侵蚀。其次，根据瓶口或仪器口的尺寸选择塞子的大小，通常选用能塞进瓶口或仪器口 1/2～1/3（相对于塞子本身高度）的塞子，塞进过多或过少的塞子都不合适。

② 钻孔器的选择。钻孔器是一组直径不同的金属管，一端有柄，另一端管口很锋利，用来钻孔，还有一根带柄的细棒，用以去除进入钻孔器管内的橡皮或软木。通常根据塞子的种类和塞子上所需孔的大小来选择合适的钻孔器，对于橡皮塞应选择比孔径稍大的钻孔器（因为橡皮塞有弹性，孔钻成后会收缩使孔径变小），软木塞应选择比孔径略小的钻孔器（因为软木塞质软而疏松，插入其他玻璃管或温度计而保持接触严密）。

③ 钻孔的操作方法。将塞子小的一端向上，平放于垫板上（防止桌面损坏），左手用力按住塞子，右手握住钻孔器，并在钻孔器锋利一端涂抹上润滑剂（如水、凡士林、甘油等），在塞子选定位置上，将钻孔器垂直于塞子沿一个方向一边旋转、一边用力向下压，钻至超过塞子高度 2/3 时，将钻孔器沿相反方向旋转并拔出，调换塞子大的一端向上，对准小的一端所钻孔的位置以相同方法钻孔，直到两端孔打通为止，拔出钻孔器。所钻的孔不仅大小要合适，且两端孔的方位要一致，即所钻孔要平滑，连接自然。若所钻孔略小或稍不平滑，可用圆锉适当修整，若塞孔过大，则塞了不能适用。

【仪器和试剂】

酒精喷灯，石棉网，锉刀，木板，钻孔器，橡皮塞，玻璃管，玻璃棒，燃料酒精，凡士林。

【实验步骤】

(1) 观察酒精喷灯的构造，正确点燃和熄灭酒精喷灯，调节火焰以备以下实验使用。

(2) 玻璃棒（管）的简单加工

① 玻璃棒的制作：截取长度约 15cm、20cm 的玻璃棒两根，并将截面熔光。

② 玻璃弯管的制作：截取长度约为 20cm 的玻璃管两根，制成 120°弯管 10cm＋10cm 一支，90°弯管 5cm＋15cm 一支。

③ 滴管的制作：截取长度约为 20cm 的玻璃管两根，加热烧熔拉制成滴管四支，注意尖嘴的熔光和另一端的扩口，制成滴管的规格要求为滴出 20～25 滴水的体积约为 1mL。

(3) 塞子的钻孔，练习塞子的钻孔操作：选取橡皮塞一个，根据 90°弯管管径大小钻出合适的孔径，并将玻璃管插入橡皮塞中。

【思考题】

(1) 使用酒精喷灯在安全方面应注意什么？

(2) 进行玻璃加工操作时，为了避免割伤和烫伤应注意些什么？

(3) 在弯曲和拉制玻璃管时，能否直接在火焰上进行操作？

(4) 塞子钻孔时，如何选择钻孔器？操作时注意事项有哪些？

实验 3 粗食盐的提纯

【实验目的】

(1) 熟悉粗食盐的提纯过程及方法，掌握粗食盐的提纯原理。

(2) 练习称量、溶解、过滤、蒸发、结晶等基本操作。
(3) 学习定性检验产品纯度的方法。

【实验原理】

粗食盐中常含有泥沙、木屑等不溶性杂质及 Ca^{2+}、Mg^{2+}、Fe^{3+}、K^+、SO_4^{2-}、CO_3^{2-} 等可溶性杂质。将粗食盐溶于水后，通过过滤的方法除去不溶性杂质。可溶性杂质可采用化学方法，加入合适的试剂使之转化为沉淀，过滤除去。方法如下：

在粗食盐中加入稍过量的 $BaCl_2$ 溶液，将 SO_4^{2-} 转化为 $BaSO_4$ 沉淀，过滤除去。

$$Ba^{2+} + SO_4^{2-} = BaSO_4 \downarrow$$

再向溶液中加入 NaOH 和 Na_2CO_3 溶液，可将 Ca^{2+}、Mg^{2+}、Fe^{3+} 及过量的 Ba^{2+} 转化为相应的沉淀，过滤除去。

$$Ca^{2+} + CO_3^{2-} = CaCO_3 \downarrow$$
$$Mg^{2+} + 2OH^- = Mg(OH)_2 \downarrow$$
$$2Mg^{2+} + 2OH^- + CO_3^{2-} = Mg_2(OH)_2CO_3 \downarrow$$
$$2Fe^{3+} + 3CO_3^{2-} + 3H_2O = 2Fe(OH)_3 \downarrow + 3CO_2 \uparrow$$
$$Fe^{3+} + 3OH^- = Fe(OH)_3 \downarrow$$
$$Ba^{2+} + CO_3^{2-} = BaCO_3 \downarrow$$

用稀 HCl 调节溶液 pH 至 2~3，可除去 OH^- 和 CO_3^{2-}。

$$2H^+ + CO_3^{2-} = CO_2 \uparrow + H_2O$$
$$H^+ + OH^- = H_2O$$

粗食盐中的 K^+ 与上述试剂不反应，仍留在溶液中。由于 KCl 溶解度大于 NaCl 溶解度，且含量较少，所以浓缩结晶时，NaCl 晶体析出而 KCl 仍留在母液中，可分离除去。

【仪器和试剂】

仪器：台秤，烧杯（50mL），量筒（100mL），玻璃棒，漏斗，漏斗架，布氏漏斗，吸滤瓶，真空泵，表面皿，蒸发皿，三角架，泥三角，坩埚钳，酒精灯，比色管，比色管架。

试剂：粗食盐，氯化钠（A.R.），$2mol \cdot L^{-1}$ HCl，$2mol \cdot L^{-1}$ NaOH，$1mol \cdot L^{-1}$ $BaCl_2$，$1mol \cdot L^{-1}$ Na_2CO_3，95%乙醇，饱和 $(NH_4)_2C_2O_4$，镁试剂。

其他：滤纸，pH 试纸，石棉网。

【实验步骤】

(1) 粗食盐的提纯

① 称量和溶解。在台秤上称取 5.0g 粗食盐于 100mL 小烧杯中，加 25mL 蒸馏水，加热搅拌使其基本溶解。

② 除 SO_4^{2-}。将溶液加热至近沸，边搅拌边滴加 1mL $1mol \cdot L^{-1}$ $BaCl_2$ 溶液，继续煮沸数分钟，使硫酸钡颗粒长大易于过滤。将烧杯从石棉网上取下，待沉淀沉降后，沿烧杯壁向上层清液中滴加 2~3 滴 $BaCl_2$ 溶液，如果溶液中出现浑浊，表明 SO_4^{2-} 未除尽，继续向溶液中滴加 $BaCl_2$ 溶液，直至 SO_4^{2-} 沉淀完全（即上层清液不再产生浑浊）为止。

③ 去除 Ca^{2+}、Mg^{2+}、Fe^{3+} 和 Ba^{2+}。向溶液中加入 10~15 滴 $2mol \cdot L^{-1}$ NaOH 溶液

并滴加 2mL 1mol·L^{-1} Na$_2$CO$_3$ 溶液,加热至沸,检验沉淀是否完全。沉淀完全后,过滤,保留滤液,弃去沉淀。

④ 去除 OH$^-$ 和 CO$_3^{2-}$。在滤液中逐滴加入 2mol·L^{-1} HCl 溶液,使 pH 达到 2~3。

⑤ 蒸发与结晶。将溶液转移至蒸发皿中,小火加热并不断搅拌,蒸发浓缩到溶液呈稀糊状为止(注:切勿蒸干!)。冷却至室温,减压抽滤,用滴管吸取少量 95% 乙醇洗涤产品,抽干。

⑥ 产率计算。将产品转移至蒸发皿中,放于石棉网上,用小火加热并搅拌,将产品烤干。冷却后称量其质量,计算产率。

$$产率 = \frac{晶体质量(g)}{5.0g} \times 100\% \tag{5-1}$$

(2) 定性检验

称取粗食盐和提纯后的产品各 1g 放入两个试管中,加 6mL 蒸馏水将其溶解,然后各分成三等份,盛在六支试管中,分成三组,用对比法比较它们的纯度,如表 5-1 所示。

① SO$_4^{2-}$ 的检验。向第一组试管中各滴加 2 滴 1mol·L^{-1} BaCl$_2$ 溶液,观察现象。

② Ca^{2+} 的检验。向第二组试管中各滴加 2 滴饱和 (NH$_4$)$_2$C$_2$O$_4$ 溶液,观察现象。

③ Mg^{2+} 的检验。向第三组试管中各滴加 2 滴 2mol·L^{-1} NaOH 溶液,再加入 1 滴镁试剂[1],如有蓝色沉淀产生,表示有 Mg^{2+} 存在。

表 5-1 粗食盐定性检验

检验离子	检验方法	现象	
		粗食盐溶液	产品溶液
SO$_4^{2-}$	1mol·L^{-1} BaCl$_2$ 溶液		
Ca^{2+}	饱和 (NH$_4$)$_2$C$_2$O$_4$ 溶液		
Mg^{2+}	NaOH 溶液与镁试剂		

【附注】

[1] 镁试剂是对硝基苯偶氮间苯二酚,在酸性溶液中呈黄色,在碱性溶液中呈红色或紫色,当被 Mg(OH)$_2$ 吸附后则呈天蓝色。

【思考题】

(1) 在除去 Ca^{2+},Mg^{2+},Fe^{3+},SO$_4^{2-}$ 时,为什么要先加入 BaCl$_2$ 溶液,然后再加入 Na$_2$CO$_3$ 溶液?

(2) 能否用 CaCl$_2$ 代替 BaCl$_2$ 来除去 SO$_4^{2-}$?

(3) 5.0g 粗食盐溶解于 25mL 蒸馏水,所配制的溶液是否饱和?能否配制成饱和溶液,为什么?

(4) 在粗食盐提纯过程中,若加热温度过高或时间过长,液面上会有小晶体出现,这是什么物质?能否过滤除去?应怎样处理?

(5) 根据实验结果,请分析实验产率过高或过低的原因。

实验 4 硫酸铜晶体的制备

【实验目的】

(1) 了解金属氧化物与酸作用制备盐的方法。
(2) 练习并巩固加热、蒸发浓缩、减压过滤、重结晶等基本操作。
(3) 了解产品纯度检验的原理及方法。

【实验原理】

$CuSO_4 \cdot 5H_2O$ 俗称胆矾、蓝矾或孔雀石,是蓝色透明三斜晶体。易溶于水和氨水,难溶于乙醇。加热时易失去结晶水,当达到 258℃ 时失去全部结晶水变成白色的 $CuSO_4$。$CuSO_4 \cdot 5H_2O$ 是制备其他铜化合物的重要原料,还可用作纺织品的媒染剂、农业杀虫剂、水的杀虫剂等。

$CuSO_4 \cdot 5H_2O$ 的生产方法有多种,如电解液法、氧化铜法、废铜法等。工业上常用电解液法,即将电解液与铜粉作用后,经冷却结晶分离而制得。

纯铜属于不活泼金属,不能溶于非氧化性酸中,但其氧化物在稀酸中却极易溶解。本实验采用粗 CuO 为原料,与稀硫酸作用来制备 $CuSO_4$。反应式为:

$$CuO + H_2SO_4 =\!= CuSO_4 + H_2O$$

粗制的 $CuSO_4$ 中含有 Fe^{2+}、Fe^{3+} 等可溶性杂质及不溶性杂质。不溶性杂质可过滤除去,可溶性杂质可用下列方法除去:用氧化剂 H_2O_2 将 Fe^{2+} 氧化为 Fe^{3+},调节溶液 pH 至 3.5~4.0,使 Fe^{3+} 水解成 $Fe(OH)_3$ 沉淀而除去。反应式为:

$$2Fe^{2+} + H_2O_2 + 2H^+ =\!= 2Fe^{3+} + 2H_2O$$
$$Fe^{3+} + 3H_2O =\!= Fe(OH)_3 \downarrow + 3H^+$$

除去铁离子的滤液经蒸发浓缩,即可得到 $CuSO_4 \cdot 5H_2O$ 晶体,其他微量杂质在硫酸铜结晶时,留在母液中除去。

【仪器和试剂】

仪器:台秤,蒸发皿,漏斗,漏斗架,布氏漏斗,吸滤瓶,真空泵,表面皿,滴管,酒精灯,水浴锅,烧杯(100mL),量筒(100mL、10mL)。

试剂:CuO(工业级),$2mol \cdot L^{-1}$ H_2SO_4,$1mol \cdot L^{-1}$ H_2SO_4,$2mol \cdot L^{-1}$ HCl,3% H_2O_2,$2mol \cdot L^{-1}$ $NH_3 \cdot H_2O$,$6mol \cdot L^{-1}$ $NH_3 \cdot H_2O$,$1mol \cdot L^{-1}$ KSCN。

其他:滤纸,pH 试纸。

【实验步骤】

(1) $CuSO_4 \cdot 5H_2O$ 的制备

称取 3.5g CuO 于 100mL 小烧杯中,加入 30mL $2mol \cdot L^{-1}$ H_2SO_4 溶液,小火加热 20min,在加热过程中,可适量加水以保持溶液体积在 30mL 左右。趁热过滤[1],将滤液转移到蒸发皿中,小火加热,蒸发浓缩至表面出现晶膜为止。取下蒸发皿,冷却结晶,减压抽

滤得粗制的 $CuSO_4 \cdot 5H_2O$，晶体用滤纸吸干，称量粗产品质量，计算产率。

产品质量/g _____

理论产量/g _____

产率/% _____

(2) $CuSO_4 \cdot 5H_2O$ 的提纯

称取 1g 粗产品留作分析样品，余下的晶体放入小烧杯中，加入 25mL 水，加热溶解。冷却[2]，滴加 2mL 3% H_2O_2，将溶液加热，同时滴加 $2mol \cdot L^{-1}$ $NH_3 \cdot H_2O$ 至溶液的 pH=4，再多加 1~2 滴，加热片刻，静置，使生成的 $Fe(OH)_3$ 及其他不溶物沉降。过滤，滤液转移到蒸发皿中，滴加 $1mol \cdot L^{-1}$ H_2SO_4 溶液酸化，调节 pH 至 1~2，加热，蒸发浓缩至液面出现晶膜，冷却结晶（可用冷水冷却），抽滤，取出晶体，放在两层滤纸中间挤压，以吸干水分，称量其质量，计算产率。

产品质量/g _____

理论产量/g _____

产率/% _____

(3) $CuSO_4 \cdot 5H_2O$ 纯度检验

① 将 1g 粗 $CuSO_4 \cdot 5H_2O$ 晶体，放于小烧杯中，加 10mL 蒸馏水溶解，加入 1mL $1mol \cdot L^{-1}$ H_2SO_4 酸化，再加入 2mL 3% H_2O_2，煮沸片刻，使 Fe^{2+} 转化为 Fe^{3+}，待溶液冷却后，边搅拌边滴加 $6mol \cdot L^{-1}$ $NH_3 \cdot H_2O$，直至最初生成的蓝色沉淀完全溶解，溶液呈深蓝色为止。

将此溶液分 4~5 次常压过滤[3]，用滴管吸取 $6mol \cdot L^{-1}$ $NH_3 \cdot H_2O$ 洗涤滤纸至蓝色消失，滤纸上留下黄色的 $Fe(OH)_3$ 沉淀。用少量蒸馏水冲洗，再用滴管将 3mL 热的 $2mol \cdot L^{-1}$ HCl 溶液逐滴滴加在滤纸上至 $Fe(OH)_3$ 沉淀全部溶解，以洁净的试管接受滤液。在所得滤液中加入 2 滴 $1mol \cdot L^{-1}$ KSCN 溶液，并加水稀释至 5mL，观察溶液颜色。保留溶液以供后面比较。

② 称取 1g 提纯过的 $CuSO_4 \cdot 5H_2O$ 晶体，重复上述操作，比较两种溶液颜色的深浅，确定产品的纯度。

【附注】

[1] CuO 中杂质粒子比较细，过滤时，可用双层滤纸。

[2] H_2O_2 受热易分解，因此滴加 H_2O_2 时，必须先将溶液冷却至室温。过量的 H_2O_2 可通过加热除去。

[3] 溶液本身呈蓝色，若溶液一次倒入太多，滤纸会被蓝色溶液全部或大部分润湿，以致用 $NH_3 \cdot H_2O$ 过多或洗不彻底，用 HCl 溶解 $Fe(OH)_3$ 沉淀时，$[Cu(NH_3)_4]^{2+}$ 便会一起流入试管，遇大量 SCN^- 生成黑色 $Cu(SCN)_2$ 沉淀而影响检验结果：

$$Cu^{2+} + 2SCN^- =\!=\!= Cu(SCN)_2 \downarrow （黑色）$$

【思考题】

(1) 粗硫酸铜溶液中杂质 Fe^{2+} 为什么要氧化为 Fe^{3+} 后再除去？而除去 Fe^{3+} 时，为什么要调节溶液的 pH 值为 3.5~4.0？pH 值太大或太小有什么影响？

(2) $KMnO_4$、$K_2Cr_2O_7$、Br_2、H_2O_2 都可以氧化 Fe^{2+}，试分析选用哪种氧化剂更为合适，为什么？

(3) 为什么在精制后的硫酸铜溶液中调节 pH=1 使溶液呈强酸性？

(4) 在蒸发浓缩、结晶硫酸铜晶体时，为什么溶液表面刚出现晶膜就停止加热？能否将溶液蒸干？

(5) 试设计一个实验，由单质铜制备 $CuSO_4 \cdot 5H_2O$。

实验 5　硫代硫酸钠晶体的制备

【实验目的】

(1) 了解硫代硫酸钠的制备方法。

(2) 练习溶解、过滤、结晶等基本操作。

(3) 学习 SO_3^{2-} 与 SO_4^{2-} 的半定量比浊分析法。

(4) 掌握 $Na_2S_2O_3 \cdot 5H_2O$ 含量的测定方法。

【实验原理】

$Na_2S_2O_3 \cdot 5H_2O$ 俗称海波，又称大苏打，易溶于水，其水溶液呈弱碱性。制备硫代硫酸钠晶体的方法有多种，本实验采用亚硫酸钠溶液和硫粉反应，来制备硫代硫酸钠晶体。反应式为：

$$Na_2SO_3 + S = Na_2S_2O_3$$

经过滤、蒸发、浓缩结晶，即可制得硫代硫酸钠晶体。制得的晶体一般含有 SO_3^{2-} 与 SO_4^{2-} 杂质，可用比浊度方法来半定量分析 SO_3^{2-} 与 SO_4^{2-} 的总含量。先用 I_2 将 SO_3^{2-} 和 SO_4^{2-} 分别氧化为 SO_4^{2-} 与 $S_4O_6^{2-}$，然后与过量的 $BaCl_2$ 反应，生成难溶的 $BaSO_4$，溶液变浑浊，且溶液的浑浊程度与溶液中 SO_3^{2-} 和 SO_4^{2-} 的总含量成正比。

制得的晶体中 $Na_2S_2O_3 \cdot 5H_2O$ 的含量可用碘量法来测量，以淀粉为指示剂、碘标准溶液进行滴定，反应如下：

$$2S_2O_3^{2-} + I_2 = S_4O_6^{2-} + 2I^-$$

根据消耗的标准 I_2 溶液的体积即可计算求得 $Na_2S_2O_3 \cdot 5H_2O$ 的含量。

【仪器和试剂】

仪器：烧杯（100mL），量筒（100mL、10mL），容量瓶（100mL），比色管（25mL），碱式滴定管（50mL），锥形瓶（250mL），移液管（10mL），表面皿，磁力加热搅拌器，酒精灯，蒸发皿，布氏漏斗，吸滤瓶，台秤，分析天平，洗耳球，石棉网。

试剂：硫粉（CP），Na_2SO_3（AR），0.1mol·L^{-1} HCl，无水乙醇，50%乙醇，25% $BaCl_2$ 溶液，0.1mol·L^{-1} I_2 溶液，0.1000mol·L^{-1} I_2 标准溶液，0.05mol·L^{-1} $Na_2S_2O_3$ 溶液，HAc-NaAc 缓冲溶液。

其他：1%淀粉溶液，酚酞。

【实验步骤】

(1) $Na_2S_2O_3 \cdot 5H_2O$ 的制备

① 称取 6.3g Na_2SO_3 固体于烧杯中，加入 40mL 蒸馏水，加热搅拌使之溶解，用表面

皿作盖,继续加热至沸。

② 称取硫粉 2g 于小烧杯中,加入少量 50％乙醇将硫粉调成糊状,在搅拌下分次加入到近沸的 Na_2SO_3 溶液中,继续加热保持沸腾 1h。在反应过程中,要经常搅拌,并注意适当补加水,保持溶液体积不少于 30mL 左右。

③ 反应完毕,趁热减压过滤,将滤液转移至蒸发皿中,在石棉网上加热、搅拌至溶液呈微黄色浑浊为止,冷却至室温即有大量晶体析出,静置一段时间后,减压过滤,并用少量无水乙醇洗涤晶体。取出晶体,干燥后称量,计算产率。

产品质量/g _____

理论产量/g _____

产率/％ _____

(2) SO_3^{2-} 和 SO_4^{2-} 的半定量分析

称取 1g 产品溶于 25mL 水中,加入 15mL 0.1mol·L^{-1} I_2 溶液,然后再滴加碘水使溶液呈浅黄色。将溶液定量转移至 100mL 容量瓶中,定容。吸取上述溶液 10.00mL 至 25mL 比色管中,加入 1mL 0.1mol·L^{-1} HCl 和 3mL 25％$BaCl_2$ 溶液,稀释至刻度,摇匀,放置 10min。然后加 1 滴 0.05mol·L^{-1} $Na_2S_2O_3$ 溶液,摇匀,立即与标准系列溶液[1]进行比浊,确定产品等级。

(3) $Na_2S_2O_3·5H_2O$ 含量的测定

准确称取 0.5000g(准确至 0.1mg)产品,用 20mL 水溶解,滴入 1～2 滴酚酞,加入 10mL HAc-NaAc 缓冲溶液(保证溶液呈弱酸性)。然后用 0.1000mol·L^{-1} I_2 标准溶液进行滴定,以 1％淀粉为指示剂,直到 1min 内溶液的蓝色不褪去为止。计算含量,算式为:

$$w = \frac{V \times 10^{-3} \times c \times M(Na_2S_2O_3·5H_2O) \times 2}{m} \times 100\% \tag{5-2}$$

式中,V 为所消耗 I_2 标准溶液的体积,mL;c 为 I_2 标准溶液物质的量浓度,mol·L^{-1};$M(Na_2S_2O_3·5H_2O)$ 为 248.2g·mol^{-1};m 为 $Na_2S_2O_3·5H_2O$ 试样的质量,g;w 为 $Na_2S_2O_3·5H_2O$ 的质量分数。

试样质量 m/g _____

标准溶液的浓度 c/mol·L^{-1} _____

I_2 标准溶液的体积 V/mL _____

质量分数 w/％ _____

【附注】

[1] 标准系列溶液由实验室准备,配制方法如下:用吸量管吸取 100mg·L^{-1} 的 SO_4^{2-} 标准溶液 0.20mL、0.50mL、1.00mL,依次置于 3 支 25mL 比色管中,再分别加入 1mL 0.1mol·L^{-1} HCl 和 3mL 25％$BaCl_2$ 溶液,加水稀释至刻度,摇匀。三支比色管中 SO_4^{2-} 的含量分别相当于一级(优级纯)、二级(分析纯)和三级(化学纯)试剂 $Na_2S_2O_3·5H_2O$ 中的 SO_4^{2-} 含量允许值。

[2] 硫化钠法制备硫代硫酸钠晶体 用硫化钠制备硫代硫酸钠的反应大致可分三步进行。

① 碳酸钠与二氧化硫中和而生成亚硫酸钠。

$$Na_2CO_3 + SO_2 =\!=\!= Na_2SO_3 + CO_2$$

② 硫化钠与二氧化硫反应生成亚硫酸钠和硫。

$$2Na_2S + 3SO_2 =\!=\!= 2Na_2SO_3 + 3S$$

③ 亚硫酸钠与硫反应生成硫代硫酸钠。

$$Na_2SO_3 + S =\!=\!= Na_2S_2O_3$$

总反应如下：

$$2Na_2S + Na_2CO_3 + 4SO_2 =\!=\!= 3Na_2S_2O_3 + CO_2$$

含有硫化钠和碳酸钠的溶液，用二氧化硫气体饱和。反应中碳酸钠的用量不宜过少，如用量过少，则中间产物亚硫酸钠产量也少，使析出的硫不能全部生成硫代硫酸钠。硫化钠和碳酸钠以 2∶1 的物质的量比量取较为合适。

【思考题】

(1) 根据制备反应原理，实验中哪种反应物过量？倒过来可以吗？
(2) 在蒸发、浓缩过程中，溶液可以蒸干吗？

实验 6 硫酸亚铁铵晶体的制备

【实验目的】

(1) 了解复盐的一般特性，学习硫酸亚铁铵的制备方法。
(2) 巩固水浴加热、蒸发、结晶、减压过滤等基本操作。
(3) 练习用目视比色法检验产品质量，掌握高锰酸钾滴定法测定硫酸亚铁铵晶体质量分数的方法。

【实验原理】

硫酸亚铁铵 $(NH_4)_2Fe(SO_4)_2 \cdot 6H_2O$ 是一种复盐，俗称摩尔盐，是浅绿色单斜晶体。它在空气中比一般亚铁盐稳定，不易被氧化，因此在定量分析中常用来配制亚铁离子的标准溶液。

和其他复盐一样，硫酸亚铁铵在水中比组成它的每一组分 $FeSO_4$ 或 $(NH_4)_2SO_4$ 的溶解度都小，因此将含有 $FeSO_4$ 和 $(NH_4)_2SO_4$ 的溶液经蒸发浓缩、冷却结晶即可得到 $(NH_4)_2Fe(SO_4)_2 \cdot 6H_2O$ 晶体。

本实验采用铁屑与稀硫酸作用生成硫酸亚铁溶液：

$$Fe + H_2SO_4 =\!=\!= FeSO_4 + H_2 \uparrow$$

然后加入等量的硫酸铵混合，经蒸发浓缩、冷却结晶得到 $(NH_4)_2Fe(SO_4)_2 \cdot 6H_2O$ 晶体。在制备过程中，为了使 Fe^{2+} 不被氧化和水解，溶液需保持足够的酸度。

$$FeSO_4 + (NH_4)_2SO_4 + 6H_2O =\!=\!= (NH_4)_2Fe(SO_4)_2 \cdot 6H_2O$$

产品的质量鉴定可以采用高锰酸钾滴定法来确定有效成分含量。在酸性介质中，以 $KMnO_4$ 为标准溶液，定量地将 Fe^{2+} 氧化为 Fe^{3+}，$KMnO_4$ 自身颜色可以指示滴定终点的到达。

$$5Fe^{2+} + MnO_4^- + 8H^+ =\!=\!= 5Fe^{3+} + Mn^{2+} + 4H_2O$$

产品的等级也可以通过目视比色法来确定。目视比色法是确定杂质含量的一种常用方法，在确定杂质含量后便能定出产品的级别。将产品配成溶液，与各标准溶液进行比色，如果产品溶液的颜色比某一标准溶液的颜色浅，就可确定杂质含量低于该标准溶液中的含量，即低于某一规定的限度，所以这种方法又称限量分析。本实验仅作 $(NH_4)_2Fe(SO_4)_2 \cdot 6H_2O$ 晶体中杂质 Fe^{3+} 的限量分析。

【仪器和试剂】

仪器：台秤，分析天平，水浴锅，漏斗，漏斗架，布氏漏斗，吸滤瓶，真空泵，烧杯（100mL、250mL），量筒（10mL、100mL），蒸发皿，棕色酸式滴定管（50mL），锥形瓶（250mL），吸量管（10mL），比色管（25mL），表面皿，称量瓶。

试剂：铁屑，$1mol \cdot L^{-1}$ Na_2CO_3，$3mol \cdot L^{-1}$ H_2SO_4，浓 H_3PO_4，$2mol \cdot L^{-1}$ HCl，$2mol \cdot L^{-1}$ NaOH，$(NH_4)_2SO_4(s)$，$0.1000mol \cdot L^{-1}$ $KMnO_4$ 标准溶液，$1mol \cdot L^{-1}$ KSCN，$0.0100 mol \cdot L^{-1}$ Fe^{3+} 标准溶液，无水乙醇，$1mol \cdot L^{-1}$ $BaCl_2$，$0.1mol \cdot L^{-1}$ $K_3[Fe(CN)_6]$。

其他：pH 试纸，滤纸，红色石蕊试纸。

【实验步骤】

(1) 硫酸亚铁铵的制备

① 铁屑的净化。称取 2.0g 铁屑于小烧杯中，加入 20mL $1mol \cdot L^{-1}$ Na_2CO_3 溶液，小火加热约 10min（注意：加热过程中要不断搅拌以防溶液暴沸，并应补充适量水），除去铁屑表面油污。用倾析法除去碱液，用水将铁屑冲洗干净，备用。

② 硫酸亚铁的制备。在盛有洗净铁屑的烧杯中加入 15mL $3mol \cdot L^{-1}$ H_2SO_4 溶液，盖上表面皿，在通风橱内[1]进行水浴加热（可适当添加除氧水，以补充蒸发掉的水分），温度控制在 70~80℃[2]，直至不再有气泡放出。趁热过滤[3]，将滤液转移至蒸发皿中。用少量热水洗涤残渣，用滤纸吸干残渣后称量，从而计算出溶液中所溶解铁屑的质量。

③ 硫酸亚铁铵的制备。根据溶液中 $FeSO_4$ 的理论产量，按反应方程式计算并称取固体 $(NH_4)_2SO_4$，加入上述溶液中，水浴加热搅拌使 $(NH_4)_2SO_4$ 完全溶解，调节溶液 pH 值至 1~2，蒸发浓缩至液面出现一层晶膜为止，冷却结晶，减压抽滤，用少量无水乙醇洗去晶体表面的水分，抽干，晶体转移至表面皿上晾干（或真空干燥）后称量，计算产率。

产品外观_____

产品质量/g _____

理论产量/g _____

产率/% _____

(2) 产品检验

① 试用实验方法证明产品中含有 NH_4^+、Fe^{2+} 和 SO_4^{2-}。

② $(NH_4)_2Fe(SO_4)_2 \cdot 6H_2O$ 质量分数的测定：称取 0.8~0.9g（准确至 0.1mg）产品于锥形瓶中，加 50mL 除氧水、15mL $3mol \cdot L^{-1}$ H_2SO_4、2mL 浓 H_3PO_4，使之溶解。从滴定管中加入 10mL $0.1000mol \cdot L^{-1}$ $KMnO_4$ 标准溶液，加热至 70~80℃，再继续用 $KMnO_4$ 标准溶液滴定至溶液刚出现微红色（30s 内不消失）为终点。

根据 $KMnO_4$ 标准溶液用量，计算 $(NH_4)_2Fe(SO_4)_2 \cdot 6H_2O$ 的质量分数：

$$w = \frac{5cV \times 392.13}{1000m} \times 100\% \tag{5-3}$$

式中，w 表示 $(NH_4)_2Fe(SO_4)_2 \cdot 6H_2O$ 的质量分数；c 表示 $KMnO_4$ 标准溶液的浓度，$mol \cdot L^{-1}$；V 表示 $KMnO_4$ 标准溶液的体积，mL；m 表示所取产品质量，g；392.13 表示 $(NH_4)_2Fe(SO_4)_2 \cdot 6H_2O$ 的摩尔质量，$g \cdot mol^{-1}$。

③ Fe^{3+} 限量分析。准确称取 1.00g 产品于比色管中,加入 2.00mL 2mol·L^{-1} HCl 和 0.50mL 1mol·L^{-1} KSCN 溶液,使之溶解,用煮沸除去氧的水稀释至刻度,摇匀。与标准溶液[4](实验室准备)进行比色,确定产品的等级。

质量分数＿＿＿＿＿＿＿＿＿＿

产品规格＿＿＿＿＿＿＿＿＿＿

【附注】

[1] 铁屑与稀硫酸反应过程中,会产生大量的 H_2 及少量有毒气体(如 H_2S、PH_3 等),应注意通风,避免发生事故。

[2] 铁屑与酸反应的温度不能过高,否则易生成 $FeSO_4·H_2O$ 白色晶体。

[3] 硫酸亚铁溶液要趁热过滤,以免以结晶形式析出。

[4] Fe^{3+} 标准溶液的配制(实验室配制) 先配制 0.01mg·mL^{-1} 的 Fe^{3+} 标准溶液,然后用吸量管吸取该标准溶液 5.00mL、10.00mL 和 20.00mL 分别放入三支比色管中,各加入 2.00mL 2mol·L^{-1} HCl 和 0.50mL 1mol·L^{-1} KSCN 溶液,用除去氧的水稀释至刻度,摇匀。得到三个级别 Fe^{3+} 标准溶液,它们分别为一级、二级、三级试剂中 Fe^{3+} 的最高允许含量。

[5] 几种盐的溶解度数据 见表 5-2。

表 5-2　几种盐的溶解度数据　　　　　单位:g/100g H_2O

盐 \ 温度/℃	10	20	30	40	60
$(NH_4)_2SO_4$	73.0	75.4	78	81	88
$FeSO_4·7H_2O$	40.0	48.0	60.0	73.3	100
$(NH_4)_2Fe(SO_4)_2·6H_2O$	17.23	36.47	45.0	53.0	—

【思考题】

(1) 在制备 $FeSO_4$ 时,是铁过量还是 H_2SO_4 过量?为什么?

(2) 在制备硫酸亚铁铵时为什么要保持溶液呈强酸性?

(3) 在蒸发硫酸亚铁铵溶液过程中,为什么有时溶液会由浅蓝绿色逐渐变为黄色?此时应如何处理?

(4) 蒸发浓缩硫酸亚铁铵溶液时,能否将溶液加热至干,为什么?

(5) 为什么在检验产品中 Fe^{3+} 的含量时,要用不含氧气的去离子水?如何制备不含氧气的去离子水?

(6) 趁热过滤和热过滤有何异同?

(7) 本实验计算 $(NH_4)_2Fe(SO_4)_2·6H_2O$ 的产率时,以 $FeSO_4$ 的量为准是否正确?为什么?

实验 7　转化法制备硝酸钾

【实验目的】

(1) 利用物质溶解度随温度变化的差别,学习用转化法制备硝酸钾。

(2) 进一步练习溶解、过滤等基本操作，学习用重结晶法提纯物质。

(3) 熟悉用浊度法测定试样中总氯的方法。

【实验原理】

工业上常采用转化法制备硝酸钾晶体，反应如下：

$$NaNO_3 + KCl \rightleftharpoons NaCl + KNO_3$$

该反应是可逆的，可以改变反应条件使反应向右进行。各盐在不同温度下的溶解度见表 5-3。

表 5-3　各盐在不同温度下的溶解度　　　　　　　单位：$g/100gH_2O$

温度/℃ 盐	0	10	20	30	40	60	80	100
KNO_3	13.3	20.9	31.6	45.8	63.9	110	169	246
KCl	27.6	31.0	34.0	37.0	40.0	45.5	51.1	56.7
$NaNO_3$	73	80	88	96	104	124	148	180
NaCl	35.7	35.8	36.0	36.3	36.6	37.3	38.4	39.8

由表中数据可以看出，反应体系中四种盐的溶解度在不同温度下的差别是很大的，NaCl 的溶解度随温度变化不大，KCl、$NaNO_3$ 的溶解度随温度升高增大，而 KNO_3 的溶解度随温度升高急剧增大。根据这种差别，将一定浓度的 KCl 和 $NaNO_3$ 混合液加热浓缩，当温度达 118～120℃时，KNO_3 的溶解度增大显著未达饱和，而 NaCl 的溶解度变化不大，随溶剂的减少，将析出。通过热过滤除去氯化钠，将溶液冷却至室温，KNO_3 的溶解度急剧减小而析出，过滤即可得到含有少量氯化钠等杂质的硝酸钾粗产品。经过重结晶提纯，可得到纯品。硝酸钾产品中的氯化钠杂质，可利用 Cl^- 与 Ag^+ 生成白色 AgCl 沉淀来检验。

【仪器和试剂】

仪器：台秤，烧杯（100mL、250mL），量筒（100mL），玻璃棒，三角架，酒精灯，温度计（0～200℃），热滤漏斗，布氏漏斗，吸滤瓶，真空泵，坩埚，坩埚钳，比色管（25mL），试管，马弗炉。

试剂：氯化钾（工业级），硝酸钠（工业级），氯化钠（AR），0.1mol·L^{-1} $AgNO_3$，5mol·L^{-1} HNO_3。

其他：滤纸，火柴，燃料酒精。

【实验步骤】

(1) 硝酸钾的制备

称取 22g $NaNO_3$ 和 15g KCl，放入烧杯中，加 35mL 水。将烧杯放在石棉网上用酒精灯加热，并不断搅拌至固体全部溶解，记下烧杯中液面的位置。当溶液沸腾时用温度计测溶液此时的温度，记录下来。继续加热，使溶液蒸发至原有体积的 2/3，这时有晶体析出（什么物质？），趁热用热滤漏斗过滤，滤液于小烧杯中自然冷却至室温，即有晶体析出（什么物质？）（注意：不要骤冷，防止结晶过于细小）。减压过滤，晶体尽量抽干。所得粗产品经水浴烤干后称重，计算产率。

产品质量/g _____

理论产量/g _____

产率/% _____

5 无机化合物的提纯或制备

(2) 粗产品的重结晶

保留少量 (0.1~0.2g) 粗产品供纯度检验，其余产品按粗产品：水＝2∶1（质量比）的比例将粗产品溶解于蒸馏水中，加热搅拌，使晶体全部溶解（若不溶，可适当加少量水）。冷却至室温后抽滤，水浴烘干，得到纯度较高的硝酸钾晶体，称量。

硝酸钾（重结晶）质量/g _____

(3) 纯度检验

① 定性检验。分别取 0.1g 粗产品和一次重结晶得到的产品放入两支试管中，各加入 2mL 蒸馏水配成溶液。在溶液中分别滴入 1 滴 $5mol \cdot L^{-1}$ HNO_3 酸化，再各滴入 2 滴 $0.1mol \cdot L^{-1}$ $AgNO_3$ 溶液，观察现象，进行对比。重结晶后的产品溶液应澄清。

② 产品总氯量的测定。称取 1g 试样（准确至 0.01g）于坩埚中，加热至 400℃使其分解，然后在马弗炉中于 700℃灼烧 15min，冷却，溶于少量蒸馏水中（必要时过滤），稀释至 25mL，加 2mL $5mol \cdot L^{-1}$ HNO_3 和 $0.1mol \cdot L^{-1}$ $AgNO_3$ 溶液，摇匀，放置 10min。与试剂级氯化物的浊度标准（实验室配制）进行比较，确定所得产品含氯量的级别。

本实验要求重结晶后的硝酸钾晶体含氯量达化学纯为合格，否则应再次重结晶，直至合格。

注意：在马弗炉中灼烧试样时要防止烧伤。当灼烧物质达到灼烧要求时，必须先关闭电源，待温度降至 200℃以下时，再打开马弗炉，然后用长柄坩埚钳取出坩埚，放在石棉网上，切勿用手拿取坩埚！

产品级别 _____

【附注】标准溶液的配制

[1] 称取 0.165g 于 500~600℃灼烧至恒重的分析纯氯化钠溶于水，移入 1000mL 容量瓶中，稀释至刻度，即得含 Cl^- 为 $0.1mg \cdot mL^{-1}$ 的氯化物标准溶液。

[2] 分别取 0.15mL、0.30mL、0.70mL 的氯化物标准溶液，稀释至 25mL（即得优级纯、分析纯和化学纯级别的氯化物标准），然后加入 2mL $5mol \cdot L^{-1}$ HNO_3 和 $0.1mol \cdot L^{-1}$ $AgNO_3$ 溶液，摇匀，放置 10min，以待与产品试样溶液进行对照。

[3] 化学试剂硝酸钾中杂质最高含量见表 5-4。

表 5-4 化学试剂硝酸钾中杂质最高含量（指标以 $x\%$ 计）

名　称	优级纯	分析纯	化学纯
澄清度试验	合格	合格	合格
水不溶物	0.002	0.004	0.006
干燥失重	0.2	0.2	0.5
总氯量(以 Cl 计)	0.0015	0.003	0.007
硫酸盐(SO_4^{2-})	0.002	0.005	0.01
亚硝酸盐及碘酸盐(以 NO_2 计)	0.0005	0.001	0.002
磷酸盐(PO_4^{3-})	0.0005	0.001	0.001
钠(Na)	0.02	0.02	0.05
镁(Mg)	0.001	0.002	0.004
钙(Ca)	0.002	0.002	0.006
铁(Fe)	0.0001	0.0002	0.0005
重金属(以 Pb 计)	0.0003	0.0005	0.001

【思考题】

(1) 什么叫重结晶？本实验中应注意些什么？

(2) 在制备硝酸钾过程中，先析出的晶体是什么物质？将晶体与溶液分离时为什么要采取热过滤？

(3) 将 $NaNO_3$ 和 KCl 混合液加热至沸腾时，用温度计测得溶液的温度是多少？为什么会在 100℃ 以上？

(4) 试设计从母液提取较高纯度的硝酸钾晶体的实验方案，并加以试验。

实验 8　三草酸合铁（Ⅲ）酸钾的制备和性质

【实验目的】

(1) 了解配合物制备的一般方法。
(2) 学习用滴定分析法来确定配合物的组成的原理和方法。
(3) 综合训练无机合成中滴定分析、水浴加热、过滤等基本操作。
(4) 通过实验加深对物质性质的认识。

【实验原理】

三草酸合铁（Ⅲ）酸钾 $K_3[Fe(C_2O_4)_3] \cdot 3H_2O$ 是翠绿色单斜晶体，易溶于水（溶解度：0℃ 时 $4.7g/100gH_2O$；100℃ 时 $117.7g/100gH_2O$），难溶于乙醇。110℃ 下失去结晶水，230℃ 分解。该配合物对光敏感，遇光照发生分解：

$$2K_3[Fe(C_2O_4)_3] \xrightarrow{光} 3K_2C_2O_4 + 2FeC_2O_4(黄色) + 2CO_2$$

因其具有光敏性，所以常用来作为化学光量计。它在日光直射或强光下分解生成的草酸亚铁遇六氰合铁（Ⅲ）酸钾生成滕氏蓝，反应为：

$$3FeC_2O_4 + 2K_3[Fe(CN)_6] = Fe_3[Fe(CN)_6]_2 + 3K_2C_2O_4$$

因此在实验室中可做成感光纸，进行感光实验。

三草酸合铁（Ⅲ）配离子较稳定，$K_f^\ominus = 1.58 \times 10^{20}$。

目前合成三草酸合铁（Ⅲ）酸钾的工艺路线有多种。用铁屑与稀 H_2SO_4 反应制得 $FeSO_4 \cdot 7H_2O$ 晶体，再与 $H_2C_2O_4$ 溶液反应制得 $FeC_2O_4 \cdot 2H_2O$ 沉淀：

$$Fe + H_2SO_4 = FeSO_4 + H_2\uparrow$$

$$FeSO_4 + H_2C_2O_4 + 2H_2O = FeC_2O_4 \cdot 2H_2O\downarrow + H_2SO_4$$

或者以硫酸亚铁铵为原料与草酸反应制备草酸亚铁：

$$(NH_4)_2Fe(SO_4)_2 \cdot 6H_2O + H_2C_2O_4 = FeC_2O_4 \cdot 2H_2O\downarrow + (NH_4)_2SO_4 + H_2SO_4 + 4H_2O$$

然后在过量草酸根存在下，用 H_2O_2 氧化草酸亚铁即可得到三草酸合铁（Ⅲ）酸钾，同时有氢氧化铁生成：

$$6FeC_2O_4 \cdot 2H_2O + 3H_2O_2 + 6K_2C_2O_4 = 4K_3[Fe(C_2O_4)_3] + 2Fe(OH)_3\downarrow + 12H_2O$$

加入适量草酸可以使 $Fe(OH)_3$ 转化为三草酸合铁（Ⅲ）酸钾：

$$2Fe(OH)_3 + 3H_2C_2O_4 + 3K_2C_2O_4 = 2K_3[Fe(C_2O_4)_3] + 6H_2O$$

再加入乙醇，放置即可析出产物的结晶。其后几步总反应式为：

$$2FeC_2O_4 \cdot 2H_2O + H_2O_2 + 3K_2C_2O_4 + H_2C_2O_4 = 2K_3[Fe(C_2O_4)_3] \cdot 3H_2O$$

5 无机化合物的提纯或制备

本实验直接采用硫酸亚铁铵为原料来制备三草酸合铁（Ⅲ）酸钾配合物。

结晶水含量的确定采用重量分析法。将已知质量的产品在110℃下干燥脱水，待脱水完全后再进行称量，通过质量的变化即可计算出结晶水的含量。

配离子的组成可通过滴定分析方法确定，用氧化还原滴定法确定配离子中Fe^{3+}和$C_2O_4^{2-}$的含量。在酸性介质中，用$KMnO_4$标准溶液直接滴定$C_2O_4^{2-}$：

$$5C_2O_4^{2-} + 2MnO_4^- + 16H^+ \rightleftharpoons 10CO_2\uparrow + 2Mn^{2+} + 8H_2O$$

在上述测定$C_2O_4^{2-}$后剩余的溶液中，用过量还原剂锌粉将Fe^{3+}还原为Fe^{2+}，然后用$KMnO_4$标准溶液滴定Fe^{2+}：

$$Zn + 2Fe^{3+} \rightleftharpoons 2Fe^{2+} + Zn^{2+}$$

$$5Fe^{2+} + MnO_4^- + 8H^+ \rightleftharpoons 5Fe^{3+} + Mn^{2+} + 4H_2O$$

根据$KMnO_4$标准溶液的消耗量，可计算出$C_2O_4^{2-}$和Fe^{3+}的质量分数。

根据$n(Fe^{3+}):n(C_2O_4^{2-}) = \dfrac{w(Fe^{3+})}{55.8} : \dfrac{w(C_2O_4^{2-})}{88.0}$，可确定$Fe^{3+}$与$C_2O_4^{2-}$的配位比。

【仪器和试剂】

仪器：台秤，分析天平，烧杯（100mL、250mL），量筒（10mL、100mL），温度计（0~100℃），漏斗，漏斗架，布氏漏斗，吸滤瓶，真空泵，酒精灯，水浴锅，称量瓶，干燥器，滴管，表面皿，酸式滴定管（50mL），锥形瓶（250mL），玻璃棒。

试剂：3% H_2O_2，锌粉，$K_3[Fe(CN)_6]$(s，AR)，3mol·L^{-1} H_2SO_4，1mol·L^{-1} $H_2C_2O_4$，饱和$K_2C_2O_4$，95%乙醇，0.0200mol·L^{-1} $KMnO_4$标准溶液，$(NH_4)_2Fe(SO_4)_2·6H_2O$ (s，AR)。

其他：滤纸。

【实验步骤】

(1) 三草酸合铁（Ⅲ）酸钾的制备

① $FeC_2O_4·2H_2O$的制备。称取5.0g $(NH_4)_2Fe(SO_4)_2·6H_2O$固体于烧杯中，加入15mL蒸馏水和1mL 3mol·L^{-1} H_2SO_4，加热使其溶解，然后加入25mL 1mol·L^{-1} $H_2C_2O_4$，加热至沸[1]，不断搅拌，静置便得黄色$FeC_2O_4·2H_2O$晶体，待沉淀沉降后用倾析法弃去上层溶液。用倾析法[2]洗涤沉淀三次，方法如下：在沉淀中加20mL蒸馏水，温热并搅拌，静置后再弃去上层清液（尽量将清液倒干净），除去可溶性杂质。

② $K_3[Fe(C_2O_4)_3]·3H_2O$的制备。在上述沉淀中加入15mL饱和$K_2C_2O_4$溶液，水浴加热至40℃，用滴管缓慢滴加20mL 3% H_2O_2溶液，不断搅拌并保温在40℃左右，此时有$Fe(OH)_3$沉淀产生。滴加完后，加热溶液至沸以除去过量的H_2O_2。一次性加入5mL 1mol·L^{-1} $H_2C_2O_4$，然后再滴加$H_2C_2O_4$溶液（约3mL），并保持近沸的温度，直至变成绿色透明溶液。冷却，加入20mL 95%乙醇，放于暗处继续冷却结晶。减压过滤，抽干后用少量乙醇洗涤产品，继续抽干，称量，计算产率。产品在干燥器内避光保存。

产品质量/g _____

理论产量/g _____

产率/% _____

(2) 产物组成的定量分析

① 结晶水的确定。准确称取0.5~0.6g已干燥的产品2份，分别放入两个已干燥、恒

重的称量瓶[3]中,在110℃烘箱中干燥1h,然后置于干燥器中冷却至室温,称量。重复上述干燥(改为0.5h)—冷却—称量操作,直至质量恒定。根据称量结果计算产品中结晶水的质量分数。

② 草酸根含量的测定。准确称取0.12~0.15g产品两份,分别放入两个锥形瓶中,各加入20mL水和10mL 3mol·L^{-1} H$_2$SO$_4$,微热溶解,加热至75~85℃(即液面冒水汽),趁热用0.0200mol·L^{-1} KMnO$_4$标准溶液滴定溶液至粉红色(30 s内不褪色)为终点。记录KMnO$_4$标准溶液的用量,保留滴定后的溶液待下一步分析使用。

③ 铁含量的测定。在上述保留的溶液中加入半药匙锌粉,加热近沸,直至溶液的黄色消失,将Fe^{3+}还原为Fe^{2+}。趁热过滤除去多余的锌粉,滤液收集在另一锥形瓶中,再用5mL水洗涤残渣,并将洗涤液一并收集在上述锥形瓶中。继续用KMnO$_4$标准溶液滴定至溶液呈粉红色。记录KMnO$_4$标准溶液的用量。

根据滴定数据,计算产品中C$_2$O$_4^{2-}$、Fe^{3+}的质量分数,确定配离子的组成。

结晶水的质量分数/%_____

C$_2$O$_4^{2-}$的质量分数/%_____

Fe^{3+}的质量分数/%_____

配离子的组成_____

(3) 产物的化学性质

① 将少许产品放在表面皿上,在日光下观察晶体颜色变化。与放在暗处的晶体比较。

② 制感光纸。称取产品0.3g,K$_3$[Fe(CN)$_6$]固体0.4g,加5mL水配成溶液,涂在纸上即制成黄色感光纸。附上图案,在日光下(或红外灯光下)直照,曝光部分呈深蓝色,被遮盖部分没有曝光即显影出图案。

③ 配感光液。称取产品0.3g,加5mL水配成溶液,用滤纸做成感光纸。附上图案,在日光下(或红外灯光下)曝光,曝光后去掉图案,用约3.5% K$_3$[Fe(CN)$_6$]溶液浸润或漂洗,即显影出图案。

【附注】

[1] 将溶液加热至沸,其目的是使FeC$_2$O$_4$·2H$_2$O颗粒变大,易于沉降。

[2] 用倾析法洗涤FeC$_2$O$_4$·2H$_2$O沉淀,每次用水不宜太多(约20mL),至沉淀沉降后再将上层清液弃去,尽量减少沉淀的损失。

[3] 将称量瓶洗净,放在110℃烘箱中干燥1h,然后置于干燥器中冷却至室温,在分析天平上称量。重复上述干燥(改为0.5h)——冷却——称量操作,直至质量恒定(两次称量相差不超过0.3mg)。

【思考题】

(1) 氧化FeC$_2$O$_4$·2H$_2$O时,温度控制在40℃,不能太高,为什么?

(2) KMnO$_4$滴定C$_2$O$_4^{2-}$时,加热使温度控制在75~85℃,不能太高,为什么?

(3) 测定C$_2$O$_4^{2-}$的计算公式是什么?计算C$_2$O$_4^{2-}$质量分数的公式是什么?

(4) 合成K$_3$[Fe(C$_2$O$_4$)$_3$]·3H$_2$O中,加入3%H$_2$O$_2$后为什么要煮沸溶液?

(5) 最后在溶液中加入乙醇的作用是什么?能否用蒸发浓缩或蒸干溶液的方法来提高产率?本实验的各步反应中哪些试剂是过量的?哪些试剂用量是有限的?

(6) 影响三草酸合铁(Ⅲ)酸钾质量的主要因素有哪些?如何减小副反应的发生?产品应

如何保存？

实验9　由铬铁矿制备重铬酸钾晶体

【实验目的】
(1) 学习固体碱熔氧化法制备重铬酸钾的原理和操作方法。
(2) 学习熔融、浸取等操作。
(3) 掌握重铬酸钾晶体质量分数测定的方法。

【实验原理】
铬铁矿的主要成分是亚铬酸亚铁 [$Fe(CrO_2)_2$ 或 $FeO \cdot Cr_2O_3$]，一般含 Cr_2O_3 35%～45%，除铁外，还有硅、铝等杂质。

将铬铁矿与碱混合，在空气中与氧气或其他强氧化剂共熔（1000～1300℃），能生成溶于水的六价铬酸盐。

$$4FeO \cdot Cr_2O_3 + 8Na_2CO_3 + 7O_2 \xrightarrow{\triangle} 8Na_2CrO_4 + 2Fe_2O_3 + 8CO_2 \uparrow$$

实验室中，为降低熔点，可加入固体氢氧化钠作为助熔剂，以氯酸钾代替氧气加速氧化，使上述反应能在较低温度（700～800℃）下进行，反应式为：

$$6FeO \cdot Cr_2O_3 + 12Na_2CO_3 + 7KClO_3 \xrightarrow{\triangle} 12Na_2CrO_4 + 3Fe_2O_3 + 7KCl + 12CO_2 \uparrow$$

$$6FeO \cdot Cr_2O_3 + 24NaOH + 7KClO_3 \xrightarrow{\triangle} 12Na_2CrO_4 + 3Fe_2O_3 + 7KCl + 12H_2O$$

同时，三氧化二铝、三氧化二铁和二氧化硅转变为相应的可溶性盐：

$$Al_2O_3 + Na_2CO_3 =\!\!= 2NaAlO_2 + CO_2 \uparrow$$

$$Fe_2O_3 + Na_2CO_3 =\!\!= 2NaFeO_2 + CO_2 \uparrow$$

$$SiO_2 + Na_2CO_3 =\!\!= Na_2SiO_3 + CO_2 \uparrow$$

用水浸取熔体，铁酸钠强烈水解，沉淀出氢氧化铁，与其他不溶性杂质（如三氧化二铁、未反应的铬铁矿等）一起称为残渣；而铬酸钠、偏铝酸钠、硅酸钠则进入溶液。过滤后，弃去残渣，将滤液的pH值调到7～8，促使偏铝酸钠、硅酸钠水解生成沉淀，与铬酸钠分开：

$$NaAlO_2 + 2H_2O =\!\!= Al(OH)_3 \downarrow + NaOH$$

$$Na_2SiO_3 + 2H_2O =\!\!= H_2SiO_3 \downarrow + 2NaOH$$

过滤后，将滤液酸化，使铬酸钠转化为重铬酸钠：

$$2CrO_4^{2-} + 2H^+ \rightleftharpoons Cr_2O_7^{2-} + H_2O$$

重铬酸钾则由重铬酸钠与氯化钾进行复分解反应制得：

$$Na_2Cr_2O_7 + 2KCl =\!\!= K_2Cr_2O_7 \downarrow + 2NaCl$$

重铬酸钾的溶解度在室温下很小，但随温度升高显著增大（0℃时为4.6g/100g水，100℃时为94.1g/100g水），而温度对氯化钠的溶解度影响很小，将溶液蒸发浓缩后，冷却，即有大量重铬酸钾晶体析出,而氯化钠仍留在母液中。

【仪器和试剂】

仪器:铁坩埚,水浴锅,酒精喷灯,酒精灯,蒸发皿,漏斗,布氏漏斗,吸滤瓶,真空泵,坩埚钳,泥三角,钵体,台秤,分析天平,烧杯(100mL、250mL),量筒(10mL、100mL),移液管(25mL),容量瓶(250mL),碱式滴定管(50mL),碘量瓶。

试剂:铬铁矿粉(100目),无水碳酸钠(AR),氢氧化钠(AR),氯酸钾(AR),氯化钾(AR),碘化钾(AR),$2mol \cdot L^{-1}$ H_2SO_4,$3mol \cdot L^{-1}$ H_2SO_4,$6mol \cdot L^{-1}$ H_2SO_4,0.2%淀粉,$0.1000mol \cdot L^{-1}$ $Na_2S_2O_3$标准溶液,无水乙醇。

其他:滤纸,pH试纸。

【实验步骤】

(1) 氧化焙烧

称取6g铬铁矿粉与4g氯酸钾在研钵中混合均匀。另称取碳酸钠和氢氧化钠各4.5g于铁坩埚中混匀后,用小火加热直至熔融,慢慢将矿粉分3~4次加入坩埚中并不断搅拌,以防熔融物喷溅。矿粉加完后,用酒精喷灯强热(约800℃),灼烧30~35min,这时熔融物呈红褐色,稍冷几分钟,将坩埚置于冷水中骤冷一下,以便浸取。

(2) 熔块浸取

加少量去离子水于坩埚中,加热至沸,然后将溶液倾入100mL烧杯中,再往坩埚中加水,加热至沸,如此反复2~3次,即可取出熔块。将全部熔块与溶液一起在烧杯中煮沸15min,并不断搅拌,稍冷后抽滤,残渣用10mL去离子水洗涤,控制溶液与洗涤液的总体积为40mL左右,抽干,弃去残渣。

(3) 中和除去铝、硅

将滤液用$3mol \cdot L^{-1}$ H_2SO_4调节pH为7~8,加热煮沸3min后,趁热过滤,残渣用少量去离子水洗涤后弃去,滤液转移至蒸发皿中。

(4) 酸化和复分解结晶

向滤液中加$6mol \cdot L^{-1}$ H_2SO_4调pH至强酸性(注意溶液颜色的变化),再加1g氯化钾,在水浴上加热至液面上有晶膜出现为止。冷却结晶,抽滤,得重铬酸钾晶体。用滤纸吸干晶体,称重,母液回收。

(5) 重结晶

按$K_2Cr_2O_7:H_2O=1:1.5$的质量比加水,加热使晶体溶解,趁热过滤(若无不溶性杂质,可省去过滤),加热浓缩,冷却结晶,抽滤。晶体用少量乙醇洗涤后,在40~50℃下烘干,称量。母液回收。

注意:所有铬盐废液都要回收集中处理,不许倒入下水道!

(6) 产品含量的测定

准确称取2.5g(准确至0.2mg)试样溶于250mL容量瓶中,用移液管吸取25.00mL该溶液放入250mL碘量瓶中,加入10mL $2mol \cdot L^{-1}$ H_2SO_4和2g碘化钾,放于暗处5min,然后加入100mL水,用$0.1000mol \cdot L^{-1}$ $Na_2S_2O_3$标准溶液滴定至溶液变成黄绿色,然后加入3mL淀粉指示剂,再继续滴定至蓝色褪去并呈亮绿色为止。根据$Na_2S_2O_3$标准溶液的浓度和用量,计算重铬酸钾的质量分数。算式为:

$$w = \frac{cV \times 294.185 \times 6}{1000m} \times 100\% \tag{5-4}$$

式中，w 表示 $K_2Cr_2O_7$ 的质量分数；c 表示 $Na_2S_2O_3$ 标准溶液的浓度，$mol \cdot L^{-1}$；V 表示 $Na_2S_2O_3$ 标准溶液的体积，mL；m 表示试样质量，g；294.185 表示 $K_2Cr_2O_7$ 的摩尔质量，$g \cdot mol^{-1}$。

数据记录_____
产品质量/g_____
理论产量/g_____
产率/%_____
重铬酸钾质量分数/%_____

【附注】如实验中没有铬铁矿，可用三氧化二铬代替。

【思考题】

(1) 向含有 Na_2CrO_4 的滤液中加 $6mol \cdot L^{-1}$ H_2SO_4 调 pH 至强酸性，溶液颜色将如何变化？发生了什么反应？

(2) 浓缩结晶制备 $K_2Cr_2O_7$ 晶体时，能否将溶液蒸干？为什么？

(3) 试推导计算 $K_2Cr_2O_7$ 质量分数的公式。

实验 10　由软锰矿制备高锰酸钾晶体

【实验目的】

(1) 学习碱熔法由二氧化锰制备高锰酸钾的原理和方法。
(2) 掌握 Mn(Ⅳ)、Mn(Ⅵ) 和 Mn(Ⅶ) 之间的转化关系。
(3) 熟悉高锰酸钾质量分数的测定方法。
(4) 巩固过滤、结晶和重结晶等基本操作。

【实验原理】

软锰矿（主要成分是 MnO_2）在较强氧化剂（如氯酸钾）存在的条件下与碱共熔，可制得墨绿色的锰酸钾熔体：

$$3MnO_2 + KClO_3 + 6KOH \xrightarrow{\text{熔融}} 3K_2MnO_4 + KCl + 3H_2O$$

熔块由水浸取后，随着溶液碱性降低，发生歧化反应：

$$3MnO_4^{2-} + 2H_2O \longrightarrow MnO_2 \downarrow + 2MnO_4^- + 4OH^-$$

在弱碱性或近中性介质中，歧化反应趋势较小，反应速率也较慢，但在弱酸性介质中，MnO_4^{2-} 易发生歧化反应。为使歧化反应顺利进行，常用的方法是通入 CO_2，随时中和所产生的 OH^-：

$$3K_2MnO_4 + 2CO_2 \longrightarrow 2KMnO_4 + MnO_2 \downarrow + 2K_2CO_3$$

经减压过滤除去二氧化锰后,将溶液浓缩即可析出暗紫色的针状高锰酸钾晶体。

【仪器和试剂】

仪器:铁坩埚,坩埚钳,泥三角,酒精灯,启普发生器,台秤,分析天平,铁架台(带铁圈),烧杯(250mL),量筒(10mL、100mL),蒸发皿,表面皿,砂芯漏斗,吸滤瓶,真空泵,烘箱,容量瓶(500mL),棕色酸式滴定管(50mL),锥形瓶(250mL),温度计,称量瓶

试剂:软锰矿粉(200目),氯酸钾(AR),氢氧化钾(AR),碳酸钙(AR),$H_2C_2O_4 \cdot 2H_2O$ (s, AR),工业盐酸,$3mol \cdot L^{-1}$ H_2SO_4。

其他:滤纸,铁棒。

【实验步骤】

(1) 锰酸钾溶液的制备

称取 2.5g 氯酸钾固体和 5.2g 氢氧化钾固体,放入铁坩埚中,用铁棒混合均匀。用铁夹将坩埚夹紧,固定在铁架台上。小火加热,边加热边用铁棒搅拌,待混合物熔融后,将 3g 软锰矿粉分多次,小心加入铁坩埚中(为防止外溅,可移开火焰,待全部加完再小火加热)。随着熔融物的黏度增大,用力加快搅拌以防结块或粘在坩埚壁上。待反应物干涸后,提高温度,强热 5min(此时仍要适当翻动),得到墨绿色熔融物,用铁棒尽量捣碎。

待熔融物冷却后,用铁棒尽量将熔块捣碎,将坩埚和熔块放入盛有 100mL 蒸馏水的 250mL 烧杯中,用小火共煮,直到熔融物全部溶解为止,小心用坩埚钳取出坩埚。得到绿色的 K_2MnO_4 溶液。

(2) 锰酸钾的歧化

趁热向上述溶液中通入二氧化碳气体(由启普发生器产生)至锰酸钾全部歧化为止(可用玻璃棒沾取溶液于滤纸上,如果滤纸上只有紫色而无绿色痕迹,即表示锰酸钾已歧化完全,pH 在 10~11 之间),然后静置片刻,趁热用砂芯漏斗抽滤,滤去 MnO_2 残渣。

(3) 高锰酸钾的结晶与干燥

将滤液转移至蒸发皿中,蒸发浓缩至表面析出晶膜为止,自然冷却晶体,抽滤至干,称量。以每克产品需蒸馏水 3mL 的比例,将制得的粗 $KMnO_4$ 晶体加热溶解,趁热过滤。冷却,重结晶,抽干。母液回收。

将晶体转移至已知质量的表面皿中,放入烘箱中(80℃为宜,不能超过240℃)干燥 0.5h,冷却后称量,计算产率。

产品质量/g _____

理论产量/g _____

产率/% _____

(4) 纯度分析

准确称取 2.0g 产品(准确至 0.1mg),加少量水溶解,转移至 500mL 容量瓶中,稀释至刻度,摇匀。即得到 $KMnO_4$ 溶液,将溶液装入酸式滴定管中,备用。

准确称取 0.12~0.15g 基准物质草酸两份,分别放入两个锥形瓶中,各加入 20mL 水和 10mL $3mol \cdot L^{-1}$ H_2SO_4,微热溶解,加热至 75~85℃(即液面冒水汽),趁热用上面配制的 $KMnO_4$ 滴定溶液至粉红色(30s 内不褪色)为终点。记录 $KMnO_4$ 溶液的用量,计算高

锰酸钾的质量分数，见表 5-5。

表 5-5 高锰酸钾纯度分析

产品质量/g		$KMnO_4$ 溶液的浓度/mol·L^{-1}	
序　号		1	2
草酸质量/g			
消耗 $KMnO_4$ 溶液的体积/mL			
质量分数/%			
平均值			

【注意事项】

[1] 如实验中没有软锰矿粉，可用二氧化锰代替。

[2] 本实验制备中，为使 MnO_4^{2-} 的歧化反应能顺利进行，采用的方法是通入 CO_2。采用这个方法 K_2MnO_4 的转化率最高能达 66%，尚有 1/3 变为 MnO_2，为提高 K_2MnO_4 的转化率，还可采用电解的方法：

$$2K_2MnO_4 + 2H_2O \xrightarrow{电解} 2KMnO_4 + 2KOH + H_2 \uparrow$$

阳极：$\quad 2MnO_4^{2-} == 2MnO_4^- + 2e^-$

阴极：$\quad 2H_2O + 2e^- == 2OH^- + H_2$

【思考题】

(1) 为什么碱熔融时要用铁坩埚，而不用瓷坩埚？

(2) 过滤 $KMnO_4$ 溶液时，为什么用砂芯漏斗而不用滤纸？

(3) 烘干高锰酸钾晶体时应注意些什么？为什么？

(4) 滴定分析确定高锰酸钾含量时，发生的主要反应是什么？请写出计算高锰酸钾质量分数的过程。

6 化学反应基本原理

实验 11 电解质溶液

【实验目的】

(1) 学习可溶电解质溶液的酸碱性，巩固强弱电解质的基本概念。
(2) 掌握弱电解质的解离平衡及其移动。
(3) 理解难溶电解质的多相离子平衡及其移动。
(4) 掌握盐类水解情况及影响盐类水解的主要因素。
(5) 学习缓冲溶液的配制方法并掌握缓冲溶液的性质。

【实验原理】

(1) 酸碱解离平衡及其移动

弱酸和弱碱大部分以分子形式存在于水溶液中，只部分解离为阴、阳离子，与水发生质子转移反应。酸碱解离平衡是质子传递过程，在一定条件下将建立平衡，如一元弱酸 HA（或一元弱碱 A^-）在水溶液中的解离平衡为：

$$HA + H_2O \rightleftharpoons A^- + H_3O^+ \quad K_a^{\ominus}(HA) = \frac{[c(H_3O^+)/c^{\ominus}] \cdot [c(A^-)/c^{\ominus}]}{c(HA)/c^{\ominus}} \tag{6-1}$$

$$A^- + H_2O \rightleftharpoons HA + OH^- \quad K_b^{\ominus}(A^-) = \frac{[c(HA)/c^{\ominus}] \cdot [c(OH^-)/c^{\ominus}]}{c(A^-)/c^{\ominus}} \tag{6-2}$$

式中，$K_a^{\ominus}(HA)$ 称为弱酸 HA 的解离平衡常数；$K_b^{\ominus}(A^-)$ 称为弱碱 A^- 的解离平衡常数。酸碱解离平衡是化学平衡的一种，有关化学平衡的原理都适用于解离平衡，当维持平衡体系的外界条件改变时，会引起解离平衡移动。酸碱解离平衡移动中常表现为一种同离子效应，这是在弱电解质溶液中，加入含有相同离子的另一种强电解质时，使弱电解质的解离度降低的现象。如在 $NH_3 \cdot H_2O$ 水溶液中，向溶液中加入少量的 NH_4Ac 固体，抑制了 $NH_3 \cdot H_2O$ 的解离，会使溶液中 OH^- 浓度降低，其实质是离子浓度的增大使平衡发生了移动。

(2) 缓冲溶液

在弱碱、弱酸及其盐的混合溶液中，加入少量的酸、碱或将其稀释时，溶液的 pH 维持基本不变，这种溶液称为缓冲溶液。以 HAc-NaAc 为例推导缓冲溶液的 pH 计算公式：已知 HAc（酸）起始浓度为 c_a mol·L^{-1}，NaAc（碱）起始浓度为 c_b mol·L^{-1}。设达到平衡时 $c(H^+) = x$ mol·L^{-1}，则

$$HAc(aq) \rightleftharpoons H^+(aq) + Ac^-(aq)$$

起始浓度/mol·L^{-1} c_a 0 c_b

平衡浓度/mol·L^{-1} $c_a - x$ x $c_b + x$

$$K_a^\ominus = \frac{c(H^+)c(Ac^-)}{c(HAc)} = \frac{(c_b+x)x}{c_a-x} \approx \frac{c_b}{c_a}x$$

$$x = c(H^+) = K_a^\ominus \frac{c_a}{c_b}$$

所以
$$pH = -\lg c(H^+) = -\lg\left(K_a^\ominus \frac{c_a}{c_b}\right) = pK_a^\ominus - \lg\frac{c_a}{c_b} \tag{6-3}$$

同理，可推导出 $NH_3 \cdot H_2O$-NH_4Cl 缓冲体系 pOH 值的计算公式为：

$$pOH = -\lg c(OH^-) = -\lg\left(K_b^\ominus \frac{c_b}{c_a}\right) = pK_b^\ominus - \lg\frac{c_b}{c_a} \tag{6-4}$$

缓冲溶液的 pH 值首先取决于 $K_a^\ominus$ 或 $K_b^\ominus$，同时还与 c_a/c_b 或 c_b/c_a 有关。

(3) 盐的水解

盐中的离子与水解离出的 H^+ 或 OH^- 结合生成弱电解质的反应称为盐的水解，其实质是质子酸（碱）与水之间的质子传递。

① 水解原理（用化学平衡原理加以解释）

a. 弱酸强碱盐的水解（以 NaAc 为例）

$$Ac^- + H_2O \rightleftharpoons OH^- + HAc \quad 弱酸强碱盐的水溶液呈碱性$$

b. 强酸弱碱盐的水解（以 NH_4Cl 为例）

$$NH_4^+ + H_2O \rightleftharpoons NH_3 \cdot H_2O + H^+ \quad 强酸弱碱盐的水溶液呈酸性$$

c. 弱酸弱碱盐的水解（以 NH_4Ac 为例）

$$NH_4^+ + Ac^- + H_2O \rightleftharpoons NH_3 \cdot H_2O + HAc \quad 弱酸弱碱盐水溶液的酸碱性与盐的组成有关$$

② 影响盐类水解的因素

a. 盐的本性。水解生成的产物中，弱电解质越弱、难溶物质的溶解度越小，易挥发气体的溶解度越小，水解程度越大。

b. 盐浓度。盐浓度越小，盐的水解程度越大。如水玻璃（Na_2SiO_4 的水溶液）稀释。

c. 温度。水解反应为吸热反应，温度升高，水解程度增大。

d. 酸度。盐类水解改变溶液的酸度，加酸或碱可以引起盐类水解平衡的移动。

③ 盐类水解的利用。利用盐的水解反应可以进行新化合物的合成和物质的分离。例如，$SbCl_3$ 水溶液能产生沉淀 SbOCl，同时溶液的酸性增强。反应为：

$$Sb^{3+} + H_2O + Cl^- \rightleftharpoons SbOCl\downarrow + 2H^+$$

有些溶液混合时可加剧酸碱反应的发生。例如 NH_4Cl、$Al_2(SO_4)_3$ 溶液分别与 Na_2CO_3 溶液混合，其反应分别为：

$$NH_4^+ + CO_3^{2-} + H_2O \rightleftharpoons NH_3 \cdot H_2O + HCO_3^-$$

$$2Al^{3+} + 3CO_3^{2-} + 3H_2O \rightleftharpoons 2Al(OH)_3\downarrow + 3CO_2\uparrow$$

(4) 难溶电解质的多相解离平衡及其移动

在含有难溶电解质固体的饱和溶液中，存在着固体与由它解离的离子间的平衡，这是一种多相离子平衡，称为沉淀-溶解平衡。对于任一难溶电解质 A_mB_n，其沉淀-溶解平衡方程可表示为：

$$A_mB_n(S) \underset{沉淀}{\overset{溶解}{\rightleftharpoons}} mA^{n+}(aq) + nB^{m-}(aq)$$

$$K_{sp}^{\ominus}(A_mB_n) = [c_{eq}(A^{n+})/c^{\ominus}]^m \cdot [c_{eq}(B^{m-})/c^{\ominus}]^n \tag{6-5}$$

式中的浓度为平衡浓度，这里的平衡常数 $K_{sp}^{\ominus}$ 称为难溶电解质的溶度积常数，简称溶度积，与难溶电解质的本性及温度有关，而与浓度无关。

通常用溶度积规则来判断化学反应是否有沉淀生成或沉淀溶解。

溶度积规则为：反应商 $J = [c(A^{n+})/c^{\ominus}]^m \cdot [c(B^{m-})/c^{\ominus}]^n$，式中的浓度为任一状态下的浓度。

$J > K_{sp}^{\ominus}$ 时，平衡向左移动，沉淀析出；

$J = K_{sp}^{\ominus}$ 时，反应处于平衡状态，为饱和溶液；

$J < K_{sp}^{\ominus}$ 时，平衡向右移动，无沉淀析出；若原来有沉淀存在，则沉淀溶解。

在难溶电解质的饱和溶液中，未溶解固体与溶解后形成的离子间存在着多相解离平衡。如果设法降低上述平衡中某一离子的浓度，使离子浓度的乘积小于其浓度积，则沉淀就溶解。反之，如果在难溶电解质的饱和溶液中加入含有相同离子的强电解质，由于同离子效应，会使难溶电解质的溶解度降低。

如果溶液中含有两种或两种以上的离子都能与加入的某种试剂（沉淀剂）反应，生成难溶电解质，沉淀的先后次序取决于沉淀剂浓度的大小，所需沉淀剂离子浓度较小的先沉淀，较大的后沉淀，这种先后沉淀的现象叫做分步沉淀。只有对同一类型的难溶电解质，才可按它们的溶度积大小直接判断沉淀生成的先后次序；对于不同类型的难溶电解质，生成沉淀的先后次序需计算出它们所需沉淀剂离子浓度的大小来确定。利用此原理，可将某些混合离子分离提纯。

使一种难溶电解质转化为另一种难溶电解质，即把一种沉淀转化为另一种沉淀的过程，叫做沉淀的转化。有些沉淀即不溶于水，也不溶于酸，还无法用配位溶解和氧化还原溶解的方法把它直接溶解，这时可利用沉淀的转化使其溶解。

【仪器和试剂】

仪器：多支滴管，试管架，点滴板，离心试管，离心机（公用）。

试剂：$0.1 \text{mol} \cdot \text{L}^{-1} \text{NH}_3 \cdot \text{H}_2\text{O}$，$\text{NH}_4\text{Ac}(\text{AR})$，$0.1 \text{mol} \cdot \text{L}^{-1} \text{HAc}$，$\text{NH}_4\text{Cl}(\text{AR})$，$0.1 \text{mol} \cdot \text{L}^{-1} \text{NH}_4\text{Ac}$，$0.1 \text{mol} \cdot \text{L}^{-1} \text{NH}_4\text{Cl}$，$0.1 \text{mol} \cdot \text{L}^{-1} \text{NaAc}$，$0.1 \text{mol} \cdot \text{L}^{-1} \text{Na}_2\text{CO}_3$，$0.1 \text{mol} \cdot \text{L}^{-1} \text{NaHCO}_3$，$0.1 \text{mol} \cdot \text{L}^{-1} \text{NaH}_2\text{PO}_4$，$0.1 \text{mol} \cdot \text{L}^{-1} \text{SbCl}_3$，$6 \text{mol} \cdot \text{L}^{-1} \text{HCl}$，$0.1 \text{mol} \cdot \text{L}^{-1} \text{HCl}$，$0.1 \text{mol} \cdot \text{L}^{-1} \text{NaOH}$，$0.01 \text{mol} \cdot \text{L}^{-1} \text{Pb}(\text{NO}_3)_2$，$0.5 \text{mol} \cdot \text{L}^{-1} \text{NaCl}$，$0.1 \text{mol} \cdot \text{L}^{-1} \text{KI}$，$0.1 \text{mol} \cdot \text{L}^{-1} \text{MgCl}_2$，$2 \text{mol} \cdot \text{L}^{-1} \text{NH}_3 \cdot \text{H}_2\text{O}$，$0.1 \text{mol} \cdot \text{L}^{-1} \text{NaCl}$，$0.1 \text{mol} \cdot \text{L}^{-1} \text{K}_2\text{CrO}_4$，$0.1 \text{mol} \cdot \text{L}^{-1} \text{AgNO}_3$，$1 \text{mol} \cdot \text{L}^{-1} \text{Pb}(\text{NO}_3)_2$，$0.01 \text{mol} \cdot \text{L}^{-1} \text{NaCl}$。

其他：甲基橙、酚酞、pH 试纸。

【实验步骤】

(1) 同离子效应

① 用 pH 试纸、酚酞试剂测定和检查 $0.1 \text{mol} \cdot \text{L}^{-1} \text{NH}_3 \cdot \text{H}_2\text{O}$ 的 pH 及其酸碱性；再加入少量 $\text{NH}_4\text{Ac}(s)$，观察现象，写出反应方程式，并简要解释之。

② 用 $0.1 \text{mol} \cdot \text{L}^{-1} \text{HAc}$ 代替 $0.1 \text{mol} \cdot \text{L}^{-1} \text{NH}_3 \cdot \text{H}_2\text{O}$，用甲基橙代替酚酞，重复以上实验①。

(2) 盐类的水解及影响因素

① 溶液 pH 值的测定　用 pH 试纸测定 $0.1\text{mol}\cdot\text{L}^{-1}$ 下列溶液的 pH 值，填入表 6-1，并与理论值进行比较。

表 6-1　溶液 pH 测定

名　称	HAc	$NH_3\cdot H_2O$	NH_4Ac	NH_4Cl	NaAc	Na_2CO_3	$NaHCO_3$	NaH_2PO_4
理论 pH								
测量 pH								

② 影响盐类水解的因素

a. 温度对水解的影响。在试管中加入 2mL $0.1\text{mol}\cdot\text{L}^{-1}$ NaAc 溶液和 1 滴酚酞试液，摇动均匀后，分成两份，一份留待对照用，另一份加热至沸，观察溶液颜色变化，解释现象。

b. 浓度和介质酸度对水解的影响。在 1mL 蒸馏水中加入 1 滴 $0.1\text{mol}\cdot\text{L}^{-1}$ $SbCl_3$ 溶液，观察现象，测定该溶液的 pH。再滴加 $6\text{mol}\cdot\text{L}^{-1}$ 的 HCl 溶液，振荡试管，至沉淀刚好溶解。再加水稀释，又有何现象？写出反应方程式并加以解释。

(3) 缓冲溶液的配制和性质

① 缓冲溶液的配制。配置 pH=5 含 $0.1\text{mol}\cdot\text{L}^{-1}$ HAc 和 $0.1\text{mol}\cdot\text{L}^{-1}$ NaAc 的缓冲溶液 10mL，需要 $0.1\text{mol}\cdot\text{L}^{-1}$ HAc 及 $0.1\text{mol}\cdot\text{L}^{-1}$ NaAc 溶液各几毫升？然后用 pH 试纸测定它们的 pH 值。比较理论值与实验值是否相符（溶液留作后面实验用）。

② 缓冲溶液的性质。取 3 支试管，分别加入上述 pH=5 的缓冲溶液各 3mL，依次向 3 支试管中加入 1 滴 $0.1\text{mol}\cdot\text{L}^{-1}$ HCl、1 滴 $0.1\text{mol}\cdot\text{L}^{-1}$ NaOH、1 滴蒸馏水，然后测 3 支试管中溶液的 pH 值。由此可得到什么结论？

(4) 难溶电解质的多相离子平衡

① 沉淀的生成与转化。往试管中加入 1mL $0.01\text{mol}\cdot\text{L}^{-1}$ $Pb(NO_3)_2$ 和 1mL $0.01\text{mol}\cdot\text{L}^{-1}$ NaCl，观察有无沉淀生成，并通过计算解释其原因。

另取一支试管，加 1mL $1\text{mol}\cdot\text{L}^{-1}$ $Pb(NO_3)_2$、$0.5\text{mL}1\text{mol}\cdot\text{L}^{-1}$ NaCl，观察沉淀是否生成。试用溶度积规则说明之。向该试管中遗留的沉淀中加 2 滴 $0.1\text{mol}\cdot\text{L}^{-1}$ KI 溶液，观察沉淀颜色变化。说明原因并写出反应方程式。

② 沉淀的溶解。在一支试管中加入 2mL $0.1\text{mol}\cdot\text{L}^{-1}$ $MgCl_2$，滴入数滴 $2\text{mol}\cdot\text{L}^{-1}$ $NH_3\cdot H_2O$，观察沉淀的生成。再向此溶液中加入少量 NH_4Cl 固体，振荡，观察沉淀是否溶解？并解释之。

③ 分步沉淀。取两支试管，分别加 5 滴 $0.1\text{mol}\cdot\text{L}^{-1}$ NaCl 和 $0.1\text{mol}\cdot\text{L}^{-1}$ K_2CrO_4，然后再向两试管中各加 2 滴 $0.1\text{mol}\cdot\text{L}^{-1}$ $AgNO_3$，观察并记录 AgCl、Ag_2CrO_4 沉淀的生成与颜色。

往 1 支离心试管中加 2 滴 $0.1\text{mol}\cdot\text{L}^{-1}$ NaCl 溶液、2 滴 $0.1\text{mol}\cdot\text{L}^{-1}$ K_2CrO_4 溶液，加 2mL 蒸馏水稀释，摇匀，逐滴（2 滴左右）加入 $0.1\text{mol}\cdot\text{L}^{-1}$ $AgNO_3$ 溶液。边滴边振荡，当白色沉淀中即将夹有砖红色沉淀时，停止加入 $AgNO_3$ 溶液，离心沉降后，把上层溶液移 4 滴至试管中，再向试管中加 2 滴 $0.1\text{mol}\cdot\text{L}^{-1}$ $AgNO_3$ 溶液。观察并比较离心分离前所生成的沉淀颜色有何不同。为什么会有这样的现象，试解释之？写出有关方程式。

④ 自拟实验：实现 Ag^+—AgCl—AgI 的转化，写出实验步骤，记录实验现象。

【思考题】

(1) 同离子效应对弱电解质的解离度及难溶电解质的溶解度各有什么影响？联系实验说

明之。

(2) 什么叫做分步沉淀？计算本实验（4）③中沉淀的先后次序。

(3) 如何正确配制 $FeCl_3$ 和 $FeCl_2$ 的水溶液？

实验 12　酸碱反应与缓冲溶液

【实验目的】

(1) 理解酸碱反应的有关概念和原理。

(2) 学习试管实验的一些基本操作。

(3) 学习缓冲溶液的配制及其 pH 的测定，理解缓冲溶液的缓冲性能。

【实验原理】

(1) 酸碱反应

① 同离子效应。强电解质在水中全部解离；弱电解质在水中部分解离。在一定温度下，弱酸、弱碱的解离平衡如下：

$$HA(aq) + H_2O(l) \rightleftharpoons H_3O^+(aq) + A^-(aq)$$

$$B(aq) + H_2O(l) \rightleftharpoons BH^+(aq) + OH^-(aq)$$

在弱电解质溶液中，加入与弱电解质含有相同离子的强电解质，解离平衡向生成弱电解质的方向移动，使弱电解质的解离度下降，这种现象称为同离子效应。

② 盐的水解。强酸强碱盐在水中不水解。强酸弱碱盐（如 NH_4Cl）水解，溶液显酸性；强碱弱酸盐（如 NaAc）水解，溶液显碱性；弱酸弱碱盐（如 NH_4Ac）水解，溶液的酸碱性取决于相应弱酸弱碱的相对强弱。例如：

$$Ac^-(aq) + H_2O(l) \rightleftharpoons HAc(aq) + OH^-(aq)$$

$$NH_4^+(aq) + H_2O(l) \rightleftharpoons NH_3 \cdot H_2O(aq) + H^+(aq)$$

$$NH_4^+(aq) + Ac^-(aq) + H_2O(l) \rightleftharpoons HAc(aq) + NH_3 \cdot H_2O(aq)$$

水解反应是酸碱中和反应的逆反应，中和反应是放热反应，水解反应是吸热反应，因此，升高温度有利于盐类的水解。

(2) 缓冲溶液

① 基本概念。在一定程度上能抵抗外加少量酸、碱或稀释，而保持溶液 pH 值基本不变的作用称为缓冲作用，具有缓冲作用的溶液称为缓冲溶液。

② 缓冲溶液组成及计算公式。缓冲溶液一般是由共轭酸碱对组成的，例如弱酸和弱酸盐，或弱碱和弱碱盐。如果缓冲溶液由弱酸和弱酸盐（例如 HAc-NaAc）组成，则：

$$pH = pK_a^{\ominus}(HA) - \lg \frac{c(HA)}{c(A^-)}$$

若缓冲溶液由弱碱和弱碱盐（例如 $NH_3 \cdot H_2O$-NH_4Cl）组成，则：

$$pOH = pK_b^\ominus(B) - \lg\frac{c(B)}{c(BH^+)}$$

或

$$pH = 14 - pK_b^\ominus(B) + \lg\frac{c(B)}{c(BH^+)}$$

③ 缓冲溶液性质

a. 抗酸/碱，抗稀释作用。因为缓冲溶液中具有抗酸成分和抗碱成分，所以加入少量强酸或强碱，其 pH 值基本上是不变的。稀释缓冲溶液时，酸和碱的浓度比值不改变，适当稀释不影响其 pH 值。

b. 缓冲容量。缓冲容量是衡量缓冲溶液缓冲能力大小的尺度，缓冲容量的大小与缓冲组分浓度和缓冲组分的比值有关。缓冲组分浓度越大，缓冲容量越大；缓冲组分比值为 1 时，缓冲容量最大。

【仪器和试剂】

仪器：试管，量筒（100mL、10mL）、烧杯（100mL、3 个 50mL）、点滴板，试管架，石棉网，离心机，酒精灯等。

试剂：1mol·L^{-1} HAc，0.1mol·L^{-1} NaAc，0.1mol·L^{-1} NaH$_2$PO$_4$，0.1mol·L^{-1} HAc，1mol·L^{-1} NaAc，0.1mol·L^{-1} Na$_2$HPO$_4$，0.1mol·L^{-1} NaCl，0.5mol·L^{-1} Fe(NO$_3$)$_3$，0.1mol·L^{-1} BiCl$_3$，0.1mol·L^{-1} NH$_3$·H$_2$O，0.1mol·L^{-1} NH$_4$Cl，0.1mol·L^{-1} HCl，0.1mol·L^{-1} CrCl$_3$，0.1mol·L^{-1} Na$_2$CO$_3$，pH＝5 的 HCl，0.1mol·L^{-1} NaOH，pH＝9 的 NaOH，NaAc（AR），1mol·L^{-1} NaOH，NH$_4$Ac（AR），2mol·L^{-1} HCl。

其他：甲基橙溶液，甲基红溶液，酚酞溶液，pH 试纸。

【实验步骤】

(1) 同离子效应

① 在试管中加入 5 滴 0.1mol·L^{-1} NH$_3$·H$_2$O 和 1 滴酚酞，观察溶液颜色并作记录。再向其中加入少量 NH$_4$Ac 固体，摇动试管使其溶解，观察溶液颜色的变化？解释其原因。

② 在试管中加入 5 滴 0.1mol·L^{-1} HAc 和 1 滴甲基橙，观察溶液颜色并作记录。再向其中加入少量 NaAc 固体，摇动试管使其溶解，观察溶液颜色有何变化？解释其原因。

(2) 盐类的水解

① A、B、C、D 是四种失去标签的盐溶液，只知它们是 0.1mol·L^{-1} 的 NaCl、NaAc、NH$_4$Cl、Na$_2$CO$_3$ 溶液，试通过测定 pH 值并结合理论计算确定 A、B、C、D 各为何物。

② 在两支试管中，各加入 2mL 蒸馏水和 3 滴 0.5mol·L^{-1} Fe(NO$_3$)$_3$ 混合均匀。将一支试管小火加热至沸腾，两支试管相比较，观察溶液颜色的变化，解释其现象。

③ 取两滴 0.1mol·L^{-1} BiCl$_3$ 放入离心试管里，加入少量的去离子水溶解，振荡使其充分反应，离心分离，用吸管小心地吸取上层澄清液注入盛有去离子水的试管里，观察发生的现象，再滴加 2mol·L^{-1} HCl 溶液，观察有何变化，写出反应方程式。

④ 在试管中加入 2 滴 0.1mol·L^{-1} CrCl$_3$ 溶液和 3 滴 0.1mol·L^{-1} Na$_2$CO$_3$ 溶液，观察

现象，写出反应方程式。

(3) 缓冲溶液

① 缓冲溶液的配制与 pH 值的测定。按照表 6-2，通过计算配制（在 50mL 干燥的烧杯中）三种不同 pH 值的缓冲溶液，然后用 pH 试纸测定它们的 pH 值。比较理论值与实验值是否相符（溶液留作后面实验用）。

表 6-2 缓冲溶液的配置与 pH 值的测定

实验编号	理论 pH 值	各组分的体积/mL（总体体积 15mL）		测定 pH 值
		溶液	体积	
1	5.0	$0.1mol \cdot L^{-1}$ HAc		
		$0.1mol \cdot L^{-1}$ NaAc		
2	7.0	$0.1mol \cdot L^{-1}$ NaH_2PO_4		
		$0.1mol \cdot L^{-1}$ Na_2HPO_4		
3	9.0	$0.1mol \cdot L^{-1}$ $NH_3 \cdot H_2O$		
		$0.1mol \cdot L^{-1}$ NH_4Cl		

② 缓冲溶液的性质

a. 取 3 支试管，依次加入蒸馏水、pH＝5.0 的 HCl 溶液、pH＝9.0 的 NaOH 溶液各 4mL，然后向各管加入 1 滴 $0.1mol \cdot L^{-1}$ HCl，测其 pH 值。用相同的方法，试验 1 滴 $0.1mol \cdot L^{-1}$ NaOH 对上述三种溶液 pH 值的影响。将结果记录在表 6-3 中。

b. 取 3 支试管，依次加入配制的 pH＝5.0、pH＝7.0、pH＝9.0 的缓冲溶液各 4mL。然后向各试管加入 1 滴 $0.1mol \cdot L^{-1}$ HCl，用 pH 试纸测其 pH 值。用相同的方法，试验 1 滴 $0.1mol \cdot L^{-1}$ NaOH 对上述三种缓冲溶液 pH 值的影响。将结果记录在表 6-3 中。

c. 取 5 支试管，依次加入 pH＝5.0、pH＝7.0、pH＝9.0 的缓冲溶液，pH＝5 的 HCl 溶液，pH＝9 的 NaOH 溶液各 4mL。然后向各管加入 1 滴水，混匀后用 pH 试纸测其 pH 值，考察稀释对上述 5 种溶液 pH 值的影响。将实验结果记录于表 6-3 中。

通过以上实验结果，说明缓冲溶液具有什么性质？

表 6-3 缓冲溶液的性质

实验编号	溶液类型	加 1 滴 HCl 后的 pH 值	加 1 滴 NaOH 后的 pH 值	加 1 滴水后的 pH 值
1	蒸馏水			
2	pH＝5.0 的 HCl 溶液			
3	pH＝9.0 的 NaOH 溶液			
4	pH＝5.0 的缓冲溶液			
5	pH＝7.0 的缓冲溶液			
6	pH＝9.0 的缓冲溶液			

③ 缓冲溶液的缓冲容量

a. 缓冲容量与缓冲组分浓度的关系。取两支大试管，在一试管中加入 $0.1mol \cdot L^{-1}$ HAc 和 $0.1mol \cdot L^{-1}$ NaAc 各 2mL，另一试管中加入 $1mol \cdot L^{-1}$ HAc 和 $1mol \cdot L^{-1}$ NaAc 各 2mL，混匀后用 pH 试纸测定两试管内溶液的 pH 值（是否相同）？在两试管中分别滴入 2 滴甲基红指示剂，溶液呈什么颜色（甲基红在 pH＜4.4 时呈红色，pH＞6.2 时呈黄色）？然后在两试管中分别逐滴加入 $1mol \cdot L^{-1}$ NaOH 溶液（每加入 1 滴 NaOH 均需摇匀），直至溶液的颜色变成黄色。记录各试管所滴入 NaOH 的滴数，说明哪一支试管中缓冲溶液的缓冲容量大。

b. 缓冲容量与缓冲组分比值的关系。取两支大试管，在一试管中加入 0.1mol·L^{-1} NaH$_2$PO$_4$ 和 0.1mol·L^{-1} Na$_2$HPO$_4$ 各 5mL，另一试管中加入 1mL 0.1mol·L^{-1} NaH$_2$PO$_4$ 和 9mL 0.1mol·L^{-1} Na$_2$HPO$_4$，混匀后用 pH 试纸分别测量两试管中溶液的 pH 值。然后在每试管中各加入 2 滴 0.1mol·L^{-1}NaOH，混匀后再用 pH 试纸分别测量两试管中溶液的 pH 值。说明哪一试管中缓冲溶液的缓冲容量大。

【思考题】
(1) 如何配制 SnCl$_2$ 溶液和 FeCl$_3$ 溶液？写出它们水解反应的离子方程式。
(2) 影响盐类水解的因素有哪些？
(3) 为什么缓冲溶液具有缓冲作用？
(4) 缓冲溶液的 pH 由哪些因素决定？其中主要的决定因素是什么？

实验 13　氧化还原反应和氧化还原平衡

【实验目的】
(1) 理解电极电势与氧化还原反应的关系。
(2) 学习影响氧化还原反应的因素。
(3) 掌握一些常见氧化剂、还原剂的氧化、还原性质。
(4) 学习原电池的装置及其工作原理。

【实验原理】
(1) 氧化还原反应进行的方向

氧化还原反应中电子从一种物质转移到另一种物质，相应某些元素的氧化值发生了改变，这是一类非常重要的反应。自发的氧化还原反应总是在得电子能力强的氧化剂与失电子能力强的还原剂之间发生。物质氧化还原能力的强弱与其本性有关，一般可根据相应电对电极电势的大小来判断。电极电势愈高，表示氧化还原电对中氧化态物质的氧化性愈强，还原态物质的还原性愈弱。电极电势越低，表示电对中还原态物质的还原性愈强，氧化态物质的氧化性愈弱。根据热力学原理，$\Delta_r G_m < 0$ 反应能自发向右进行。对于水溶液中的氧化还原反应，$\Delta_r G_m$ 与原电池电动势 E_{MF} 之间存在下列关系：

$$\Delta_r G_m = -nFE_{MF} = -nF(E_+ - E_-) \tag{6-6}$$

式中，E_+ 为正极的电极电势；E_- 为负极的电极电势。可根据氧化剂和还原剂所对应电对电极电势的相对大小判断氧化还原反应的方向。

$$E_+ > E_- \quad \Delta_r G_m < 0 \quad \text{反应正向进行}$$
$$E_+ = E_- \quad \Delta_r G_m = 0 \quad \text{反应处于平衡状态}$$
$$E_+ < E_- \quad \Delta_r G_m > 0 \quad \text{反应逆向进行}$$

当氧化剂电对和还原剂电对的标准电极电势相差较大时，当 $|E_{MF}^\ominus| > 0.2V$，通常可以用标准电极电势判断反应的方向；当 $|E_{MF}^\ominus| < 0.2V$ 时，则要考虑浓度的影响。

当某水溶液中同时存在多种氧化剂（或还原剂），都能与加入的还原剂（或氧化剂）发生氧化还原反应，氧化还原反应则首先发生在电极电势差值最大的两个电对所对应的氧化剂和还原剂之间，即最强氧化剂和最强还原剂之间首先发生氧化还原反应。

(2) 酸度对氧化还原反应的影响

对 H^+ 或 OH^- 参加电极反应的电对，溶液的 pH 会影响某些电对的电极电势或氧化还原反应的方向。介质的酸碱性也会影响某些氧化还原反应的产物，例如在酸性、中性和强碱性溶液中，MnO_4^- 的还原产物分别为 Mn^{2+}、MnO_2 和 MnO_4^{2-}。

$$2MnO_4^- + 5SO_3^{2-} + 6H^+ \Longrightarrow 2Mn^{2+}(浅肉色) + 5SO_4^{2-} + 3H_2O$$

$$2MnO_4^- + 3SO_3^{2-} + H_2O \Longrightarrow 2MnO_2\downarrow(棕色) + 3SO_4^{2-} + 2OH^-$$

$$2MnO_4^- + SO_3^{2-} + 2OH^- \Longrightarrow 2MnO_4^{2-}(深绿色) + SO_4^{2-} + H_2O$$

对于某些有介质参加的半反应，其酸度改变，可以影响半反应对应电对的电极电势，从而影响氧化还原反应的方向，例如：

$$H_3AsO_4 + 2I^- + 2H^+ \Longrightarrow HAsO_2 + I_2 + 2H_2O$$

该反应在酸性溶液中，反应正向进行，在中性或碱性溶液中，反应逆向进行。

(3) 浓度对电极电势的影响

由电极反应的能斯特（Nernst）方程可以看出浓度对电极电势的影响。

$$298.15K 时，E = E^\ominus + \frac{0.0592V}{z} \lg \frac{c(氧化型)}{c(还原型)} \tag{6-7}$$

氧化型（还原型）物质生成沉淀、弱酸或配合物等，氧化型（还原型）物质浓度降低，电极电势降低（升高），可能引起氧化还原反应方向的改变。

(4) 中间氧化态化合物的氧化、还原性

中间氧化态物质既可以与其低价态物质组成氧化还原电对而作为氧化剂，也可以与其高价态物质组成氧化还原电对而作为还原剂，因此它既有获得电子又有失去电子的能力，表现出氧化还原的相对性。例如，H_2O_2 即可以作为氧化剂，又可以作为还原剂。

① 在酸性条件下，H_2O_2 与 KI 发生反应，出现棕红色 I_2，说明 H_2O_2 被还原，是氧化剂。

$$2I^- + H_2O_2 + 2H^+ \Longrightarrow I_2 + 2H_2O$$

② 在酸性条件下，H_2O_2 与 $KMnO_4$ 发生反应，$KMnO_4$ 的紫色消失，说明 H_2O_2 被氧化，是还原剂。

$$2MnO_4^- + 5H_2O_2 + 6H^+ \Longrightarrow 2Mn^{2+} + 5O_2\uparrow + 8H_2O$$

(5) 原电池

原电池是利用氧化还原反应将化学能转变为电能的装置。电池由正、负两极组成，电池在放电过程中，正极起还原反应，负极起氧化反应，电池内部还可以发生其他反应，电池反应是电池中所有反应的总和。原电池的电动势 $E_{MF} = E_+ - E_-$。预测定某电对的电极电势，可将其与参比电极（电极电势已知，恒定的标准电极电势）组成原电池，测定原电池的电动势，然后计算出待测电极的电极电势值。因此，可利用电位差计测定原电池（如铜-锌原电池）的电动势，当正极或负极有沉淀或配合物生成时，可得知电极电势和电池电动势的改变。

【仪器和试剂】

仪器：伏特计，酒精灯，石棉网，水浴锅，锌片，铜片，饱和 KCl 盐桥，试管，试管架，量筒，烧杯，导线，洗瓶。

药品：$0.1mol \cdot L^{-1}$ KI，$0.1mol \cdot L^{-1}$ $FeCl_3$，$0.1mol \cdot L^{-1}$ KBr，饱和碘水，饱和溴水，CCl_4（AR），$0.1mol \cdot L^{-1}$ $FeSO_4$，$0.1mol \cdot L^{-1}$ Na_2SO_3，$1mol \cdot L^{-1}$ H_2SO_4，$6mol \cdot L^{-1}$ NaOH，$0.01mol \cdot L^{-1}$ $KMnO_4$，$0.1mol \cdot L^{-1}$ KIO_3，$0.1mol \cdot L^{-1}$ $Fe_2(SO_4)_3$，H_2O_2（30%，质量分数），$1mol \cdot L^{-1}$ $ZnSO_4$，$1mol \cdot L^{-1}$ $CuSO_4$，$0.01mol \cdot L^{-1}$ $CuSO_4$，$0.1mol \cdot L^{-1}$ $CuSO_4$，$6mol \cdot L^{-1}$ HAc，$1mol \cdot L^{-1}$ HCl，浓 HCl，MnO_2（AR），$1mol \cdot L^{-1}$ Na_2SO_4，浓 $NH_3 \cdot H_2O$，NH_4F（AR）。

其他：淀粉-KI试纸，酚酞，淀粉，砂纸。

【实验步骤】

（1）氧化还原反应和电极电势

① 在试管中加入10滴 $0.1mol \cdot L^{-1}$ KI 溶液和2滴 $0.1mol \cdot L^{-1}$ $FeCl_3$ 溶液，摇匀后加入 0.5mL CCl_4，充分振荡，观察 CCl_4 层颜色有无变化。

② 用 $0.1mol \cdot L^{-1}$ KBr 溶液代替 KI 溶液进行同样实验，观察现象。

③ 往两支试管中分别加入3滴碘水、溴水，然后加入约10滴 $0.1mol \cdot L^{-1}$ $FeSO_4$ 溶液，摇匀后，注入10滴 CCl_4 充分振荡，观察 CCl_4 层有无变化。

根据以上实验结果，定性地比较 Br_2/Br^-、I_2/I^- 和 Fe^{3+}/Fe^{2+} 三个电对的电极电势。

（2）酸度对氧化还原反应的影响

① 在3支均盛有10滴 $0.1mol \cdot L^{-1}$ Na_2SO_3 溶液的试管中，分别加入10滴 $1mol \cdot L^{-1}$ H_2SO_4 溶液及10滴蒸馏水和10滴 $6mol \cdot L^{-1}$ NaOH 溶液，混合均匀后，再各加入2滴 $0.01mol \cdot L^{-1}$ $KMnO_4$ 溶液，观察颜色的变化有何不同，写出方程式。

② 在试管中加入10滴 $0.1mol \cdot L^{-1}$ KI 溶液和2滴 $0.1mol \cdot L^{-1}$ KIO_3 溶液，再加几滴淀粉溶液，混合后观察溶液颜色有无变化。然后加2～3滴 $1mol \cdot L^{-1}$ H_2SO_4 溶液酸化混合液，观察有什么变化，最后滴加2～3滴 $6mol \cdot L^{-1}$ NaOH 使混合液显碱性，又有什么变化？写出有关反应式。

（3）浓度对氧化还原反应的影响

① 往盛有 H_2O、CCl_4 和 $0.1mol \cdot L^{-1}$ $Fe_2(SO_4)_3$ 各10滴的试管中加入10滴 $0.1mol \cdot L^{-1}$ KI 溶液，振荡后观察 CCl_4 层的颜色。

② 往盛有 CCl_4、$0.1mol \cdot L^{-1}$ $FeSO_4$ 和 $0.1mol \cdot L^{-1}$ $Fe_2(SO_4)_3$ 各10滴的试管中，加入10滴 $0.1mol \cdot L^{-1}$ KI 溶液，振荡后观察 CCl_4 颜色有何区别？

③ 在本实验①的试管中，加入少许 NH_4F 固体，振荡，观察 CCl_4 层颜色的变化。说明浓度对氧化还原反应的影响。

④ 取少量的固体 MnO_2 加入试管中，加入5滴 $1mol \cdot L^{-1}$ HCl，观察现象，用淀粉-KI试纸检查是否有氯气生成。在通风橱中以浓盐酸代替 $1mol \cdot L^{-1}$ HCl 进行试验，结果如何？

⑤ 在试管中加入10滴 $0.1mol \cdot L^{-1}$ $CuSO_4$ 和10滴 $0.1mol \cdot L^{-1}$ KI，观察沉淀的生成，再加入15滴 CCl_4 溶液，充分振荡，观察 CCl_4 层颜色的变化，写出反应方程式。

（4）氧化数居中物质的氧化还原性

① 在试管中加入10滴 $0.1mol \cdot L^{-1}$ KI 和2～3滴 $1mol \cdot L^{-1}$ H_2SO_4，再加入1～2滴 30% H_2O_2，观察试管中溶液颜色的变化，再加入10滴 CCl_4，振荡，观察 CCl_4 层的颜色，并解释此现象。

② 在试管中加入5滴 $0.01mol \cdot L^{-1}$ $KMnO_4$ 和5滴 $1mol \cdot L^{-1}$ H_2SO_4，然后逐滴加

入 30% H_2O_2，观察有什么现象，并写出反应方程式。

(5) 原电池的演示实验

① 往一只 100mL 小烧杯中加入约 30mL $1mol \cdot L^{-1}$ $ZnSO_4$ 溶液，在其中插入锌片；往另一只小烧杯中加入约 30mL $1mol \cdot L^{-1}$ $CuSO_4$ 溶液，在其中插入铜片。用盐桥将两烧杯相连，组成一个原电池。用导线将锌片和铜片分别与伏特计的负极和正极相接，测量两极之间的电压。在 $CuSO_4$ 溶液中注入浓氨水至生成的沉淀溶解为止，形成深蓝色的溶液：

$$Cu^{2+} + 4NH_3 = [Cu(NH_3)_4]^{2+}$$

测量电压，观察有何变化。

再于 $ZnSO_4$ 溶液中加入浓氨水至生成的沉淀完全溶解为止：

$$Zn^{2+} + 4NH_3 = [Zn(NH_3)_4]^{2+}$$

测量电压，观察又有什么变化。利用 Nernst 方程式来解释实验现象。

② 自行设计并测定下列浓差电池电动势，将实验值与计算值比较。

$$(-)Cu \mid CuSO_4(0.01mol \cdot L^{-1}) \parallel CuSO_4(1mol \cdot L^{-1}) \mid Cu(+)$$

在浓差电池的两极各连接一个回形针，然后在表面皿上放一小块滤纸，滴加 $1mol \cdot L^{-1}$ 的 Na_2SO_4 溶液，使滤纸完全湿润，再加入酚酞 2 滴。将两极的回形针压在纸上，使其相距约 1mm，稍等片刻，观察所压处，哪一端出现红色。

(6) 酸度对氧化还原反应速率的影响

在两支各盛 10 滴 $0.1mol \cdot L^{-1}$ KBr 溶液的试管中，分别加入 10 滴 $1mol \cdot L^{-1}$ H_2SO_4 和 $6mol \cdot L^{-1}$ HAc 溶液，然后各加入 2 滴 $0.01mol \cdot L^{-1}$ $KMnO_4$ 溶液，观察 2 支试管中红色褪去的速度。分别写出有关反应方程式。

【思考题】

(1) 水溶液中氧化还原反应进行的方向可用什么判断？影响因素又有哪些？
(2) 什么叫浓差电池？写出实验步骤 (5) 的电池符号、电池反应式，并计算电池电动势。
(3) 介质对 $KMnO_4$ 的氧化性有何影响？用本实验事实及电极电势予以说明。
(4) 为什么 H_2O_2 既具有氧化性，又具有还原性？试从电极电势予以说明。

实验 14　配合物的性质

【实验目的】

(1) 了解配离子的形成及其与简单离子的区别。
(2) 加深对配合物特性的理解，比较并解释配离子的相对稳定性。
(3) 了解配位平衡与酸碱平衡、沉淀溶解平衡、氧化还原平衡之间的关系。
(4) 了解螯合物的形成及特点。
(5) 了解配合物的一些应用。

【实验原理】

由中心离子（或原子）和几个配体分子（或离子）以配位键相结合而形成的复杂分子或离子，通常称为配位单元。凡是含有配位单元的化合物都称作配位化合物，简称配合物，也叫络合物。配合物一般由内界和外界两部分组成，具有复杂结构的配离子形成配合物的内界，表示在方括号内，其他离子为外界，如：$[Co(NH_3)_6]Cl_3$，Co^{3+} 和 NH_3 组成内界，三个 Cl^- 处于外界，在水溶液中主要是 $[Co(NH_3)_6]^{3+}$ 和 Cl^- 两种离子的存在，因配离子的形成，在一定程度上失去 Co^{3+} 和 NH_3 各自独立存在时的化学性质，因而用一般方法检查不出 Co^{3+} 和 NH_3 来，而复盐在水溶液中是离解为简单离子的。

配离子在水溶液中或多或少地解离成简单离子，因此，在溶液中同时存在着配离子的生成和解离过程，即存在着配位平衡，如：

$$Cu^{2+} + 4NH_3 \rightleftharpoons [Cu(NH_3)_4]^{2+}$$

$$K_f^{\ominus} = \frac{c\{[Cu(NH_3)_4]^{2+}\}/c^{\ominus}}{[c(Cu^{2+})/c^{\ominus}][c(NH_3)/c^{\ominus}]^4} \tag{6-8}$$

此平衡常数 $K_f^{\ominus}$ 称为配离子稳定常数，也叫配离子生成常数。它具有平衡常数的一般特点，$K_f^{\ominus}$ 越大，配离子越稳定，解离的趋势越小（同类型），利用它可判断配位反应进行的方向，一个体系中首先生成最稳定的配合物，稳定性小的配合物可转化为稳定性大的配合物。

根据平衡移动原理，改变中心离子或配位体的浓度，配位平衡会发生移动。当溶液中某种配合物的组分离子生成沉淀、更稳定的配合物、弱电解质时，该离子浓度降低，使配位平衡发生移动，配离子解离。

在鉴定和分离离子时，常常利用形成配合物的方法来掩蔽干扰离子。例如 Co^{2+} 和 Fe^{3+} 共存时，采用 NH_4F 来掩蔽 Fe^{3+}，不需分离即可用 NH_4SCN 法鉴定 Co^{2+}。$[Co(SCN)_4]^{2-}$ 配离子易溶于有机溶剂戊醇呈现蓝绿色，若有 Fe^{3+} 存在，蓝色会被 $[Fe(SCN)_n]^{3-n}$ 的血红色掩蔽，这时可加入 NH_4F，使 Fe^{3+} 生成无色的 $[FeF_6]^{3-}$，以消除 Fe^{3+} 的干扰。

中心原（离）子与配位体形成稳定的具有环状结构的配合物，称为螯合物。常用于实验化学中鉴定金属离子，如 Ni^{2+} 的鉴定反应就是利用 Ni^{2+} 与丁二酮肟在弱碱性条件下反应，生成玫瑰红色螯合物。

$$2NH_3 \cdot H_2O + 2 \begin{matrix} CH_3-C=NOH \\ CH_3-C=NOH \end{matrix} + Ni^{2+} \rightleftharpoons \text{[螯合物结构]} + 2NH_4^+ + 2H_2O$$

【仪器和试剂】

仪器：离心机，漏斗，漏斗架，试管，烧杯（50mL、100mL），量筒（10mL），过滤装置。

试剂：$0.2mol \cdot L^{-1}$ $FeCl_3$，$2mol \cdot L^{-1}$ NH_4F，$0.1mol \cdot L^{-1}$ NH_4SCN，$2mol \cdot L^{-1}$ $NaOH$，$0.1mol \cdot L^{-1}$ $K_3[Fe(CN)_6]$，$0.1mol \cdot L^{-1}$ $CuSO_4$，$2mol \cdot L^{-1}$ $NH_3 \cdot H_2O$，95%乙醇，$6mol \cdot L^{-1}$ $NH_3 \cdot H_2O$，$0.1mol \cdot L^{-1}$ $BaCl_2$，$0.1mol \cdot L^{-1}$ $NaOH$，$0.1mol \cdot L^{-1}$ $HgCl_2$，$0.5mol \cdot L^{-1}$ $FeCl_3$，$0.5mol \cdot L^{-1}$ NH_4SCN，$6mol \cdot L^{-1}$ HCl，饱和 $(NH_4)_2C_2O_4$，$0.2mol \cdot L^{-1}$ $CuSO_4$，$1mol \cdot L^{-1}$ H_2SO_4，$0.2mol \cdot L^{-1}$ $(NH_4)_2C_2O_4$，

6mol·L^{-1} H$_2$SO$_4$，0.1mol·L^{-1} AgNO$_3$，0.1mol·L^{-1} NaCl，0.1mol·L^{-1} EDTA，0.1mol·L^{-1} KBr，0.1mol·L^{-1} Na$_2$S$_2$O$_3$，0.1mol·L^{-1} KI，0.1mol·L^{-1} Ni(NO$_3$)$_2$，0.1mol·L^{-1} CoCl$_2$，0.1mol·L^{-1} FeCl$_3$，戊醇，CCl$_4$，丁二酮肟，饱和 CaCl$_2$。

其他：滤纸。

【实验步骤】

(1) 简单离子和配离子的区别

① 在试管中加入 0.2mol·L^{-1} FeCl$_3$ 溶液两滴，观察溶液的颜色，在此溶液中逐滴加入 2mol·L^{-1} NH$_4$F 溶液，观察颜色的变化。然后再逐滴加入 0.1mol·L^{-1} NH$_4$SCN 溶液，观察溶液颜色的变化，解释此现象。

② 在试管中加入 0.2mol·L^{-1} FeCl$_3$ 溶液，然后逐滴加入少量 2mol·L^{-1} NaOH 溶液，观察现象。以 0.1mol·L^{-1} K$_3$[Fe(CN)$_6$] 溶液代替 FeCl$_3$，做同样实验观察现象有何不同，并解释原因。

(2) 配合物的生成

① 含配阳离子的配合物。往试管中加入约 2mL 0.1mol·L^{-1} CuSO$_4$，逐滴加入 2mol·L^{-1} NH$_3$·H$_2$O，直至最初生成的沉淀溶解。注意沉淀和溶液的颜色，写出反应方程式。向此溶液中加入约 4mL 乙醇（以降低配合物在溶液中的溶解度），观察深蓝色 [Cu(NH$_3$)$_4$]SO$_4$ 结晶的析出，过滤，弃去滤液。在漏斗颈下面接一支试管，然后慢慢逐滴加入 2mol·L^{-1} NH$_3$·H$_2$O 于晶体上，使之溶解（约需 2mL NH$_3$·H$_2$O，太多会使制得的溶液太稀）。保留此溶液供下面的实验使用。

在两支试管中分别加入上述溶液 10 滴（其余部分留用），一份加 0.1mol·L^{-1} BaCl$_2$，另一份加 0.1mol·L^{-1} NaOH。观察现象。

② 含配阴离子的配合物。往试管中加入 3 滴 0.1mol·L^{-1} HgCl$_2$（有毒），逐滴加入 0.1mol·L^{-1} KI，边加边摇，直到最初生成的沉淀完全溶解。观察沉淀及溶液的颜色。

(3) 配合物的稳定性

在 1 支含有 5 滴 0.5mol·L^{-1} FeCl$_3$ 溶液的试管中，依次加入 0.5mol·L^{-1} NH$_4$SCN、2mol·L^{-1} 的 NH$_4$F 和饱和 (NH$_4$)$_2$C$_2$O$_4$ 溶液，观察一系列试验现象，比较这三种 Fe(Ⅲ) 配离子的稳定性，说明这些配离子间的转化关系。

(4) 配位平衡

① 配体过量。在 1 支试管中加入 2 滴 0.2mol·L^{-1} 的 FeCl$_3$ 和 15 滴 0.2mol·L^{-1} 的 (NH$_4$)$_2$C$_2$O$_4$ 溶液，检查溶液中是否有 Fe^{3+} 存在（如何检查?），在检查液中加入 6mol·L^{-1} 的 HCl 溶液，有何现象，解释之。

② 中心离子过量。在 1 支试管中加入 3 滴 0.2mol·L^{-1} 的 FeCl$_3$ 和 3 滴 0.2mol·L^{-1} 的 (NH$_4$)$_2$C$_2$O$_4$ 溶液，检验溶液中有无 C$_2$O$_4^{2-}$ 存在（如何检验?），在检查液中逐滴加入 0.1mol·L^{-1} EDTA 有何现象，解释并写出有关方程式。

③ 酸碱平衡与配位平衡

a. 10 滴 0.2mol·L^{-1} 的 CuSO$_4$ 溶液中逐滴加入 2mol·L^{-1} 的 NH$_3$·H$_2$O，振荡试管，直到沉淀全部溶解为止，观察现象，写出反应式，逐滴加入 1mol·L^{-1} 的 H$_2$SO$_4$，有什么变化，继续滴加 1mol·L^{-1} H$_2$SO$_4$ 至溶液显酸性，有何变化，写出反应方程式。

b. 试管中加入 20 滴 0.2mol·L^{-1} 的 FeCl$_3$ 溶液，逐滴加入 2mol·L^{-1} NH$_4$F 至溶液无

色,将此溶液分为两份,分别滴加1滴0.1mol·L^{-1}的NaOH和6mol·L^{-1}的H$_2$SO$_4$,观察现象,写出有关反应式并解释之。

由上述实验,综合说明酸碱平衡对配位平衡的影响。

④ 沉淀平衡与配位平衡。在盛有5滴0.1mol·L^{-1}的AgNO$_3$溶液的试管中,加入5滴0.1mol·L^{-1}NaCl溶液,观察白色沉淀生成,边滴加6mol·L^{-1}NH$_3$·H$_2$O边振摇至沉淀刚好溶解,再加5滴0.1mol·L^{-1}KBr溶液,观察浅黄色沉淀生成。然后再滴加0.1mol·L^{-1}Na$_2$S$_2$O$_3$溶液,边加边摇,直至刚好溶解。滴加0.1mol·L^{-1}KI溶液,又有何沉淀生成?

通过以上实验,比较各配合物的稳定性大小,并比较各沉淀溶度积大小,写出有关反应方程式,并讨论沉淀平衡对配位平衡间的影响。

⑤ 氧化还原平衡与配位平衡。往5滴0.1mol·L^{-1}的KI溶液中加入3滴0.2mol·L^{-1}的FeCl$_3$溶液和10滴CCl$_4$,振荡试管,观察CCl$_4$层及溶液的颜色变化,然后再往溶液中逐滴加入饱和(NH$_4$)$_2$C$_2$O$_4$溶液,振荡,CCl$_4$层和溶液中又有何变化,分别写出反应方程式。

(5) 配合物的应用

① 利用形成有色配合物鉴定金属离子。在一支试管中加入5滴0.1mol·L^{-1} Ni(NO$_3$)$_2$溶液,观察溶液的颜色。逐滴加入2mol·L^{-1} NH$_3$·H$_2$O,每加一滴都要充分振荡,并嗅其氨味,如果嗅不出氨味,再加入第二滴,直至出现氨味,并注意观察溶液颜色。然后滴加5滴丁二酮肟溶液,摇动,观察玫瑰红固体的生成。

② 利用生成配合物掩蔽某些干扰离子。在一支试管中加入2滴0.1mol·L^{-1} CoCl$_2$溶液和几滴0.5mol·L^{-1}NH$_4$SCN,再加一些戊醇(或丙酮),观察现象。

在一支试管中加入1滴0.1mol·L^{-1}的FeCl$_3$溶液和5滴0.1mol·L^{-1}的CoCl$_2$溶液,然后滴加0.5mol·L^{-1}NH$_4$SCN溶液3~4滴,观察现象。再逐滴加入2mol·L^{-1}的NH$_4$F溶液,并振摇试管,观察现象;等溶液的血红色褪去后,加适量戊醇(10滴左右),振摇,静置,观察戊醇层颜色。

③ 硬水软化。取两只100mL烧杯,各盛50mL自来水(用井水效果更明显),在其中一只烧杯中加入3~5滴0.1mol·L^{-1}EDTA二钠盐溶液。然后将两只烧杯中的水加热煮沸10min。可以看到,未加EDTA二钠盐溶液的烧杯中有白色悬浮物(何物?)生成,加EDTA二钠盐溶液的烧杯中则没有,解释该现象。

【思考题】

(1) 氧化剂(还原剂)生成配离子时,氧化还原性如何改变?

(2) 根据实验中的现象,总结影响配位平衡的主要因素。

【注意事项】

(1) 一般来说,在性质实验中试剂要逐滴加入,且边滴边摇否则一次性加入过量的试剂可能看不到中间产物的生成。制备配合物时,配位剂要逐滴加入,这有利于看到中间产物的生成;生成沉淀的步骤,沉淀量要少,即刚观察到沉淀生成就可以;使沉淀溶解的步骤,加入试剂的量越少越好,即使沉淀恰好溶解为宜。

(2) 配位化合物生成时,有的对配位剂的浓度有要求,例如:[Cu(NH$_3$)$_4$]$^{2+}$的生成要用2mol·L^{-1} NH$_3$·H$_2$O,AgCl的溶解要用6mol·L^{-1} NH$_3$·H$_2$O,实验中不要将药品浓度搞错。

(3) NH$_4$F试剂对玻璃有腐蚀作用,储藏时最好放在塑料瓶中。

7 一些物理常数的测定

实验 15 阿伏加德罗常数的测定

【实验目的】
(1) 掌握电解的基本原理。
(2) 巩固分析天平的使用方法。

【实验原理】

单位物质的量的任何物质均含有相同数目的基本单元,此数据称为阿伏加德罗常数 N_A。测定该常数的方法有多种,本实验采用的是电解法。

如用两块已知质量的铜片作电极,进行 $CuSO_4$ 溶液的电解实验,测定生成 1mol Cu(s) 所需的电量 Q,已知 1 个 Cu^{2+} 所带的电量($2\times1.6\times10^{-19}$C),则可求出 1mol Cu(s) 中所含的原子个数 N_A,此数值为阿伏加德罗常数。

$$N_A = \frac{Q}{2\times 1.6\times 10^{-19}\text{C}} \tag{7-1}$$

电解时,电流强度为 $I(A)$,通电时间为 $t(s)$,阴极铜片增加的质量为 $m(kg)$,则电解得到 1mol Cu(s) 所需的电量 Q 为

$$Q = \frac{ItM(\text{Cu})}{m} \tag{7-2}$$

则 1mol Cu(s) 所含的原子个数 N_A 为

$$N_A = \frac{ItM(\text{Cu})}{mze} \tag{7-3}$$

式中,z 为电极反应的得失电子数,电子电荷量 $e=1.60\times 10^{-19}$C;$M(\text{Cu})$ 为铜单质的摩尔质量。同理,阳极铜片减少的质量为 $m'(kg)$,则耗去 1mol Cu(s) 所需的电荷量 Q' 为

$$Q' = \frac{ItM(\text{Cu})}{m'} \tag{7-4}$$

$$N_A' = \frac{ItM(\text{Cu})}{m'ze}$$

从理论上讲,$m=m'$,但由于铜片往往不纯,使 $m<m'$,因此,按阴极铜片增加的质量计算阿伏伽德罗常数 N_A 值较为准确。

【实验用品】

仪器:分析天平,直流电源,变阻箱,毫安表,烧杯。

试剂:$CuSO_4$(0.5mol·L^{-1}、pH=3.0,加 H_2SO_4 酸化),无水乙醇,纯紫铜片(3cm×5cm)。

7 一些物理常数的测定

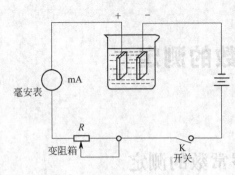

图 7-1 硫酸铜溶液电解示意图

【实验内容】

取 3cm×5cm 薄的纯紫铜片两块，分别用 0 号、000 号砂纸擦去表面氧化物，然后用去离子水洗，再用蘸有无水乙醇的棉花擦净。待完全干后，精确称量（准确至 0.0001g）。一块作阴极，另一块作阳极（千万不能弄错，最好在电极上作记号）。在 100mL 烧杯中加入约 80mL 酸化的 $CuSO_4$ 溶液。将每块铜片高度的 2/3 左右浸在 $CuSO_4$ 溶液中，两个电极的距离保持在 1.5cm，按图 7-1 连接电路。直流电压控制为 10V，实验开始后，变阻箱的电阻值控制在 60~70Ω 左右。接通电源，迅速调节电阻使毫安表指针在 100mA 处，同时准确记下时间。通电 60min，断开电源，停止电解。

在整个电解期间，电流尽可能保持不变，如有变动，可调节电阻以维持恒定。

电解完成后，将两块铜片用去离子去洗干净，再用蘸有无水乙醇的棉花擦净。待完全干后，精确称量（准确至 0.0001g）。

实验数据记录与处理见表 7-1。

表 7-1 实验数据记录与处理

电极铜片称量	阴极铜片增量(m)/g	阳极铜片失量(m')/g
	电解后	电解前
	电解前	电解后
	$m=$	$m'=$
电解时间(t)/s		
电流强度(I)/A		
$N_A = \dfrac{It \times 63.5\text{g} \cdot \text{mol}^{-1}}{m \times 2 \times 1.6 \times 10^{19}\text{C}}$		

【思考题】

(1) 实验中，$CuSO_4$ 溶液的浓度对实验结果有无影响？

(2) 测定阿伏加德罗常数的原理是什么？

(3) 根据本实验所用的参数方程，还可以测量哪些物理量？试设计测量方案。

(4) 如果在电解过程中电流不能维持恒定，对实验结果会有何影响？

(5) 由阴、阳极板质量的变化量获得两个 N_A 值，误差大的是哪一个极板？为什么？

(6) 写出在阴极和阳极上进行的反应。

(7) 电解时，实验的电流强度为 $I(A)$，在时间 $t(s)$ 内通过的总电量应如何计算？

(8) 设阴极铜片的增量为 $m(g)$，试计算每增加一单位质量时所需的电量，以及得到 1mol 铜所需要的电量。

(9) 由 1 个 Cu^{2+} 所带的电量，以及得到或失去 1mol 铜所需的电量，能否求出阿伏加德罗常数？试写出计算式。

实验 16 摩尔气体常数的测定

【实验目的】

(1) 了解分析天平的基本结构、性能和使用规则。

(2) 练习测量气体体积的操作和大气压力计的使用。
(3) 掌握理想气体状态方程和分压定律的应用。

【基本原理】

由理想气体状态方程 $pV=nRT$，可知摩尔气体常数 $R=\dfrac{pV}{nT}$。因此对一定量的气体，若在一定温度、压力条件下测出其体积就可求出 R，本实验通过测定金属镁与盐酸的反应产生的氢气的体积来确定 R 的数值。反应方程式为：

$$Mg(s)+2HCl = MgCl_2(aq)+H_2(g)$$

准确称取一定质量（m_{Mg}）的金属镁片与过量的 HCl 反应，在一定的温度与压力条件下，测出被置换的湿氢气的体积 $V(H_2)$，而氢气的物质的量可由镁片的质量算出。实验室的温度和压力可以分别由温度计和大气压力计测得。由于氢气是采用排水集气法收集的，氢气中混有水蒸气，若查出实验温度下水的饱和蒸汽压，就可由分压定律，算出氢气的分压：

$$p(H_2)=p-p(H_2O) \tag{7-5}$$

将以上各项数据代入理想气体状态方程中，就可以利用公式 $R=\dfrac{pV}{nT}$ 求出 R。

本实验也可选用铝或锌与盐酸反应来测定 R 值。

【实验用品】

仪器：量气管（或 50mL 的碱式滴定管），试管，漏斗，铁架台等。

试剂：$6mol\cdot L^{-1}$ HCl。

材料：乳胶管，砂纸，镁条等。

【实验内容】

(1) 试样的称取

准确称取三片已擦去表面氧化膜的镁条，每份质量为 0.0200～0.0400g；如果用铝片，则称取 0.0200～0.0300g；如果用锌片，则称取 0.0800～0.1000g。

(2) 仪器的安装

按图 7-2 所示装好仪器。打开试管的塞子由漏斗往量气管内装水至略低于刻度 "0"，上下移动漏斗以赶净胶管和量气管器壁的气泡，然后固定漏斗。

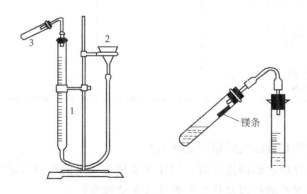

图 7-2 摩尔气体常数测定装置

1—量气管；2—漏斗；3—试管

(3) 检查装置是否漏气

塞紧试管的橡皮塞,将漏斗向上(或向下)移动一段距离,使漏斗中水面低于(或高于)量气管中的水面。固定漏斗位置,量气管中的水面若不停移动,表示装置漏气,应检查各连接处是否接好,重复操作直至不漏气为止。

(4) 测定

取下试管,调整漏斗高度,使量气管水面略低于刻度"0"。小心向试管中加入 3mL $6mol·L^{-1}$ HCl 溶液,注意不要使盐酸沾湿试管壁。将已称量的金属片蘸少许水,贴在试管内壁上(勿与酸接触)。固定试管,塞紧橡皮塞,再次检漏。调整漏斗位置,使量气管内水面与漏斗内水面保持在同一水平面,准确读出量气管内液面的位置 V_1。

轻轻振荡试管,使镁条落入 HCl 中,镁条与 HCl 反应放出 H_2,此时量气管内水平面开始下降。为了避免量气管中压力过大而造成漏气,在量气管内水平面下降的同时,慢慢下移漏斗,使漏斗中的水面和量气管中的液面基本保持相同水平,反应停止后,固定漏斗。待试管冷却至室温(约 5~10min),再次移动漏斗,使其水面与量气管水面相平,读出反应后量气管内水面的精确读数 V_2。

记录实验时的室温 T 与大气压 p。

从教材中查出室温时水的饱和蒸汽压 $p(H_2O)$。

用另两个镁条重复上述操作。数据记录和结果处理如下所述。

摩尔气体常数测定实验结果记录于表 7-2,数据处理结果记录于表 7-3。

表 7-2 摩尔气体常数实验记录

数 据 记 录	第一次试验	第二次试验	第三次试验
镁条质量 m/g			
反应前量气管液面读数 V_1/mL			
反应后量气管液面读数 V_2/mL			
室温 T/℃			
大气压 p/Pa			
室温时的饱和水蒸气压 $p(H_2O)$/Pa			

表 7-3 摩尔气体常数实验数据处理结果

数 据 记 录	第一次试验	第二次试验	第三次试验
氢气的分压/Pa $p(H_2)=p-p(H_2O)$			
气体常数 R 的数值 $R=\dfrac{p(H_2)V(H_2)}{n(H_2)T}$			
相对误差/% $\dfrac{\|R_{通用值}-R_{实验值}\|}{R_{通用值}}\times 100\%$			

【思考题】

(1) 检查实验装置是否漏气的原理是什么?

(2) 在读取量气管中水面的读数时,为什么要使漏斗中的水面与量气管中的水面相平?

(3) 造成本实验误差的原因是什么?哪几步是关键操作?

(4) 造成下列情况对实验结果有何影响:①反应过程中实验装置漏气;②镁片表面有氧化膜;③反应过程中,从量气管中压入漏斗的水过多而使水从漏斗中溢出。

实验 17　化学反应平衡常数的测定（光电比色法）

【实验目的】
(1) 了解光电比色法测定化学反应平衡常数的方法。
(2) 学习分光光度计的使用方法。

【实验原理】
化学反应平衡常数有时可用比色法来测定，比色法原理是：当一束波长一定的单色光通过有色溶液时，被吸收的光量和溶液的浓度、溶液的厚度以及入射光的强度等因素有关。

设 c 为溶液浓度；l 为溶液的厚度；I_0 为入射光的强度；I 为透过溶液后光的强度。根据实验的结果表明，有色溶液对光的吸收程度与溶液中的有色物质的浓度和溶液的厚度的乘积成正比。这就是朗伯-比尔定律，其数学表达式为：

$$\lg \frac{I_0}{I} = \varepsilon c l \tag{7-6}$$

式中，$\lg \dfrac{I_0}{I}$ 为光线通过溶液时被吸收的程度，称为"吸光度"；ε 为一个常数，称为吸光系数。如将 $\lg \dfrac{I_0}{I}$ 用 A 表示，式(7-6) 也可以写成

$$A = \varepsilon c l \tag{7-7}$$

根据式(7-7) 有以下两种情况。

(1) 若同一种有色物质的两种不同浓度的溶液吸光度相同，则可得：

$$c_1 l_1 = c_2 l_2 \quad \text{或} \quad c_2 = \frac{l_1}{l_2} c_1 \tag{7-8}$$

如果已知标准溶液有色物质的浓度为 c_1，并测得标准溶液的厚度为 l_1，未知溶液的厚度为 l_2，则从式(7-8) 即可求出未知溶液中有色物质的浓度 c_2，这就是目测比色法的依据。

(2) 若同一种有色物质的两种不同浓度的溶液的厚度相同，则可得：

$$\frac{A_1}{A_2} = \frac{c_1}{c_2} \quad \text{或} \quad c_2 = \frac{A_2}{A_1} c_1 \tag{7-9}$$

如果已知标准溶液有色物质的浓度为 c_1，并测得标准溶液的吸光度为 A_1，未知溶液的吸光度为 A_2，则从式(7-9) 即可求出未知溶液中有色物质的浓度 c_2，这就是本实验中光电比色法的依据。

本实验通过光电比色法测定下列化学反应的平衡常数。

$$Fe^{3+} + HSCN \longrightarrow Fe(SCN)^{2+} + H^+$$

$$K^{\ominus} = \frac{[Fe(SCN)^{2+}][H^+]}{[Fe^{3+}][HSCN]} \tag{7-10}$$

由于反应中 Fe^{3+}、HSCN 和 H^+ 都是无色，只有 $[Fe(SCN)]^{2+}$ 是深红色的，所以平衡时溶液的 $[Fe(SCN)]^{2+}$ 的浓度可以用已知浓度的 $[Fe(SCN)]^{2+}$ 标准溶液通过比色测得，然后根据反应方程式和 Fe^{3+}、HSCN、H^+ 的初始浓度，求出平衡时各物质的浓度，即可根

据式(7-10)算出化学平衡常数 K_c。

本实验中，已知浓度的 $[Fe(SCN)]^{2+}$ 标准溶液可以根据下面的假设配置：当 $[Fe^{3+}]=[HSCN]$ 时，反应中 HSCN 可以假设全部转化为 $[Fe(SCN)]^{2+}$。因此，$[Fe(SCN)]^{2+}$ 的标准溶液浓度就是所用 HSCN 的初始浓度，实验中作为标准溶液的初始浓度为：

$$[Fe^{3+}]=0.1000 \text{mol} \cdot \text{L}^{-1}, [HSCN]=0.0002000 \text{mol} \cdot \text{L}^{-1}$$

由于 Fe^{3+} 水解会产生一系列有色离子，例如棕色 $[Fe(OH)]^{2+}$，因此，溶液必须保持较大的 $[H^+]$ 以阻止 Fe^{3+} 的水解。较大的 $[H^+]$ 以阻止 Fe^{3+} 的水解。较大的 $[H^+]$ 还可以使 HSCN 基本上保持未电离状态。

本实验中的溶液用 HNO_3 保持溶液的 $[H^+]=0.5 \text{mol} \cdot \text{L}^{-1}$。

【实验用品】

仪器：分光光度计，移液管，烧杯（50mL、400mL）。

试剂：$Fe(NO_3)_3$（$0.2000 \text{mol} \cdot \text{L}^{-1}$、$0.002000 \text{mol} \cdot \text{L}^{-1}$），KSCN（$0.002000 \text{mol} \cdot \text{L}^{-1}$）。

【实验内容】

(1) $FeSCN^{2+}$ 标准溶液配制

在 1 号干燥洁净烧杯中倒入 10.00mL $0.2000 \text{mol} \cdot \text{L}^{-1} Fe^{3+}$ 溶液、2.00mL $0.002000 \text{mol} \cdot \text{L}^{-1}$ KSCN 溶液和 8.00mL H_2O 充分混合，得到 $[Fe(SCN)^{2+}]_{标准}=0.000200 \text{mol} \cdot \text{L}^{-1}$。

(2) 在 2~5 号烧杯中，分别按表 7-4 中的剂量配制并混合均匀。

表 7-4 溶液配制剂量

烧杯编号	$0.00200 \text{mol} \cdot \text{L}^{-1} Fe^{3+}$/mL	$0.00200 \text{mol} \cdot \text{L}^{-1}$ KSCN/mL	H_2O/mL
2	5.00	5.00	0
3	5.00	4.00	1.00
4	5.00	3.00	2.00
5	5.00	2.00	3.00

(3) 在分光光度计上，用波长 447nm，测得 1~5 号溶液的吸光度。

(4) 数据记录和处理

将溶液的吸光度、初始浓度和计算器得到的各平衡浓度及 K_c 值记录在表 7-5 中。

表 7-5 数据记录

试管编号	吸光度 A	初始浓度/$\text{mol} \cdot \text{L}^{-1}$		平衡浓度/$\text{mol} \cdot \text{L}^{-1}$			
		$[Fe^{3+}]_{始}$	$[HSCN]_{始}$	$[H^+]_{平}$	$[Fe(SCN)^{2+}]_{平}$	$[Fe^{3+}]_{平}$	$[HSCN]_{平}$
2							
3							
4							
5							

计算各平衡浓度：$[H^+]_{平衡}=\frac{1}{2}[HNO_3]$，$[Fe(SCN)^{2+}]_{平衡}=\frac{A_n}{A_1}[Fe(SCN)^{2+}]_{标准}$

$$[Fe^{3+}]_{平衡}=[Fe^{3+}]_{始}-[Fe(SCN)^{2+}]_{平衡}$$

$$[HSCN]_{平衡}=[HSCN]_{始}-[Fe(SCN)^{2+}]_{平衡}$$

计算 K_c 值时，将上面求得的各平衡浓度代入平衡常数公式，求出值。

$$K_c^{\ominus}=\frac{[Fe(SCN)^{2+}][H^+]}{[Fe^{3+}][HSCN]}$$

上面计算的 K_c 值是近似值，精确计算时，平衡时的 [HSCN] 应考虑 HSCN 的电离部分，所以 $[HSCN]_{始} = [HSCN]_{平衡} + [Fe(SCN)^{2+}]_{平衡} + [SCN^-]_{平衡}$。

由于 $\qquad HSCN = H^+ + SCN^-$

即 $\qquad K_{HSCN} = \dfrac{[H^+][SCN^-]}{[HSCN]}$

故 $\qquad [SCN^-]_{平衡} = K_{HSCN} \dfrac{[HSCN]_{平衡}}{[H^+]_{平衡}}$

因此 $\qquad [HSCN]_{始} = [HSCN]_{平衡} + [Fe(SCN)^{2+}]_{平衡} + K_{HSCN} \dfrac{[HSCN]_{平衡}}{[H^+]_{平衡}}$

$$[HSCN]_{平衡} + K_{HSCN} \dfrac{[HSCN]_{平衡}}{[H^+]_{平衡}} = [HSCN]_{始} - [Fe(SCN)^{2+}]_{平衡}$$

$$[HSCN]_{平衡} \left(1 + \dfrac{K_{HSCN}}{[H^+]_{平衡}}\right) = [HSCN]_{始} - [Fe(SCN)^{2+}]_{平衡}$$

$$[HSCN]_{平衡} = \dfrac{[HSCN]_{始} - [Fe(SCN)^{2+}]_{平衡}}{1 + \dfrac{K_{HSCN}}{[H^+]_{平衡}}}$$

式中，$K_{HSCN} = 0.141$ （25℃）。

【思考题】

(1) 测定波长为什么选择 447nm？

(2) 吸光度 A 和透光度 $T\%$ 两者关系如何？以分光光度计测定时，一般读取吸光度 A 值，该值在标尺上取什么范围好？为什么？

实验 18　化学反应速率和活化能的测定

【实验目的】

(1) 巩固化学反应速率、基元反应、复杂反应、反应级数、质量作用定律等概念。

(2) 掌握反应速率方程表达式。

(3) 了解浓度、温度对反应速率的影响，掌握阿仑尼乌斯公式。

【实验原理】

(1) 浓度对反应速率的影响

在水溶液中，过二硫酸铵与碘化钾发生如下反应：

$$(NH_4)_2S_2O_8 + 3KI = (NH_4)_2SO_4 + K_2SO_4 + KI_3$$

离子方程式为

$$S_2O_8^{2-} + 3I^- = 2SO_4^{2-} + I_3^- \qquad (7-11)$$

其反应速率方程可表示为：

$$v = kc^m(S_2O_8^{2-})c^n(I^-)$$

式中，k 为反应速率常数；$m+n$ 为反应级数；v 为瞬时反应速率。当 $c(S_2O_8^{2-})$、$c(I^-)$ 均为起始浓度时，v 为起始反应速率。k、m、n 均可由实验确定。

反应(7-11)中的 v 也可用反应物 $(NH_4)_2S_2O_8$ 的浓度随时间的变化率来表示：

$$v = -\frac{dc(S_2O_8^{2-})}{dt} \text{ 或 } \overline{v} = -\frac{\Delta c(S_2O_8^{2-})}{\Delta t}$$

式中，$\overline{v}$ 是 Δt 时间内的平均速率，$v \neq \overline{v}$。但当 $v = -\dfrac{dc(S_2O_8^{2-})}{dt}$ 无法测定时，可以用 $\overline{v}$ 近似代替 v，则有

$$\overline{v} = -\frac{\Delta c(S_2O_8^{2-})}{\Delta t} = kc^m(S_2O_8^{2-})c^n(I^-)$$

为测定 $\overline{v}$，同时在反应(7-11)溶液中加入定量的 $Na_2S_2O_3$ 和淀粉指示剂，$S_2O_3^{2-}$ 与 I_3^- 发生快速反应：

$$2S_2O_3^{2-} + I_3^- == S_4O_6^{2-} + 3I^- \tag{7-12}$$

因为反应(7-12)比反应(7-11)快得多，所以反应(7-11)生成的 I_3^- 立即与 $S_2O_3^{2-}$ 反应，生成无色的 $S_4O_6^{2-}$ 和 I^-，在 $S_2O_3^{2-}$ 没有耗尽之前，反应体系中看不到所加淀粉与 I_3^- 反应呈现的特征蓝色。而当 $S_2O_3^{2-}$ 耗尽时，则呈现 I_3^- 与淀粉反应的特征蓝色。从反应开始到出现蓝色这段时间 Δt 就是溶液中 $S_2O_3^{2-}$ 耗尽的时间，结合反应(7-11)和反应(7-12)可以看出，在 Δt 时间内其所消耗的 $\Delta c(S_2O_3^{2-})$ 与 $\Delta c(S_2O_8^{2-})$ 间的关系为 $\Delta c(S_2O_8^{2-}) = 1/2\Delta c(S_2O_3^{2-})$，从而可以根据所加入的 $Na_2S_2O_3$ 的量和反应出现蓝色的时间求得反应(7-11)的反应速率：

$$\overline{v} = -\Delta c(S_2O_8^{2-})/\Delta t = -\Delta c(S_2O_3^{2-})/2\Delta t$$

为求出反应速率方程式 $v = kc^m(S_2O_8^{2-})c^n(I^-)$ 中的反应级数 m、n 值，将 $c(S_2O_8^{2-})$ 固定、改变 $c(I^-)$ 以及将 $c(I^-)$ 固定、改变 $c(S_2O_8^{2-})$，求得同一温度、不同浓度条件下的反应速率，即可根据上式求得相应的 m、n 值。求得 m、n 值后，利用反应速率方程式即可求出一定温度下的反应速率常数 k：

$$k = \frac{v}{c^m(S_2O_8^{2-})c^n(I^-)}$$

(2) 温度对反应速率的影响

温度升高，反应速率增大，反应所需时间减少。由阿仑尼乌斯方程可得 $\lg k = \dfrac{-E_a}{2.303RT} + \lg A$。若测得不同温度下的一系列 k 值，然后作 $\lg k$-$1/T$ 图，可得一直线，其斜率为 $-E_a/2.303R$，由此可求得反应的活化能 E_a。

(3) 催化剂对反应速率的影响

催化剂是影响化学反应速率的重要因素。催化剂是一种能改变化学反应速率，而其本身的质量和化学组成在反应前后保持不变的物质。通常人们所提到的催化剂是能够加快反应速率的正催化剂。$Cu(NO_3)_2$ 可用作上述 $(NH_4)_2S_2O_8$ 与 $3KI$ 反应的催化剂。

【实验用品】

仪器：烧杯或锥形瓶，量筒，温度计，秒表，恒温水浴锅。

试剂：$0.20\text{mol} \cdot L^{-1}$ KI，$0.20\text{mol} \cdot L^{-1}$ $(NH_4)_2S_2O_8$，$0.010\text{mol} \cdot L^{-1}$ $Na_2S_2O_3$，$0.20\text{mol} \cdot L^{-1}$ KNO_3，$0.20\text{mol} \cdot L^{-1}$ $(NH_4)_2SO_4$，$0.20\text{mol} \cdot L^{-1}$ $Cu(NO_3)_2$，淀粉溶液 ($2\text{g} \cdot L^{-1}$)。

【实验内容】

(1) 浓度对化学反应速率的影响

在室温下,用量筒(贴上标签,以免混用)量取表 7-6 中编号 1 的 KI、$Na_2S_2O_3$、淀粉溶液于 100mL 烧杯(或锥形瓶)中混合,然后量取 $(NH_4)_2S_2O_8$ 溶液,迅速加入烧杯(或锥形瓶)中,同时按动秒表计时,并不断搅拌,仔细观察溶液颜色,待溶液刚出现蓝色时,即停止计时。将反应所用的时间 Δt 记录于下表。按表中编号 2~5 所列用量重复上述实验。为了使溶液中的离子强度和总体积保持不变,将编号 2~5 中减少的 $(NH_4)_2S_2O_8$ 和 KI 溶液的用量,分别用 KNO_3 和 $(NH_4)_2SO_4$ 溶液补充。浓度对反应速率的影响实验数据记录与处理如表 7-6 所示。

表 7-6 浓度对反应速率的影响

	实验编号	1	2	3	4	5
试剂用量/mL	$0.20 mol \cdot L^{-1} (NH_4)_2S_2O_8$	20.0	10.0	5.0	20.0	20.0
	$0.20 mol \cdot L^{-1}$ KI	20.0	20.0	20.0	10.0	5.0
	$0.010 mol \cdot L^{-1} Na_2S_2O_3$	8.0	8.0	8.0	8.0	8.0
	$2g \cdot L^{-1}$ 淀粉	2.0	2.0	2.0	2.0	2.0
	$0.20 mol \cdot L^{-1} KNO_3$	0	0	0	10.0	15.0
	$0.20 mol \cdot L^{-1} (NH_4)_2SO_4$	0	10.0	15.0	0	0
试剂起始浓度/$mol \cdot L^{-1}$	$(NH_4)_2S_2O_8$					
	KI					
	$Na_2S_2O_3$					
反应时间 $\Delta t/s$						
反应速率 $v/mol \cdot L^{-1} \cdot s^{-1}$						
反应速率常数 k						
平均反应速率常数 $\bar{k}$						
反应级数				$m=$	$n=$	

(2) 温度对化学反应速率的影响

按表 7-6 中编号 4 的试剂用量,把 KI、$Na_2S_2O_3$、KNO_3 和淀粉溶液加到 100mL 烧杯中,并把 $(NH_4)_2S_2O_8$ 溶液加在另一支大试管中,然后将它们共同放入比室温高约 10℃的恒温水浴中加热,并不断搅拌,使溶液温度达到平衡时测量温度并记录。将 $(NH_4)_2S_2O_8$ 溶液加到 KI、$Na_2S_2O_3$、KNO_3 和淀粉的混合溶液中,立即计时,并搅拌溶液,当溶液刚出现蓝色时即停表,记录时间。在反应的整个过程中,烧杯不能离开恒温水浴。

将水浴温度提高到高于室温约 20℃、30℃、40℃,重复上述编号 4 的实验,测定温度和反应所需的时间,将所得数据记录于表 7-7。

表 7-7 温度对化学反应速率的影响

实验编号	6($t+40$℃)	7($t+30$℃)	8($t+20$℃)	9($t+10$℃)	10(同4)
反应温度 T/K					
反应时间 $\Delta t/s$					
反应速率 $v/mol \cdot L^{-1} \cdot s^{-1}$					
反应速率常数 k					
$\lg k$					
$(1/T) \times 10^3$					

注:t 为室温。

(3) 催化剂对反应速率的影响

按表 7-6 中编号 4 的试剂用量，把 KI、$Na_2S_2O_3$、KNO_3 和淀粉溶液加到 100mL 烧杯中，再加入 2 滴 $Cu(NO_3)_2$ 溶液，然后迅速加入 $(NH_4)_2S_2O_8$ 溶液，搅拌，立即计时，当溶液刚出现蓝色时即停表，记录时间。将此实验的反应速率与不加催化剂时的反应速率比较，得出结论。

【实验数据记录与处理】

(1) 计算反应级数

将表 7-6 中编号 1 和 3 的实验结果数据分别代入：

$$\frac{v_1}{v_3}=\frac{kc_1^m(S_2O_8^{2-})c_1^n(I^-)}{kc_3^m(S_2O_8^{2-})c_3^n(I^-)}$$

因为 $c_3^n(I^-)=c_1^n(I^-)$，故

$$\frac{v_1}{v_3}=\frac{kc_1^m(S_2O_8^{2-})}{kc_3^m(S_2O_8^{2-})}$$

又因为 v_1、v_3 已测得，$c_1(S_2O_8^{2-})$、$c_3(S_2O_8^{2-})$ 已知，即可求 m 值。同理可求出 n 值。

(2) 计算不同温度下的反应速率常数 k，以作图法计算反应的活化能 E_a。见上述实验原理（文献值 $E_a=56.7kJ \cdot mol^{-1}$）。

【注意事项】

$(NH_4)_2S_2O_8$ 本身具有强氧化性而不稳定，其 $E_a^{\ominus}(S_2O_8^{2-}/SO_4^{2-})=2.01V$，在受热或有还原剂存在的条件下易分解或被还原。因此，$(NH_4)_2S_2O_8(s)$ 需在低温条件下保存，且不能长期存放。当使用过期的 $(NH_4)_2S_2O_8(s)$ 时，由于 $(NH_4)_2S_2O_8$ 的实际含量低于试剂标明的含量，实验可能出现反常情况。如配制的 $(NH_4)_2S_2O_8$ 低于 $1/2c(Na_2S_2O_3)$ 时，可能发生 $\Delta t \rightarrow \infty$ 的现象。配制好的 $(NH_4)_2S_2O_8$ 溶液也不稳定，随存放时间增加浓度不断下降。因此该实验应使用新购置，且在有效期内的 $(NH_4)_2S_2O_8(s)$ 试剂。配制好的 $(NH_4)_2S_2O_8$ 也不宜放置过长时间，最好是现用现配。

又由于 $Na_2S_2O_3$ 水溶液也不太稳定，常发生下列反应：

$$2Na_2S_2O_3+O_2(空气中) \longrightarrow 2Na_2SO_4+2S \downarrow$$

$$Na_2S_2O_3 \xrightarrow{\text{细菌}} Na_2SO_3+S \downarrow$$

如果 $Na_2S_2O_3$ 溶液中的 $Na_2S_2O_3$ 已全部分解，此时加入 $(NH_4)_2S_2O_8$ 溶液，则可能会立即现出蓝色，$\Delta t \rightarrow 0$。所以本实验结果的准确性主要依赖于 $Na_2S_2O_3$、$(NH_4)_2S_2O_8$ 溶液浓度的准确性。

【思考题】

(1) 实验中向 KI、$Na_2S_2O_3$、KNO_3 和淀粉混合溶液中加入 $(NH_4)_2SO_4$ 时为什么要迅速？加 $Na_2S_2O_3$ 的目的是什么？$Na_2S_2O_3$ 的用量过多或过少，对实验结果有何影响？

(2) 为什么可以由反应溶液出现蓝色的时间长短来计算反应速率？溶液出现蓝色后，反应是否终止了？

(3) 若不用 $S_2O_8^{2-}$ 而用 I^- 的浓度变化来表示反应速率，反应速率常数 k 是否一样？

(4) 下列哪种情况对实验结果有影响？

① 实验（2）中，反应时没有恒温或恒温了，但温度偏高或偏低。
② 先加 $(NH_4)_2S_2O_8$ 溶液，最后加 KI 溶液。
③ 量取 6 种溶液的量筒未分开专用。
(5) 为什么计算得到的 m、n 值要取整数？

实验 19 pH 法测定醋酸解离度和解离常数

【实验目的】
(1) 了解 pH 法测定醋酸解离度和解离常数的基本原理。
(2) 学习酸度计的使用方法。
(3) 进一步加深对弱电解质解离平衡概念的理解。

【实验原理】
醋酸（CH_3COOH 或 HAc）是弱电解质，在水溶液中存在如下解离平衡：

$$HAc + H_2O \rightleftharpoons H_3O^+ + Ac^-$$

起始浓度/mol·L^{-1} c_0 0   0
平衡浓度/mol·L^{-1} $c_0-c_0\alpha$ $c_0\alpha$ $c_0\alpha$

其中，c_0 为醋酸的分析浓度；α 为醋酸的解离度。使用 [H^+]、[Ac^-] 和 [HAc] 分别表示 H^+、Ac^- 和 HAc 的平衡浓度，$K_a^\ominus$ 为醋酸的解离常数，则有

$$[H^+] = [Ac^-] = c_0\alpha \quad [HAc] = c_0(1-\alpha)$$

解离度 $\quad\quad\quad\quad\quad\quad \alpha = [H^+]/c_0 \times 100\%$ \hfill (7-13)

解离常数 $\quad K_a^\ominus = [H^+][Ac^-]/[HAc] = c_0\alpha^2/(1-\alpha) = [H^+]^2/(c_0-[H^+])$ \hfill (7-14)

已知 $pH = -lg[H^+]$，所以测定了已知浓度的醋酸溶液的 pH 值，就可以求出它的解离度和解离常数。注：为了简化起见，在公式中将 H^+、Ac^- 和 HAc 的相对浓度 [H^+]/$c^\ominus$、[Ac^-]/$c^\ominus$ 和 [HAc]/$c^\ominus$ 简写为 [H^+]、[Ac^-] 和 [HAc]。

【实验用品】
仪器：pH 计，碱式滴定管（50mL），容量瓶（50mL），吸量管（10mL），移液管（25mL），烧杯（50mL、100mL），锥形瓶（250mL），温度计等。
试剂：0.2mol·L^{-1} HAc，0.2mol·L^{-1} NaOH 标准溶液，酚酞指示剂等。
材料：精密 pH 试纸等。

【实验内容】
(1) 醋酸溶液初始浓度的滴定
以酚酞为指示剂，用已知准确浓度的氢氧化钠标准溶液滴定醋酸的初始浓度。
用移液管移取 25.00mL 待滴定的醋酸溶液置于 250mL 的锥形瓶中，加 1~2 滴酚酞指示剂，用 NaOH 标准溶液滴定至溶液呈粉红色，30s 内不褪色为止。记下所消耗 NaOH 标准溶液的体积。平行滴定三次，要求 3 次所消耗 NaOH 溶液的体积相差小于 0.5mL。计算 HAc 溶液的初始浓度。把结果填入表 7-8。

表 7-8 醋酸溶液初始浓度的滴定

实验项目	数据记录		
	1#	2#	3#
NaOH 初读数/mL			
NaOH 终读数/mL			
消耗 NaOH 标准溶液的体积/mL			
消耗 NaOH 标准溶液的平均体积 V(NaOH)/mL			
滴定中 HAc 溶液的体积 V(HAc)/mL			
HAc 溶液的浓度/mol·L^{-1} c(HAc)=c(NaOH)V(NaOH)/V(HAc)			

(2) 不同浓度醋酸溶液的配制

用移液管和吸量管分别取 25.00mL、5.00mL、2.50mL 已测得准确浓度的醋酸溶液分别置于 3 个 50mL 的容量瓶中。用蒸馏水定容，摇匀，并计算出这三瓶醋酸溶液的浓度。

(3) 不同浓度醋酸溶液 pH 值的测定

取以上 3 种不同浓度的醋酸溶液 25.00mL 分别加入 3 个干燥、干净的 50mL 烧杯中，按由稀到浓的次序用 pH 计分别测出其 pH 值，并记录。

(4) 醋酸解离度和解离常数的计算

在一定温度下，用酸度计测一系列已知浓度的 HAc 溶液的 pH 值，根据 pH=－lg[H$^+$]，可求得各浓度 HAc 溶液对应的 [H$^+$]，利用 [H$^+$]=$c_0\alpha$，求得各对应的解离度 α 值，将 α 代入式(7-14) 中，可求得一系列对应的 $K_a^\ominus$ 值。取 $K_a^\ominus$ 的平均值，即得该温度下醋酸的解离常数，如表 7-9 所示。

【实验数据记录与处理】

表 7-9 pH 法测定醋酸解离度和解离常数的数据记录和处理

醋酸溶液的初始浓度：c(HAc)=_____ mol·L^{-1}，实验时室温=_____ ℃

实验序号	c_0/mol·L^{-1}	pH 值	c(H$^+$)/mol·L^{-1}	α/%	解离常数 $K_a^\ominus$	
					计算值	平均值
1#						
2#						
3#						

【思考题】

(1) 用酸度计测定醋酸溶液的 pH 值时，为什么要按溶液的浓度从稀到浓的次序进行？

(2) 改变所测 HAc 溶液的浓度和温度，解离度和解离常数有无变化？若有变化，会有怎样的变化？

(3) 使用酸度计的主要步骤有哪些？

实验 20 电导率法测定醋酸解离度和解离常数

【实验目的】

(1) 掌握用电导率法测定醋酸在水溶液中的解离度和解离常数的原理和方法。

(2) 加深对解离平衡基本概念的理解。
(3) 学习电导率仪的使用方法。

【实验原理】

醋酸（CH_3COOH 或 HAc）是弱电解质，在水溶液中存在如下解离平衡：

$$HAc + H_2O \rightleftharpoons H_3O^+ + Ac^-$$

起始浓度（$mol \cdot L^{-1}$）　　　c_0　　　　　　0　　　　0

平衡浓度（$mol \cdot L^{-1}$）　　$c_0 - c_0\alpha$　　$c_0\alpha$　　$c_0\alpha$

其中，c_0 为醋酸的分析浓度；α 为醋酸的解离度。使用 $[H^+]$、$[Ac^-]$ 和 $[HAc]$ 分别表示 H^+、Ac^- 和 HAc 的平衡浓度，$K_a^\ominus$ 为醋酸的解离常数，则有

$$[H^+] = [Ac^-] = c_0\alpha \qquad [HAc] = c_0(1-\alpha)$$

解离度
$$\alpha = [H^+]/c_0 \times 100\% \tag{7-15}$$

解离常数
$$K_a^\ominus(HAc) = [H^+][Ac^-]/[HAc] = c_0\alpha^2/(1-\alpha) \tag{7-16}$$

一定温度下，$K_a^\ominus$ 为常数，通过测定不同浓度下的解离度就可以求得平衡常数 $K_a^\ominus$ 值。解离度可通过测定溶液的电导来计算，溶液的电导用电导率仪测定。

物质导电能力的大小，通常以电阻（R）或电导（G）表示，电导为电阻的倒数：

$$G = \frac{1}{R}$$

电导的单位为西［门子］（S）。电解质溶液和金属导体一样，其电阻也符合欧姆定律。温度一定时，两极间溶液的电阻与电极间的距离 L 成正比，与电极面积 A 成反比。

$$R = \rho \frac{L}{A}$$

ρ 称为电阻率，它的倒数称为电导率，以 κ 表示，单位为 $S \cdot m^{-1}$，则

$$\kappa = G \frac{L}{A}$$

电导率 κ 表示放在相距 $1m$、面积为 $1m^2$ 的两个电极之间溶液的电导，L/A 称为电极常数或电导池常数。在一定温度下，相距 $1m$ 的两平行电极间所容纳的含有 $1mol$ 电解质溶液的电导称为摩尔电导率，用 Λ 表示。如果 $1\ mol$ 电解质溶液的体积用 V（m^3）表示，溶液中电解质的物质的量浓度用 c（$mol \cdot L^{-1}$）表示，摩尔电导率 Λ 的单位为 $S \cdot m \cdot mol^{-1}$，则摩尔电导率 Λ 和电导率 κ 的关系为

$$\Lambda = \kappa V = \frac{\kappa}{c} \tag{7-17}$$

对于弱电解质来说，无限稀释时的摩尔电导率 Λ_0 反映了该电解质全部电离且没有相互作用时的电导能力。在一定浓度下，Λ 反映的是部分电离且离子间存在一定相互作用时的电导能力。如果弱电解质的离解度比较小，电离产生出的离子浓度较低，使离子间作用力可以忽略不计，那么 Λ 与 Λ_0 的差别就可以近似看成是由部分离子与全部离子电离产生的离子数目不同所致，所以弱电解质的离解度可表示为

$$\alpha = \frac{\Lambda}{\Lambda_0} \tag{7-18}$$

这样，可以由实验测定浓度为 c 的醋酸溶液的电导率 κ，代入式(7-17) 求出 Λ，由式(7-18) 算出 α，将 α 的值代入式(7-16)，即可算出 $K(HAc)$。

【实验用品】

仪器：雷磁 DDS-307 型电导率仪，酸式滴定管，碱式滴定管，烧杯（50mL、干燥）等。

试剂：已标定的 $0.1\ mol·L^{-1}$ HAc。

材料：滤纸片或擦镜纸。

【实验内容】

(1) 配制溶液

用移液管和吸量管分别取 25.00mL、5.00mL、2.50mL 已测得准确浓度的醋酸溶液分别置于编号为 1、2、3 的 3 个 50mL 的容量瓶中。用蒸馏水定容，摇匀，并计算出这三瓶醋酸溶液的浓度。

(2) 醋酸溶液电导率的测定

用电导率仪由稀到浓测定 1~3 号醋酸溶液的电导率，记录数据，填入表 7-10 中。

表 7-10　电导率数据记录表

实验序号	c_0 /mol·L^{-1}	κ /S·m^{-1}	Λ /(S·m·mol^{-1})	α /%	解离常数 $K_a^\ominus$ 计算值	平均值
1#						
2#						
3#						

测定时温度 _____ ℃，Λ_0(HAc) _____ S·m·mol^{-1}。

(3) 实验结束后，先关闭各仪器的电源，用蒸馏水充分冲洗电极，并将电极浸入蒸馏水中备用。

【思考题】

(1) 改变所测 HAc 溶液的浓度和温度，解离度和解离常数有无变化？若有变化，会有怎样的变化？

(2) 使用电导率仪的主要步骤有哪些？

(3) 如何获得醋酸无限稀释时的摩尔电导率？

实验 21　碘化铅溶度积常数的测定

A. 分光光度法测定碘化铅的溶度积常数

【实验目的】

(1) 了解用分光光度法测定难溶盐溶度积常数的原理和方法。

(2) 学习分光光度计（722 型）的使用方法。

【实验原理】

碘化铅（PbI$_2$）是难溶电解质，在其饱和水溶液中存在下列沉淀-溶解平衡：

$$Pb^{2+}(aq)+2I^-(aq)\Longleftrightarrow PbI_2(s)$$

其溶度积常数表达式为：$K_{sp}^\ominus(PbI_2)=[c(Pb^{2+})/c^\ominus][c(I^-)/c^\ominus]^2$。

在一定温度下，测得 PbI_2 饱和溶液中的 $c(I^-)$ 和 $c(Pb^{2+})$，即可求得 $K_{sp}^{\ominus}(PbI_2)$。

若将已知浓度的 $Pb(NO_3)_2$ 溶液和 KI 溶液按不同体积比混合，生成的 PbI_2 沉淀与溶液达到平衡，通过测定溶液中的 $c(I^-)$，再根据系统的初始组成及沉淀反应中 Pb^{2+} 与 I^- 的化学计量关系，可以计算出溶液中的 $c(Pb^{2+})$。由此可求得 PbI_2 的溶度积常数。

本实验采用分光光度法测定溶液中的 $c(I^-)$。I^- 是无色的，利用其还原性，在酸性条件下用 KNO_2 将 I^- 氧化为 I_2（保持 I_2 浓度在其饱和浓度以下），I_2 在水溶液中呈棕黄色，其最大吸收波长为 525nm。用分光光度计在 525nm 波长下测定一系列不同浓度 I_2 溶液的吸光度 A，绘制 I_2 溶液的标准吸收曲线，然后由标准吸收曲线查出 $c(I^-)$，则可计算出饱和溶液中的 $c(I^-)$。

【实验用品】

仪器：722 型分光光度计，比色皿，烧杯，试管，吸量管，漏斗等。

试剂：$6.0 mol \cdot L^{-1}$ HCl，$0.015 mol \cdot L^{-1}$ $Pb(NO_3)_2$，$0.035 mol \cdot L^{-1}$ KI，$0.0035 mol \cdot L^{-1}$ KI，$0.020 mol \cdot L^{-1}$ KNO_2，$0.010 mol \cdot L^{-1}$ KNO_2。

材料：滤纸，镜头纸，橡皮塞等。

【实验步骤】

(1) 绘制 A-$c(I^-)$ 标准曲线

在 5 支干净、干燥的小试管中分别加入 1.00mL、1.50mL、2.00mL、2.50mL、3.00mL、$0.0035 mol \cdot L^{-1}$ 的 KI 溶液，再分别加入 2.00mL $0.020 mol \cdot L^{-1}$ 的 KNO_2 溶液、3.00mL 去离子水及 1 滴 $6.0 mol \cdot L^{-1}$ 的 HCl 溶液。摇匀后，分别倒入比色皿中。以水作参比溶液，在 525nm 波长下测定吸光度 A。以测得的吸光度 A 为纵坐标，以相应 I^- 浓度为横坐标，绘制出 A-$c(I^-)$ 标准曲线。

注意，氧化后得到的 I_2 浓度应小于室温下 I_2 的溶解度。不同温度下，I_2 的溶解度为：

温度/℃	20	30	40
溶解度/[g·(100g H_2O)$^{-1}$]	0.0290	0.560	0.78

(2) 制备 PbI_2 饱和溶液

① 取 3 支洁净、干燥的大试管，按表 7-11 用吸量管准确加入 $0.015 mol \cdot L^{-1}$ 的 $Pb(NO_3)_2$ 溶液、$0.035 mol \cdot L^{-1}$ 的 KI 溶液和去离子水，使每个试管中溶液的总体积为 10.00mL。

表 7-11 PbI_2 饱和溶液制备

试管编号	$V[Pb(NO_3)_2]$/mL	$V(KI)$/mL	$V(H_2O)$/mL
1	5.00	3.00	2.00
2	5.00	4.00	1.00
3	5.00	5.00	0.00

② 用橡皮塞塞紧试管，充分摇荡，大约摇 20min 后将试管静置 3~5min。

③ 在装有干燥滤纸的干燥漏斗上将制得的含有 PbI_2 固体的饱和溶液过滤，同时用干净、干燥的试管接取滤液。弃去沉淀，保留滤液。

④ 用吸量管分别在 3 支干净、干燥的小试管中注入 1 号、2 号、3 号 PbI_2 的饱和溶液 2mL，再分别注入 4mL $0.010 mol \cdot L^{-1}$ 的 KNO_2 溶液及 $6.0 mol \cdot L^{-1}$ 的 HCl 溶液 1 滴。摇匀后，分别倒入 2cm 比色皿中，以水作参比溶液，在 525nm 波长下测定溶液的吸光度 A。

【数据记录与处理】

将实验中作出的各项数据记入表 7-12 中。

表 7-12 PbI_2 饱和溶液数据

试管编号	1	2	3
$V[Pb(NO_3)_2]/mL$			
$V(KI)/mL$			
$V(H_2O)/mL$			
溶液总体积 $V_总/mL$			
I^- 的初始浓度 $a/mol \cdot L^{-1}$			
Pb^{2+} 的初始浓度 $c/mol \cdot L^{-1}$			
滤液反应后的吸光度 A			
由标准曲线查得 $c(I^-)/mol \cdot L^{-1}$			
沉淀溶解平衡时 I^- 的浓度 $b/mol \cdot L^{-1}$			
沉淀溶解平衡时 Pb^{2+} 的浓度 $d/mol \cdot L^{-1}$ $d=[c-(a-b)/2]$			
$K_{sp}^{\ominus}(PbI_2)=[c-(a-b)/2] \cdot b^2$			
$K_{sp}^{\ominus}(PbI_2)$ 平均值			

【思考题】

(1) 配制 PbI_2 饱和溶液时为什么要充分摇荡？
(2) 如果使用湿的小试管配制比色溶液，对实验结果将产生什么影响？
(3) 溶度积常数的测定还有其他什么方法，试举例。

B. 离子交换法测定碘化铅的溶度积常数

【实验目的】

(1) 了解离子交换法测定难溶盐溶度积常数的基本原理。
(2) 学习离子交换法测定碘化铅的溶度积常数的基本操作。
(3) 了解离子交换树脂及其使用方法。

【实验原理】

离子交换树脂是含有能与其他物质进行离子交换的活性基团的高分子化合物。含有酸性基团而能与其他物质交换阳离子的称为阳离子交换树脂；含有碱性基团而能与其他物质交换阴离子的称为阴离子交换树脂。本实验采用阳离子交换树脂与碘化铅饱和溶液中的铅离子进行交换。其交换反应可以用下式来示意：

$$2R^-H^+ + Pb^{2+} \rightleftharpoons R_2^{2-}Pb^{2+} + 2H^+$$

将一定体积的碘化铅饱和溶液通过阳离子交换树脂，树脂上的氢离子即与铅离子进行交换。交换后，氢离子随流出液流出。然后用标准氢氧化钠溶液滴定，可求出氢离子的含量。根据流出液中氢离子的含量，可计算出通过离子交换树脂的碘化铅饱和液中的铅离子浓度，从而得到碘化铅饱和溶液的浓度，然后求出碘化铅的溶度积常数。

【实验用品】

仪器：离子交换柱（见图 7-3，可用一支直径约为 2cm、下口较细的玻璃管代替。下端细口处填少许玻璃棉，并连接一段乳胶管，夹上螺旋夹），碱式滴定管（50mL），滴定管架，锥形瓶（250mL），温度计（50℃），烧杯，移液管（25mL）。

固体试剂：碘化铅，强酸型离子交换树脂。

液体试剂：NaOH 标准溶液（0.005mol·L^{-1}），HNO$_3$（1mol·L^{-1}）。

材料：玻璃棉，pH 试纸，溴化百里酚蓝指示剂等。

【实验内容】

（1）碘化铅饱和溶液的配制

将过量的碘化铅固体溶于经煮沸除去二氧化碳的蒸馏水中，搅拌并放置过夜，使其充分溶解，达到沉淀溶解平衡。

若无现成碘化铅试剂，可用硝酸铅溶液与过量的碘化钾溶液反应而制得。制成的碘化铅沉淀需用蒸馏水反复洗涤，过滤，得到碘化铅固体，再配成饱和溶液。

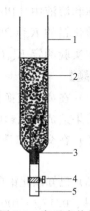

图 7-3　离子交换柱

1—交换柱；2—阳离子交换树脂；3—玻璃棉；4—螺旋夹；5—胶皮管

（2）装柱

事先将阳离子交换树脂用蒸馏水浸泡 24～48h。

装柱前，在交换柱下端填入少许玻璃棉，以防止离子交换树脂随出液流出。然后将浸泡过的阳离子交换树脂约 40g 随同蒸馏水一并注入交换柱中。为防止离子交换树脂中有气泡，可用长玻璃棒插入交换柱中的树脂搅动，以赶走树脂中的气泡。在装柱和以后树脂转型和交换的整个过程中，要注意液面始终要高出树脂，避免空气进入树脂层影响离子交换结果。

（3）转型

在进行离子交换前，须将钠型树脂完全转变成氢型树脂。可用 100mL 1mol·L^{-1} 的 HNO$_3$ 以每分钟 30～40 滴的流速流过钠型离子交换树脂。然后用蒸馏水淋洗树脂至淋洗液呈中性（可用 pH 试纸检验）。

（4）交换和洗涤

将碘化铅饱和溶液过滤到一个干净、干燥的锥形瓶中。测量并记录饱和溶液的温度，然后用移液管准确量取 25.00mL 该饱和溶液，放入一小烧杯中，分几次将其转移至离子交换柱内，用蒸馏水多次冲洗烧杯并将水转移至离子交换柱内。用一个 250mL 的洁净锥形瓶盛接流出液。待碘化铅饱和溶液流出后，再用蒸馏水淋洗树脂至流出液呈中性。将洗涤液一并放入锥形瓶中。注意在交换和洗涤过程中，流出液不得有任何损失。

（5）滴定

将锥形瓶中的流出液用 0.005mol·L^{-1} 的 NaOH 标准溶液滴定，用溴化百里酚蓝作指示剂，在 pH=6.5～7 时，溶液由黄色转变为鲜艳的蓝色，即到达滴定终点，记录数据。

（6）离子交换树脂的后处理

回收用过的离子交换树脂，经蒸馏水洗涤后，再用约 100mL 1mol·L^{-1} 的 HNO$_3$ 淋洗，然后用蒸馏水洗涤至流出液为中性，即可再次使用。

（7）数据处理

碘化铅饱和溶液的温度/℃ _____

通过交换柱的碘化铅饱和溶液的体积/mL _____

NaOH 标准溶液的浓度/mol·L^{-1} _____

消耗 NaOH 标准溶液的体积/mL _____

流出液中 H$^+$ 的量/mol _____

饱和溶液中 $[Pb^{2+}]/mol \cdot L^{-1}$ _____

碘化铅的 $K_{sp}^{\ominus}(PbI_2)$ _____

本实验测定 $K_{sp}^{\ominus}(PbI_2)$ 值数量级为 $10^{-9} \sim 10^{-8}$ 视为合格。

【思考题】

(1) 在离子交换树脂的转型中，如果加入硝酸的量不够，树脂没完全转变成氢型，会对实验结果造成什么影响？

(2) 在交换和洗涤过程中，如果流出液中有少部分损失掉，会对实验结果造成什么影响？

(3) 已知碘化铅在 0℃、25℃、50℃时的溶解度分别为 $0.044\text{g} \cdot 100\text{g H}_2\text{O}^{-1}$、$0.076\text{g} \cdot 100\text{g H}_2\text{O}^{-1}$、$0.17\text{g} \cdot 100\text{g H}_2\text{O}^{-1}$。试用作图法求出碘化铅溶解过程的 ΔH 和 ΔS。

实验 22 银氨配离子配位数及稳定常数的测定

【实验目的】

应用配位平衡和荣杜吉原理测定银氨配离子 $[Ag(NH_3)_n]^+$ 的配位数 n 及其稳定常数。

【实验原理】

在 $AgNO_3$ 溶液中加入过量氨水，即生成稳定的 $[Ag(NH_3)_n]^+$：

$$Ag^+ + NH_3 \rightleftharpoons [Ag(NH_3)_n]^+$$

$$K_f^{\ominus} = \frac{c([Ag(NH_3)_n]^+)}{c(Ag^+)c^n(NH_3)} \tag{7-19}$$

再往溶液中加入 KBr 溶液，直到刚刚出现 AgBr 沉淀（浑浊）为止，这时混合液中还存在着如下平衡：

$$Ag^+ + Br^- \rightleftharpoons AgBr(s)$$

$$c(Ag^+)c(Br^-) = K_{sp}^{\ominus} \tag{7-20}$$

反应式(7-19)－反应式(7-20) 得

$$AgBr(s) + nNH_3 \rightleftharpoons [Ag(NH_3)_n]^+ + Br^-$$

$$\frac{c([Ag(NH_3)_n]^+)c(Br^-)}{c^n(NH_3)} = K_{sp}^{\ominus} \cdot K_f^{\ominus} \tag{7-21}$$

$$c(Br^-) = \frac{K_{sp}^{\ominus} K_f^{\ominus} c^n(NH_3)}{c([Ag(NH_3)_n]^+)} \tag{7-22}$$

式中，$c(Br^-)$、$c(NH_3)$、$c([Ag(NH_3)_n]^+)$ 都是相应物质平衡时的浓度，$mol \cdot L^{-1}$，它们可以近似地按以下方法计算。

设每份混合溶液最初取用的 $AgNO_3$ 溶液的体积为 $V(Ag^+)$（各份相同），浓度分别为 $c_0(Ag^+)$，每份中所加入过量氨水和 KBr 溶液的体积分别为 $V(NH_3)$ 和 $V(Br^-)$，其浓度分别为 $c_0(NH_3)$ 和 $c_0(Br^-)$，混合液总体积为 $V_总$，则混合后并达到平衡时

$$c(Br^-) = c_0(Br^-)\frac{V(Br^-)}{V_总} \tag{7-23}$$

$$c([Ag(NH_3)_n]^+) = c_0(Ag^+)\frac{V(Ag^+)}{V_{总}} \tag{7-24}$$

$$c(NH_3) = c_0(NH_3)\frac{V(NH_3)}{V_{总}} \tag{7-25}$$

将式(7-23)至式(7-25)代入式(7-22)并整理得

$$V(Br^-) = \frac{V_{总}c(Br^-)}{c_0(Br^-)} = \frac{V_{总}K_{sp}^{\ominus}K_f^{\ominus}c^n(NH_3)}{c_0(Br^-)c([Ag(NH_3)_n]^+)} = \frac{V_{总}K_{sp}^{\ominus}K_f^{\ominus}\left[\frac{c_0(NH_3)V(NH_3)}{V_{总}}\right]^n}{c_0(Br^-)\frac{c_0(Ag^+)V(Ag^+)}{V_{总}}} \tag{7-26}$$

由于式(7-26)等号右边除 $V(NH_3)^n$ 外,其他各量在实验过程中均保持不变,故式(7-26)可写为

$$V(Br^-) = V^n(NH_3)K' \tag{7-27}$$

将式(7-27)两边取对数得直线方程

$$\lg V(Br^-) = n\lg V(NH_3) + \lg K'$$

以 $\lg V(Br^-)$ 为纵坐标,$n\lg V(NH_3)$ 为横坐标作图,所得直线斜率即为 $[Ag(NH_3)_n]^+$ 的配位数 n。截距为 $\lg K'$,再由 K' 和 AgBr 的 $K_{sp}^{\ominus}$ 可计算出 $[Ag(NH_3)_n]^+$ 的 $K_f^{\ominus}$。

【实验用品】

器材:量筒(5mL、10mL、25mL),酸式滴定管(25mL),锥形瓶(150mL)7只。

试剂:$0.01 mol \cdot L^{-1}$ AgNO$_3$,$2 mol \cdot L^{-1}$ NH$_3 \cdot$ H$_2$O,$0.01 mol \cdot L^{-1}$ KBr。

【实验内容】

按照表 7-13 各实验编号所列数量依次加入 AgNO$_3$ 溶液、NH$_3 \cdot$ H$_2$O 和蒸馏水于锥形瓶中,在不断缓慢摇荡下,从酸式滴定管中逐滴加入 KBr 溶液,直到刚产生的 AgBr 浑浊不再消失为止,记下所用 KBr 溶液的体积 $V(Br^-)$ 和溶液总体积 $V_{总}$。从第 2 号实验开始,当滴定接近终点时,还要补加适量的去离子水,连续滴定至终点,使溶液的总体积都与第 1 号实验的体积基本相同。

表 7-13 银氨配离子稳定常数测定实验数据及结果处理

编号	$V(Ag^+)$/mL	$V(NH_3)$/mL	$V(H_2O)$/mL	$V(Br^-)$/mL	$V(H_2O)$/mL	$V_{总}$/mL	$\lg V(NH_3)$	$\lg V(Br^-)$
1	4.0	8.0	8.0					
2	4.0	7.0	9.0					
3	4.0	6.0	10.0					
4	4.0	5.0	11.0					
5	4.0	4.0	12.0					
6	4.0	3.0	13.0					
7	4.0	2.0	14.0					

【数据记录和结果处理】

以 $\lg V(Br^-)$ 为纵坐标,$n\lg V(NH_3)$ 为横坐标作图,求出直线的斜率,从而求得 $[Ag(NH_3)_n]^+$ 的配位数 n(取最接近的整数)。由截距 $\lg K'$ 求得 K',进而求出 $K_f^{\ominus}$。

【思考题】

(1)测定银氨配离子配位数的理论依据是什么?如何利用作图法处理实验数据?

(2)在滴定时,以产生 AgBr 浑浊不再消失为终点,怎样避免 KBr 过量?若已发现 KBr

少量过量,能否在此实验基础上设法补救?

(3) 实验中所用的锥形瓶开始时是否必须是干燥的?在滴定过程中,是否需用蒸馏水洗锥形瓶内部?为什么?

实验 23 凝固点降低法测定分子量

【实验目的】

(1) 用凝固点降低法测定萘的相对分子质量(或摩尔质量)。

(2) 掌握贝克曼温度计的使用方法。

【实验原理】

溶液的凝固点低于纯溶剂的凝固点,其根本原因就在于溶液的蒸气压下降。当溶液很稀时,难挥发非电解质稀溶液的凝固点降低(ΔT_f)与溶质的质量摩尔浓度成正比。

$$\Delta T_f = T_f^* - T_f = K_f b \tag{7-28}$$

式中,K_f 为凝固点降低常数,$K \cdot kg \cdot mol^{-1}$;$\Delta T_f$ 为凝固点降低值,K;T_f^* 为纯溶剂的凝固点,K;b 为溶质的质量摩尔浓度,$mol \cdot kg^{-1}$。其中

$$b = \frac{m_B}{M_B m_A} \times 1000 \tag{7-29}$$

式中,m_B 为溶质的质量,g;M_B 为溶质的摩尔质量,$g \cdot mol^{-1}$;m_A 为溶剂的质量,g。

将式(7-29)代入式(7-28),得

$$M_B = K_f \frac{1000 m_B}{\Delta T_f m_A} \tag{7-30}$$

如果已知溶剂的 K_f 值,则通过实验求出 ΔT_f 值,利用式(7-30),计算出溶质的相对分子质量。

纯溶剂的凝固点是在一定压力下它的液相与固相平衡共存温度。若将纯溶剂逐步冷却,在凝固点前,液体的温度随时间均匀下降,当达到凝固点时,液体凝为固体,放出热量,补偿了对环境的热散失,因而温度保持恒定,直到液体全部凝固为止,以后温度又均匀下降。纯溶剂的冷却曲线如图 7-4 中 (a) 所示。

在实际过程中往往有过冷现象,液体的温度可以降到凝固点以下,待固体析出后温度再上升到凝固点,其冷却曲线如图 7-4 中 (b) 所示。溶液的凝固点是该溶液的液相与溶剂的固相平衡共存的温度,若将该溶液逐步冷却,其冷却曲线与纯溶剂不同,如图 7-4 中 (c) 和 (d) 所示。由于部分溶剂凝固而析出,使剩余溶液的浓度逐渐增大,因而剩余的溶液与溶剂

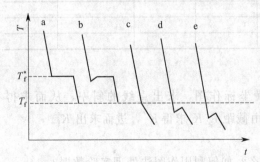

图 7-4 冷却曲线

固相平衡共存的温度也在逐渐下降。今欲测已知浓度的某溶液的凝固点，要求析出的溶剂固相的量不能太多，否则将影响原溶液的浓度。若稍有过冷现象如图 7-4 中的（d），对测定分子量无显著影响，但若过冷严重如图 7-4 中（e），则所测得的凝固点将偏低，亦影响分子量的测定结果。为了避免过冷，可采用加入少量晶种、控制冷源温度和搅拌速度等方法来达到。

因为稀溶液的凝固点降低值不大，所以温度的测量需要精密的测温仪器，本实验用贝克曼温度计。以下介绍贝克曼温度计。

（1）贝克曼温度计的构造及特点

贝克曼温度计也是水银温度计的一种，其构造如图 7-5 所示。它的主要特点有如下几个。

① 刻度精细，刻线间隔为 0.01℃，用放大镜可以估读至 0.002℃，测量精度较高。

② 其量程较短，一般只有 5~6℃ 的刻度。因而不能测定温度的绝对值，一般只用于测温差。

③ 同水银温度计不同之处在于除了毛细管下端有一水银球外，在温度计的上部还有一水银储槽，根据测定不同范围内温度的变化情况，利用上端的水银储槽的水银可以调节下端水银球的水银量，即可在不同的温度范围应用。

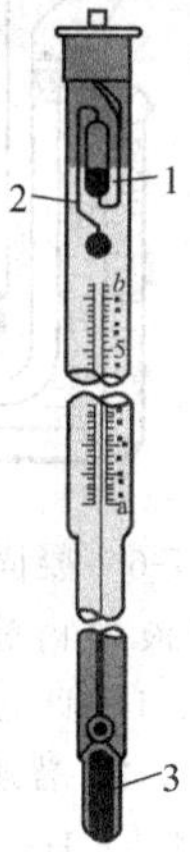

图 7-5　贝克曼温度计构造
1—水银储槽；2—毛细管；3—水银球

（2）贝克曼温度计的调节

在调节前应明确反应是放热还是吸热，以及温差范围，这样才好选择一个合适的位置。所谓合适位置是指在所测量的起始温度时，毛细管中的水银柱最高点应在刻度尺的什么位置才能达到实验的要求。若用于凝固点降低测分子量，溶剂达凝固点时应使水银柱停在刻度的上段；若用于沸点升高法测分子量，在沸点时，应使水银柱停在刻度的下段；若用于测定温度的波动时，应使水银柱停在刻度的中间部分。

在调节前，首先估计一下从水银柱刻度最高处 a（a 为实验需要的温度 t 所对应的刻度位置）到毛细管末端 b 所相当的刻度数值，设为 R，对于一般的贝克曼温度计来说，水银柱由刻度 a 上升至 b，还需要再提高 3℃ 左右，一般根据这个估计值调节水银球中的水银量。

在调节时，先将水银球与水银储槽连接起来，以调节水银球中的水银量，使适合所需要的测温范围，然后再将它们在连续处断开。方法如下。

① 贝克曼温度计放在盛有水的小烧杯中慢慢加热，使水银柱上升至毛细管顶部，此时将贝克曼温度计从烧杯中移出，并倒置使毛细管的水银柱与水银储槽中的水银相连接，然后再小心地倒回温度计至垂直位置。

② 再将贝克曼温度计放到小烧杯中慢慢加热到 $t+R$（即为使其水银柱上升至毛细管末端 b 处的温度），等约 5min 使水银的温度与水温一致。

③ 取出温度计，右手握其中部，温度计垂直，水银球向下，以左手掌轻轻拍右手腕（注意：操作时应远离实验台，以免碰碎温度计，并且切不可直接敲打温度计）。靠振动的力量使毛细管中的水银与储槽中的水银在其接口处断开。

④ 将调节好的温度计置于欲测温度的恒水浴中，观察读数值，并估计量程是否符合要求。例如在冰点降低的实验中，即可用 0℃ 的冰水浴予以检验，若温度值落在 3~6℃ 处，意味着量程合适。但若偏差过大，则需按上述步骤重新调节。

使用贝克曼温度计时应注意以下事项。

① 贝克曼温度计属于较贵重的精密玻璃仪器，在使用时应小心谨慎、轻拿轻放，必要时握其中部，不得随意旋转，一般应安装在仪器上，调节时握在手中，否则应放置在温度计盒中。

② 调节时，注意防止骤冷骤热，以免温度计炸裂。

③ 用左手拍右手手腕时，注意温度计一定要垂直，否则毛细管易折断，还应避免重击和碰撞。

④ 调节好的温度计一定要放置在温度计架上，注意勿使毛细管中的水银柱与储槽中的水银相接，否则，还需重新调节。

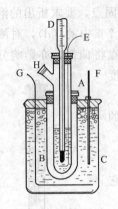

图 7-6　凝固点测定装置

A—盛溶液的内管；B—空气套管；C—水槽；D—贝克曼温度计；E—玻璃搅拌棒；F—普通温度计；G—水槽搅拌棒；H—加溶质的支管

【仪器和试剂】

仪器：凝固点测定装置（图 7-6）、贝克曼温度计、普通温度计、分析天平、读数放大镜、移液管（25mL）。

试剂：环己烷（AR）、萘（AR）。

【实验内容】

(1) 调节贝克曼温度计和冰槽温度

将仪器洗净烘干，调节好贝克曼温度计，使其在环己烷的凝固点时水银柱高度距离顶端刻度 1~2℃，按图 7-6 安装好仪器，并在冷槽中加入适量的碎冰和水（冷冻剂的成分随所用的溶剂而定），冰槽温度控制在 2~3℃，实验过程中用搅拌棒 G 经常搅拌并间断补充少量的冰，以使冰槽温度保持恒定。

(2) 环己烷凝固点的测量

在室温下用移液管吸取 25.00mL 环己烷，自上口加入 A 管中，加入环己烷要足够浸没贝克曼温度计的水银球，但也不宜过多，尽量不要让贝克曼温度计的水银球触及管壁和管底。

用搅拌棒 E 慢慢搅动溶剂，搅拌时要防止搅拌棒与管壁或温度计相摩擦。使温度逐渐降低，当晶体开始析出时注意温度的回升，每分钟观察一次贝克曼温度计的读数，直到温度稳定，记录读数，此为近似凝固点。

取出内管 A，用手温热至管中的固体全部熔化，将内管 A 直接插入冰槽中，温度慢慢下降，当温度降至高于近似凝固点 0.3℃时，迅速取出并擦干，立刻放入预先浸泡在水槽中的套管 B 中，把 A 管固定其中，不断搅拌，继续冷却，当温度低于近似凝固点 0.2℃时加速搅拌，当过冷的环己烷结晶时，温度回升，立刻改为缓慢搅拌，读取回升的最高点温度，此点为环己烷的凝固点，重复三次，读数之差应在 0.005℃之内，取平均值作为环己烷的凝固点。

(3) 溶液凝固点的测定

准确称量已压成片状的萘 0.1~0.2g，从支管 H 放入 A 管，待萘全部溶解后，再把管 A 放入套管 B 中，搅拌使其冷却。同上法测定溶液的近似凝固点和精确凝固点，记录数据。计算萘的摩尔质量。

【思考题】

(1) 如何调节贝克曼温度计？使用时有哪些注意事项？

(2) 什么叫凝固点？凝固点下降公式在什么条件下适用？

(3) 严重的过冷现象为什么会给实验结果带来较大误差？

(4) 预习内容：凝固点下降法测定相对分子质量的原理，贝克曼温度计、移液管、分析天平的使用方法，熟悉凝固点测定装置，设计数据记录及处理格式。

实验 24　过氧化氢分解热的测定

【实验目的】

(1) 了解测定化学反应热效应的一般原理和方法。

(2) 学习过氧化氢稀溶液分解热的测定。

【实验原理】

过氧化氢浓溶液在温度高于 150℃ 或混入具有催化活性的 Fe^{2+}，Cr^{3+} 等一些变价金属离子时，就会发生爆炸性分解：

$$H_2O_2(l) \Longrightarrow H_2O(l) + \frac{1}{2}O_2(g)$$

但在常温和无催化活性杂质存在的情况下，过氧化氢比较稳定。对于过氧化氢稀溶液来说，升高温度或加入催化剂，均不会引起爆炸性分解。本实验以二氧化锰为催化剂，用保温杯式简易量热计测定过氧化氢稀溶液的催化分解反应热效应。

保温杯式简易量热计如图 7-7 所示。

在一般的测定实验中，溶液的浓度很小。因此，溶液的比热容 (C_{aq}) 近似地等于溶剂的比热容 (C_{solv})，并且溶液的质量 m_{aq} 近似地等于溶剂的质量 m_{solv}。量热计的热容 C 可由下式表示：

$$C = C_{aq} m_{aq} + C_p$$
$$\approx C_{solv} m_{solv} + C_p$$

式中，C_p 为量热计装置（包括保温杯、温度计等部件）的热容。

化学反应产生的热量，使量热计的温度升高。要测量量热计吸收的热量必须先测定量热计的热容 (C)。在本实验中采用稀的过氧化氢水溶液，因此：

$$C = C_{H_2O} m_{H_2O} + C_p$$

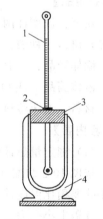

图 7-7　保温杯式简易量热计装置
1—温度计；2—橡皮圈；
3—泡沫塑料塞；4—保温杯

式中，C_{H_2O} 为水的比热容，等于 $4.184 J \cdot g^{-1} \cdot K^{-1}$；$m_{H_2O}$ 为水的质量，在室温附近水的密度约等于 $1.00 g \cdot mL^{-1}$，因此 $m_{H_2O} \approx V_{H_2O}$，其中 V_{H_2O} 表示水的体积。而量热计装置的热容可用下述方法测得：

往盛有质量为 m 的一定量水（温度为 T_1）的量热计装置中，迅速加入相同质量的热水（温度为 T_2），测得混合后的水温为 T_3，则：

$$热水失热 = C_{H_2O} m_{H_2O}(T_2 - T_3)$$
$$冷水得热 = C_{H_2O} m_{H_2O}(T_3 - T_1)$$
$$量热计装置得热 = (T_3 - T_1)C_p$$

根据热量平衡得到

$$C_{H_2O} m_{H_2O}(T_2 - T_3) = C_{H_2O} m_{H_2O}(T_3 - T_1) + C_p(T_3 - T_1)$$

$$C_p = \frac{C_{H_2O} m_{H_2O}(T_2 + T_1 - 2T_3)}{T_3 - T_1}$$

严格地说,简易量热计并非绝热体系。因此,在测量温度变化时会遇到下述问题,即当冷水温度正在上升时,体系和环境已发生了热量交换,这就使人们不能观测到最大的温度变化。这一误差,可用外推作图法予以消除,即根据实验所测得的数据,以温度对时间作图,在所得各点间作一最佳直线 AB,延长 BA 与纵轴相交于 C,C 点所表示的温度就是体系本应上升的最高温度(如图 7-8 所示)。如果量热计的隔热性能好,在温度升高到最高点时,数分钟内温度并不下降,那么可不用外推作图法。

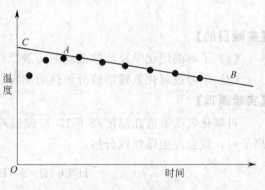

图 7-8 温度-时间曲线

应当指出的是,由于过氧化氢分解时有氧气放出,所以本实验的反应热 ΔH 不仅包括体系内能的变化,还应包括体系对环境所作的膨胀功,但因后者所占的比例很小,在近似测量中,通常可忽略不计。

【实验用品】

仪器:温度计两支(0~50℃,分刻度 0.1℃和量程 100℃普通温度计),保温杯,量筒,烧杯,研钵,秒表。

固体药品:二氧化锰。

液体药品:H_2O_2(0.3%)。

材料:泡沫塑料塞,吸水纸等。

【实验内容】

(1)测定量热计装置热容 C

按图 10-2 装配好保温杯式简易量热计装置。保温杯盖可用泡沫塑料或软木塞。杯盖上的小孔要稍比温度计直径大一些,为了不使温度计接触杯底,在温度计底端套一橡皮圈。思考:杯盖上小孔为何要稍比温度计直径大些?这样对实验结果会产生什么影响?

用量筒量取 50mL 蒸馏水倒入干净、干燥的保温杯中,盖好塞子,用双手握住保温杯进行摇动(注意尽可能不使液体溅到塞子上),几分钟后用精密温度计测量温度,若连续 3min 温度不变,记下温度 T_1。再量取 50mL 蒸馏水,倒入 100mL 烧杯中,把此烧杯置于温度高于室温 20℃的热水浴中,放置 10~15min 后,用精密温度计准确读出热水温度 T_2(为了节省时间,在其他准备工作之前就把蒸馏水置于热水浴中,用 100℃温度计测量,热水温度不高于 50℃),迅速将此热水倒入保温杯中,盖好塞子,以上述同样的方法摇动保温杯。在倒热水的同时,按动秒表,每 10s 记录一次温度。记录三次后,隔 20s 记录一次,直到体系温度不再变化或等速下降为止。倒尽保温杯中的水,把保温杯洗净并用吸水纸擦干待用。

(2) 测定过氧化氢稀溶液的分解热

取 100mL 已知准确浓度的过氧化氢溶液倒入保温杯中,塞好塞子,缓缓摇动保温杯,用精密温度计观测温度 3min,当溶液温度不变时,记下温度 T_1'。迅速加入 0.5g 研细过的二氧化锰粉末,塞好塞子后,立即摇动保温杯,以使二氧化锰粉末悬浮在过氧化氢溶液中。在加入二氧化锰的同时,按动秒表,每隔 10s 记录一次温度。当温度升高到最高点时,记下此时的温度 T_2',以后每隔 20s 记录一次温度。在相当一段时间(例如 3min)内若温度保持 T_2' 不变,T_2' 即可视为该反应达到的最高温度,否则就需用外推法求出反应的最高温度。

应当指出的是,由于过氧化氢的不稳定性,因此其溶液浓度的标定应在本实验前不久进行。此外,无论在量热计热容的测定中,还是在过氧化氢分解热的测定中,保温杯摇动的节奏要始终保持一致。思考:为何要使二氧化锰粉末悬浮在过氧化氢溶液中?

【数据记录和处理】

(1) 量热计装置热容 C_p 的计算

具体见表 7-14。

表 7-14 量热计装置热容计算

冷水温度 T_1/K	
热水温度 T_2/K	
冷热水混合温度 T_3/K	
冷(热)水的质量 m/g	
水的比热容 C_{H_2O}/J·g^{-1}·K^{-1}	
量热计装置热容 C_p/J·K^{-1}	

(2) 分解热的计算

$$Q = C_p(T_2' - T_1') + C_{H_2O} m_{H_2O}(T_2' - T_1')$$

由于 H_2O_2 稀水溶液的密度和比热容近似地与水的相等,因此:

$$C_{H_2O_2} \approx C_{H_2O} = 4.184 \text{J} \cdot \text{g}^{-1} \cdot \text{K}^{-1}$$

$$m_{H_2O_2} \approx V_{H_2O_2}$$

$$Q = C_p \Delta T + 4.184 V_{H_2O_2} \Delta T$$

$$\Delta H = \frac{-Q}{C_{H_2O_2} V/1000} = \frac{(C_p + 4.184 V_{H_2O_2}) \Delta T \times 1000}{C_{H_2O_2} V_{H_2O_2}}$$

过氧化氢分解热实验值与理论值的相对百分误差应该在 ±10% 以内,见表 7-15。

表 7-15 分解热计算

反应前温度 T_1'/K	
反应后温度 T_2'/K	
ΔT/K	
H_2O_2 溶液体积 V/mL	
量热计吸收的总热量 Q/J	
分解热 ΔH/kJ·mol^{-1}	
与理论值比较百分误差/%	

【注意事项】

[1] 过氧化氢溶液(约 0.3%)使用前应用 $KMnO_4$ 或碘量法准确测定其浓度(单位:mol·L^{-1})。

[2] 二氧化锰要尽量研细,并在 110℃ 烘箱中烘 1~2h 后,置于干燥器中待用。

[3] 一般市售保温杯的容积为 250mL 左右，故过氧化氢的实际用量可取 150mL 为宜。为了减少误差，尽可能使用较大的保温杯（例如 400mL 或 500mL 的保温杯）作过氧化氢实验（注意此时 MnO_2 的用量亦应相应按比例增加）。

[4] 重复分解热实验时，一定要使用干净的保温杯。

[5] 实验合作者注意相互密切配合。

【思考题】

(1) 结合本实验理解下列概念：体系，环境，比热容，热容，反应热，内能和焓。

(2) 实验中使用二氧化锰的目的是什么？在计算反应所放出的总热量时，是否要考虑加入的二氧化锰的热效应？

(3) 在测定量热计装置热容时，使用一支温度计先后测冷、热水的温度好，还是使用两支温度计分别测定冷、热水的温度好？它们各有什么利弊？

(4) 试分析本实验结果产生误差的原因，你认为影响本实验结果的主要因素是什么？

实验 25 二氧化碳相对分子质量的测定

【实验目的】

(1) 了解相对密度法测定气态物质相对分子质量的原理和方法。

(2) 熟悉有效数字及其应用规则。

【实验原理】

由理想气体状态方程很容易推得：

$$\frac{m}{M} = \frac{pV}{RT}$$

即在同温同压下，同体积的不同气体的质量与摩尔质量之比（m/M）相等。若已知某一气体的相对分子质量，在相同条件下测定其某一体积的质量和相同体积另一气体的质量，即可求得另一气体的摩尔质量。本实验就是通过比较同体积的 CO_2 气体与空气（平均相对分子质量为 28.96）的质量求得 CO_2 的相对分子质量的，计算公式如下：

$$M(CO_2) = \frac{28.96 \times m(CO_2)}{m(空气)}$$

式中，$m(CO_2)$、$m(空气)$ 分别为同温同压下相同体积的 CO_2 和空气的质量，$m(CO_2)/m(空气)$ 可视为 $[m(CO_2)/V]/[m(空气)/V]$，即 CO_2 密度与空气密度之比，通常称为 CO_2 对空气的相对密度。用此法测定气体相对分子质量的方法就称为相对密度法。

式中 CO_2 的质量可通过天平称量获得，空气的质量则要通过 $m(空气) = pVM(空气)/RT$ 计算得到，因此还需测定大气压 p、热力学温度 T、盛装 CO_2 气体的锥形瓶容积 V。测定时要注意各种测量数据的准确性。

【仪器和药品】

仪器：启普发生器，分析天平，电子天平，气压计，洗气瓶，锥形瓶，量筒，大烧杯。

药品：大理石，浓HCl，浓H_2SO_4，饱和$NaHCO_3$溶液。

【实验内容】

(1) 实验装置

如图 7-9 装配连接好启普发生器及 CO_2 净化干燥装置，使之导出干燥纯净的 CO_2 气体。

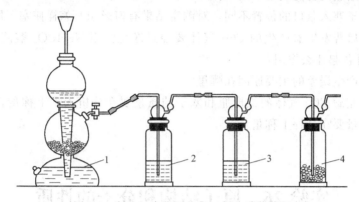

图 7-9　制取、净化和收集二氧化碳装置图
1—稀硫酸；2—硫酸铜溶液；3—碳酸氢钠溶液；4—无水氯化钙

(2) 准备实验用的锥形瓶

取一个带橡皮塞的干燥、洁净的锥形瓶，塞上塞子（记录塞子塞入瓶口的位置），在分析天平上称出质量 m_1（准确到 0.0001g）。

(3) 称量实验用 CO_2 气体

把经过净化的 CO_2 气体通过导管导入锥形瓶内（注意导管插进锥形瓶的位置），通气 4~5min 后慢慢取出导管，塞上塞子（注意塞子的位置），然后在分析天平上称出质量 m_2。重复通入 CO_2 气体并称量，直到前后两次称量的 $\Delta m < 1mg$ 为止。

(4) 称量充满水的锥形瓶

在锥形瓶内装满水，塞上塞子（注意塞子的位置），称出其质量 m_3（准确至 0.1g，可以用_____进行称量）。

实验数据记录与处理见表 7-16。

表 7-16　二氧化碳相对分子质量测定

实验时室温 T/K	
实验时大气压 p/Pa	
充满空气的锥形瓶和塞的质量 m_1/g	
充满二氧化碳的锥形瓶和塞的质量 m_2/g	
装满水的锥形瓶和塞的质量 m_3/g	
锥形瓶的容积 $V\left(=\dfrac{m_3-m_1}{1.0\mathrm{g\cdot mL^{-1}}}\right)/\mathrm{mL}$	
锥形瓶内空气的质量 $\left[m(空气)=\dfrac{pVM(空气)}{RT}\right]/g$	
锥形瓶内二氧化碳的质量 $[m(CO_2)=(m_1-m_2)+m(空气)]/g$	
二氧化碳相对摩尔质量 $\left[M(CO_2)=\dfrac{m(CO_2)}{m(空气)}\times 28.96(\mathrm{g\cdot mol^{-1}})\right]/\mathrm{g\cdot mol^{-1}}$	
百分误差/%[文献值 $M(CO_2)=44.01\mathrm{g\cdot mol^{-1}}$]	

【思考题】

(1) 测定 CO_2 相对分子质量的原理是什么？需要哪些数据？如何得到？

(2) 导入 CO_2 气体的管子，应插入锥形瓶的哪个部位，才能把瓶内的气体赶净？

(3) 怎样判断瓶内已充满了 CO_2 气体？

(4) 每次塞子塞入瓶口的位置不同，对测定结果有何影响？怎样使塞子固定？

(5) 为什么启普发生器产生的 CO_2 气体要经过净化？用 $NaHCO_3$ 溶液、浓 H_2SO_4 等净化 CO_2 气体时各起什么作用？

(6) 本实验产生误差的主要原因在哪里？

(7) 为什么充满 CO_2 气体的锥形瓶和塞子的质量要在分析天平上称量，而充满水的锥形瓶和塞子的质量要在台秤上称量？

实验 26　原子结构和分子的性质

【实验目的】

(1) 了解阴极射线的产生和性质。

(2) 认识电子的微粒性，了解电子的波动性。

(3) 了解原子光谱的产生和性质，了解电子能级的不连续性。

(4) 测试分子的极性。

【实验原理】

在一般情况下，气体中总是会有极少的离子存在。当阴极射线管内气体稀薄到压力为 0.1333Pa，并在阳极与阴极之间加上高压时，正离子在强电场中获得足够的能量而趋向阴极与阴极碰撞后失去能量，结果使阴极得到能量而逸出电子，形成电子流——即阴极射线。由于管内屏板上涂有荧光粉，当阴极射线打到屏板上时，致使荧光粉发光，故可以看到阴极射线所经过的印痕。

阴极射线是一束具有一定质量和很大速度的带负电荷的电子流，它的产生与阴极射线管内充填的气体种类和不同金属电极无关，由此可以证明一切物质的原子中均含有电子。

原子光谱实验告诉人们，电子在核外是处于一系列不连续的能量状态，当电子发生能级跃迁时，就形成一系列具有一定波长的、不连续的光谱。

分子有极性与非极性之分，极性分子的偶极在外电场作用下会发生取向，取向后的分子与电场互相吸引，极性增强。而非极性分子在外电场作用下不会发生取向。

【实验用品】

仪器：静电偏转阴极射线管，示直进阴极射线管，机械效应阴极射线管，磁效应阴极射线管，氢光谱管，氦光谱管，氖光谱管，高压发生器，手持分光镜，马蹄形磁铁。

试剂：甲醛，乙醇，丙酮，四氯化碳，二硫化碳。

【基本操作】

J1210 高压发生器的使用方法如下：

(1) 仪器的构造

J1210 高压发生器如图 7-10 所示。

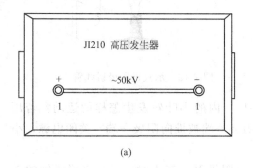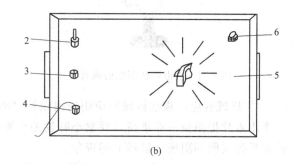

图 7-10　J1210 高压发生器

1—输出插座；2—电源开关；3—保险丝；4—电源线；5—选择钮；6—电源指示灯

(2) 使用方法及注意事项

① 根据实验要求，选择输出高压。

② 用高压输出连接线连接实验仪器，两端的距离应大于 8cm。

③ 连接负载，检查无误后，才可开启电源开关；实验完毕，先关闭电源开关，然后拔下输出插座。

④ 在接上负载前，输出正常（可用火花法试验），接上负载后，发现无输出（停振）现象，这是因为负载电流过大。可串接限流电阻，限阻值为 2~100MΩ。

⑤ 为了安全，连续工作时间不得超过 3min。

⑥ 仪器工作时应放置在绝对干燥（可垫塑料板、橡皮等）的台面上，以防高压触电。

⑦ 工作时严禁用手直接接触高压输出线，以免击伤；关机后电源输出端仍有高压存在，千万不可用手碰摸，以免击伤。

【实验内容】

(1) 阴极射线的产生和性质

① 静电偏转。将静电偏转管接在高压发生器上，阴极接高压发生器的负极性端，阳极接正极性端。接通电源插头，然后开启电源开关，旋转选择旋钮至看到阴极射线产生。当正确连接时，可在屏板上看到阴极射线经过的一条水平亮线。如调试后无此现象，交换高压发生器的输出插头即可。

观察静电偏转管内（图 7-11）涂有荧光物质的屏板有何现象并解释之，若改变电压极性，有何现象？

② 直线性。按上述操作将示直进阴极射线管（图 7-12）安装好，先放倒管内的星形金属板，开启电源产生高压，观察玻璃壁，有何现象？随后关闭电源，再使星形金属板直立，重新进行演示，有何现象并解释之。

注意：为了清楚观察玻璃壁上的现象，可在其外衬一个深色屏幕。另外不要长时间加电压于本仪器上，因为阴极射线辐照下的玻璃强烈地吸收气体，致使玻璃发生疲劳，而降低其本身的发光能力。

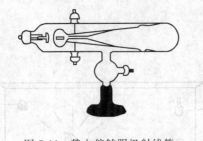
图 7-11 静电偏转阴极射线管

图 7-12 示直进阴极射线管

③ 机械效应。观察机械效应阴极射线管（图 7-13）内的小叶轮发生怎样的运动？若用一个小木片把阳极一端垫高，观察小叶轮是否能从阴极一端被推向阳极一端？关闭电源，小叶轮是否又回到阴极？解释上述现象。

④ 磁效应。在磁效应阴极射线管内（图 7-14）有阴极射线产生时，以马蹄形磁铁的 N 极靠近阴极射线管，观察阴极射线向哪一方向偏转？试应用磁场对电流作用的左手定则解释此现象，这一现象说明阴极射线的什么性质？

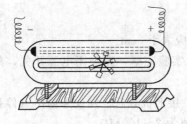
图 7-13 机械效应阴极射线管图

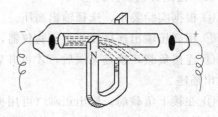
图 7-14 磁效应阴极射线管

(2) 光的衍射

取两张带有单缝的硬纸卡，第一单缝的缝宽在 1mm 左右，第二单缝的缝宽在 0.20mm 左右。将第一单缝卡放在白炽灯泡前，第二单缝卡置于第一缝 1~1.5m 处，保持两缝平行，用眼睛紧靠第二缝，如图 7-15 所示，观察有何现象？解释这种现象。

(3) 原子光谱

将光谱管与高压发生器连接，开启电源，使光谱管放电（图 7-16）。气体原子受激发所发出的光，经过分光镜中的棱镜折射后，被分成不连续的有色光谱。

① 用手持分光镜观察氢原子光谱的可见光部分，它由哪几条谱线组成？什么颜色？试根据学过的知识说明各条谱线的名称和相应的波长，各对应哪些电子能级跃迁？将实验结果填入表 7-17。

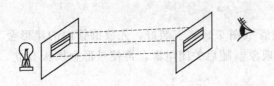
图 7-15 光的衍射示意图

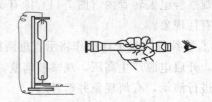
图 7-17 光谱管放电

表 7-17 氢原子光谱

谱线名称				
颜色				
波长/nm				
能级跃迁				

② 换上氦光谱管，接通电源，观察氦光谱的可见部分有几条谱线？什么颜色？
③ 换上氖光谱管，接通电源，观察氖光谱。与氢光谱、氦光谱比较，它是否更复杂些？
④ 用手持分光镜观察白炽灯的光谱，它与氢、氦、氖的光谱有何不同？

(4) 分子的极性

用硬聚氯乙烯塑料棒与羊毛织物摩擦产生静电场（也可用塑料笔杆在头发上摩擦产生静电），再用滴管分别将水、乙醇、甲醛、丙酮、四氯化碳、二硫化碳等液体呈线状流出（分别用干净烧杯盛接流出的液体，实验后回收），将塑料棒靠近流动的液体（注意不要与液流接触，以免沾湿），观察液流是否受静电场吸引，使流转方向偏转，验证流动的液体是否具有极性。将实验结果填入表 7-18。

表 7-18 分子的极性

偏转及极性	水	乙醇	甲醛	丙酮	四氯化碳	二氧化硫
液流是否偏转分子的极性						

【思考题】
(1) 试从阴极射线的本质说明电子所具有的微粒性。
(2) 电子束通过金属薄片时，也能产生和光的衍射相似的衍射图吗？
(3) 原子光谱是怎样产生的？如何从实验结果来说明？

实验 27 分光光度法测定配合物 $[Ti(H_2O)_6]^{3+}$ 的分裂能

【实验目的】
(1) 了解配合物的吸收光谱。
(2) 了解分光光度法测定配合物分裂能的原理和方法。
(3) 学习分光光度计的使用。

【实验原理】

配离子 $[Ti(H_2O)_6]^{3+}$ 的中心离子 Ti^{3+} 仅有一个 3d 电子，当吸收一定波长的可见光时，3d 电子由能级较低的 t_{2g} 轨道跃迁至能级较高的 e_g 轨道，称为 d-d 跃迁。其吸收光子的能量等于 $(E_{e_g} - E_{t_{2g}})$，与 $[Ti(H_2O)_6]^{3+}$ 的分裂能 Δ_o 相等，即：

$$E_{光} = h\nu = E_{e_g} - E_{t_{2g}} = \Delta_o$$

因为

$$h\nu = \frac{hc}{\lambda} = hc\sigma \quad (\sigma \text{ 称为波数})$$

所以

$$\sigma = \frac{\Delta_o}{hc}$$

7 一些物理常数的测定

而
$$hc = 6.626 \times 10^{-34} \text{J} \cdot \text{s} \times 3 \times 10^{10} \text{cm} \cdot \text{s}^{-1}$$
$$= 6.626 \times 10^{-34} \times 3 \times 10^{10} \text{J} \cdot \text{cm}$$
$$= 6.626 \times 10^{-34} \times 3 \times 10^{10} \times 5.034 \times 10^{22} = 1 \ (1\text{J} = 5.034 \times 10^{22} \text{cm}^{-1})$$

故
$$\sigma = \Delta_o$$

亦即
$$\Delta_o = \sigma = \frac{1}{\lambda} \text{nm}^{-1} = \frac{1}{\lambda} \times 10^7 \text{cm}^{-1}$$

λ 值可通过吸收光谱求得，先取一定浓度的 $[\text{Ti}(\text{H}_2\text{O})_6]^{3+}$ 溶液，用分光光度法测出不同波长下的光密度 D，以 D 为纵坐标、λ 为横坐标作图可得吸收曲线，曲线最高峰所对应的 $\lambda_{\max}$ 为 $[\text{Ti}(\text{H}_2\text{O})_6]^{3+}$ 的最大吸收波长，即：

$$\Delta_o = \frac{1}{\lambda_{\max}} \times 10^7 \text{cm}^{-1} \ (\lambda_{\max} \text{的单位为 nm})$$

【实验用品】

仪器：722型分光光度计，容量瓶，烧杯，吸量管，洗耳球等。

试剂：TiCl_3（15%～20%）。

【实验内容】

(1) 溶液制备

用吸量管取 5mL 15%～20% 的 TiCl_3 溶液于 50mL 的容量瓶中，加去离子水稀释至刻度。

(2) 吸光度 A 的测定

以去离子水作为参比液，用分光光度计在波长为 420～560nm 范围内，每隔 10nm 测一次 $[\text{Ti}(\text{H}_2\text{O})_6]^{3+}$ 的吸光度 A，在接近峰值附近，每隔 5nm 测一次数据。

【数据记录和结果处理】

(1) 吸光度数据记录

见表 7-19。

表 7-19　配合物 $[\text{Ti}(\text{H}_2\text{O})_6]^{3+}$ 在不同波长时的吸光度

λ/nm	A	λ/nm	A
460		505	
470		510	
480		520	
490		530	
495		540	
500		550	

(2) 作图

以 A 为纵坐标，λ 为横坐标作 $[\text{Ti}(\text{H}_2\text{O})_6]^{3+}$ 的吸收曲线图。

(3) 计算 Δ_o

在吸收曲线上找出最高峰所对应的 $\lambda_{\max}$，计算 $[\text{Ti}(\text{H}_2\text{O})_6]^{3+}$ 的分裂能 Δ_o。

【思考题】

(1) 配合物的分裂能受哪些因素的影响？

(2) 本实验测定吸收曲线时，溶液浓度的高低对测定分裂能值是否有影响？

实验 28 邻二氮菲亚铁配合物的组成和稳定常数的测定

【实验目的】

(1) 学习吸收曲线的绘制及分光光度计的使用。

(2) 学习摩尔比法测定配合物组成的原理及方法。

(3) 掌握配合物稳定常数的测定及计算方法。

【实验原理】

在 pH 值为 2~9 的溶液中，显色剂邻二氮菲（简写 phen）与 Fe^{2+} 生成稳定的橙红色配离子 $[Fe(phen)_3]^{2+}$。在最大吸收波长下该有色溶液的浓度与其吸光度之间的关系服从朗伯-比尔定律：

$$A = \kappa bc$$

溶液的酸度过高（pH<2），则显色剂反应进行缓慢；酸度太低，则 Fe^{2+} 易水解，影响显色。通常在 pH 约为 5 的 HAc-NaAc 缓冲介质中进行。在显色前，应先用盐酸羟胺将 Fe^{3+} 还原为 Fe^{2+}。Bi^{3+}、Ni^{2+}、Hg^{2+}、Ag^+、Zn^{2+} 与显色剂生成沉淀，Co^{2+}、Cu^{2+}、Ni^{2+} 则形成有色配合物。当以上离子共存时，应注意消除它们的干扰。

分光光度法是研究配合物组成和测定稳定常数最有效的方法之一。其中摩尔比法最为常用。设金属离子 M 与配体 L 的配位反应为

$$M + nL \rightleftharpoons ML_n$$

固定金属离子的浓度 c_M，逐渐增加配体浓度 c_L，测定一系列 c_L 不同的溶液的吸光度。以吸光度 A 为纵坐标，以 c_L/c_M 为横坐标作图。当 $c_L/c_M < n$ 时，金属离子没有完全配位，随配体量的增加，生成的配合物增多，吸光度不断增大。当 $c_L/c_M > n$ 时，金属离子几乎全部生成配合物 ML_n，吸光度不再改变。两条直线的交点（若配合物易解离，则曲线转折点不敏锐，应采用直线外延法求交点）所对应的横坐标 c_L/c_M 值，就是 n 的值。此法适用于解离度小的配合物组成的测定，尤其适用于配位比高的配合物组成的测定。

由饱和法可求出配合物的摩尔吸收系数 κ，即由 c_L/c_M 的比值较高时恒定吸光度 A_{max} 求得，因为此时全部离子都已形成配合物，故 $\kappa = A_{max}/(c_M b)$。

在 A-c_L/c_M 曲线转折点前段附近取 3 个点，计算配合物的稳定常数及其平均值。

$$K_{\text{稳}}^{\ominus} = \frac{[ML_3]}{[M][L]^3} = \frac{[ML_3]}{(c_M - [ML_3])(c_L - 3[ML_3])^3} = \frac{A c_M / A_{max}}{(c_M - c_M A/A_{max})(c_L - 3c_M A/A_{max})^3}$$

【实验用品】

仪器：分析天平，分光光度计，吸量管，容量瓶，比色皿等。

试剂：铁标准溶液（$10\mu g \cdot mL^{-1}$），$HCl(6 mol \cdot L^{-1})$，HAc-NaAc 缓冲溶液（pH=4.6），盐酸羟胺（$100 g \cdot L^{-1}$），邻二氮菲（$1 g \cdot L^{-1}$、$1.79 \times 10^{-3} mol \cdot L^{-1}$）。

【实验内容】

(1) $[Fe(phen)_3]^{2+}$ 吸收曲线的绘制

用吸量管吸取 4.00mL 铁标准溶液于 50mL 的容量瓶中,加 2.5mL 盐酸羟胺、5mL HAc-NaAc 缓冲溶液和 5mL 1g·L^{-1} 的邻二氮菲溶液,用去离子水稀释至刻度线,摇匀。放置 10min,用 2cm 比色皿,以试剂空白溶液(即不加铁标准溶液,其他试剂加入量相同)为参比溶液,用分光光度计在 440~560nm 间分别测定其吸光度。

邻二氮菲溶液体积/mL	440	460	480	490	500	510	520	540	560
A(4.00mL)									

以波长 λ 为横坐标,吸光度 A 为纵坐标,绘制 [Fe(phen)$_3$]$^{2+}$ 吸收曲线,求出最大吸收波长 λ_{max}。

(2) 配合物组成的测定及其摩尔吸收系数和稳定常数的计算

取 10 个 50mL 的容量瓶,吸取 10.00mL 铁标准溶液于容量瓶中,分别加入 2.5mL 盐酸羟胺、5mL HAc-NaAc 缓冲溶液,然后依次加入 0.0mL、1.0mL、1.5mL、2.0mL、2.5mL、3.0mL、3.5mL、4.0mL、4.5mL、5.0mL 1.79×10^{-3}mol·L^{-1} 的邻二氮菲溶液,用去离子水定容,摇匀。放置 10min 后在最大吸收波长下用 2cm 比色皿,以 0 号溶液为参比,测定各溶液的吸光度。

λ/nm	1.0	1.5	2.0	2.5	3.0	3.5	3.5	4.0	4.5	5.0
c_L/c_M										
A										

以吸光度 A 为纵坐标、c_L/c_M 为横坐标作图,用直线外延法求交点即得配合物的配位比,由饱和法求出配合物的摩尔吸收系数,计算配合物的稳定常数 $K_{稳}^{\ominus}$。

【思考题】

(1) 本实验测得的 n、κ、$K_f^{\ominus}$ 值的准确度如何?
(2) 若配合物的稳定常数较大,结果将如何?
(3) 配制系列溶液为什么要在显色前加入盐酸羟胺?

8 元素化合物的性质

实验29 p区非金属元素——卤素、氧、硫

【实验目的】

(1) 了解卤素单质氧化性和卤素离子还原性的变化规律。
(2) 了解卤素含氧酸盐的性质。
(3) 了解次氯酸盐和氯酸盐的强氧化性。
(4) 了解 H_2O_2 的某些重要性质。
(5) 了解不同氧化态硫化合物的重要性质。

【实验原理】

(1) 卤素

卤素包括氟、氯、溴、碘、砹，其价电子构型为 ns^2np^5，因此元素的氧化数通常为 -1，但在一定条件下，也可以形成氧化数为 $+1$、$+3$、$+5$、$+7$ 的化合物。卤素单质的氧化性强弱按以下顺序变化：$F_2 > Cl_2 > Br_2 > I_2$。

卤化氢皆为无色有刺激性气味的气体。还原性强弱次序为：$HI > HBr > HCl > HF$；热稳定性高低次序为：$HF > HCl > HBr > HI$。HI 可将浓硫酸还原为 H_2S，HBr 可将浓硫酸还原为 SO_2，而 HCl 不能还原浓硫酸。

卤素的含氧酸盐有如下多种形式：HXO、HXO_2、HXO_3、HXO_4（$X = Cl$、Br、I）。随着卤素氧化数的升高，其热稳定性增大，酸性增强，氧化性减弱。

Br^- 能被 Cl_2 氧化成 Br_2，在 CCl_4 中呈棕黄色。I^- 能被 Cl_2 氧化成 I_2，在 CCl_4 中呈紫红色，当 Cl_2 过量时，I_2 被氧化成无色的 IO_3^-。Cl^-、Br^-、I^- 与 Ag^+ 反应分别生成 AgCl、AgBr、AgI 沉淀，颜色由白到黄逐渐加深。它们的溶度积常数依次减小，都不溶于稀硝酸。AgCl 能溶于稀氨水或碳酸铵溶液生成银氨配离子 $[Ag(NH_3)_2]^+$。再加入稀硝酸，AgCl 会重新沉淀出来。由此可以鉴定 Cl^- 的存在。AgBr 和 AgI 不溶于稀氨水或碳酸铵溶液，它们在 HAc 介质中能被还原为 Ag，可使 Br^- 和 I^- 转入溶液，再用氯水将其氧化，可以鉴定 Br^- 和 I^- 的存在。

(2) 氧和硫

氧和硫分别是第ⅥA族中第二周期和第三周期的元素，价电子构型通式是 ns^2np^4，是典型的非金属元素。氧在化合物中常见的氧化数为 -2；在过氧化物中则为 -1，代表性物质为 H_2O_2（过氧化氢）；在超氧化物中则为 $-1/2$，代表性物质为 KO_2。

硫的最高氧化数为 $+6$，最低氧化数为 -2，此外还具有 $+4$ 等多种变化的氧化数，因此形成化合物的种类较多。H_2S 中 S 的氧化数为 -2，具有较强的还原性，常温下为具有臭鸡

蛋气味的气体，其水溶液称为氢硫酸。

除少数碱金属、碱土金属（钾、钠、钡等）的硫化物外，大多数金属的硫化物在水中均难溶，但溶度积相差较大。ZnS 能溶于稀盐酸，CdS 能溶于浓盐酸，而 CuS 需用氧化性的硝酸才能溶解，HgS 则只能溶解在王水中。利用不同硫化物溶解性的差异可以分离和鉴定金属离子。

S^{2-} 遇稀酸生成 H_2S 气体，具有特殊的臭鸡蛋气味并可使醋酸铅试纸变黑。另外，在弱碱性条件下，S^{2-} 可与 $Na_2[Fe(CN)_5NO]$（亚硝酰铁氰化钠）反应生成紫红色的配合物 $[Fe(CN)_5NOS]^{4-}$。利用这些性质都可以鉴定 S^{2-}。

H_2SO_3 及其盐中的 S 的氧化数为 +4，以还原性为主，遇到强还原剂也表现出氧化性。H_2SO_3 不稳定，易分解生成 SO_2。SO_2 与一些有机染料中的偶氮基团发生加成反应，具有可逆的漂白性。

SO_3^{2-} 能与 $Na_2[Fe(CN)_5NO]$ 生成红色沉淀，加入 $ZnSO_4$ 和 $K_4[Fe(CN)_6]$ 可使红色显著加深。

$Na_2S_2O_3$（硫代硫酸钠）中 S 的氧化数为 +2，以还原性为主，能与 I_2 发生如下反应：

$$2Na_2S_2O_3 + I_2 =\!=\!= Na_2S_4O_6（连四硫酸钠）+ 2NaI$$

$Na_2S_2O_3$ 在酸性介质中不稳定，歧化分解为 SO_2 和 S。$S_2O_3^{2-}$ 遇到银离子生成白色的 $Ag_2S_2O_3$ 沉淀，$S_2O_3^{2-}$ 过量时，又可生成 $[Ag(S_2O_3)_2]^{3-}$ 配合物而溶解。但沉淀在光的照射下不稳定，颜色逐渐加深，最后转化为黑色的 Ag_2S，可用来鉴定 $S_2O_3^{2-}$。

【实验用品】

仪器：烧杯，滴管，试管，离心试管，表面皿，离心机，酒精灯等。

试剂：二氧化锰（AR），过二硫酸钾（AR），NaClO（AR），NaCl（AR），KBr（AR），KI（AR），KClO$_3$（AR），0.2mol·L^{-1} KBr，0.2mol·L^{-1} KI，0.2mol·L^{-1} MnSO$_4$，1mol·L^{-1} H$_2$SO$_4$，2mol·L^{-1} H$_2$SO$_4$，3mol·L^{-1} H$_2$SO$_4$，0.2mol·L^{-1} NaCl，0.2mol·L^{-1} AgNO$_3$，6mol·L^{-1} HNO$_3$，6mol·L^{-1} NH$_3$·H$_2$O，3% H$_2$O$_2$，0.01mol·L^{-1} KMnO$_4$，0.2mol·L^{-1} FeCl$_3$，0.2mol·L^{-1} ZnSO$_4$，0.2mol·L^{-1} CdSO$_4$，0.2mol·L^{-1} CuSO$_4$，0.2mol·L^{-1} Hg(NO$_3$)$_2$，0.2mol·L^{-1} Na$_2$S，2mol·L^{-1} HCl，6mol·L^{-1} HCl，6mol·L^{-1} HNO$_3$，1% Na$_2$[Fe(CN)$_5$NO]，0.1mol·L^{-1} Na$_2$SO$_3$，0.5mol·L^{-1} Na$_2$SO$_3$，0.01mol·L^{-1} 碘水，饱和 ZnSO$_4$，0.1mol·L^{-1} K$_4$[Fe(CN)$_6$]，0.2% 淀粉溶液，0.1mol·L^{-1} Na$_2$S$_2$O$_3$，5% 硫代乙酰胺，饱和 NaClO，CCl$_4$，饱和氯水，饱和溴水，碘水，乙醚，品红，浓盐酸，浓硫酸。

材料：pH 试纸，KI-淀粉试纸，品红试纸，醋酸铅试纸，火柴，滤纸等。

【实验内容】

(1) 卤素单质的氧化性及卤素离子的还原性

① 两支试管中分别加入 10 滴 0.2mol·L^{-1} 的 KBr 溶液和 0.2mol·L^{-1} 的 KI 溶液，再分别加入 CCl$_4$，再逐滴加入饱和氯水，边滴加边振荡试管，观察实验现象。

② 试管中加入 10 滴 0.2mol·L^{-1} 的 KI 溶液和适量 CCl$_4$，再逐滴加入饱和溴水，边滴加边振荡试管，观察实验现象。

③ 取三支干燥试管分别加入少量 NaCl、KBr 和 KI 固体，再分别加入浓硫酸数滴，观察试管中的反应现象。分别用润湿的 pH 试纸、KI-淀粉试纸和醋酸铅试纸横放在试管口，

加热试管，观察实验现象。

说明卤素单质的氧化性顺序和卤素离子的还原性顺序，查元素的标准电极电势验证。

(2) 次氯酸盐的氧化性

在 4 支试管（A～D）中各加入 1mL NaClO 饱和溶液，然后操作如下：

A 试管中滴加 10 滴浓盐酸，用润湿的 KI-淀粉试纸横放在试管口，并加热试管，观察实验现象；

B 试管中加入 0.5mL 0.2mol·L^{-1} 的 $MnSO_4$ 溶液，观察实验现象；

C 试管中加入 1mol·L^{-1} 的 H_2SO_4 中和溶液至近中性，然后滴加 0.2mol·L^{-1} 的 KI，再滴加淀粉指示剂，观察实验现象；

D 试管中加入 2 滴品红溶液，观察溶液颜色变化。

写出相应的化学反应方程式，思考通过以上实验验证了次氯酸盐的什么性质。

(3) 氯酸盐的氧化性

在 3 支试管（A～C）中各加入少量 $KClO_3$ 固体粉末，然后操作如下：

A 试管中滴加浓盐酸，用润湿的 KI-淀粉试纸横放在试管口，并加热试管，观察实验现象；

B 试管中加 2mL 蒸馏水溶解 $KClO_3$，再加 0.2mol·L^{-1} 的 KI、淀粉指示剂，观察实验现象；

C 试管中加 2mL 蒸馏水溶解 $KClO_3$，加 0.2mol·L^{-1} 的 KI、淀粉指示剂，再滴加 1mol·L^{-1} 的 H_2SO_4 酸化溶液，观察实验现象。

写出相应的化学反应方程式，思考通过以上实验验证了氯酸盐的什么性质，与次氯酸盐相比有什么不同之处。

(4) 卤素离子的鉴定

① Cl^- 的鉴定。在离心试管中加入 0.5mL 0.2mol·L^{-1} 的 NaCl 溶液，然后逐滴加入 0.2mol·L^{-1} 的 $AgNO_3$ 溶液 0.5mL，产生沉淀，离心分离。弃去上层清液，观察沉淀的颜色。滴加 6mol·L^{-1} 的 HNO_3，观察沉淀是否溶解。若不溶解，则加入 6mol·L^{-1} 的氨水溶液，并振荡试管，直至沉淀溶解。再向试管中加 6mol·L^{-1} 的 HNO_3，则沉淀又析出。思考此过程能否证明 Cl^- 的存在。

② Br^- 和 I^- 的鉴定。两支试管中分别加入 10 滴 0.2mol·L^{-1} 的 KBr 和 KI 溶液，加入 10 滴 CCl_4，再逐滴加入饱和氯水，边滴加边振荡试管，观察实验现象。通过 CCl_4 层中的颜色判断原液中是 Br^- 还是 I^-。

(5) 过氧化氢的性质

① 在试管中加 10 滴 0.2mol·L^{-1} 的 KI 溶液，加 2 滴 2mol·L^{-1} 的 H_2SO_4 酸化，加 5 滴 3% 的 H_2O_2，观察溶液颜色的变化。

② 取 10 滴 0.01mol·L^{-1} 的 $KMnO_4$ 于试管中，加 2 滴 2mol·L^{-1} 的 H_2SO_4 酸化，加 5 滴 3% 的 H_2O_2，观察溶液颜色的变化。

③ 取 10 滴 3% 的 H_2O_2 于试管中，观察有无气泡产生。然后加入少量 MnO_2 粉末，观察现象，用带火星的火柴棍检验气体产物。

写出相应的化学反应方程式，思考通过以上实验验证了过氧化氢的哪些性质。

(6) 硫化氢和硫化物的性质

① H_2S 的生成及其还原性。试管中加 10 滴 5%的硫代乙酰胺溶液，加 2 滴 $2mol\cdot L^{-1}$ 的 H_2SO_4 酸化，水浴加热。小心嗅产生的气体的味道，并用润湿的醋酸铅试纸横放在试管口，检验所生成的气体。

试管中加 5 滴 $0.01mol\cdot L^{-1}$ 的 $KMnO_4$，加 2 滴 $2mol\cdot L^{-1}$ 的 H_2SO_4 酸化，再加 5 滴 5%的硫代乙酰胺溶液，水浴加热，观察实验现象。

试管中加 10 滴 $0.2mol\cdot L^{-1}$ 的 $FeCl_3$ 溶液，加 2 滴 $2mol\cdot L^{-1}$ 的 H_2SO_4 酸化，再加 5 滴 5%的硫代乙酰胺溶液，水浴加热，观察实验现象。

写出相应的化学反应方程式，思考通过以上实验验证了硫化氢的哪些性质。

② 硫化物的生成和溶解。在 4 支试管中分别加入 5 滴 $0.2mol\cdot L^{-1}$ 的 $ZnSO_4$、$CdSO_4$、$CuSO_4$ 和 $Hg(NO_3)_2$，然后各加入 10 滴 $0.2mol\cdot L^{-1}$ Na_2S 溶液。离心分离，弃去上层清液，观察并记录各沉淀的颜色。

在各沉淀中加入 5 滴 $2mol\cdot L^{-1}$ 的 HCl，观察沉淀溶解情况。

不溶解的沉淀在此离心分离，弃去上层清液。在沉淀中滴加 $6mol\cdot L^{-1}$ 的 HCl，观察沉淀溶解情况。

如果还有不溶解的沉淀，继续离心分离，并用蒸馏水洗至上层清液中无 Cl^-，弃去上层清液。再滴加 $6mol\cdot L^{-1}$ 的 HNO_3，微热，观察沉淀溶解情况。

写出相应硫化物溶解的反应方程式，并比较其溶解性的大小。

(7) S^{2-} 的鉴定

在点滴板上滴 2 滴 $0.2mol\cdot L^{-1}$ Na_2S 溶液，再加 1 滴 1%的 $Na_2[Fe(CN)_5NO]$，出现紫红色，说明有 S^{2-} 存在。写出反应方程式。

(8) 亚硫酸及其盐的性质

① 性质。试管中加 2mL $0.5mol\cdot L^{-1}$ 的 Na_2SO_3 溶液，加 10 滴 $3mol\cdot L^{-1}$ 的 H_2SO_4，微热，小心嗅产生的气体的味道，并用润湿的 pH 试纸和品红试纸横放在试管口，观察试纸的颜色变化，检验产生的气体是何物。

试管中加 10 滴 $0.01mol\cdot L^{-1}$ 的碘水，加 2 滴淀粉指示剂，然后滴加 $0.5mol\cdot L^{-1}$ 的 Na_2SO_3 溶液 10~15 滴，观察溶液颜色的变化。

试管中加 10 滴 5%的硫代乙酰胺，加 2 滴 $3mol\cdot L^{-1}$ 的 H_2SO_4 酸化，水浴加热，然后滴加 5 滴 $0.5mol\cdot L^{-1}$ 的 Na_2SO_3，观察溶液中发生的现象。

② SO_3^{2-} 的鉴定。在点滴板上滴加 2 滴饱和的 $ZnSO_4$ 溶液，加 1 滴 $0.1mol\cdot L^{-1}$ 的 $K_4[Fe(CN)_6]$ 和 1 滴 1%的 $Na_2[Fe(CN)_5NO]$，滴加 1~2 滴 $0.5mol\cdot L^{-1}$ 的 Na_2SO_3，出现红色沉淀说明原液中有 SO_3^{2-} 存在。

(9) 硫代硫酸及其盐的性质

① 性质。试管中加 10 滴 $0.1mol\cdot L^{-1}$ 的 $Na_2S_2O_3$ 溶液，再加 10 滴 $2mol\cdot L^{-1}$ 的 HCl，观察现象。

试管中加 10 滴 $0.01mol\cdot L^{-1}$ 的碘水，加 1 滴 0.2%的淀粉溶液，然后加入 10 滴 $0.1mol\cdot L^{-1}$ 的 $Na_2S_2O_3$ 溶液，观察现象。

写出相应的化学反应方程式，并理解硫代硫酸及其盐的性质。

② $S_2O_3^{2-}$ 的鉴定。在点滴板上滴加 2 滴 $0.1mol\cdot L^{-1}$ 的 $Na_2S_2O_3$ 溶液，然后逐滴滴加 $0.1mol\cdot L^{-1}$ 的 $AgNO_3$，直至生成白色沉淀，观察沉淀的颜色变化（白色→黄色→棕色→

黑色），可知原液中有 $S_2O_3^{2-}$ 存在。

(10) 过二硫酸盐的氧化性

在试管中加入 3mL $1mol \cdot L^{-1}$ 的 H_2SO_4 溶液、3mL 蒸馏水、3 滴 $0.2mol \cdot L^{-1}$ $MnSO_4$ 溶液，混合均匀后分为两份。在第一份中加入少量过二硫酸钾固体，第二份中加入 1 滴 $0.2mol \cdot L^{-1}$ 的硝酸银溶液和少量过二硫酸钾固体。将两支试管同时放入同一热水浴中加热，溶液的颜色有何变化？写出反应方程式。

比较以上实验结果并解释之。

【思考题】

(1) 用 KI-淀粉试纸检验氯气时，试纸先呈现蓝色，在氯气中放置时间较长时，蓝色就会褪去，这是为什么？

(2) 长久放置的硫化氢、硫化钠、亚硫酸钠水溶液会发生什么变化？如何判断变化情况？

(3) 硫代硫酸钠溶液与硝酸银溶液反应时，为何有时为硫化银沉淀，有时又为 $[Ag(S_2O_3)_2]^{3-}$ 配离子？

(4) 金属硫化物沉淀在用 HNO_3 洗涤之前，为什么要用蒸馏水洗涤至没有 Cl^- 存在？

(5) Na_2S、Na_2SO_3、$Na_2S_2O_3$ 和 Na_2SO_4 都是白色晶体，试用一种简便方法将其区分开来。

(6) 设计一张硫的各种氧化态转化关系图。

【安全知识】

氯气为剧毒、有刺激性气味的黄绿色气体，少量吸入人体会刺激鼻、喉部，引起咳嗽和喘息，大量吸入甚至会导致死亡。硫化氢是无色有腐蛋臭味的有毒气体，它主要是引起人体中枢神经系统中毒，产生头晕、头痛呕吐，严重时可引起昏迷、意识丧失，窒息而致死亡。二氧化硫是剧毒刺激性气体。在制备和使用这些有毒气体时，必须保证气密性好，收集尾气或者在通风橱内进行，并注意室内通风换气和废气的处理。

溴蒸气对气管、肺部、眼、鼻、喉都有强烈的刺激作用，凡涉及溴的实验都应在通风橱内进行。不慎吸入溴蒸气时，可吸入少量氨气和新鲜空气解毒。液溴具有强烈的腐蚀性，能灼伤皮肤。移取液溴时，需戴橡皮手套。溴水的腐蚀性较液溴弱，在取用时不允许直接倒而要使用滴管。如果不慎把溴水溅在皮肤上，应立即用水冲洗，再用碳酸氢钠溶液或稀硫代硫酸钠溶液冲洗。

氯酸钾是强氧化剂，与可燃物质接触、加热、摩擦或撞击容易引起燃烧和爆炸，因此，决不允许将它们混合保存。氯酸钾易分解，不宜大力研磨、烘干或烤干。实验时，应将撒落的氯酸钾及时清除干净，不要倒入废液缸中。

实验30 p区非金属元素——氮、磷、硅、硼

【实验目的】

(1) 学习不同氧化态氮化合物的主要性质。

(2) 学习磷酸盐的酸碱性和溶解性。
(3) 学习硅酸盐的主要性质。
(4) 学习硼酸及硼砂的主要性质,练习硼砂珠的有关试验操作。
(5) 掌握 NH_4^+、NO_2^-、NO_3^- 和硼酸的鉴定反应。

【实验原理】

(1) 铵盐的性质与鉴定

铵盐一般为无色晶体,皆溶于水,绝大多数易溶于水,在一定程度下可以水解。固体铵盐受热易分解,分解情况因组成铵盐的酸的性质不同而异。如:

① 酸是挥发性的且无氧化性,则酸和氨一起挥发,冷却时又重新结合成铵盐。

$$NH_4Cl \Longrightarrow NH_3\uparrow + HCl\uparrow$$

$$NH_3(s) + HCl(s) \Longrightarrow NH_4Cl(s)$$

② 酸是难挥发性的且氧化性不强,只有氨挥发掉,酸或酸式盐则留在容器中。

$$(NH_4)_2SO_4 \Longrightarrow 2NH_3\uparrow + H_2SO_4$$

$$(NH_4)_3PO_4 \Longrightarrow 3NH_3\uparrow + H_3PO_4$$

③ 酸是强氧化性的,分解出的氨可被酸氧化。由于反应时的温度不同,形成氮的化合物也不同。如将 NH_4NO_3 从微热加热至不同温度,可分别生成 N_2O、NO_2、N_2O_3 或 N_2 等。

鉴定 NH_4^+ 的常用方法有两种,一是气室法,即 NH_4^+ 与 OH^- 反应,生成的 $NH_3(g)$ 使红色的石蕊试纸变蓝,发生的反应为 $NH_4^+ + OH^- \Longrightarrow NH_3(g) + H_2O$;二是奈斯勒(Nessler)试剂($K_2[HgI_4]$ 的 KOH 溶液)法,即 NH_4^+ 与奈斯勒试剂反应,生成红棕色沉淀,反应为:

$$NH_4^+ + 2[HgI_4]^{2-} + 4OH^- \longrightarrow \begin{bmatrix} Hg \\ O \quad\, NH_2 \\ Hg \end{bmatrix} I \text{ (s)(红棕色)} + 7I^- + 3H_2O$$

(2) 亚硝酸及其盐

亚硝酸极不稳定。亚硝酸盐溶液与强酸反应生成的亚硝酸易分解为 N_2O_3 和 H_2O。N_2O_3 又能分解为 NO 和 NO_2。亚硝酸盐中氮的氧化数为 +3,其在酸性溶液中作氧化剂,一般被还原为 NO;与强氧化剂作用时则生成硝酸盐;同时具有一定的配位能力,可与许多金属离子形成配合物,如 $[Co(NO_2)_6]^{3-}$ 等。

(3) 硝酸及其盐

硝酸是一种强酸,在水溶液中完全解离。硝酸具有强氧化性,它与许多非金属反应,主要还原产物是 NO。浓硝酸与金属反应主要生成 NO_2,稀硝酸与金属反应通常生成 NO,活泼金属能将稀硝酸还原为 NH_4^+。

几乎所有的硝酸盐都易溶于水,其固体或水溶液在常温下稳定。固体硝酸盐受热易分解,其产物因金属离子性质不同而分为三类:

① 在金属活动顺序中比 Mg 活泼的金属,分解为亚硝酸盐和氧。

$$2NaNO_3 \Longrightarrow 2NaNO_2 + O_2\uparrow$$

② 活泼性位于 Mg 和 Cu 之间的金属,分解为氧气、二氧化氮和金属氧化物。

$$2Pb(NO_3)_2 \Longrightarrow 2PbO + 4NO_2\uparrow + O_2\uparrow$$

③ 比 Cu 不活泼的金属,则分解为氧气、二氧化氮和金属单质:

$$2AgNO_3 \Longrightarrow 2Ag + 2NO_2\uparrow + O_2\uparrow$$

(4) 磷酸及其盐

磷酸是磷的最高氧化数化合物，但却没有氧化性。正磷酸可形成三种类型的盐，即磷酸二氢盐、磷酸一氢盐和正盐。磷酸正盐比较稳定，一般不易分解。但酸式盐受热容易脱水成为焦磷酸盐或偏磷酸盐。大多磷酸二氢盐易溶于水，而磷酸一氢盐和正盐（除钠、钾等少数盐外）都难溶于水。由于 PO_4^{3-} 的水解作用而使 Na_3PO_4 溶液呈碱性。HPO_4^{2-} 的水解程度比其解离程度大，故 Na_2HPO_4 也呈碱性。而 $H_2PO_4^-$ 的水解程度不如其解离程度大，故 NaH_2PO_4 呈弱酸性。

(5) 硅酸及其盐

硅酸是一种几乎不溶于水的二元弱酸。硅酸易发生缩合作用，所以硅酸从水溶液中析出时一般呈凝胶状，烘干、脱水后得到干燥剂——硅胶。硅酸钠水解作用明显。大多数硅酸盐难溶于水，过渡金属的硅酸盐呈现不同的颜色。

(6) 硼酸及其盐

硼酸是一元弱酸，它在水溶液中的解离不同于一般的一元弱酸。硼酸是 Lewis 酸，能与多羟基醇发生加合反应，使溶液的酸性增强。硼砂（$Na_2B_4O_7 \cdot 10H_2O$）的水溶液因水解而呈碱性。硼砂溶液与酸反应可析出硼酸。硼砂受强热脱水熔化为玻璃体，与不同金属的氧化物或盐类熔融生成具有不同特征颜色的偏硼酸复盐。

硼砂珠实验是一种定性分析方法。用铂丝圈蘸取少许硼砂，灼烧熔融，使生成无色玻璃状小珠，再蘸取少量被测试样的粉末或溶液，继续灼烧，小珠即呈现不同的颜色，借此可以检验某些金属元素的存在。此法是利用熔融的硼砂能与多数金属元素的氧化物及盐类形成各种不同颜色化合物的特性。例如，铁在氧化焰灼烧后硼砂珠呈黄色，在还原焰灼烧呈绿色。

【实验用品】

仪器：试管（10mL），烧杯（100mL），酒精灯，表面皿，点滴板等。

试剂：NH_4Cl(AR)，$Cu(NO_3)_2$(AR)，$(NH_4)_2SO_4$(AR)，$(NH_4)_2CrO_4$(AR)，$NaNO_3$(AR)，$AgNO_3$(AR)，$CaCl_2$(AR)，$Co(NO_3)_2 \cdot 6H_2O$(AR)，$CuSO_4$(AR)，$NiSO_4$(AR)，$ZnSO_4$(AR)，$MnSO_4$(AR)，$FeSO_4$(AR)，$FeCl_3$(AR)，H_3BO_3(AR)，$Na_2B_4O_7 \cdot 10H_2O$(AR)，甘油，Nessler 试剂，0.1mol·L^{-1} NH_4Cl，1mol·L^{-1} H_2SO_4，3mol·L^{-1} H_2SO_4，6mol·L^{-1} H_2SO_4，饱和 $NaNO_2$，0.1mol·L^{-1} KI，0.5mol·L^{-1} $NaNO_2$，0.1mol·L^{-1} $KMnO_4$，浓 HNO_3，2mol·L^{-1} HNO_3，0.1mol·L^{-1} Na_3PO_4，0.5mol·L^{-1} Na_3PO_4，0.1mol·L^{-1} Na_2HPO_4，0.5mol·L^{-1} Na_2HPO_4，0.1mol·L^{-1} NaH_2PO_4，0.5mol·L^{-1} NaH_2PO_4，0.1mol·L^{-1} $AgNO_3$，0.5mol·L^{-1} $CaCl_2$，2mol·L^{-1} $NH_3 \cdot H_2O$，2mol·L^{-1} HCl，6mol·L^{-1} HCl，0.2mol·L^{-1} $CuSO_4$，0.1mol·L^{-1} $Na_4P_2O_7$，Na_2SiO_3(20%，质量分数)，2mol·L^{-1} NaOH，6mol·L^{-1} H_2SO_4，6mol·L^{-1} HCl。

材料：pH 试纸，甲基橙指示剂，冰，铂丝（或镍铬丝），铜屑，锌粉等。

【实验内容】

(1) 铵盐的热分解与 NH_4^+ 的鉴定

① 铵盐的热分解。在一支干燥的硬质试管中放入约 1g 氯化铵，将试管垂直固定、加热，并用润湿的 pH 试纸横放在管口，观察试纸颜色的变化。在试管壁上部有何现象发生？解释现象，写出反应方程式。

分别用硫酸铵和重铬酸铵代替氯化铵重复以上实验，观察现象并比较它们的热分解产物，写出反应方程式，根据实验结果说明铵盐热分解产物与阴离子的关系。

② NH_4^+ 的鉴定

a. 气室法检验 NH_4^+。将少量（5 滴）$0.1mol \cdot L^{-1}$ 的 NH_4Cl 溶液滴到一只表面皿上，再将润湿的红色石蕊试纸贴于另一只表面皿凹处。向装有溶液的表面皿中加 5 滴 $2mol \cdot L^{-1}$ 的 NaOH 溶液，迅速将贴有试纸的表面皿倒扣其上并且放在热水浴上加热。观察红色石蕊试纸是否变为蓝色。写出有关反应方程式。

b. Nessler 试剂法检验 NH_4^+。在滤纸条上加 1 滴 Nessler 试剂代替红色石蕊试纸重复实验步骤 a.，观察现象。写出有关反应方程式。

(2) 亚硝酸和亚硝酸盐

① 亚硝酸的生成和分解。将 1mL $3mol \cdot L^{-1}$ 的 H_2SO_4 溶液注入在冰水中冷却的 1mL 饱和 $NaNO_2$ 溶液中，观察实验现象。将试管从冰水中取出室温下放置片刻，观察实验现象有何变化，写出相应的反应方程式。

② 亚硝酸的氧化性和还原性。在试管中加入 1~2 滴 $0.1mol \cdot L^{-1}$ 的 KI 溶液，用 $3mol \cdot L^{-1}$ 的 H_2SO_4 溶液酸化，然后滴加 $0.5mol \cdot L^{-1}$ 的 $NaNO_2$ 溶液，观察现象，写出反应方程式。

用 $0.1mol \cdot L^{-1}$ 的 $KMnO_4$ 溶液代替 KI 溶液重复上述实验，观察溶液的颜色有何变化，写出反应方程式，并说明亚硝酸的性质。

(3) 硝酸和硝酸盐

① 硝酸的氧化性

a. 浓硝酸与金属的作用。在试管内放入一小片铜，加入几滴浓 HNO_3，观察生成气体的颜色和溶液的颜色。然后迅速加水稀释，倒掉溶液，回收铜片。写出反应方程式。

b. 稀硝酸与金属的作用。在试管内放入一小片铜，加入几滴 $2mol \cdot L^{-1}$ 的 HNO_3，观察生成气体的颜色和溶液的颜色，与实验步骤 a. 对比，写出相关反应方程式。

c. 稀硝酸与活泼金属的作用。在试管中放入少量锌粉，加入 1mL $2.0mol \cdot L^{-1}$ 的 HNO_3 溶液，观察现象（如不反应可微热）。取清液检验是否有 NH_4^+ 生成。写出有关的反应方程式。

② 硝酸盐的热分解。在 3 支干燥的试管中分别加少许固体硝酸钠、硝酸铜、硝酸银，加热至熔化状态，观察反应现象，用带火星的火柴棍检验气体产物，写出反应方程式，总结硝酸盐的热分解与阳离子的关系。

(4) 磷酸盐

① 酸碱性

a. 用 pH 试纸测定 $0.1mol \cdot L^{-1}$ Na_3PO_4、$0.1mol \cdot L^{-1}$ Na_2HPO_4 和 $0.1mol \cdot L^{-1}$ NaH_2PO_4 溶液的 pH 值。

b. 分别往三支试管中注入 0.5mL $0.1mol \cdot L^{-1}$ 的 Na_3PO_4、Na_2HPO_4 和 NaH_2PO_4 溶液，再各滴入适量的 $0.1mol \cdot L^{-1}$ 的 $AgNO_3$ 溶液，观察是否有沉淀产生？试验溶液的酸碱性有无变化？解释之，并写出有关的反应方程式。

② 溶解性。在 3 支试管中各加入 5 滴 $0.5mol \cdot L^{-1}$ 的 $CaCl_2$ 溶液，然后分别滴加 $0.1mol \cdot L^{-1}$ 的 Na_3PO_4、Na_2HPO_4 和 NaH_2PO_4 溶液 5 滴，观察沉淀生成情况。在没有生成沉淀的试管中滴加 $2mol \cdot L^{-1}$ 的 $NH_3 \cdot H_2O$，观察实验现象。最后在 3 支试管中各加入

数滴 $2\text{mol}\cdot\text{L}^{-1}$ 的 HCl，观察实验现象。比较磷酸钙、磷酸一氢钙、磷酸二氢钙的溶解性，说明它们之间相互转化的条件，并写出相关反应方程式。

③ 配位性。取 0.5mL $0.2\text{mol}\cdot\text{L}^{-1}$ 的 $CuSO_4$ 溶液，逐滴加入 $0.1\text{mol}\cdot\text{L}^{-1}$ 的焦磷酸钠（$Na_4P_2O_7$）溶液，观察沉淀的生成。继续滴加 $Na_4P_2O_7$ 溶液，观察沉淀是否溶解？写出相应的反应方程式。

(5) 硅酸与硅酸盐

① 硅酸水凝胶的生成。向 2mL 20%硅酸钠（Na_2SiO_3）溶液中滴加 $6\text{mol}\cdot\text{L}^{-1}$ 的 HCl，观察产物的颜色、状态。

② 微溶性硅酸盐的生成。在 100mL 的小烧杯中加入约 50mL 20%的硅酸钠溶液，然后把氯化钙、硝酸钴、硫酸铜、硫酸镍、硫酸锌、硫酸锰、硫酸亚铁、三氯化铁固体各一小粒投入杯内（注意各固体之间保持一定间隔），放置一段时间后观察有何现象发生。写出相关反应方程式。

(6) 硼酸和硼砂的性质

① 硼酸的性质。在试管中加入约 0.5g 硼酸晶体和 3mL 去离子水，观察溶解情况。微热后使其全部溶解，冷却至室温，用 pH 试纸测定溶液的 pH。然后在溶液中加入 1 滴甲基橙指示剂，并将溶液分成两份，在一份中加入 10 滴甘油，混合均匀，比较两份溶液的颜色。写出有关反应方程式。

在试管中加入约 1g 硼砂和 2mL 去离子水，微热使其溶解，用 pH 试纸测定溶液的 pH。然后加入 1mL $6\text{mol}\cdot\text{L}^{-1}$ 的 H_2SO_4 溶液，将试管放在冷水中冷却，并用玻璃棒不断搅拌，片刻后观察是否有晶体析出，解释之，并写出有关反应的方程式。

② 硼砂珠试验。用 $6\text{mol}\cdot\text{L}^{-1}$ 的 HCl 清洗铂丝（或镍铬丝），然后将其置于氧化焰中灼烧片刻，取出再浸入酸中，如此重复数次直至铂丝在氧化焰中灼烧不产生离子特征的颜色，表示丝条已经洗干净了。将这样处理过的丝条蘸上少许硼砂固体，在氧化焰中灼烧并熔融成圆珠，观察硼砂珠的颜色、状态。用烧红的硼砂珠蘸取少量 $Co(NO_3)_2\cdot 6H_2O$，在氧化焰中烧至熔融，冷却后对着亮光观察硼砂珠的颜色。写出反应方程式。

【思考题】

(1) 为什么一般情况下不用硝酸作为酸性反应介质？硝酸与金属反应和稀硫酸或稀盐酸与金属反应有何不同？

(2) 检验稀硝酸与锌粉反应产物中的 NH_4^+ 时，加入 NaOH 过程中会发生哪些反应？

(3) 通过实验可以用几种方法将无标签的试剂磷酸钠、磷酸氢钠、磷酸二氢钠一一鉴别出来？

实验 31　碱金属和碱土金属

【实验目的】

(1) 学习钠、钾、镁、钙单质的主要性质。

(2) 了解某些钠盐、钾盐、锂盐的难溶性。
(3) 比较镁、钙、钡的氢氧化物、碳酸盐、铬酸盐和硫酸盐的溶解性。
(4) 观察焰色反应。
(5) 掌握钠、钾的安全操作。

【实验原理】

碱金属和碱土金属是很活泼的主族金属元素。碱金属和碱土金属（除铍以外）都能与水反应生成氢氧化物同时放出氢气。反应的激烈程度随金属性增强而加剧，实验时必须十分注意安全，应防止钠、钾与皮肤接触，因为钠、钾与皮肤上的湿气作用所放出的热可能引燃金属烧伤皮肤。钠、钾与水作用很剧烈，而镁与水作用很缓慢，这是因为它的表面形成一层难溶于水的氢氧化镁，阻碍了金属镁与水的进一步作用。

碱金属的盐类一般都易溶于水，仅有极少数的盐较为难溶，如 LiF、Li_2CO_3、$Na[Sb(OH)_6]$、$Na[Zn(UO_2)_3(Ac)_9] \cdot 9H_2O$、$KHC_4H_4O_6$、$K_2Na[Co(NO_2)_6]$ 等。利用这一特点也可以鉴定碱金属离子。

碱土金属的盐类中，有不少是难溶的，这是区别于碱金属盐类的方法之一。碱金属和碱土金属及其挥发性化合物，在高温火焰中电子被激发。当电子从较高的能级跃迁到较低的能级时，便可辐射出一定波长的光，使火焰呈现特征颜色，如锂呈现紫红色，钠呈现黄色，钾呈现紫色，钙呈现砖红色，锶呈现洋红色，钡呈现黄绿色。利用这些特征颜色也可以鉴定相应的离子是否存在。这种利用火焰鉴别金属的方法称为"焰色反应"。

碱金属在空气中燃烧的产物分别是 Li_2O、Na_2O_2、KO_2、RbO_2 和 CsO_2。碱土金属（M）在空气中燃烧时，生成正常氧化物 MO，同时生成相应的氮化物 M_3N_2，这些氮化物遇水时能生成氢氧化物，并放出氨气。碱金属和碱土金属密度较小，由于它们易与空气或水反应，保存时需浸在煤油、液体石蜡中以隔绝空气和水。

【实验用品】

仪器：镊子，坩埚，酒精灯，烧杯（100mL），表面皿等。

固体试剂：钠（s），钾（s），镁（s），钙（s）。

液体试剂：$0.2mol \cdot L^{-1}$ H_2SO_4，$0.01mol \cdot L^{-1}$ $KMnO_4$，$0.1mol \cdot L^{-1}$ $MgCl_2$，$0.1mol \cdot L^{-1}$ $BaCl_2$，$0.5mol \cdot L^{-1}$ $BaCl_2$，$0.1mol \cdot L^{-1}$ $CaCl_2$，$0.5mol \cdot L^{-1}$ $CaCl_2$，饱和 Na_2CO_3，$2mol \cdot L^{-1}$ HAc，$0.5mol \cdot L^{-1}$ K_2CrO_4，$2mol \cdot L^{-1}$ HCl，浓盐酸，$0.5mol \cdot L^{-1}$ Na_2SO_4，$2mol \cdot L^{-1}$ LiCl，$1mol \cdot L^{-1}$ NaF，$1mol \cdot L^{-1}$ Na_3PO_4，$0.01mol \cdot L^{-1}$ NaCl，$1mol \cdot L^{-1}$ NaCl，$1mol \cdot L^{-1}$ KCl，$0.5mol \cdot L^{-1}$ $SrCl_2$，酚酞试液等。

材料：滤纸，石蕊试纸，小刀，镍铬丝，砂纸等。

【实验内容】

(1) 钠、钾、镁、钙在空气中的燃烧反应

① 用镊子取绿豆粒大小的一块金属钠，用滤纸吸干表面上的煤油，立即放入坩埚中，加热到钠开始燃烧时停止加热，观察焰色；冷却至室温，观察产物的颜色；加 2mL 去离子水使产物溶解，再加 2 滴酚酞试液，观察溶液的颜色；加 $0.2mol \cdot L^{-1}$ 的 H_2SO_4 溶液酸化后，加 1 滴 $0.01mol \cdot L^{-1}$ 的 $KMnO_4$ 溶液，观察反应现象，写出有关反应方程式。

② 用镊子取绿豆粒大小的一块金属钾，用滤纸吸干表面上的煤油，立即放入坩埚中，加热到钾开始燃烧时停止加热，观察焰色；冷却至接近室温，观察产物颜色；加去离子水 2mL 溶解产物，再加 2 滴酚酞试液，观察溶液颜色。写出有关反应方程式。

③ 取 0.3g 左右镁粉，放入坩埚中加热使镁粉燃烧，反应完全后，冷却至接近室温，观察产物颜色；将产物转移到试管中，加 2mL 去离子水，立即用湿润的红色石蕊试纸检查逸出的气体，然后用酚酞试液检查溶液酸碱性。写出有关反应方程式。

④ 用镊子取绿豆粒大小的一块金属钙，用滤纸吸干表面上的煤油后，直接在氧化焰中加热，反应完全后，重复上述实验内容③。

(2) 钠、钾、镁、钙与水的反应

① 在烧杯中加去离子水约 30mL，用镊子取绿豆粒大小的一块金属钠，用滤纸吸干煤油，放入水中观察反应情况，检验溶液的酸碱性。

② 用镊子取绿豆粒大小的一块金属钾，重复上述实验①，比较两者反应的激烈程度。为了安全，应事先准备好表面皿，当钾放入水中时，立即盖在烧杯上。

③ 在两支试管中各加 2mL 水，一支不加热，另一支加热至沸腾；取两根镁条，用砂纸擦去氧化膜，将镁条分别放入冷、热水中，比较反应的激烈程度，检验溶液的酸碱性。

④ 用镊子取绿豆粒大小的一块金属钙，用滤纸吸干煤油，使其与冷水反应，比较镁、钙与水反应的激烈程度。

(3) 盐类的溶解性

① 在三支试管中分别加入 1mL 0.1mol·L^{-1} 的 $MgCl_2$ 溶液、0.1mol·L^{-1} 的 $CaCl_2$ 溶液和 0.1mol·L^{-1} 的 $BaCl_2$ 溶液，再各加入 5 滴饱和 Na_2CO_3 溶液，静置沉降，弃去清液，试验各沉淀物是否溶于 2mol·L^{-1} 的 HAc 溶液，并总结相关的性质。

② 在三支试管中分别加入 1mL 0.1mol·L^{-1} 的 $MgCl_2$ 溶液、0.1mol·L^{-1} 的 $CaCl_2$ 溶液和 0.1mol·L^{-1} 的 $BaCl_2$ 溶液，再各加 5 滴 0.5mol·L^{-1} 的 K_2CrO_4 溶液，观察有无沉淀产生。若有沉淀产生，则分别试验沉淀是否溶于 2mol·L^{-1} 的 HAc 溶液和 2mol·L^{-1} 的 HCl 溶液。总结相关的性质。

③ 以 0.5mol·L^{-1} 的 Na_2SO_4 溶液代替 K_2CrO_4 溶液，重复上述实验②。总结相关的性质。

④ 在两支试管中分别加入 0.5mL 2mol·L^{-1} 的 LiCl 溶液和 0.1mol·L^{-1} 的 $MgCl_2$ 溶液，再分别加入 0.5mL 1mol·L^{-1} 的 NaF 溶液，观察有无沉淀产生。用饱和 Na_2CO_3 溶液代替 NaF 溶液，重复这一实验内容，观察有无沉淀产生，若无沉淀，可加热观察是否产生沉淀。以 1mol·L^{-1} Na_3PO_4 溶液代替 Na_2CO_3 溶液重复上述实验，现象如何？解释之。

(4) 焰色反应

将镍铬丝顶端小圆环蘸上浓 HCl 溶液，在氧化焰中烧至接近无色，再蘸 2mol·L^{-1} 的 LiCl 溶液，在氧化焰中灼烧，观察火焰的颜色。以同样的方法试验 1mol·L^{-1} 的 NaCl 溶液、1mol·L^{-1} 的 KCl 溶液、0.5mol·L^{-1} 的 $CaCl_2$ 溶液、0.5mol·L^{-1} 的 $SrCl_2$ 溶液和 0.5mol·L^{-1} 的 $BaCl_2$ 溶液。比较 0.01mol·L^{-1}、1mol·L^{-1} 的 NaCl 溶液和 0.5mol·L^{-1} 的 Na_2SO_4 溶液焰色反应持续时间的长短。注：

① 镍铬丝最好不要混用，用前一定要蘸浓 HCl 溶液并烧至近无色。

② 试验钾盐溶液时，用蓝色钴玻璃滤掉钠的焰色进行观察。

【思考题】

(1) 为什么碱金属和碱土金属单质一般都放在煤油中保存？它们的化学活泼性如何递变？

(2) 为什么 $BaCO_3$、$BaCrO_4$ 和 $BaSO_4$ 在 HAc 或 HCl 溶液中有不同的溶解情况？

(3) 为什么说焰色是由金属离子而不是非金属离子引起的？

实验 32　p 区元素铝、锡、铅、锑、铋及其化合物的性质

【实验目的】

(1) 了解铝、锡、铅、锑、铋常见化合物的性质。
(2) 熟悉 Sn(Ⅱ) 的还原性和 Pb(Ⅳ)、Bi(Ⅴ) 的氧化性。
(3) 掌握锡、铅、锑、铋离子的鉴定方法。

【实验原理】

铝是活泼金属，在干燥空气中铝的表面立即形成厚约 50Å（1Å＝0.1nm）的致密氧化膜，使铝不会进一步氧化并能耐水；但铝的粉末与空气混合则极易燃烧；熔融的铝能与水猛烈反应；高温下能将许多金属氧化物还原为相应的金属；铝是两性的，极易溶于强碱，也能溶于稀酸。

锡和铅分别是第五、第六周期第ⅣA族元素，价电子构型通式是 ns^2np^2，具有＋2 和＋4 两种价态；锑和铋分别是第五、第六周期第ⅤA族元素，价电子构型通式是 ns^2np^3，具有＋3 和＋5 两种价态，它们都是主族金属元素。由于 6s 的惰性电子对效应，造成第六周期的铅和铋的低价态（＋2 和＋3）比较稳定，而高价态（＋4 和＋5）不稳定，具有比较强的氧化性。如 PbO_2 和 $NaBiO_3$ 具有很强的氧化性，都能很容易地将 Mn^{2+} 氧化成 MnO_4^-。

Sn(Ⅱ) 和 Pb(Ⅱ) 的氢氧化物都呈现两性，在过量强碱的作用下分别生成 $Sn(OH)_4^{2-}$ 和 $Pb(OH)_4^{2-}$。Sb(Ⅲ) 的氢氧化物也呈现两性，在过量强碱的作用下生成 $Sb(OH)_6^{3-}$，而 Bi(Ⅲ) 的氢氧化物只有碱性。

与第六周期的铅和铋相比，第五周期的锡和锑的低价态还原性增强而高价态的氧化性减弱。如 Sn(Ⅱ) 具有强的还原性，能与 $HgCl_2$ 作用发生如下反应：

$$2HgCl_2+Sn^{2+}=\!=\!= Hg_2Cl_2\downarrow（白色）+Sn^{4+}+2Cl^-$$

$$Hg_2Cl_2\downarrow+Sn^{2+}=\!=\!= 2Hg\downarrow（黑色）+Sn^{4+}+2Cl^-$$

可以看到溶液中先生成白色沉淀，然后颜色变灰，此反应还可以用来鉴定 Sn(Ⅱ) 和 Hg(Ⅱ)。在碱性条件下，Sn(Ⅱ) 可以还原 Bi(Ⅲ) 生成黑色的铋单质，此反应也可用来鉴定 Bi(Ⅲ)：

$$2Bi(OH)_3+3[Sn(OH)_4]^{2-}=2Bi\downarrow（黑色）+3[Sn(OH)_6]^{2-}$$

锡、铅、锑、铋都能生成深色的硫化物沉淀，如 SnS（褐色）、SnS_2（黄色）、PbS（黑色）、Sb_2S_3（橙红色）、Sb_2S_5（橙红色）、Bi_2S_3（黑色），其中 SnS_2 和 Sb_2S_3 能溶于过量 S^{2-} 生成相应的硫代酸根 SnS_3^{2-} 和 SbS_3^{3-}。

Pb(Ⅱ) 能形成多种难溶盐沉淀，其中 $PbCrO_4$ 呈现铬黄色，可以用来鉴定 Pb(Ⅱ)。

Sb(Ⅲ) 在锡片上被还原为黑色的单质锡，可用来检验 Sb(Ⅲ)：

$$2Sb^{3+} + 3Sn = 2Sb\downarrow(黑色) + 3Sn^{2+}$$

【实验用品】

仪器：离心分离机，试管，10mL 离心试管，酒精灯等。

固体试剂：PbO_2，Pb_3O_4。

液体试剂：$0.5mol \cdot L^{-1}$ $AlCl_3$，$2mol \cdot L^{-1}$ HCl，$2mol \cdot L^{-1}$ H_2SO_4，$6mol \cdot L^{-1}$ HNO_3，$2mol \cdot L^{-1}$ NaOH，$0.1mol \cdot L^{-1}$ $SnCl_2$，$0.1mol \cdot L^{-1}$ $Bi(NO_3)_3$，$0.1mol \cdot L^{-1}$ $Mn(NO_3)_2$，$0.1mol \cdot L^{-1}$ $AgNO_3$，$2mol \cdot L^{-1}$ KI，$0.1mol \cdot L^{-1}$ K_2CrO_4，$12mol \cdot L^{-1}$ HCl，$2mol \cdot L^{-1}$ HNO_3，$0.5mol \cdot L^{-1}$ 氨水，$6mol \cdot L^{-1}$ 氨水，$6mol \cdot L^{-1}$ NaOH，$0.1mol \cdot L^{-1}$ $SbCl_3$，$0.1mol \cdot L^{-1}$ $Pb(NO_3)_2$，$0.1mol \cdot L^{-1}$ $HgCl_2$，$0.1mol \cdot L^{-1}$ KI，$0.5mol \cdot L^{-1}$ Na_2S，饱和 NH_4Ac，饱和碘水，饱和氨水，四氯化碳。

材料：KI-淀粉试纸，铝片，锡箔等。

【实验内容】

(1) 铝的性质

① 铝与水的作用。取一小片铝片，用砂纸擦去表面的氧化物，放入试管中，加入少量冷水，观察反应现象。然后加热煮沸，观察又有何现象发生，用酚酞指示剂检验产物酸碱性。写出反应方程式。

另取一小片铝片，用砂纸擦去其表面氧化物，然后在其上滴加 2 滴 $0.1mol \cdot L^{-1}$ 的 $HgCl_2$ 溶液，观察产物的颜色和状态。用棉花或纸将液体擦干后，将此金属置于空气中，观察铝片上是否长出白色铝毛。再将铝片置于盛水的试管中，观察是否有气体（氢气）放出，如反应缓慢可将试管加热观察反应现象。写出有关反应方程式。

② 铝氢氧化物的溶解性。在试管中加入浓度为 $0.5mol \cdot L^{-1}$ 的 $AlCl_3$ 0.5mL，再加入等体积新配制的 $2mol \cdot L^{-1}$ 的 NaOH 溶液，观察沉淀的生成并写出反应方程式。

把以上沉淀分成两份，分别加入 $6mol \cdot L^{-1}$ 的 NaOH 溶液和 $6mol \cdot L^{-1}$ 的 HCl 溶液，观察沉淀是否溶解，写出反应方程式。

在试管中，加入 0.5mL $0.5mol \cdot L^{-1}$ 的 $AlCl_3$，再加入等体积 $0.5mol \cdot L^{-1}$ 的 $NH_3 \cdot H_2O$，观察反应生成物的颜色和状态。若有沉淀，在其中加入饱和 NH_4Cl 溶液，又有何现象？为什么？写出有关反应方程式。

(2) Sn(Ⅱ)、Pb(Ⅱ)、Sb(Ⅲ)、Bi(Ⅲ) 氢氧化物的酸碱性

① 在试管中加 10 滴 $0.1mol \cdot L^{-1}$ 的 $SnCl_2$，逐滴加入 $2mol \cdot L^{-1}$ 的 NaOH 至有沉淀生成为止。观察生成沉淀的颜色及实验现象。

将浑浊的溶液分在两支试管中，一支试管继续滴加 $2mol \cdot L^{-1}$ 的 NaOH；另一支试管滴加 $2mol \cdot L^{-1}$ 的 HCl。观察实验现象。

② 在试管中加 10 滴 $0.1mol \cdot L^{-1}$ 的 $Pb(NO_3)_2$，逐滴加入 $2mol \cdot L^{-1}$ 的 NaOH 至有沉淀生成为止。观察生成沉淀的颜色及实验现象。

将浑浊的溶液分在两支试管中，一支试管继续滴加 $2mol \cdot L^{-1}$ 的 NaOH；另一支试管滴加 $2mol \cdot L^{-1}$ 的 HCl。观察实验现象。

③ 在试管中加 10 滴 $0.1mol \cdot L^{-1}$ 的 $SbCl_3$，逐滴加入 $2mol \cdot L^{-1}$ 的 NaOH 至有沉淀生成为止。观察生成沉淀的颜色及实验现象。

将浑浊的溶液分在两支试管中，一支试管继续滴加 $2mol \cdot L^{-1}$ 的 NaOH；另一支试管

滴加 2mol·L^{-1} 的 HCl。观察实验现象。

④ 在试管中加 10 滴 0.1mol·L^{-1} 的 Bi(NO$_3$)$_3$，逐滴加入 2mol·L^{-1} 的 NaOH 至有沉淀生成为止。观察生成沉淀的颜色及实验现象。

将浑浊的溶液分在两支试管中，一支试管继续滴加 2mol·L^{-1} 的 NaOH；另一支试管滴加 2mol·L^{-1} 的 HCl。观察实验现象。

写出各步的化学反应方程式。通过以上实验现象，比较 Sn(OH)$_2$、Pb(OH)$_2$、Sb(OH)$_3$ 和 Bi(OH)$_3$ 的酸碱性。

(3) Sn(Ⅱ) 的还原性和 Pb(Ⅳ) 的氧化性

① 取 5 滴 0.1mol·L^{-1} 的 HgCl$_2$ 于试管中，逐滴加入 2mol·L^{-1} 的 SnCl$_2$，观察实验现象，直到实验现象不再变化停止滴加。并放置片刻看沉淀颜色是否变化。

② 取 5 滴 0.1mol·L^{-1} 的 SnCl$_2$ 于试管中，逐滴加入 2mol·L^{-1} 的 NaOH 至沉淀生成又溶解，再加数滴 0.1mol·L^{-1} 的 Bi(OH)$_3$，观察溶液中发生的现象。

③ 取 5 滴 0.1mol·L^{-1} 的 Mn(NO$_3$)$_2$ 于试管中，滴加 1mL（约 25 滴）6mol·L^{-1} 的 HNO$_3$ 酸化，再加少量 PbO$_2$ 固体粉末，摇匀、加热、静置，观察溶液颜色。

④ 取少量 PbO$_2$ 固体粉末于试管中，加 0.5mL（约 10～15 滴）12mol·L^{-1} 的浓盐酸，将湿润的 KI-淀粉试纸横放在试管口，并加热试管。观察实验现象。

写出各步的化学反应方程式。总结鉴定 Sn^{2+}、Hg^{2+}、Bi^{3+}、PbO$_2$ 的方法。

(4) 铅的难溶盐的生成和性质

在 5 支离心试管（A～E）中各加 5 滴 0.1mol·L^{-1} Pb(NO$_3$)$_2$。

① 在 A 试管中加 5 滴 2mol·L^{-1} HCl，离心分离，观察沉淀的颜色。再加 5mL 水。振荡试管，观察实验现象。将液体转移至普通试管中，加热，再观察实验现象。

冷却至室温后，再逐滴滴加 12mol·L^{-1} 浓盐酸，并振荡试管，观察实验现象。

② 在 B 试管中加 5 滴 2mol·L^{-1} H$_2$SO$_4$，离心分离，观察沉淀的颜色，再逐滴滴加饱和 NH$_4$Ac，并振荡试管，观察实验现象。

③ 在 C 试管中加 5 滴 0.1mol·L^{-1} KI，离心分离，观察沉淀的颜色，再逐滴滴加 2mol·L^{-1} KI，并振荡试管，观察实验现象。再滴加水 1～2mL，观察实验现象。

④ 在 D 试管中加 5 滴 0.1mol·L^{-1} K$_2$CrO$_4$，离心分离，观察沉淀的颜色，再逐滴滴加 2mol·L^{-1} HNO$_3$，并振荡试管，观察实验现象。

再逐滴滴加 6mol·L^{-1} 的 NaOH，并振荡试管，观察实验现象。

⑤ 在 E 试管中加 5 滴 0.5mol·L^{-1} Na$_2$S，离心分离，观察沉淀的颜色，再逐滴滴加 6mol·L^{-1} HNO$_3$，并振荡试管，观察实验现象。

写出各步的化学反应方程式。

(5) 铅丹（Pb$_3$O$_4$）组成的测定

取少量 Pb$_3$O$_4$ 固体于离心试管中，加 6mol·L^{-1} HNO$_3$ 溶液 1mL，微热。离心分离，观察沉淀的颜色。将清液倒入普通试管中，加 5 滴 0.5mol·L^{-1} Na$_2$S，观察沉淀的颜色。

在有沉淀的离心试管中加 1mL 浓盐酸反应，将湿润的 KI-淀粉试纸横放在试管口，并加热试管。观察实验现象，检验气体产物。

写出有关化学反应方程式，并确定铅丹中铅的价态组成。

(6) Sb(Ⅲ)、Bi(Ⅲ) 的还原性和 Sb(Ⅳ)、Bi(Ⅴ) 的氧化性

① 在试管中加入 20 滴 0.1mol·L^{-1} 的 SbCl$_3$，滴加 2mol·L^{-1} 的 NaOH 至沉淀生成又

溶解，加 1mL 四氯化碳，逐滴加入饱和碘水并振荡试管，观察四氯化碳的颜色变化至该层变成淡红色为止。再滴加 12mol·L⁻¹ 浓盐酸酸化溶液，观察四氯化碳的颜色变化。

写出相关化学反应方程式，并表述实验条件对反应的影响，实验说明不同价态的 Sb 的化合物分别具有什么性质。

② 在 A 试管中加 5 滴 0.1mol·L⁻¹ $SbCl_3$，滴加 2mol·L⁻¹ NaOH 至沉淀生成又溶解。在 B 试管中加 5 滴 0.1mol·L⁻¹ $AgNO_3$，滴加 6mol·L⁻¹ 氨水至沉淀生成又溶解。将 B 试管中的溶液逐滴加到 A 试管中。观察反应现象，写出相应的化学反应方程式。

③ 在离心试管中加 10 滴 0.1mol·L⁻¹ $Bi(OH)_3$，再加入 5 滴 6mol·L⁻¹ NaOH 和 5 滴饱和氨水，水浴加热，离心分离，得棕黄色沉淀，备用。写出化学反应方程式。

④ 取 5 滴 0.1mol·L⁻¹ $Mn(NO_3)_2$，加 6mol·L⁻¹ HNO_3 溶液 1mL 酸化，再加入上一步制备得到的棕黄色沉淀，摇匀、加热、静置，观察上层清液颜色。写出化学反应方程式。此反应可用于鉴定 Mn^{2+}。

(7) Sb(Ⅲ)、Bi(Ⅲ) 的硫化物和硫代酸盐

在 3 支离心试管 (A、B、C) 中各加 5 滴 0.1mol·L⁻¹ $SbCl_3$ [或 0.1mol·L⁻¹ $Bi(NO_3)_3$] 和 5 滴 0.5mol·L⁻¹ Na_2S，离心分离，观察沉淀颜色。弃去上层清液。

在 A 试管的沉淀中滴加 2mol·L⁻¹ HCl，观察实验现象。

在 B 试管的沉淀中滴加 12mol·L⁻¹ 浓盐酸，观察实验现象。

在 C 试管的沉淀中滴加 0.5mol·L⁻¹ Na_2S，观察实验现象。再滴加 2mol·L⁻¹ 的 HCl，观察实验现象。

写出相应的化学反应方程式。并比较 Sb(Ⅲ)、Bi(Ⅲ) 两种硫化物沉淀性质的异同。

(8) Sb(Ⅲ)、Bi(Ⅲ) 的鉴定

① 在一片锡箔上滴加 1 滴 0.1mol·L⁻¹ $SbCl_3$，观察黑色痕迹的出现，示有 Sb^{3+}。

② 利用 Sn(Ⅱ) 的还原性将 Bi(Ⅲ) 还原成单质，可检验 Bi^{3+}，详见实验内容 (3)。

【思考题】

(1) 在碱性条件下，PbO_2 能否将 Mn^{2+} 氧化成 $KMnO_4$？

(2) 如何分离和鉴定 Sb^{3+} 和 Bi^{3+}？

(3) 在用 $NaBiO_3$ 检验 Mn^{2+} 的反应中，能否用 HCl 酸化溶液？

(4) Sn^{2+} 的溶液为什么容易变质，可以采用哪些手段来保存以防止变质？

实验 33 第一过渡系元素——钛、钒、铬、锰

【实验目的】

(1) 了解钛、钒、铬、锰主要氧化态的化合物的重要性质。

(2) 掌握各氧化态之间相互转化的条件。

【实验原理】

钛为周期表中第ⅣB族元素，价电子构型为 $3d^24s^2$，以 +4 氧化态最稳定。在强还原剂

的作用下,也可呈现+3和+2氧化钛,但不稳定。Ti(Ⅳ)在水溶液中以钛酰离子TiO^{2+}的形式存在,加入氨水可生成$Ti(OH)_4$沉淀。而加热水解也能生成白色沉淀,此时一般写成偏钛酸H_2TiO_3的形式。TiO^{2+}具有弱氧化性,能被锌粉还原为紫色的Ti^{3+},而Ti^{3+}具有较强的还原性,能被氯化铜氧化:

$$Cu^{2+}+Ti^{3+}+Cl^-+2H_2O \Longrightarrow CuCl\downarrow+TiO_2+4H^+$$

钒为周期表中第ⅤB族元素,价电子构型为$3d^34s^2$,有+2、+3、+4、+5等多种价态,其中以+5氧化态在化合物中最稳定。五价钒具有氧化性,低价钒具有还原性。钒化合物随着价态的从高到低的变化,而使溶液发生由黄色→蓝色→绿色→紫色的变化,这种颜色变化顺序对钒的检验是非常有用的。VO_2是两性氧化物,能与碱形成四价钒的钒酸盐。五价钒的氧化物是酸性较强的两性氧化物,它与碱形成的钒酸盐的趋势更为明显。钒在溶液中的聚合状态不仅与溶液的酸度有关,而且也与其浓度关系密切。通常说的钒酸盐多指含(Ⅴ)V的钒酸盐。钒酸盐分偏钒酸盐MVO_3、正钒酸盐M_3VO_4和焦钒酸盐$M_4V_2O_7$,式中M代表一价金属。Bi、Ca、Cd、Cr、Co、Cu、Fe、Pb、Mg、Mn、Ni、K、Ag、Na、Sn和Zn均能生成钒酸盐。碱金属和镁的偏钒酸盐可溶于水,得到的溶液呈淡黄色。其他金属的钒酸盐不大能溶于水。对钒冶金而言,最重要的钒酸盐是钒酸钠和偏钒酸铵。

铬为周期表中第ⅥB族元素,价电子构型为$3d^44s^2$,具有可变的氧化数,在化合物中最常见的是+3和+6氧化数。铬的各种氧化数的化合物有着不同的颜色,如$Cr_2O_7^{2-}$呈橙色、CrO_4^{2-}呈黄色、Cr^{3+}呈蓝紫色。这些特征颜色在鉴定时具有重要作用。

$Cr(OH)_3$具有两性:

$$Cr(OH)_3+3H^+ \Longrightarrow Cr^{3+}+3H_2O$$
$$Cr(OH)_3+OH^- \Longrightarrow [Cr(OH)_4]^-$$

Cr^{3+}的盐容易水解,向Cr^{3+}溶液中加入Na_2S不会生成Cr_2S_3,因为Cr^{3+}、S^{2-}在水中完全水解:

$$2Cr^{3+}+3S^{2-}+6H_2O \Longrightarrow 2Cr(OH)_3\downarrow+3H_2S\uparrow$$

在碱性溶液中,$[Cr(OH)_4]^-$具有较强的还原性,易被H_2O_2氧化为CrO_4^{2-}。

$$2[Cr(OH)_4]^-+3H_2O_2+2OH^- \Longrightarrow 2CrO_4^{2-}+8H_2O \text{(绿色→黄色)}$$

但在酸性溶液中,Cr^{3+}的还原性较弱,只有强氧化剂$K_2S_2O_8$或$KMnO_4$才能将其氧化为$Cr_2O_7^{2-}$。

$$2Cr^{3+}+3S_2O_8^{2-}+7H_2O \xrightarrow{\triangle} Cr_2O_7^{2-}+6SO_4^{2-}+14H^+$$

在酸性溶液中,$Cr_2O_7^{2-}$为强氧化剂,易被还原成Cr^{3+}。例如:

$$K_2Cr_2O_7+14HCl(浓) \xrightarrow{\triangle} 2CrCl_3+3Cl_2\uparrow+7H_2O+2KCl$$

铬酸盐和重铬酸盐在水溶液中存在如下平衡:

$$2CrO_4^{2-}\text{(黄色)}+2H^+ \longrightarrow Cr_2O_7^{2-}\text{(橙红色)}+H_2O$$

该平衡在酸性介质中向右移动,而在碱性介质中向左移动,因此,随溶液酸碱性变化常常会伴有溶液颜色的变化。

铬酸盐的溶解度较重铬酸盐的溶解度小,因此,向重铬酸盐溶液中加入Ag^+、Pb^{2+}、Ba^{2+}等离子时,常生成铬酸盐沉淀。例如:

$$Cr_2O_7^{2-}+4Ag^++H_2O \Longrightarrow 2Ag_2CrO_4\downarrow+2H^+$$

在酸性溶液中,$Cr_2O_7^{2-}$与H_2O_2反应时,生成蓝色的过氧化铬$CrO(O_2)_2$:

$$Cr_2O_7^{2-} + 4H_2O_2 + 2H^+ \rightleftharpoons 2CrO(O_2)_2 + 5H_2O$$

蓝色 $CrO(O_2)_2$ 在水溶液中不稳定，会很快分解，但在有机试剂乙醚或戊醇中则稳定得多。这一反应常用来鉴定 Cr^{3+}、CrO_4^{2-}、$Cr_2O_7^{2-}$。

锰为周期表中第ⅦB族元素，价电子构型为 $3d^54s^2$，具有可变的氧化数，在化合物中最常见的是 +2、+4 和 +7 氧化数，而 +3 和 +5 的化合物不稳定。锰的各种氧化数的化合物有不同的颜色，如 MnO_4^- 呈紫红色、MnO_4^{2-} 呈绿色、Mn^{2+} 呈浅肉色。这些特征颜色在鉴定时具有重要作用。

在碱性溶液中，Mn(Ⅱ) 不稳定，易被空气中的 O_2 氧化生成棕色的 $MnO(OH)_2$，如白色的 $Mn(OH)_2$ 在空气中很快被氧化而逐渐变成棕色的 $MnO(OH)_2$。

在酸性溶液中，Mn^{2+} 相当稳定，还原性较弱，须用强氧化剂如 $K_2S_2O_8$ 或 $(NH_4)_2S_2O_8$、PbO_2、$NaBiO_3$ 才能将其氧化为 MnO_4^-：

$$2Mn^{2+} + 5NaBiO_3(s) + 14H^+ \rightleftharpoons 2MnO_4^-（紫红色）+ 5Bi^{3+} + 7H_2O + 5Na^+$$

$$2Mn^{2+} + 5S_2O_8^{2-} + 8H_2O \rightleftharpoons 2MnO_4^-（紫红色）+ 10SO_4^{2-} + 16H^+$$

这两个反应常用来鉴定 Mn^{2+}。

在中性或弱碱性溶液中，MnO_4^- 和 Mn^{2+} 反应生成棕色的 MnO_2 沉淀。

$$2MnO_4^- + 3Mn^{2+} + 2H_2O \rightleftharpoons 5MnO_2\downarrow + 4H^+$$

在酸性介质中，MnO_2 是较强的氧化剂，易被还原为 Mn^{2+}，例如：

$$MnO_2 + 4HCl（浓）\xrightarrow{\triangle} MnCl_2 + Cl_2\uparrow + 2H_2O$$

此反应常用于实验室中制取少量 Cl_2。

在强碱性条件下，强氧化剂能将 MnO_2 氧化成 MnO_4^{2-}。

$$2MnO_4^- + MnO_2 + 4OH^- \rightleftharpoons 3MnO_4^{2-}（绿色）+ 2H_2O$$

$KMnO_4$ 无论在酸性介质中还是碱性介质中都具有氧化性，但在酸性介质中氧化性最强，被还原的产物是 Mn^{2+}；在中性或弱碱性介质中被还原为 MnO_2；而在强碱性介质中被还原为 MnO_4^{2-}。

$$2MnO_4^- + 5SO_3^{2-} + 6H^+ \rightleftharpoons 2Mn^{2+}（浅肉色）+ 5SO_4^{2-} + 3H_2O$$

$$2MnO_4^- + 3SO_3^{2-} + H_2O \rightleftharpoons 2MnO_2\downarrow（棕色）+ 3SO_4^{2-} + 2OH^-$$

$$2MnO_4^- + SO_3^{2-} + 2OH^- \rightleftharpoons 2MnO_4^{2-}（绿色）+ SO_4^{2-} + H_2O$$

【实验用品】

仪器：试管，台秤，沙浴皿，蒸发皿等。

固体试剂：二氧化钛，锌粒，偏钒酸铵，二氧化锰，亚硫酸钠，高锰酸钾。

液体试剂：浓 H_2SO_4，$1mol \cdot L^{-1}$ H_2SO_4，3% H_2O_2，$0.2mol \cdot L^{-1}$ $CuCl_2$，40% NaOH，$6mol \cdot L^{-1}$ NaOH，$0.1mol \cdot L^{-1}$ NaOH，$2mol \cdot L^{-1}$ NaOH，硫酸氧钛溶液，浓 HCl，$6mol \cdot L^{-1}$ HCl，$2mol \cdot L^{-1}$ HCl，$0.1mol \cdot L^{-1}$ HCl，氯化氧钒溶液，$0.1mol \cdot L^{-1}$ $K_2Cr_2O_7$，$0.1mol \cdot L^{-1}$ $AgNO_3$，$0.1mol \cdot L^{-1}$ $BaCl_2$，$0.1mol \cdot L^{-1}$ $Pb(NO_3)_2$，$0.2mol \cdot L^{-1}$ $MnSO_4$，$0.5mol \cdot L^{-1}$ $MnSO_4$，$2mol \cdot L^{-1}$ NH_4Cl，饱和 H_2S，$0.1mol \cdot L^{-1}$ Na_2S，$0.1mol \cdot L^{-1}$ $KMnO_4$，$0.1mol \cdot L^{-1}$ Na_2SO_3，$TiCl_4$。

材料：pH 试纸，沸石等。

【实验内容】

(1) 钛的化合物的重要性质

① 二氧化钛的性质和过氧钛酸根的生成。在试管中加入米粒大小的二氧化钛粉末，然后加入 2mL 浓 H_2SO_4，再加入几粒沸石，摇动试管加热至近沸（注意防止浓硫酸溅出），观察试管的变化。冷却静置后，取 0.5mL 溶液，滴入 1 滴 3% 的 H_2O_2，观察现象。

另取少量二氧化钛固体，注入 2mL 40%NaOH 溶液，加热。静置后，取上层清液，小心滴入浓 H_2SO_4 至溶液呈酸性，滴入几滴 3% 的 H_2O_2，检验二氧化钛是否溶解。

根据现象说明原理。

② 钛（Ⅲ）化合物的生成和还原性。在盛有 0.5mL 硫酸氧钛的溶液 [用液体四氯化钛和 $1mol \cdot L^{-1}$ 的 $(NH_4)_2SO_4$ 按 1∶1 的比例配成硫酸氧钛溶液] 中，加入两个锌粒，观察颜色的变化，把溶液放置几分钟后，滴入几滴 $0.2mol \cdot L^{-1}$ $CuCl_2$ 溶液，观察现象。由上述现象说明钛（Ⅲ）的还原性。

(2) 钒的化合物的重要性质

① 取 0.5g 偏钒酸铵固体放入蒸发皿中，在沙浴上加热，并不断搅拌，观察并记录反应过程中固体颜色的变化，然后把产物分为四份。

在第一份固体中，加入 1mL 浓 H_2SO_4 振荡，放置。观察溶液颜色，固体是否溶解？在第二份固体中，加入 $6mol \cdot L^{-1}$ 的 NaOH 溶液加热，有何变化？在第三份固体中，加入少量蒸馏水，煮沸、静置，待其冷却后，用 pH 试纸测定溶液的 pH。在第四份固体中，加入浓盐酸，观察有何变化。微沸，检验气体产物，加入少量蒸馏水，观察溶液颜色。写出有关的反应方程式，总结五氧化二钒的特性。

② 低价钒的化合物的生成。在盛有 1mL 氯化氧钒溶液（在 1g 偏钒酸铵固体中，加入 20mL $6mol \cdot L^{-1}$ 的 HCl 溶液和 10mL 蒸馏水）的试管中，加入 2 粒锌粒，放置片刻，观察并记录反应过程中溶液颜色的变化，并加以解释。

③ 过氧钒阳离子的生成。在盛有 0.5mL 饱和偏钒酸铵溶液的试管中，加入 0.5mL $2mol \cdot L^{-1}$ 的 HCl 溶液和 2 滴 3% 的 H_2O_2 溶液，观察并记录产物的颜色和状态。

④ 钒酸盐的缩合反应

a. 取四支试管，分别加入 10mL pH 分别为 14、3、2 和 1（用 $0.1mol \cdot L^{-1}$ 的 NaOH 溶液和 $0.1mol \cdot L^{-1}$ 的盐酸配制）的水溶液，再向每支试管中加入 0.1g 偏钒酸铵固体（约一角勺尖）。振荡试管使之溶解，观察现象并加以解释。

b. 将 pH 为 1 的试管放入热水浴中，向试管内缓慢滴加 $0.1mol \cdot L^{-1}$ 的 NaOH 溶液并振荡试管。观察颜色变化，记录该颜色下溶液的 pH。

c. 将 pH 为 14 的试管放入热水浴中，向试管内缓慢滴加 $0.1mol \cdot L^{-1}$ 的盐酸，并振荡试管。观察颜色变化，记录该颜色下溶液的 pH。

(3) 铬的化合物的重要性质

① 铬（Ⅵ）的氧化性：$Cr_2O_7^{2-}$ 转变为 Cr^{3+}。

在约 5mL 重铬酸钾溶液中，加入少量所选择的还原剂，观察溶液颜色的变化（如果现象不明显，该怎么办？），写出反应方程式 [保留溶液供下面实验(4)用]。

② 铬（Ⅵ）的缩合平衡：$Cr_2O_7^{2-}$ 与 CrO_4^{2-} 的相互转化。

在 1mL 重铬酸钾溶液中滴加 $2mol \cdot L^{-1}$ 的 NaOH 溶液，观察溶液颜色变化；之后在该溶液中滴加 $2mol \cdot L^{-1}$ 的 HCl 溶液，观察溶液颜色变化。写出化学反应方程式。

(4) 氢氧化铬（Ⅲ）的两性

Cr^{3+} 转变为 $Cr(OH)_3$ 沉淀，并试验 $Cr(OH)_3$ 的两性。

在实验(3) ①所保留的 Cr^{3+} 溶液中，逐滴加入 $6mol \cdot L^{-1}$ 的 NaOH 溶液，观察沉淀物的颜色，写出反应方程式。

将所得沉淀物分成两份，分别试验与酸、碱的反应，观察溶液的颜色，写出反应方程式。

(5) 铬(Ⅲ) 的还原性

CrO_2^- 转变为 CrO_4^{2-}。在实验(3) ①得到的 CrO_2^- 溶液中，加入少量所选择的氧化剂，水浴加热，观察溶液颜色的变化，写出反应方程式。

(6) 重铬酸盐和铬酸盐的溶解性

分别在 $Cr_2O_7^{2-}$ 和 CrO_4^{2-} 溶液中，各加入少量的 $Pb(NO_3)_2$、$BaCl_2$ 和 $AgNO_3$，观察产物的颜色和状态，比较并解释实验结果，写出反应方程式。

(7) 锰的化合物的重要性质

① 氢氧化锰(Ⅱ) 的生成和性质。取 10mL $0.2mol \cdot L^{-1}$ 的 $MnSO_4$ 溶液分成以下四份：

第一份，滴加 $0.2mol \cdot L^{-1}$ 的 NaOH 溶液，观察沉淀的颜色。振荡试管，有何变化？

第二份，滴加 $0.2mol \cdot L^{-1}$ 的 NaOH 溶液，产生沉淀后加入过量的 NaOH 溶液，沉淀是否溶解？

第三份，滴加 $0.2mol \cdot L^{-1}$ 的 NaOH 溶液，迅速加入 $2mol \cdot L^{-1}$ 的盐酸溶液，有何现象发生？

第四份，滴加 $0.2mol \cdot L^{-1}$ 的 NaOH 溶液，迅速加入 $2mol \cdot L^{-1}$ 的 NH_4Cl 溶液，沉淀是否溶解？

写出上述有关反应方程式。此实验说明 $Mn(OH)_2$ 具有哪些性质？

a. Mn^{2+} 的氧化试验。硫酸锰和次氯酸钠溶液在酸、碱性介质中的反应。比较 Mn^{2+} 在何介质中易氧化。

b. 硫化锰的生成和性质。往硫酸锰溶液中滴加饱和硫化氢溶液，有无沉淀产生？若用硫化钠溶液代替硫化氢溶液，又有何结果？请用事实说明硫化锰的性质和生成沉淀的条件。

② 二氧化锰的生成和氧化性

a. 往盛有少量 $0.1mol \cdot L^{-1}$ 的 $KMnO_4$ 溶液中，逐滴加入 $0.5mol \cdot L^{-1}$ 的 $MnSO_4$ 溶液，观察沉淀的颜色。往沉淀中加入 $1mol \cdot L^{-1}$ 的 H_2SO_4 溶液和 $0.1mol \cdot L^{-1}$ 的 Na_2SO_3 溶液，沉淀是否溶解？写出有关反应方程式。

b. 在盛有少量（米粒大小）二氧化锰固体的试管中加入 2mL 浓硫酸，加热，观察反应前后颜色。有何气体产生？写出反应方程式。

③ 高锰酸钾的性质。分别试验高锰酸钾溶液与亚硫酸钠溶液在酸性（$1mol \cdot L^{-1}$ 的 H_2SO_4）、近中性（蒸馏水）、碱性（$6mol \cdot L^{-1}$ 的 NaOH 溶液）介质中的反应，比较它们的产物因介质不同有何不同？写出反应式。

【思考题】

(1) 将上面实验(2)、(3) 和(1)中的现象加以对比，总结出钒酸盐缩合反应的一般规律。

(2) 转化反应须在何种介质（酸性或碱性）中进行？为什么？

(3) 从电势值和还原剂被氧化后产物的颜色考虑，选择哪些还原剂为宜？如果选择亚硝酸钠溶液可以吗？

(4) 取少量 $Cr_2O_7^{2-}$ 溶液，加入你所选择的试剂使其转变为 CrO_4^{2-}。

(5) 在上述 CrO_4^{2-} 溶液中,加入你所选择的试剂使其转变为 $Cr_2O_7^{2-}$。

(6) $Cr_2O_7^{2-}$ 与 CrO_4^{2-} 在何种介质中可相互转化?

(7) 转化反应须在何种介质中进行?为什么?

(8) 从电势值和氧化剂被还原后产物的颜色考虑,应选择哪些氧化剂?3% 的 H_2O_2 溶液可用否?

(9) 试总结 $Cr_2O_7^{2-}$ 与 CrO_4^{2-} 相互转化的条件及它们形成相应盐的溶解性大小。

(10) 试总结 Mn^{2+} 的性质。

(11) 在水溶液中能否有 Ti^{4+}、Ti^{2+} 或 TiO_4^{4-} 等离子的存在?

(12) 根据实验结果,总结钒的化合物的性质。

(13) 根据实验结果,设计一张铬的各种氧化态转化关系图。

(14) 在碱性介质中,氧能把锰(Ⅱ)氧化为锰(Ⅵ),在酸性介质中,锰(Ⅵ)又可将碘化钾氧化为碘。写出有关反应式,并解释以上现象。硫代硫酸钠标准液可滴定析出碘的含量,试由此设计一个测定溶解氧含量的方法。

实验34 第一过渡系元素——铁、钴、镍

【实验目的】

(1) 了解二价铁、钴、镍的还原性和三价铁、钴、镍的氧化性。

(2) 了解铁、钴、镍配合物的生成及性质。

【实验原理】

铁、钴、镍是重要的过渡金属元素,位于元素周期表第四周期(第一过渡系)ⅧB族。其价电子构型分别是 $3d^64s^2$、$3d^74s^2$ 和 $3d^84s^2$,最高氧化数均为 +3。具有多种氧化态是过渡金属元素的重要特征,铁、钴、镍的氧化数除了 +3 以外,+2 也较常见,其中前者的离子具有氧化性,并按 Fe、Co、Ni 的顺序氧化性增强,稳定性减弱;后者具有还原性,并按 Fe、Co、Ni 的顺序还原性减弱,稳定性增强。

过渡金属容易生成配合物。Fe^{3+}、Fe^{2+} 常见的配合物有氰配合物、硫氰配合物、氨配合物等;Co^{3+}、Co^{2+} 常见的配合物有硫氰配合物、氨配合物等;Ni^{2+} 常见的配合物有氨配合物等。过渡金属配合物通常具有特征颜色,可以起到鉴定相应离子的作用。

【实验用品】

仪器:试管,离心试管等。

试剂:硫酸亚铁铵,硫氰酸钾,氯水,$6\text{mol}\cdot L^{-1}$ H_2SO_4,$1\text{mol}\cdot L^{-1}$ H_2SO_4,$0.1\text{mol}\cdot L^{-1}$ $(NH_4)_2Fe(SO_4)_2$,$0.5\text{mol}\cdot L^{-1}$ KSCN,$6\text{mol}\cdot L^{-1}$ NaOH,$2\text{mol}\cdot L^{-1}$ NaOH,$0.1\text{mol}\cdot L^{-1}$ $NiSO_4$,$0.1\text{mol}\cdot L^{-1}$ $CoCl_2$,浓 HCl,$0.5\text{mol}\cdot L^{-1}$ KI,$0.5\text{mol}\cdot L^{-1}$ $K_4[Fe(CN)_6]$,3% H_2O_2,$0.2\text{mol}\cdot L^{-1}$ $FeCl_3$,$6\text{mol}\cdot L^{-1}$ 氨水,浓氨水,碘水,四氯化碳,戊醇,乙醚。

材料:KI-淀粉试纸等。

【实验内容】

(1) 铁(Ⅱ)、钴(Ⅱ)、镍(Ⅱ) 化合物的还原性

① 铁(Ⅱ) 的还原性

a. 酸性介质。往盛有 0.5mL 氯水的试管中加入 3 滴 6mol·L^{-1} 的 H_2SO_4 溶液，然后滴加 $(NH_4)_2Fe(SO_4)_2$ 溶液，观察现象，写出反应式（如现象不明显，可滴加 1 滴 KSCN 溶液，出现红色，证明有 Fe^{3+} 生成）。

b. 碱性介质。在一试管中放入 2mL 蒸馏水和 3 滴 6mol·L^{-1} 的 H_2SO_4 的溶液煮沸，以赶尽溶于其中的空气，然后溶入少量硫酸亚铁铵晶体。在另一试管中加入 3mL 6mol·L^{-1} 的 NaOH 溶液煮沸，冷却后，用一长滴管吸取 NaOH 溶液，插入 $(NH_4)_2Fe(SO_4)_2$ 溶液（直至试管底部），慢慢挤出滴管中的 NaOH 溶液，观察产物的颜色和状态。振荡后放置一段时间，观察又有何变化，写出反应方程式。产物留作下面实验用。

② 钴(Ⅱ) 的还原性

a. 往盛有 $CoCl_2$ 溶液的试管中加入氯水，观察有何变化。

b. 在盛有 1mL $CoCl_2$ 溶液的试管中滴入稀 NaOH 溶液，观察沉淀的生成。所得沉淀分成两份：一份置于空气中，一份加入新配制的氯水，观察有何变化。第二份留作下面实验用。

③ 镍(Ⅱ) 的还原性。用 $NiSO_4$ 溶液按②a.、b. 实验方法操作，观察现象，第二份沉淀留作下面实验用。

(2) 铁(Ⅲ)、钴(Ⅲ)、镍(Ⅲ) 化合物的氧化性

① 在前面实验中保留下来的氢氧化铁(Ⅲ)、氢氧化钴(Ⅲ) 和氢氧化镍(Ⅲ) 沉淀中均加入浓盐酸，振荡后各有何变化，并用 KI-淀粉试纸检验所放出的气体。

② 在上述制得的 $FeCl_3$ 溶液中加入 KI 溶液，再加入 CCl_4，振荡后观察现象，写出反应方程式。

(3) 配合物的生成

① 铁的配合物

a. 往盛有 1mL 亚铁氰化钾 [六氰合铁(Ⅱ)酸钾] 溶液的试管中，加入约 0.5mL 碘水，摇动试管后，滴入数滴硫酸亚铁铵溶液，有何现象发生？此为 Fe^{2+} 的鉴定反应。

b. 向盛有 1mL 新配制的 $(NH_4)_2Fe(SO_4)_2$ 溶液的试管中加入碘水，摇动试管后，将溶液分成两份，各滴入数滴硫氰酸钾溶液，然后向其中一支试管中注入约 0.5mL 3% 的 H_2O_2 溶液，观察现象。此为 Fe^{3+} 的鉴定反应。

c. 往 $FeCl_3$ 溶液中加入 $K_4[Fe(CN)_6]$ 溶液，观察现象，写出反应方程式。这也是鉴定 Fe^{3+} 的一种常用方法。

d. 往盛有 0.5mL 0.2mol·L^{-1} $FeCl_3$ 的试管中，滴入浓氨水直至过量，观察沉淀是否溶解。

② 钴的配合物

a. 往盛有 1mL $CoCl_2$ 溶液的试管里加入少量硫氰酸钾固体，观察固体周围的颜色。再加入 0.5mL 戊醇和 0.5mL 乙醚，振荡后，观察水相和有机相的颜色，这个反应可用来鉴定 Co^{2+}。

b. 往 0.5mL $CoCl_2$ 溶液中滴加浓氨水，至生成的沉淀刚好溶解为止，静置一段时间后，观察溶液的颜色有何变化。

③ 镍的配合物。往盛有 2mL 0.1mol·L^{-1} 的 $NiSO_4$ 溶液中加入过量的 6mol·L^{-1} 氨水，观察现象。静置片刻，再观察现象，写出离子反应方程式。把溶液分成四份：一份加入

2mol·L⁻¹的 NaOH 溶液，一份加入 1mol·L⁻¹的 H_2SO_4 溶液，一份加水稀释，一份煮沸。观察有何变化。

【思考题】

(1) 实验①b. 要求整个操作都要避免空气带进溶液中，为什么？

(2) 综合上述实验所观察到的现象，总结+2 氧化态的铁、钴、镍化合物的还原性和+3 氧化态的铁、钴、镍化合物的氧化性的变化规律。

(3) 试从配合物的生成对电极电势的改变来解释为什么 $[Fe(CN)_6]^{4-}$ 能把 I_2 还原成 I^-，而 Fe^{2+} 则不能。

(4) 根据实验结果比较 $[Co(NH_3)_6]^{2+}$ 配离子和 $[Ni(NH_3)_6]^{2+}$ 配离子氧化还原稳定性的相对大小及溶液稳定性。

(5) 制取 $Co(OH)_3$、$Ni(OH)_3$ 时，为什么要以 Co(Ⅱ)，Ni(Ⅱ) 为原料在碱性溶液中进行氧化，而不用 Co(Ⅲ)、Ni(Ⅲ) 直接制取？

(6) 今有一瓶含有 Fe^{3+}、Cr^{3+} 和 Ni^{2+} 的混合液，如何将它们分离出来，请设计分离示意图。

(7) 总结 Fe(Ⅱ、Ⅲ)、Co(Ⅱ、Ⅲ)、Ni(Ⅱ、Ⅲ) 所形成主要化合物的性质。

(8) 有一浅绿色晶体 A，可溶于水得到溶液 B，于 B 中加入不含氧气的 6mol·L⁻¹ 的 NaOH 溶液，有白色沉淀 C 和气体 D 生成。C 在空气中逐渐变棕色，气体 D 使红色石蕊试纸变蓝。若将溶液 B 加以酸化再滴加一紫红色溶液 E，则得到浅黄色溶液 F，于 F 中加入黄血盐溶液，立即产生深蓝色的沉淀 G。若溶液 B 中加入 $BaCl_2$ 溶液，有白色沉淀 H 析出，此沉淀不溶于强酸。问 A、B、C、D、E、F、G、H 是什么物质，写出分子式和有关的反应式。

实验 35 ds 区金属——铜、银、锌、镉、汞

【实验目的】

(1) 了解铜、银、锌、镉、汞氧化物、氢氧化物的性质及硫化物的溶解性。

(2) 了解铜、银、锌、镉、汞的配位能力及其配合物的性质。

(3) 了解 Cu(Ⅰ)、Cu(Ⅱ) 和 Hg(Ⅰ)、Hg(Ⅱ) 重要化合物的性质及相互转化条件。

【实验原理】

铜、银、锌、镉、汞是重要的过渡金属元素，其中铜和银是元素周期表ⅠB族元素，价电子构型分别为 $3d^{10}4s^1$ 和 $4d^{10}5s^1$，其最高氧化数分别是+2 和+1；锌、镉、汞是ⅡB族元素，价电子构型分别为 $3d^{10}4s^2$、$4d^{10}5s^2$ 和 $5d^{10}6s^2$，最高氧化数均为+2。

$Cu(OH)_2$ 具有两性但酸性很弱，在加热时易脱水生成黑色 CuO。AgOH 极不稳定，常温下即脱水生成棕色 Ag_2O。Hg(Ⅰ、Ⅱ) 的氢氧化物也都不稳定，生成后迅速转变为 Hg_2O（黑色）和 HgO（黄色）。$Zn(OH)_2$ 的两性明显，而 $Cd(OH)_2$ 虽有两性但酸性不明显。

铜、银、锌、镉、汞均能形成多种配合物，以和氨水的作用为例，Cu^{2+}、Ag^+、Zn^{2+} 和 Cd^{2+} 均能形成稳定的配合物。Hg(Ⅱ) 与氨水的作用比较复杂，$HgCl_2$ 加入氨水生成白

色的 $HgNH_2Cl$ 沉淀：

$$HgCl_2 + 2NH_3 == HgNH_2Cl\downarrow + NH_4Cl$$

而 $Hg(NO_3)_2$ 加入氨水生成白色 $HgO \cdot HgNH_2NO_3$ 沉淀：

$$2Hg(NO_3)_2 + 4NH_3 + H_2O == HgO \cdot HgNH_2NO_3\downarrow + 3NH_4NO_3$$

铜和汞还具有可变价态+1，其中 Cu(Ⅰ) 在水溶液中容易发生歧化，只有在生成卤化物的沉淀或配合物时 Cu(Ⅰ) 才能稳定存在，例如下列反应是可以发生的：

$$2Cu^{2+} + 4I^- == 2CuI\downarrow + I_2$$

$$Cu + Cu^{2+} + 4Cl^- == 2[CuCl_2]^-$$

而 Hg(Ⅰ) 在水溶液中能以 Hg_2^{2+} 形式稳定存在，只有在生成 Hg(Ⅱ) 的难溶物或配合物时才能发生歧化，如：

$$Hg_2I_2(黄绿色) + 2I^- == [HgI_4]^{2-}(无色) + Hg\downarrow(黑色)$$

Cu^{2+} 与 $K_4[Fe(CN)_6]$（黄血盐）作用，生成棕红色的 $Cu_2[Fe(CN)_6]$ 沉淀，可利用此反应鉴定 Cu^{2+}。Ag^+ 能与 Cl^- 作用生成白色 AgCl 沉淀，该沉淀可溶于过量氨水，是 Ag^+ 的特征鉴定反应之一。Zn^{2+} 和二苯硫腙生成粉红色的螯合物（在 CCl_4 中呈现棕色），是 Zn^{2+} 的特征鉴定反应。Cd^{2+} 和 S^{2-} 作用生成黄色 CdS 沉淀，可验证 Cd^{2+} 的存在。Hg^{2+} 能被过量 $SnCl_2$ 还原成白色 Hg_2Cl_2 沉淀，并进一步还原成黑色单质汞，可用于检验 Hg^{2+}。

【实验用品】

仪器：试管（10mL），烧杯（250mL），离心机，离心试管等。

固体试剂：碘化钾，铜屑，$0.2mol \cdot L^{-1}$ $CuSO_4$，$0.2mol \cdot L^{-1}$ $ZnSO_4$，$0.2mol \cdot L^{-1}$ $CdSO_4$，$2mol \cdot L^{-1}$ NaOH，40% NaOH，$6mol \cdot L^{-1}$ NaOH，$2mol \cdot L^{-1}$ H_2SO_4，$0.1mol \cdot L^{-1}$ $AgNO_3$，$0.2mol \cdot L^{-1}$ $AgNO_3$，$2mol \cdot L^{-1}$ HNO_3，$2mol \cdot L^{-1}$ 氨水，$0.2mol \cdot L^{-1}$ $Hg(NO_3)_2$，$1mol \cdot L^{-1}$ Na_2S，$2mol \cdot L^{-1}$ HCl，浓HCl，浓HNO_3，$0.2mol \cdot L^{-1}$ KI，$0.1mol \cdot L^{-1}$ KSCN，$0.5mol \cdot L^{-1}$ $CuCl_2$，$0.5mol \cdot L^{-1}$ $Na_2S_2O_3$，$0.2mol \cdot L^{-1}$ $SnCl_2$，$0.2mol \cdot L^{-1}$ NaCl，金属汞，浓氨水，10%葡萄糖溶液。

材料：pH试纸，玻璃棒等。

【实验内容】

(1) 铜、银、锌、镉、汞氢氧化物或氧化物的生成和性质

① 铜、锌、镉氢氧化物的生成和性质。向三支分别盛有 0.5mL $0.2mol \cdot L^{-1}$ 的 $CuSO_4$、$ZnSO_4$、$CdSO_4$ 溶液的试管中滴加新配制的 $2mol \cdot L^{-1}$ 的 NaOH 溶液，观察溶液颜色及状态。

将各试管中的沉淀分成两份：一份加 $2mol \cdot L^{-1}$ 的 H_2SO_4，另一份继续滴加 $2mol \cdot L^{-1}$ 的 NaOH 溶液。观察现象，写出反应式。

② 银、汞氧化物的生成和性质

a. 氧化银的生成和性质。取 0.5mL $0.1mol \cdot L^{-1}$ 的 $AgNO_3$ 溶液，滴加新配制的 $2mol \cdot L^{-1}$ 的 NaOH 溶液，观察 Ag_2O（为什么不是 AgOH）的颜色和状态。洗涤并离心分离沉淀，将沉淀分成两份：一份加入 $2mol \cdot L^{-1}$ 的 HNO_3，另一份加入 $2mol \cdot L^{-1}$ 的氨水。观察现象，写出反应方程式。

b. 氧化汞的生成和性质。取 0.5mL $0.2mol \cdot L^{-1}$ 的 $Hg(NO_3)_2$ 溶液，滴加新配制的 $2mol \cdot L^{-1}$ 的 NaOH 溶液，观察溶液颜色和状态。将沉淀分成两份：一份加入 $2mol \cdot L^{-1}$ HNO_3，另一份加入 40% NaOH 溶液。观察现象，写出有关反应方程式。

(2) 锌、镉、汞硫化物的生成和性质

往三支分别盛有 0.5mL 0.2mol·L^{-1} $ZnSO_4$、$CdSO_4$、$Hg(NO_3)_2$ 溶液的离心试管中滴加 1mol·L^{-1} 的 Na_2S 溶液。观察沉淀的生成和颜色。

将沉淀离心分离、洗涤，然后将每种沉淀分成三份：一份加入 2mol·L^{-1} 的盐酸，另一份中加入浓盐酸，再一份加入王水（自配），分别水浴加热。观察沉淀溶解情况。

根据实验现象并查阅有关数据，对铜、银、锌、镉、汞硫化物的溶解情况做出结论，并写出有关反应方程式。将各数据填入表 8-1 中。

表 8-1 ds 区金属氧化物实验数据

硫化物	性质 颜色	溶解性				$K_{sp}^{\ominus}$
		2mol·L^{-1}盐酸	浓盐酸	浓硝酸	王水	
CuS						
Ag_2S						
ZnS						
CdS						
HgS						

(3) 铜、银、锌、汞的配合物

① 氨合物的生成。往四支分别盛有 0.5mL 0.2mol·L^{-1} $CuSO_4$、$AgNO_3$、$ZnSO_4$、$Hg(NO_3)_2$ 溶液的试管中滴加 2mol·L^{-1} 的氨水。观察沉淀的生成，继续加入过量的 2mol·L^{-1} 氨水，又有何现象发生？写出有关反应方程式。比较 Cu^{2+}、Ag^+、Zn^{2+}、Hg^{2+} 与氨水反应有什么不同。

② 汞配合物的生成和应用

a. 往盛有 0.5mL 0.2mol·L^{-1} $Hg(NO_3)_2$ 的溶液中，滴加 0.2mol·L^{-1} 的 KI 溶液，观察沉淀的生成和颜色。再往该沉淀中加入少量碘化钾固体（直至沉淀刚好溶解为止，不要过量），溶液显何色？写出反应方程式。

在所得的溶液中滴入几滴 40% KOH 溶液，再与氨水反应，观察沉淀的颜色。

b. 往 5 滴 0.2mol·L^{-1} 的 $Hg(NO_3)_2$ 溶液中，逐滴加入 0.1mol·L^{-1} 的 KSCN 溶液，最初生成白色 $Hg(SCN)_2$ 沉淀，继续滴加 KSCN 溶液，沉淀溶解生成无色 $[Hg(SCN)_4]^{2-}$ 配离子。再在该溶液中加几滴 0.2mol·L^{-1} 的 $ZnSO_4$ 溶液，观察白色的 $Zn[Hg(SCN)_4]$ 沉淀的生成（该反应可定性检验 Zn^{2+}），必要时用玻璃棒摩擦试管壁。

(4) 铜、汞的氧化还原性

① 氧化亚铜的生成和性质。取 0.5mL 0.2mol·L^{-1} 的 $CuSO_4$ 溶液，滴加过量的 6mol·L^{-1} 的 NaOH 溶液，使起初生成的蓝色沉淀溶解成深蓝色溶液。然后在溶液中加入 1mL 10% 的葡萄糖溶液，混匀后微热，有黄色沉淀产生进而变成红色沉淀。写出有关反应方程式。

将沉淀离心分离、洗涤，然后沉淀分成两份：一份沉淀与 1mL 2mol·L^{-1} 的 H_2SO_4 作用，静置一会儿，注意沉淀的变化。然后加热至沸，观察有何现象。另一份沉淀中加入 1mL 浓氨水，振荡后，静置一段时间，观察溶液的颜色。放置一段时间后，溶液为什么会变成深蓝色？

② 氯化亚铜的生成和性质。取 10mL 0.5mol·L^{-1} 的 $CuCl_2$ 溶液，加入 3mL 浓盐酸和少量铜屑，加热沸腾至其中液体呈深棕色（绿色完全消失）。取几滴上述溶液加入 10mL 蒸馏水中，如有白色沉淀产生，则迅速把全部溶液倾入 100mL 蒸馏水中，将白色沉淀洗涤至

无蓝色为止。

取少许沉淀分成两份：一份与 3mL 浓氨水作用，观察有何变化。另一份与 3mL 浓盐酸作用，观察又有何变化。写出有关反应方程式。

③ 碘化亚铜的生成和性质。在盛有 0.5mL 0.2mol·L^{-1} CuSO$_4$ 溶液的试管中，边滴加 0.2mol·L^{-1} 的 KI 溶液边振荡，溶液变为棕黄色（CuI 为白色沉淀、I$_2$ 溶于 KI 呈黄色）。再滴加适量 0.5mol·L^{-1} 的 Na$_2$S$_2$O$_3$ 溶液，以除去反应中生成的碘。观察产物的颜色和状态，写出反应式。

④ 汞（Ⅱ）与汞（Ⅰ）的相互转化

a. Hg^{2+} 的氧化性。在 5 滴 0.2mol·L^{-1} 的 Hg(NO$_3$)$_2$ 溶液中，逐滴加入 0.2mol·L^{-1} 的 SnCl$_2$ 溶液（由适量—过量）。观察现象，写出反应方程式。

b. Hg^{2+} 转化为 Hg$_2^{2+}$ 和 Hg$_2^{2+}$ 的歧化分解。在 0.5mL 0.2mol·L^{-1} 的 Hg(NO$_3$)$_2$ 溶液中，滴入 1 滴金属汞，充分振荡。用滴管把清液转入两支试管中（余下的汞要回收），在一支试管中加入 0.2mol·L^{-1} 的 NaCl，另一支试管中滴入 2mol·L^{-1} 的氨水，观察现象，写出反应式。

【思考题】

(1) 在白色氯化亚铜沉淀中加入浓氨水或浓盐酸后形成什么颜色溶液？放置一段时间后会变成蓝色溶液，为什么？

(2) 实验中深棕色溶液是什么物质？加入蒸馏水发生了什么反应？

(3) 加入硫代硫酸钠是为了和溶液中产生的碘作用，而便于观察碘化亚铜白色沉淀的颜色；但若硫代硫酸钠过量，则看不到白色沉淀，为什么？

(4) 使用汞时应注意什么？为什么汞要用水封存？

(5) 用平衡原理预测在硝酸亚汞溶液中通入硫化氢气体后，生成的沉淀物为何物，并加以解释。

(6) 在制备氯化亚铜时，能否用氯化铜和铜屑在用盐酸酸化呈微弱的酸性条件下反应？为什么？若用浓氯化钠溶液代替盐酸，此反应能否进行？为什么？

(7) 根据钠、钾、钙、镁、铝、锡、铅、铜、银、锌、镉、汞的标准电极电势，推测这些金属的活动顺序。

(8) 当二氧化硫通入硫酸铜饱和溶液和氯化钠饱和溶液的混合液时，将发生什么反应？能看到什么现象？试说明之。写出相应的反应方程式。

(9) 选用什么试剂来溶解下列沉淀？
氢氧化铜，硫化铜，溴化铜，碘化银。

(10) 现有三瓶已失标签的硝酸汞、硝酸亚汞和硝酸银溶液。至少用两种方法鉴别之。

(11) 试用实验证明：黄铜的组成是铜和锌（其他组成可不考虑）。

实验 36　常见非金属阴离子的鉴定与分离

【实验目的】

(1) 掌握常见阴离子的鉴定原理和方法。

(2) 掌握几类阴离子的分离原理和方法。

【实验原理】

在非金属阴离子中,有的可与酸作用生成挥发性的物质,有的可与试剂作用生成沉淀,也有的呈现氧化还原性质。利用这些特点,结合溶液中离子的共存情况,应先通过初步检验,以排除不可能存在的离子,然后再鉴定可能存在的离子,从而简化分析步骤。

初步检验一般包括酸碱性检验、与酸反应产生气体的检验、生成沉淀检验、氧化还原性检验等。

(1) 试液的酸碱性的检验

若试液呈强酸性,则易被酸分解的阴离子如 CO_3^{2-}、NO_2^-、$S_2O_3^{2-}$ 等不存在。

(2) 是否产生气体的检验

若在试液中加入稀 H_2SO_4 或稀 HCl 溶液,有气体产生,表示可能存在 CO_3^{2-}、NO_2^-、$S_2O_3^{2-}$、S^{2-}、NO_2^- 等离子。根据生成气体的颜色和气味以及生成气体具有某些特征反应,确证其含有的阴离子。比如,NO_2^- 被酸分解生成红棕色 NO_2 气体,能将润湿的 KI-淀粉试纸变蓝;S^{2-} 被酸分解产生具有臭鸡蛋刺激性气味的 H_2S 气体并可使醋酸铅试纸变黑,由此可判断 NO_2^- 和 S^{2-} 的存在。

(3) 氧化性阴离子的检验

在酸化的试液中加入 KI 溶液和 CCl_4,振荡后 CCl_4 层呈紫色,则有氧化性阴离子存在,如 ClO^- 和 NO_2^- 等离子。

(4) 还原性阴离子的检验

在酸化的试液中,加入 $KMnO_4$ 稀溶液,若紫色褪去,则溶液中可能存在 S^{2-}、SO_3^{2-}、$S_2O_3^{2-}$、Br^-、I^-、NO_2^- 等阴离子;若紫色不褪,则上述离子不存在。试液经酸化后,加入 I_2-淀粉溶液,蓝色褪去,则可能存在 SO_3^{2-}、$S_2O_3^{2-}$、S^{2-} 等离子。

(5) 难溶盐阴离子的检验

① 钡组阴离子。在中性或弱碱性试液中加入 $BaCl_2$ 溶液,若能产生白色沉淀,则可能存在 SO_4^{2-}、SO_3^{2-}、$S_2O_3^{2-}$、CO_3^{2-}、PO_4^{3-} 等阴离子。

② 银组阴离子。在试液中滴加 $AgNO_3$ 溶液产生沉淀,然后用稀 HNO_3 酸化,沉淀不溶解,则可能存在 Cl^-、Br^-、I^-、S^{2-}、$S_2O_3^{2-}$ 等阴离子。

经过初步检验后,可以对试液中可能存在的阴离子作出判断,见表8-2,然后根据阴离子特性反应做进一步鉴定。

表 8-2 阴离子的初步试验

阴离子 \ 试剂	气体放出试验 (稀 H_2SO_4)	还原性阴离子试验		氧化性阴离子 (稀 H_2SO_4、CCl_4)	$BaCl_2$ (中性或弱碱性)	$AgNO_3$ (稀 HNO_3)
		$KMnO_4$ (稀 H_2SO_4)	I_2-淀粉 (稀 H_2SO_4)			
CO_3^{2-}	+				+	
NO_3^-				(+)		
NO_2^-	+	+				
SO_4^{2-}					+	
SO_3^{2-}	(+)	+	+		+	
$S_2O_3^{2-}$	(+)	+	+		(+)	+
PO_4^{3-}					+	
S^{2-}	+	+	+			+

续表

阴离子	试剂 气体放出试验（稀H_2SO_4）	还原性阴离子试验 $KMnO_4$（稀H_2SO_4）	I_2-淀粉（稀H_2SO_4）	氧化性阴离子（稀H_2SO_4、CCl_4）	$BaCl_2$（中性或弱碱性）	$AgNO_3$（稀HNO_3）
Cl^-						+
Br^-		+				+
I^-		+				+

注：(+) 表示试验现象不明显，只有在适当条件下（例如浓度大时）才发生反应。

【实验用品】

仪器：离心机，离心试管，试管，点滴板等。

固体试剂：硫酸亚铁。

液体试剂：$6mol·L^{-1}$ HCl，饱和 $Ba(OH)_2$ 或新配制的石灰水，$1mol·L^{-1}$ H_2SO_4，$2mol·L^{-1}$ H_2SO_4，浓 H_2SO_4，$2mol·L^{-1}$ HAc，1% 对氨基苯磺酸，0.4% $α$-萘胺，$0.1mol·L^{-1}$ $BaCl_2$，$6mol·L^{-1}$ HCl，$0.01mol·L^{-1}$ $KMnO_4$，$0.1mol·L^{-1}$ $AgNO_3$，$6mol·L^{-1}$ HNO_3，$(NH_4)_2MoO_4$ 试剂，$2mol·L^{-1}$ NaOH，亚硝酰铁氰化钠试剂，饱和 $ZnSO_4$，$0.1mol·L^{-1}$ $K_4[Fe(CN)_6]$，$0.1mol·L^{-1}$ Na_2S，$0.1mol·L^{-1}$ Na_2SO_3，$0.1mol·L^{-1}$ $Na_2S_2O_3$，$0.1mol·L^{-1}$ NaCl，$0.1mol·L^{-1}$ NaBr，$0.1mol·L^{-1}$ NaI，$6mol·L^{-1}$ 氨水，$2mol·L^{-1}$ 碳酸铵。

材料：pH 试纸，$Pb(Ac)_2$ 试纸，玻璃棒等。

【实验内容】

(1) 常见阴离子的鉴定

① CO_3^{2-} 的鉴定。取 10 滴试液（CO_3^{2-}）于试管中，用 pH 试纸测其 pH 值，然后加 10 滴 $6mol·L^{-1}$ 的 HCl 溶液，有气泡生成，表明有可能有 CO_3^{2-} 存在。立即将事先沾有一滴新配制的石灰水或饱和 $Ba(OH)_2$ 溶液的玻璃棒置于试管口上，仔细观察，如玻璃棒上溶液立刻变为浑浊（白色），结合溶液的 pH，可以判断有 CO_3^{2-} 存在。

② NO_3^- 的鉴定。取 2 滴试液（NO_3^-）于点滴板上，在溶液的中央放一小粒 $FeSO_4·7H_2O$ 晶体，然后在晶体上加 1 滴浓硫酸。如结晶周围有棕色出现，示有 NO_3^- 存在。

③ NO_2^- 的鉴定。取 2 滴试液（NO_2^-）于点滴板上，加 1 滴 $2mol·L^{-1}$ 的 HAc 溶液酸化，再加 1 滴对氨基苯磺酸和 1 滴 $α$-萘胺，如有玫瑰红色出现，示有 NO_2^- 存在。

④ SO_4^{2-} 的鉴定。取 5 滴试液（SO_4^{2-}）于试管中，加 2 滴 $6mol·L^{-1}$ 的 HCl 溶液和 1 滴 $0.1mol·L^{-1}$ 的 Ba^{2+} 溶液，如有白色沉淀，示有 SO_4^{2-} 存在。

⑤ SO_3^{2-} 的鉴定。在盛有 5 滴试液（SO_3^{2-}）的试管中加入 2 滴 $1mol·L^{-1}$ 硫酸，迅速加入 1 滴 $0.01mol·L^{-1}$ $KMnO_4$ 溶液，如紫色褪去，示有 SO_3^{2-} 存在。

⑥ $S_2O_3^{2-}$ 的鉴定。取 3 滴试液（$S_2O_3^{2-}$）于试管中，加入 10 滴 $0.1mol·L^{-1}$ 的 $AgNO_3$ 溶液，摇动，如有白色沉淀迅速变棕变黑，示有 $S_2O_3^{2-}$ 存在。

⑦ PO_4^{3-} 的鉴定。取 3 滴试液（PO_4^{3-}）于试管中，加 5 滴 $6mol·L^{-1}$ 的 HNO_3 溶液，再加 8~10 滴 $(NH_4)_2MoO_4$ 试剂，微热至 40~60℃，如有黄色沉淀生成，示有 PO_4^{3-} 存在。

⑧ S^{2-} 的鉴定。取 1 滴试液（S^{2-}）于试管中，加 1 滴 $2mol·L^{-1}$ 的 NaOH 溶液碱化，

再加1滴亚硝酰铁氰化钠试剂，如溶液变成紫色，示有 S^{2-} 存在。

⑨ Cl^- 的鉴定。取3滴试液（Cl^-）于离心管中，加入1滴 $6mol \cdot L^{-1}$ 的 HNO_3 溶液酸化，再滴加 $0.1mol \cdot L^{-1}$ 的 $AgNO_3$ 溶液。如有白色沉淀产生，初步说明可能试液中有 Cl^- 存在。将离心管置于水浴上微热，离心分离，弃去清液，于沉淀上加入3～5滴 $6mol \cdot L^{-1}$ 氨水，用细玻璃棒搅拌，沉淀立即溶解，再加入5滴 $6mol \cdot L^{-1}$ 的 HNO_3 酸化，重新生成白色沉淀，示有 Cl^- 存在。

⑩ I^- 的鉴定。取5滴试液（I^-）于试管中，加入2滴 $2mol \cdot L^{-1}$ H_2SO_4 及3滴 CCl_4，然后逐滴加入 Cl_2 水，并不断振荡试管，如 CCl_4 层呈现紫红色（I_2），然后褪至无色（IO_3^-），示有 I^- 存在。

⑪ Br^- 的鉴定。取5滴试液（Br^-）于试管中，加3滴 $2mol \cdot L^{-1}$ 的 H_2SO_4 溶液及2滴 CCl_4，然后逐滴加入5滴氯水并振荡试管，如 CCl_4 层出现黄色或橙红色，示有 Br^- 存在。

(2) 混合离子的分离

① Cl^-、Br^-、I^- 的分离与鉴定。常用方法是将卤素离子转化为卤化银 AgX，然后用氨水或 $(NH_4)_2C_2O_4$ 将 AgCl 溶解而与 AgBr、AgI 分离。在余下的 AgBr、AgI 混合物中加入稀 H_2SO_4 酸化，再加入少许锌粉或镁粉，并加热将 Br^-、I^- 转入溶液。酸化后，根据 Br^-、I^- 的还原能力不同，用氯水分离和鉴定。

试按下列分析方案对含有 Cl^-、Br^-、I^- 的混合溶液进行分离和鉴定。

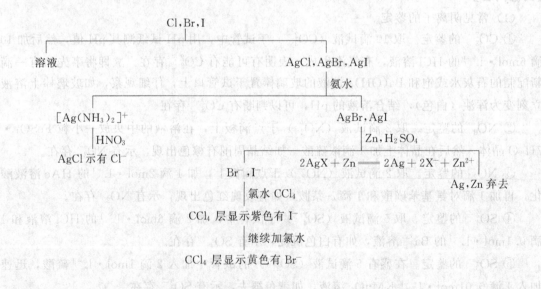

② S^{2-}、SO_3^{2-}、$S_2O_3^{2-}$ 的分离与鉴定。通常的方法是取少量试液，加入 NaOH 碱化，再加亚硝酰铁氰化钠，若有特殊红紫色产生，示有 S^{2-} 存在。可用 $CdCO_3$ 固体除去 S^{2-}，再进行其他离子分离鉴定。将滤液分成两份，一份鉴定 SO_3^{2-}，另一份鉴定 $S_2O_3^{2-}$。其中一份中加入亚硝酰铁氰化钠、过量饱和 $ZnSO_4$ 溶液及 $K_4[Fe(CN)_6]$ 溶液，产生红色沉淀，示有 SO_3^{2-} 存在。在另一份中滴加过量 $AgNO_3$ 溶液，若有沉淀按白色—棕色—黑色变化，示有 $S_2O_3^{2-}$ 存在。实验方案如下：

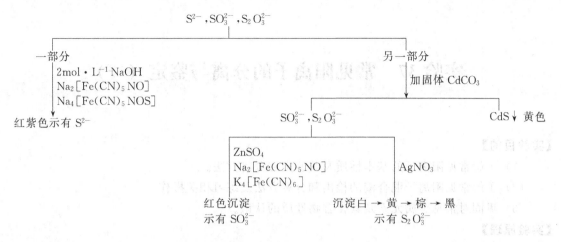

③ SO_4^{2-}、PO_4^{3-}、Cl^-、NO_3^- 的分离与鉴定。由于 SO_4^{2-}、PO_4^{3-}、Cl^-、NO_3^- 四种阴离子互不干扰其鉴定反应，可采用分别分析的方法直接鉴定。具体方法同上述单独离子的鉴定方法一样。

【附注】

[1] CO_3^{2-} 的鉴定中，用 $Ba(OH)_2$ 溶液检验时，SO_3^{2-}、$S_2O_3^{2-}$ 会有干扰，因为酸化时产生的 SO_2 也会使 $Ba(OH)_2$ 溶液浑浊，故初步试验时检出有 SO_3^{2-}、$S_2O_3^{2-}$，则要在酸化前加入 3% H_2O_2，把这些干扰离子氧化除去：$SO_3^{2-} + H_2O_2 =\!=\!= SO_4^{2-} + H_2O$，$S_2O_3^{2-} + 4H_2O_2 + H_2O =\!=\!= 2SO_4^{2-} + 2H^+ + 4H_2O$

[2] I_2 能与过量氯水反应生成无色溶液，其反应式为：
$$I_2 + 5Cl_2 + 6H_2O =\!=\!= 2HIO_3 + 10HCl$$

【思考题】

(1) 取下列盐中之两种混合，加水溶解时有沉淀产生。将沉淀分成两份，一份溶于 HCl 溶液，另一份溶于 HNO_3 溶液。试指出下列哪两种盐混合时可能有此现象？
$BaCl_2$，$AgNO_3$，Na_2SO_4，$(NH_4)_2CO_3$，KCl

(2) 一能溶于水的混合物，已检出含 Ag^+ 和 Ba^{2+}。下列阴离子中哪几个可不必鉴定？
SO_3^{2-}，Cl^-，NO_3^-，SO_4^{2-}，CO_3^{2-}，I^-

(3) 某含阴离子的未知液经初步试验结果如下：
① 试液呈酸性时无气体产生；
② 酸性溶液中加 $BaCl_2$ 溶液无沉淀产生；
③ 加入稀硝酸溶液和 $AgNO_3$ 溶液产生黄色沉淀；
④ 酸性溶液中加入 $KMnO_4$，紫色褪去，加 I_2 淀粉溶液，蓝色不褪去；
⑤ 与 KI 无反应。

由以上初步试验结果，推测哪些阴离子可能存在。说明理由，拟出进一步验证的步骤。

(4) 加稀 H_2SO_4 或稀 HCl 溶液于固体试样中，如观察到有气泡产生，则该固体试样中可能存在哪些阴离子？

(5) 某含阴离子的未知液，用稀 HNO_3 调节其至酸性后，加入 $AgNO_3$ 试剂，发现并无沉淀生成，则可以确定哪几种阴离子不存在？

(6) 在酸性溶液中能使 I_2-淀粉溶液褪色的阴离子是哪些？

实验37 常见阳离子的分离与鉴定（一）

【实验目的】

(1) 了解常见阳离子的基本性质及其鉴定和分离方法。

(2) 了解常见阳离子混合液的检出和分离方法及练习相关操作。

(3) 巩固对常见金属元素及其化合物性质的认识。

【实验原理】

离子的鉴定和分离是以各离子的特性及其对试剂的不同反应为依据的。利用加入某种化学试剂，使其与溶液中某种离子发生特征反应的方法来鉴别溶液中某种离子是否存在，称为该离子的鉴定。鉴定反应总是伴随有明显的外部特征，如颜色的改变、沉淀的生成和溶解、特殊气体或特殊气味的放出等，反应应该灵敏而迅速。各离子对试剂作用的相似性和差异性都是构成离子分离与检出方法的基础。也就是说，离子的基本性质是进行分离检出的基础。因而要想掌握分离检出的方法就要熟悉离子的基本性质。

离子的分离和检出只有在一定条件下才能进行。所谓一定的条件主要指溶液的酸碱度、反应物的浓度、反应温度、促进或妨碍此反应的物质是否存在等。为使反应向期望的方向进行，就必须选择适当的反应条件。因此，除了要熟悉离子的有关性质外，还要学会运用离子平衡（酸碱、沉淀、氧化还原、配合等平衡）的规律控制反应条件。这对于我们进一步了解离子分离条件和检出条件的选择将有很大帮助。

若有干扰物质的存在，必须消除其干扰。可用分离法和掩蔽法。如常用的沉淀分离法、溶剂萃取分离法和配位掩蔽法、氧化还原掩蔽法等。

有的鉴定反应的产物在水中的溶解度较大或不稳定，可加入特殊有机试剂使其溶解度降低或稳定性增加，例如，在 $[Co(SCN)_4]^{2-}$ 溶液中加入丙酮或乙醇，在 $CrO(O_2)_2$ 溶液中加入乙醚或戊醇。大部分无机微溶化合物在有机溶剂中的溶解度比在水中的溶解度小。

增加温度，可以加快化学反应的速率。对溶解度随温度变化而显著变化的物质，如 $PbCl_2$ 沉淀，可加热使其溶解而与其他沉淀分离。

化学反应速率较慢的反应，除需加热外还需加入适当的催化剂，例如，用 $S_2O_8^{2-}$ 鉴定 Mn^{2+}，加入 Ag^+ 催化剂是不可缺少的条件。

待测离子的浓度必须足够大，反应才能显著进行和有明显的特征。如用 HCl 溶液鉴定 Ag^+，必须 $c(Ag^+)c(Cl^-) > K_{sp}^{\ominus}(AgCl)$，才有 AgCl 沉淀生成。但有时沉淀太少，仍不易观察。

溶液的酸碱性不仅影响反应物或产物的溶解性、稳定性和反应的灵敏度等，更关系到鉴定反应的完成程度。例如用丁二酮肟鉴定 Ni^{2+}，溶液的适宜酸度是 pH=5～10。因为该试剂是一种有机弱酸，故在强酸性溶液中红色沉淀会分解。在碱性溶液中，Ni^{2+} 形成 $Ni(OH)_2$ 沉淀，故鉴定反应也不能进行。若加入 $NH_3 \cdot H_2O$ 过多，由于生成 $[Ni(NH_3)_6]^{2+}$ 使灵敏度降低，甚至使沉淀难以生成。

实验 37　常见阳离子的分离与鉴定（一）

　　分离和鉴定无机阳离子的方法分为系统分析法和分别分析法。系统分析法是将可能共存的常见 28 个阳离子按一定顺序，用"组试剂"将性质相似的离子逐组分离，然后再将各组离子进行分离和鉴定，如 H_2S 系统分析法（见表 8-3）以及"两酸两碱"系统分析法（见表 8-4）。分别分析法是分别取出一定量的试液，设法排除对鉴定方法有干扰的离子，加入适当的试剂，直接进行鉴定的方法。

表 8-3　H_2S 系统分析方案简表

硫化物不溶于水				硫化物溶于水	
在稀酸中形成硫化物沉淀		在稀酸中不生成硫化物沉淀		碳酸盐不溶于水	碳酸盐溶于水
氯化物不溶于热水	氯化物溶于热水				
Ag^+,Pb^{2+},Hg_2^{2+}（Pb^{2+} 浓度大时部分沉淀）	Pb^{2+},Hg^{2+},Bi^{3+},As^{3+},Cu^{2+},As^{5+},Cd^{2+},Sb^{3+},Sb^{5+},Sn^{2+},Sn^{4+}	Fe^{3+},Fe^{2+},Al^{3+},Co^{2+},Mn^{2+},Cr^{3+},Ni^{2+},Zn^{2+}		Ca^{2+},Sr^{2+},Ba^{2+}	Mg^{2+},K^+,Na^+,NH_4^+
第一组 盐酸组	第二组 硫化氢组	第三组 硫化铵组		第四组 碳酸铵组	第五组 易溶组
HCl	$0.3mol \cdot L^{-1}$ HCl H_2S	$NH_3 \cdot H_2O + NH_4Cl$ $(NH_4)_2S$		$NH_3 \cdot H_2O + NH_4Cl$ $(NH_4)_2CO_3$	—

表 8-4　两酸两碱系统分析方案简表

氯化物难溶于水	氯化物易溶于水				
	硫酸盐难溶于水	硫酸盐易溶于水			
		氢氧化物难溶于水及氨水	在氨性条件下不产生沉淀		
			氢氧化物难溶于过量氢氧化钠溶液	在强碱性条件下不产生沉淀	
$AgCl$,Hg_2Cl_2,$PbCl_2$	$PbSO_4$,$BaSO_4$,$SrSO_4$,$CaSO_4$	$Fe(OH)_3$,$Al(OH)_3$,$MnO(OH)_2$,$Cr(OH)_3$,$Bi(OH)_3$,$Sb(OH)_5$,$HgNH_2Cl$,$Sb(OH)_3$	$Cu(OH)_2$,$Co(OH)_2$,$Ni(OH)_2$,$Mg(OH)_2$,$Cd(OH)_2$	$[Zn(OH)_4]^{2-}$,K^+,Na^+,NH_4^+	
第一组 盐酸组	第二组 硫酸组	第三组 氨组	第四组 碱组	第五组 可溶组	
HCl	（乙醇） H_2SO_4	（H_2O_2） NH_3-NH_4Cl	NaOH	—	

　　常见阳离子的鉴定反应包括以下几类。
（1）与 HCl 溶液反应

$$Ag^+ \atop Hg_2^{2+} \atop Pb^{2+}} \xrightarrow{HCl} \begin{cases} AgCl\downarrow 白色，溶于氨水 \\ Hg_2Cl_2\downarrow 白色，溶于浓 HNO_3 及 H_2SO_4 \\ PbCl_2\downarrow 白色，溶于热水、NH_4Ac、NaOH \end{cases}$$

(2) 与硫酸溶液反应

Ba^{2+} → $BaSO_4$↓ 白色，难溶于酸
Sr^{2+} → $SrSO_4$↓ 白色，溶于煮沸的酸
Ca^{2+} →(硫酸) $CaSO_4$↓ 白色，溶解度较大，当 Ca^{2+} 的浓度较大时，才析出沉淀
Pb^{2+} → $PbSO_4$↓ 白色，溶于 NaOH、饱和 NH_4Ac、热 HCl 溶液、浓硫酸，不溶于稀 H_2SO_4
Ag^+ → Ag_2SO_4↓ 白色，在浓溶液中产生沉淀，溶于热水

(3) 与 NaOH 反应

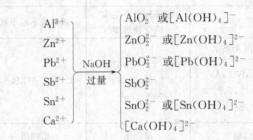

(4) 与 NH_3 溶液反应

Ag^+ → $[Ag(NH_3)_2]^+$
Cu^{2+} →(氨水过量) $[Cu(NH_3)_4]^{2+}$ 深蓝
Cd^{2+} → $[Cd(NH_3)_4]^{2+}$
Zn^{2+} → $[Zn(NH_3)_4]^{2+}$

(5) 与 $(NH_4)_2CO_3$ 反应

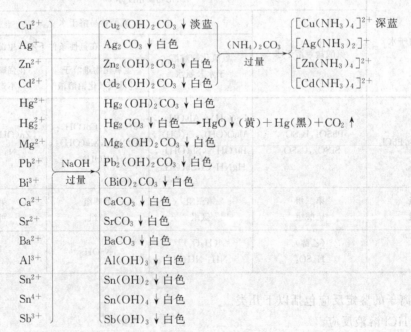

(6) 与 H_2S 或 $(NH_4)_2S$ 反应

应当掌握各种阳离子生成硫化物沉淀的条件及其硫化物溶解度的差别，并用于阳离子分离。除黑色硫化物以外，可利用颜色进行离子鉴别。

① 在 0.3 mol·L^{-1} 的 HCl 溶液中通入 H$_2$S 气体生成沉淀的离子

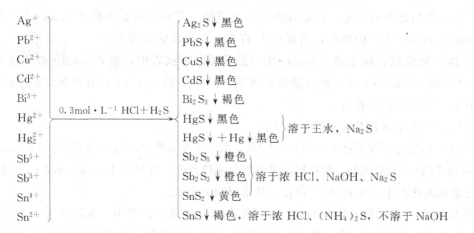

② 在 0.3 mol·L^{-1} 的 HCl 溶液中通入 H$_2$S 气体不生成沉淀，但在氨性介质中通入 H$_2$S 气体产生沉淀的离子：

$$\left.\begin{array}{r}Zn^{2+}\\ Al^{3+}\end{array}\right\}\xrightarrow{NH_4Cl+NH_3\cdot H_2O+H_2S}\left\{\begin{array}{l}ZnS\downarrow\ 白色，溶于稀\ HCl，不溶于\ HAc\ 溶液\\ Al(OH)_3\downarrow\ 白色，溶于强碱及稀\ HCl\end{array}\right.$$

【实验用品】

仪器：试管（10 mL），烧杯（250 mL），离心机，离心试管等。

固体试剂：亚硝酸钠，1mol·L^{-1} NaCl，饱和 K[Sb(OH)$_6$]，0.5mol·L^{-1} KCl，饱和 NaHC$_4$H$_4$O$_6$，0.5mol·L^{-1} MgCl$_2$，2mol·L^{-1} NaOH，6mol·L^{-1} NaOH，镁试剂，0.5mol·L^{-1} CaCl$_2$，饱和 (NH$_4$)$_2$C$_2$O$_4$，2mol·L^{-1} HAc，6mol·L^{-1} HAc，2mol·L^{-1} HCl，浓盐酸，0.5mol·L^{-1} BaCl$_2$，2mol·L^{-1} NaAc，1mol·L^{-1} K$_2$CrO$_4$，0.5mol·L^{-1} AlCl$_3$，0.1% 铝试剂，6mol·L^{-1} NH$_3$·H$_2$O，0.5mol·L^{-1} SnCl$_2$，0.2mol·L^{-1} HgCl$_2$，0.5mol·L^{-1} Pb(NO$_3$)$_2$，0.1mol·L^{-1} SbCl$_3$，苯，罗丹明 B，0.1mol·L^{-1} Bi(NO$_3$)$_3$，2.5% 硫脲，0.5mol·L^{-1} CuCl$_2$，0.5mol·L^{-1} K$_4$[Fe(CN)$_6$]，0.1mol·L^{-1} AgNO$_3$，6mol·L^{-1} HNO$_3$，0.2mol·L^{-1} ZnSO$_4$，(NH$_4$)$_2$[Hg(SCN)$_4$] 溶液，0.2mol·L^{-1} Cd(NO$_3$)$_2$，0.5mol·L^{-1} Na$_2$S，饱和 Na$_2$CO$_3$。

材料：玻璃棒，pH 试纸，镍丝等。

【实验内容】

(1) 碱金属、碱土金属离子的鉴定

① Na$^+$ 的鉴定。在盛有 0.5mL 1mol·L^{-1} 的 NaCl 溶液的试管中，加入 0.5 mL 饱和六羟合锑(Ⅴ)酸钾 K[Sb(OH)$_6$] 溶液，如有白色结晶状沉淀产生，示有 Na$^+$ 存在。如无沉淀产生，可以用玻璃棒摩擦试管内壁，放置片刻，再观察。写出反应方程式。

② K$^+$ 的鉴定。在盛有 0.5mL 1mol·L^{-1} KCl 溶液的试管中，加入 0.5mL 饱和酒石酸氢钠 NaHC$_4$H$_4$O$_6$ 溶液，如有白色结晶状沉淀产生，示有 K$^+$ 存在。如无沉淀产生，可用玻璃棒摩擦试管壁，再观察。写出反应方程式。

③ Mg^{2+} 的鉴定。在试管中加 2 滴 0.5mol·L^{-1} MgCl$_2$ 溶液，再滴加 6mol·L^{-1} NaOH 溶液，直到生成絮状的 Mg(OH)$_2$ 沉淀为止；然后加入 1 滴镁试剂，搅拌之，生成蓝色沉淀，示有 Mg^{2+} 存在。写出反应方程式。

④ Ca^{2+} 的鉴定。取 0.5mL 0.5mol·L^{-1} $CaCl_2$ 溶液于离心试管中,再加 10 滴饱和草酸铵溶液,有白色沉淀产生。离心分离,弃去清液。若白色沉淀不溶于 6mol·L^{-1} 的 HAc 溶液而溶于 2mol·L^{-1} 的盐酸,示有 Ca^{2+} 存在。写出反应方程式。

⑤ Ba^{2+} 的鉴定。取 2 滴 0.5mol·L^{-1} 的 $BaCl_2$ 于试管中,加入 2mol·L^{-1} 的 HAc 和 2mol·L^{-1} 的 NaAc 各 2 滴,然后滴加 2 滴 1mol·L^{-1} 的 K_2CrO_4,有黄色沉淀生成,示有 Ba^{2+} 存在。写出反应方程式。

(2) p 区和 ds 区部分金属离子的鉴定

① Al^{3+} 的鉴定。取 2 滴 0.5mol·L^{-1} $AlCl_3$ 溶液于小试管中,加 2~3 滴水、2 滴 2mol·L^{-1} 的 HAc 及 2 滴 0.1% 铝试剂,搅拌后,置水浴上加热片刻,再加 1~2 滴 6mol·L^{-1} 的氨水,有红色絮状沉淀产生,示有 Al^{3+} 存在。写出反应方程式。

② Sn^{2+} 的鉴定。取 5 滴 0.5mol·L^{-1} 的 $SnCl_2$ 试液于试管中,逐滴加入 0.2mol·L^{-1} 的 $HgCl_2$ 溶液,边加边振荡,若产生的沉淀由白色变为灰色,然后变为黑色,示有 Sn^{2+} 存在。写出反应方程式。

③ Pb^{2+} 的鉴定。取 5 滴 0.5mol·L^{-1} $Pb(NO_3)_2$ 试液于试管中,加 2 滴 1mol·L^{-1} K_2CrO_4 溶液,如有黄色沉淀生成,在沉淀上滴加数滴 2mol·L^{-1} NaOH 溶液,沉淀溶解,示有 Pb^{2+} 存在。写出反应方程式。

④ Sb^{3+} 的鉴定。取 5 滴 0.1mol·L^{-1} 的 $SbCl_3$ 试液于试管中,加 3 滴浓盐酸及数粒亚硝酸钠,将 Sb(Ⅲ) 氧化为 Sb(Ⅴ),当无气体放出时,加数滴苯及 2 滴罗丹明 B 溶液,苯层显紫色,示 Sb^{3+} 存在。写出反应方程式。

⑤ Bi^{3+} 的鉴定。取 1 滴 0.1mol·L^{-1} 的 $Bi(NO_3)_3$ 试液于试管中,加 1 滴 2.5% 的硫脲,生成鲜黄色配合物,示有 Bi^{3+} 存在。

⑥ Cu^{2+} 的鉴定。取 1 滴 0.5mol·L^{-1} 的 $CuCl_2$ 试液于试管中,加 1 滴 6mol·L^{-1} 的 HAc 溶液酸化,再加 1 滴 0.5mol·L^{-1} 亚铁氰化钾 $K_4[Fe(CN)_6]$ 溶液,生成红棕色 $Cu_2[Fe(CN)_6]$ 沉淀,示有 Cu^{2+} 存在。写出反应方程式。

⑦ Ag^+ 的鉴定。取 5 滴 0.1mol·L^{-1} 的 $AgNO_3$ 试液于试管中,加 5 滴 2mol·L^{-1} 的盐酸,产生白色沉淀。在沉淀中加入 6mol·L^{-1} 的氨水至沉淀完全溶解。此溶液再用 6mol·L^{-1} 的 HNO_3 溶液酸化,生成白色沉淀,示有 Ag^+ 存在。写出反应方程式。

⑧ Zn^{2+} 的鉴定。取 3 滴 0.2mol·L^{-1} 的 $ZnSO_4$ 试液于试管中,加 2 滴 2mol·L^{-1} 的 HAc 溶液酸化,再加入等体积硫氰酸汞铵 $(NH_4)_2[Hg(SCN)_4]$ 溶液,摩擦试管壁,生成白色沉淀,示有 Zn^{2+} 存在。写出反应方程式。

⑨ Cd^{2+} 的鉴定。取 3 滴 0.2mol·L^{-1} 的 $Cd(NO_3)_2$ 试液于小试管中,加入 2 滴 0.5mol·L^{-1} 的 Na_2S 溶液,生成亮黄色沉淀,示有 Cd^{2+} 存在。写出反应方程式。

⑩ Hg^{2+} 的鉴定。取 2 滴 0.2mol·L^{-1} 的 $HgCl_2$ 试液于小试管中,逐滴加入 0.5mol·L^{-1} 的 $SnCl_2$ 溶液,边加边振荡,观察沉淀颜色变化过程,最后变为灰色,示有 Hg^{2+} 存在(该反应可作为 Hg^{2+} 或 Sn^{2+} 的定性鉴定)。写出反应方程式。

(3) 部分混合离子的分离和鉴定

取 Ag^+ 试液 2 滴和 Cd^{2+}、Al^{3+}、Ba^{2+}、Na^+ 试液各 5 滴,加到离心试管中,混合均匀后,按下述进行分离和鉴定(混合离子由相应的硝酸盐溶液配制)。

实验 37 常见阳离子的分离与鉴定（一）

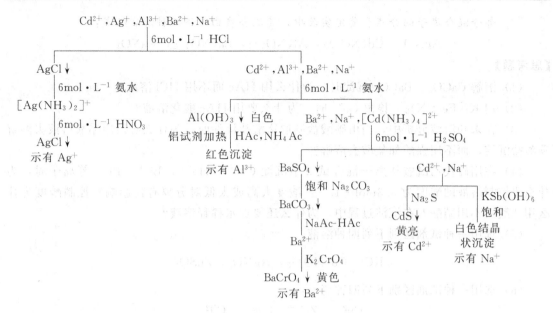

① Ag^+ 的分离和鉴定。在混合试液中加 1 滴 $6mol·L^{-1}$ 的盐酸，剧烈搅拌，在沉淀生成时再滴加 1 滴 $6mol·L^{-1}$ 的盐酸至沉淀完全，搅拌片刻，离心分离，把清液转移到另一支离心试管中，按（3）②处理。沉淀用 1 滴 $6mol·L^{-1}$ 的盐酸和 10 滴蒸馏水洗涤，离心分离，洗涤液并入上面的清液中。在沉淀上加入 2~3 滴 $6mol·L^{-1}$ 的氨水，搅拌，使它溶解，在所得清液中加入 1~2 滴 $6mol·L^{-1}$ 的 HNO_3 溶液酸化，有白色沉淀析出，示有 Ag^+ 存在。写出反应方程式。

② Al^{3+} 的分离和鉴定。往（3）①的清液中滴加 $6mol·L^{-1}$ 的氨水至显碱性，搅拌片刻，离心分离，把清液转移到另一支离心试管中，按（3）③处理。沉淀中加入 $2mol·L^{-1}$ 的 HAc 和 $2mol·L^{-1}$ 的 NaAc 各 2 滴，再加入 2 滴铝试剂，搅拌后微热之，产生红色沉淀，示有 Al^{3+} 存在。写出反应方程式。

③ Ba^{2+} 的分离和鉴定。在（3）②的清液中滴加 $6mol·L^{-1}$ 的 H_2SO_4 溶液至产生白色沉淀，再过量 2 滴，搅拌片刻，离心分离，把清液转移到另一支试管中，按（3）④处理。沉淀用热蒸馏水 10 滴洗涤，离心分离，清液并入上面的清液中。在沉淀中加入饱和 Na_2CO_3 溶液 3~4 滴，搅拌片刻，再加入 $2mol·L^{-1}$ 的 HAc 溶液和 $2mol·L^{-1}$ 的 NaAc 溶液各 3 滴，搅拌片刻，然后加入 1~2 滴 $1mol·L^{-1}$ 的 K_2CrO_4 溶液，产生黄色沉淀，示有 Ba^{2+} 存在。写出反应方程式。

④ Cd^{2+}、Na^+ 的分离和鉴定。取少量(3)③的清液于一支试管中，加入 2~3 滴 $0.5mol·L^{-1}$ 的 Na_2S 溶液，产生亮黄色沉淀，示有 Cd^{2+} 存在。写出反应方程式。

另取少量(3)③的清液于另一支试管中，加入几滴饱和酒石酸锑钾溶液，产生白色结晶状沉淀，示有 Na^+ 存在。写出反应方程式。

【注意事项】

[1] 在一般情况下，为了沉淀完全，加入的沉淀剂只需比理论计量过量 20%~50%。沉淀剂过量太多，会起较强盐效应、配合物生成等副作用，反而增大沉淀的溶解度。

[2] 硫氰酸汞铵 $(NH_4)_2[Hg(SCN)_4]$ 试剂的配制：溶 8g 氯化汞和 9g 硫氰化铵于 100mL 蒸馏水中。

[3] 部分混合离子的分离和鉴定实验中，其混合液由以下几种溶液组成：
$AgNO_3$，$Cd(NO_3)_2$，$Al(NO_3)_3$，$Ba(NO_3)_2$，$NaNO_3$

【思考题】

(1) 溶解 $CaCO_3$、$BaCO_3$ 沉淀时，为什么用 HAc 而不用 HCl 溶液？

(2) 用 $K_4[Fe(CN)_6]$ 检出 Cu^{2+} 时，为什么要用 HAc 酸化溶液？

(3) 在未知溶液分析中，当由碳酸盐制取铬酸盐沉淀时，为什么必须用醋酸溶液去溶解碳酸盐沉淀，而不用强酸如盐酸去溶解？

(4) 在用硫代乙酰胺从离子混合试液中沉淀 Cd^{2+}、Hg^{2+}、Bi^{3+}、Pb^{2+} 等离子时，为什么要控制溶液的酸度为 $0.3 mol \cdot L^{-1}$？酸度太高或太低对分离有何影响？控制酸度为什么用盐酸而不用硝酸？在沉淀过程中，为什么还要加水稀释溶液？

(5) 选用一种试剂区别下列四种溶液：
KCl，$Cd(NO_3)_2$，$AgNO_3$，$ZnSO_4$

(6) 选用一种试剂区别下列四种离子：
Cu^{2+}，Zn^{2+}，Hg^{2+}，Cd^{2+}

(7) 用一种试剂分离下列各组离子：
① Zn^{2+} 和 Cd^{2+} ② Zn^{2+} 和 Al^{3+} ③ Cu^{2+} 和 Hg^{2+}
④ Zn^{2+} 和 Cu^{2+} ⑤ Zn^{2+} 和 Sb^{3+}

(8) 如何把 $BaSO_4$ 转化为 $BaCO_3$？与 Ag_2CrO_4 转化为 $AgCl$ 相比，哪一种转化比较容易？为什么？

实验38　常见阳离子的分离与鉴定（二）

【实验目的】

(1) 了解常见阳离子的基本性质及其鉴定和分离方法。
(2) 了解常见阳离子混合液的检出和分离方法以及相关操作。
(3) 巩固对常见金属元素及其化合物性质的认识。
(4) 学习混合离子分离的方法，进一步巩固离子鉴定的条件和方法。
(5) 熟悉 Ag、Hg、Pb、Cu、Fe 的化学性质。

【实验原理】

离子混合溶液中诸组分若对鉴定不产生干扰，便可以利用特效反应直接鉴定某种离子。若共存的其他组分彼此干扰，就要选择适当的方法消除干扰。通常采用掩蔽剂消除干扰，这是一种比较简单、有效的方法。但在很多情况下，没有合适的掩蔽剂，就需要将彼此干扰组分分离。沉淀分离法是最经典的分离方法。这种方法是向混合溶液中加入适当的沉淀剂，利用所形成的化合物溶解度的差异，使被鉴定组分与干扰组分分离。常用的沉淀剂有 HCl、H_2SO_4、NaOH、$NH_3 \cdot H_2O$、$(NH_4)_2CO_3$ 及 $(NH_4)_2S$ 溶液等。由于元素在周期表中的位置使相邻元素在化学性质上表现出相似性，因此一种沉淀剂往往使具有相似性质的元素同时产生沉淀。这种沉淀剂称为产生沉淀的元素的组试剂。组试剂将元素划分为不同的组，逐渐达到分离的目的。

本次实验学习熟练运用 Ag^+、Hg^{2+}、Pb^{2+}、Cu^{2+} 和 Fe^{3+} 元素的化学性质，进行分离和鉴定。其实验方案设计如下：

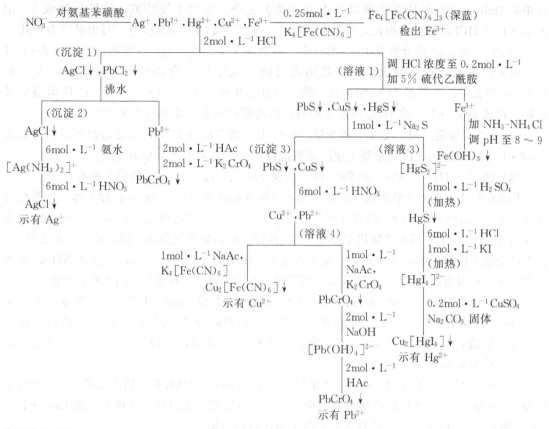

【实验用品】

仪器：离心机，电热炉，离心试管，烧杯（100mL），点滴板，试管夹等。

固体试剂：锌粉，碳酸钠，亚硫酸钠，Ag^+、Hg^{2+}、Pb^{2+}、Cu^{2+}、Fe^{3+} 混合溶液（五种盐都是硝酸盐，其浓度均为 $10mg \cdot mL^{-1}$），$2mol \cdot L^{-1}$ HAc，$6mol \cdot L^{-1}$ HAc，对氨基苯磺酸（0.5g 溶于 150mL $2mol \cdot L^{-1}$ 的 HAc 中），α-萘胺溶液，$0.25mol \cdot L^{-1}$ $K_4Fe(CN)_6$，$2mol \cdot L^{-1}$ HCl，$6mol \cdot L^{-1}$ HCl，$2mol \cdot L^{-1}$ K_2CrO_4，$2mol \cdot L^{-1}$ NaOH，$6mol \cdot L^{-1}$ $NH_3 \cdot H_2O$，$6mol \cdot L^{-1}$ HNO_3，浓 HNO_3，5%硫代乙酰胺，饱和 NH_4Cl，$1mol \cdot L^{-1}$ Na_2S，$1mol \cdot L^{-1}$ NaAc，$6mol \cdot L^{-1}$ H_2SO_4，$1mol \cdot L^{-1}$ KI，$0.2mol \cdot L^{-1}$ $CuSO_4$。

材料：pH 试纸，玻璃棒等。

【实验内容】

（1）NO_3^- 的鉴定

取 3 滴混合试液，加 $6mol \cdot L^{-1}$ 的 HAc 溶液酸化后用玻璃棒取少量锌粉加入试液，搅拌均匀，使溶液中 NO_3^- 还原为 NO_2^-。加对氨基苯磺酸与 α-萘胺溶液各一滴，有何现象？

取混合溶液 20 滴，放入离心试管并按以下实验步骤进行分离和鉴定。

（2）Fe^{3+} 的鉴定

取一滴试液加到白色点滴板凹穴，加 $0.25mol \cdot L^{-1}$ $K_4Fe(CN)_6$ 一滴。观察沉淀的生成和颜色，该物质是何沉淀？

(3) Ag^+、Pb^{2+} 和 Cu^{2+}、Hg^{2+}、Fe^{3+} 的分离及 Ag^+、Pb^{2+} 的分离和鉴定

向余下试液中滴加 4 滴 $2mol \cdot L^{-1}$ 的 HCl，充分振动，静置片刻，离心沉降，向上层清液中加 $2mol \cdot L^{-1}$ 的 HCl 溶液以检查沉淀是否完全。吸出上层清液，编号为溶液 1。用 $2mol \cdot L^{-1}$ HCl 溶液洗涤沉淀，编号为沉淀 1。观察沉淀的生成和颜色，写出反应方程式。

① Pb^{2+} 和 Ag^+ 的分离及 Pb^{2+} 的鉴定。向沉淀 1 中加六滴水，在沸水浴中加热 3min 以上，并不时搅动。待沉淀沉降后，趁热取清液三滴于黑色点滴板上，加 $2mol \cdot L^{-1}$ 的 K_2CrO_4 和 $2mol \cdot L^{-1}$ 的 HAc 溶液各一滴，有什么生成？加 $2mol \cdot L^{-1}$ 的 NaOH 溶液后又怎样？再加 $6mol \cdot L^{-1}$ 的 HAc 溶液又如何？取清液后所余沉淀编号为沉淀 2。

② Ag^+ 的鉴定。向沉淀 2 中加少量 $6mol \cdot L^{-1}$ 的 $NH_3 \cdot H_2O$，沉淀是否溶解？再加入 $6mol \cdot L^{-1}$ 的 HNO_3，沉淀重新生成。观察沉淀的颜色，并写出反应方程式。

(4) Pb^{2+}、Hg^{2+}、Cu^{2+} 和 Fe^{3+} 的分离及 Pb^{2+}、Hg^{2+}、Cu^{2+} 的分离和鉴定

用 $6mol \cdot L^{-1}$ 的氨水将溶液 1 的酸度调至中性（加氨水约 3~4 滴），再加入体积约为此时溶液 1/10 的 $2mol \cdot L^{-1}$ HCl 溶液（约 3~4 滴），将溶液的酸度调至 $0.2mol \cdot L^{-1}$。加 15 滴 5%CH_3CSNH_2，混匀后水浴加热 15min。然后稀释一倍再加热数分钟。静置冷却，离心沉降。向上层清液中加新制 H_2S 溶液检查沉淀是否完全。沉淀完全后离心分离，用饱和 NH_4Cl 溶液洗涤沉淀，所得溶液为溶液 2。通过实验判断溶液 2 中的离子。观察沉淀的生成和颜色。

① Hg^{2+} 和 Cu^{2+}、Pb^{2+} 的分离。在所得沉淀上加 5 滴 $1mol \cdot L^{-1}$ Na_2S 溶液，水浴加热 3min，并不时搅拌。再加 3~4 滴水，搅拌均匀后离心分离。沉淀用 Na_2S 溶液再处理一次，合并清液，并编号溶液 3。沉淀用饱和 NH_4Cl 溶液洗涤，并编号沉淀 3。观察溶液 3 的颜色，讨论反应历程。

② Cu^{2+} 的鉴定。向沉淀 3 中加入浓硝酸（约 4~5 滴），加热搅拌，使之全部溶解，所得溶液编号为溶液 4。用玻璃棒将产物单质 S 弃去。取 1 滴溶液 4 于白色点滴板上，加 $1mol \cdot L^{-1}$ NaAc 和 $0.25mol \cdot L^{-1}$ $K_4[Fe(CN)_6]$ 各 1 滴，有何现象？

③ Pb^{2+} 的鉴定。取 3 滴溶液 4 于黑色点滴板上，加 1 滴 $1mol \cdot L^{-1}$ 的 NaAc 和 1 滴 $1mol \cdot L^{-1}$ K_2CrO_4，有什么变化？如果没有变化，请用玻璃棒摩擦。加入 $2mol \cdot L^{-1}$ NaOH 后，再加 $2mol \cdot L^{-1}$ 的 HAc，有什么变化？

④ Hg^{2+} 的鉴定。向溶液 3 中逐滴加入 $6mol \cdot L^{-1}$ H_2SO_4，记下加入滴数。当加至 pH=3~5 时，再多加一半滴数的 H_2SO_4。水浴加热并充分搅拌。离心分离，用少量水洗涤沉淀。向沉淀中加 5 滴 $1mol \cdot L^{-1}$ KI 和 2 滴 $6mol \cdot L^{-1}$ HCl 溶液，充分搅拌，加热后离心分离。再用 KI 和 HCl 重复处理沉淀。合并两次离心液，往离心液中加 1 滴 $0.2mol \cdot L^{-1}$ $CuSO_4$ 和少许 Na_2CO_3 固体，有什么生成？说明有哪种离子存在？

【思考题】

(1) Pb^{2+} 的鉴定有可能现象不明显，请查阅不同温度时 $PbCl_2$ 在水中的溶解度并作出解释。

(2) HgS 的沉淀一步中为什么选用 H_2SO_4 溶液酸化而不用 HCl 溶液？

(3) 每次洗涤沉淀所用洗涤剂都有所不同，例如洗涤 AgCl、$PbCl_2$ 沉淀用 HCl 溶液（$2mol \cdot L^{-1}$），洗涤 PbS、HgS、CuS 沉淀用 NH_4Cl 溶液（饱和），洗涤 HgS 用蒸馏水，为什么？

(4) 设计分离和鉴定下列混合离子的方案。

① Ag^+，Cu^{2+}，Al^{3+}，Fe^{3+}，Ba^{2+}，Na^+

② Pb^{2+}，Mn^{2+}，Zn^{2+}，Co^{2+}，Ba^{2+}，K^+

9 分析化学实验

实验39 称量练习

【目的要求】

(1) 学会正确使用电子分析天平。
(2) 掌握差减称量法的基本操作。
(3) 加深对有效数字的认识。

【实验原理】

对一些不易吸水、在空气中稳定、无腐蚀性的样品，可以用直接法称量。当待称量物易吸水、易氧化、易吸收 CO_2 等物质时，应用差减法（或减量法）称量，即两次称量之差就是所要称量物质的质量，其原理及操作方法参阅天平的使用。

【仪器和试剂】

仪器：电子分析天平，称量瓶，表面皿，烧杯（100mL）。
试剂：无水 Na_2CO_3（或其他试剂）。

【操作步骤】

(1) 直接称量法

将表面皿直接放在分析天平托盘上，待显示稳定后按下"TARE"键，使读数为零，然后用药匙将试样慢慢加入到表面皿的中央，称量 0.5000g（误差范围≤±0.2mg）试样，重复三次，将试样的实际质量记录在表格（表9-1）中。

表 9-1 电子分析天平称量练习一

编号	Ⅰ	Ⅱ	Ⅲ
试样质量/g			

(2) 差减称量法

用纸条套住已装入试样的称量瓶（注意：手不要直接与称量瓶接触），轻轻放在分析天平的托盘上，准确称量其质量 m_1，记录数据（读数应准确至 0.1mg）。然后用纸条套住称量瓶将其从分析天平中取出，另取一纸片放在称量瓶盖上，在烧杯口上方隔着纸片取下称量瓶盖，使称量瓶口略倾斜，用称量瓶盖轻轻敲击称量瓶口侧上方，使试样倾倒于烧杯中，倾倒结束时，缓缓将称量瓶身摆正，同时用称量瓶盖轻轻敲击称量瓶口，在此过程中称量瓶不得离开烧杯口上方（注意：切勿让试样撒出烧杯外），盖好称量瓶盖，放入分析天平中再重，准确称量其质量 m_2，记录数据。则倾出试样的质量 m 为 (m_1-m_2)。要求每人称量2份，每份 0.3~0.5g，若倾出的试样不足 0.3g，则反复操作至达到要求的倾出量为止。

【数据处理】

见表 9-2。

表 9-2 电子分析天平称量练习二

项　目	Ⅰ	Ⅱ
称量瓶及试样质量 m_1/g		
倾出部分试样后称量瓶及试样质量 m_2/g		
倾出试样质量 m/g		

【思考题】

(1) 本次实验使用的天平可读到小数点后几位（以 g 为单位）？

(2) 直接法和差减法称量各有何优缺点？分别在什么情况下选用这两种方法？

(3) 在差减法称量过程中，若称量瓶内试样吸湿，对称量结果有无影响？若试样倾倒于烧杯中后再吸湿，对称量结果有无影响？

实验 40　酸碱标准溶液的配制及比较滴定

A. 间接法配制酸碱标准溶液

【目的要求】

(1) 掌握间接法配制酸、碱标准溶液的方法。

(2) 了解不同仪器所能达到的精度，量取时能够正确记录实验数据。

(3) 学会制作化学试剂的标签。

【实验原理】

NaOH 试剂容易吸收空气中的水蒸气及 CO_2，浓盐酸则易挥发放出 HCl 气体，它们都不是基准物质，因此都不能用直接法配制标准溶液，只能用间接法配制，即先粗配近似浓度的溶液，再用基准物质或其他标准溶液对其准确浓度进行标定。

【仪器和试剂】

仪器：玻璃塞细口试剂瓶（500mL），橡皮塞细口试剂瓶（500mL），烧杯（250mL），量筒（10mL、100mL），电子台秤。

试剂：NaOH（AR），浓 HCl（AR）。

【操作步骤】

(1) 配制盐酸溶液

用洁净量筒量取 4.3~4.5mL 浓 HCl，倒入磨口试剂瓶中，用蒸馏水稀释至 500mL 后，盖好瓶塞，充分摇匀，贴好标签备用。

(2) 配制氢氧化钠溶液

由台秤迅速称取 2.0~2.2g 固体 NaOH 于烧杯中，加约 30mL 无 CO_2 的蒸馏水使之溶解，转入橡皮塞试剂瓶中，再用无 CO_2 的蒸馏水稀释至 500mL，盖好瓶塞，摇匀，贴好标签备用。标签内容包括试剂名称、浓度、配制日期、专业、姓名。

【思考题】

（1）HCl 和 NaOH 溶液为什么不能用直接法配制？

（2）本实验中配制酸、碱标准溶液时，试剂只用量筒量取或台秤称取，为什么？稀释所用蒸馏水是否需要准确量取？

B. 酸碱滴定练习及比较滴定

【目的要求】

（1）学习酸（碱）式滴定管的洗涤、涂油、检漏等操作。

（2）练习滴定的基本操作。

（3）根据指示剂颜色变化正确判断滴定终点。

（4）掌握相对平均偏差的计算方法。

【实验原理】

HCl 与 NaOH 相互滴定的反应方程式为：

$$HCl + NaOH = NaCl + H_2O$$

当酸碱反应达到理论终点时，$c_{HCl}V_{HCl} = c_{NaOH}V_{NaOH}$。在误差允许的情况下，根据酸碱溶液的体积比，只要标定其中任意一种溶液的浓度，即可计算出另一溶液的准确浓度。

若用 HCl 溶液来滴定 NaOH 溶液，则选择甲基橙为指示剂，终点时溶液由黄色变为橙色；若用 NaOH 溶液来滴定 HCl 溶液，则选择酚酞为指示剂，终点时溶液由无色变为微红色，30s 不褪色。

【仪器和试剂】

仪器：酸式滴定管（50mL），碱式滴定管（50mL），锥形瓶（250mL）。

试剂：$0.1mol \cdot L^{-1}$ HCl，$0.1mol \cdot L^{-1}$ NaOH，0.05%甲基红，0.1%酚酞。

【操作步骤】

（1）滴定练习

① 由"碱管"放出约 10mL $0.1mol \cdot L^{-1}$ NaOH 于锥形瓶中，加 10mL 蒸馏水和 1～2 滴甲基橙指示剂，用 $0.1mol \cdot L^{-1}$ HCl 溶液滴定至溶液由黄色变橙色（接近终点时要有半滴操作，以下滴定操作均相同）。

② 由"酸管"放出 10mL $0.1mol \cdot L^{-1}$ HCl 溶液于另一锥形瓶中，加 10mL 蒸馏水和 1 滴酚酞指示剂，用 $0.1mol \cdot L^{-1}$ NaOH 溶液滴定至终点（微红），30s 不褪色。

③ 酸碱相互回滴，反复辨认终点颜色，控制好滴定速度。

（2）酸碱标准溶液比较滴定

① 将酸（碱）式滴定管分别装好"标准溶液"，并调整液面至零刻度线附近（以能准确读数为准），准确记录初读数（准确至 0.01mL）。

② 由碱式滴定管放出约 25.00mL（准确至 0.01mL）NaOH 溶液于锥形瓶中，加 1～2 滴甲基橙，用 HCl 溶液滴定至溶液颜色由黄色变成橙色，准确记录酸管的终读数。

③ 平行测定 2～3 次（每次测定都必须将酸、碱溶液重新装至滴定管的零刻度线附近），将数据记录在下面表格（表 9-3）中，计算酸碱溶液的体积比。

【数据处理】

见表 9-3。

表 9-3 酸碱溶液比较滴定

次数 样品	I	II	III
HCl 终读数/mL			
HCl 初读数/mL			
HCl 用量 $V(HCl)$/mL			
NaOH 终读数/mL			
NaOH 初读数/mL			
NaOH 用量 $V(NaOH)$/mL			
$V(HCl)/V(NaOH)$ 值			
$V(HCl)/V(NaOH)$ 平均值			
相对平均偏差			

【思考题】

(1) 每次滴定都要从滴定管"0"刻度附近开始滴定,为什么?

(2) 滴定管在装入标准溶液之前,需用待装溶液润洗 2～3 次,为什么?锥形瓶是否需要用所盛放溶液润洗?

(3) 若酸(碱)式滴定管中气泡未排净,是否会对滴定结果产生影响?应如何排气泡?

(4) 用 HCl 溶液滴定 NaOH 溶液,甲基橙变色时,pH 范围是多少?此时是否为化学计量点?

(5) 用量筒和滴定管量取液体体积时,应如何记录读数?

实验 41 酸碱标准溶液浓度的标定

A. 盐酸标准溶液的标定

【目的要求】

(1) 学习以 Na_2CO_3 作为基准物质标定盐酸溶液的原理及方法。

(2) 进一步熟练滴定操作。

(3) 能熟练判断滴定终点的到达。

(4) 正确记录实验数据,合理保留有效数字的位数。

【实验原理】

配好的 HCl 溶液只知其近似浓度,HCl 溶液的准确浓度需用基准物质进行标定。经常用来标定 HCl 溶液的基准物质有无水 Na_2CO_3 和 $Na_2B_4O_7 \cdot 10H_2O$(硼砂)。采用无水 Na_2CO_3 为基准物质来标定 HCl 浓度时,可选用甲基橙为指示剂来指示滴定终点。滴定反应为:

$$Na_2CO_3 + 2HCl = 2NaCl + H_2O + CO_2 \uparrow$$

终点时溶液由黄色变为橙色,HCl 溶液的浓度按下式进行计算:

$$c(\text{HCl}) = \frac{2 \times m(\text{Na}_2\text{CO}_3)}{M(\text{Na}_2\text{CO}_3) \times V(\text{HCl})} \times \frac{25.00}{250.0}$$

NaOH 溶液的浓度可根据实验 40 B. 的体积比结果，利用公式 $c(\text{NaOH}) = \frac{V(\text{HCl})}{V(\text{NaOH})} \times c(\text{HCl})$ 进行计算。

【仪器和试剂】

仪器：电子分析天平，酸式滴定管（50mL），锥形瓶（250mL），容量瓶（250mL），移液管（25mL）。

试剂：0.1mol·L^{-1} HCl[1]，无水 Na$_2$CO$_3$（AR），0.05％甲基橙。

【操作步骤】

（1）称量基准物（Na$_2$CO$_3$）

在分析天平上用差减法准确称取 1.1～1.4g（准确至 0.1mg）无水 Na$_2$CO$_3$ 于 250mL 烧杯中，加 50mL 蒸馏水溶解，定量转移至 250mL 容量瓶中定容，摇匀。

（2）标定 HCl 溶液

用 25.00mL 移液管取上述溶液（Na$_2$CO$_3$）于锥形瓶中，加 1～2 滴甲基橙指示剂，用 0.1mol·L^{-1} 的 HCl 溶液滴定至溶液由黄色变为橙色，记录所消耗的 HCl 溶液的体积（准确至 0.01mL）。平行测定三次（每次测定前都必须将酸溶液重新装至滴定管相同高度处，进行重复滴定），计算 HCl 溶液的准确浓度。

【数据处理】

见表 9-4。

表 9-4 HCl 溶液的标定

编号	Ⅰ	Ⅱ	Ⅲ
倾出前(称量瓶＋Na$_2$CO$_3$)质量/g			
倾出后(称量瓶＋Na$_2$CO$_3$)质量/g			
$m(\text{Na}_2\text{CO}_3)$/g			
每次取标定剂体积 $V(\text{Na}_2\text{CO}_3)$/mL	25.00	25.00	25.00
HCl 终读数/mL			
HCl 初读数/mL			
$V(\text{HCl})$/mL			
$c(\text{HCl})$/mol·L^{-1}			
平均值			
相对平均偏差			
$c(\text{NaOH})$/mol·L^{-1}			

【附注】

[1] 此 HCl 溶液为待标定溶液，0.1mol·L^{-1} 为该溶液的近似浓度。

【思考题】

（1）如果 Na$_2$CO$_3$ 中结晶水没有完全除去，实验结果会怎样？

（2）本实验中准确移取 Na$_2$CO$_3$ 溶液于锥形瓶中，锥形瓶内壁是否需要烘干？为什么？

（3）称量基准物质 Na$_2$CO$_3$ 于烧杯中，加 50mL 蒸馏水溶解，所加蒸馏水是否需要准确量取?

(4) 如何确定所称量基准物质的质量范围?

B. 氢氧化钠标准溶液的标定

【目的要求】

(1) 学习用邻苯二甲酸氢钾作基准物质标定氢氧化钠溶液的原理及方法。

(2) 进一步熟练滴定操作。

【实验原理】

邻苯二甲酸氢钾($KHC_8H_4O_4$，摩尔质量为$204.2g \cdot mol^{-1}$)摩尔质量大，易纯化，且不易吸收水分，是标定碱的一种良好的基准物质。用其标定 NaOH 溶液时，可用酚酞作指示剂指示滴定终点，滴定反应式为：

$$KHC_8H_4O_4 + NaOH = KNaC_8H_4O_4 + H_2O$$

到达滴定终点时，溶液由无色变为微红色，30s 不褪色。NaOH 溶液浓度的计算公式如下：

$$c(NaOH) = \frac{m(KHC_8H_4O_4)}{M(KHC_8H_4O_4)V(NaOH)}$$

【仪器和试剂】

仪器：电子分析天平，碱式滴定管(50mL)，锥形瓶(250mL)，称量瓶(25mm×40mm)。

试剂：$0.1mol \cdot L^{-1}$ NaOH[1]，邻苯二甲酸氢钾(AR)，0.1%酚酞。

【操作步骤】

(1) 称量基准物

在分析天平上用差减法准确称取邻苯二甲酸氢钾三份(准确至 0.1mg)，每份约____g (自己计算)，分别置于三个已编号的 250mL 锥形瓶中，加 50mL 蒸馏水(最好是用煮沸过的中性水)，温热使之溶解，冷却。加 1~2 滴酚酞指示剂。

(2) 标定 NaOH 溶液

分别用 $0.1mol \cdot L^{-1}$ 的 NaOH 溶液滴定至上述溶液由无色变为微红色，30s 内不褪色，即为终点。记录所耗 NaOH 溶液的体积，并计算 NaOH 溶液的浓度。

【数据处理】

见表 9-5。

表 9-5　NaOH 溶液的标定

编　号	I	II	III
倾出前(称量瓶+邻苯二甲酸氢钾)质量/g			
倾出后(称量瓶+邻苯二甲酸氢钾)质量/g			
$m(KHC_8H_4O_4)$/g			
NaOH 终读数/mL			
NaOH 初读数/mL			
$V(NaOH)$/mL			
$c(NaOH)$/mol·L^{-1}			
平均值			
相对平均偏差			

【附注】

[1] 此 NaOH 溶液为待标定溶液，0.1mol·L^{-1}为该溶液的近似浓度。

【思考题】

(1) 在酸碱滴定中，每次指示剂的用量仅为 1~2 滴，为什么不可多用？

(2) 若邻苯二甲酸氢钾加水后加热溶解，不等其冷却就进行滴定，对标定结果有无影响？为什么？

(3) 基准物质的称量范围是如何确定的？

(4) 若邻苯二甲酸氢钾烘干温度＞125℃，致使少部分基准物变成了酸酐，用此物质标定 NaOH 溶液时，对 NaOH 溶液的浓度有无影响？若有，如何影响？

实验 42　氨水中氨含量的测定

【目的要求】

(1) 掌握氨的测定原理及方法。

(2) 了解返滴定法的操作及其原理。

【实验原理】

$NH_3·H_2O$ 是一种弱碱，可用强酸直接滴定，但由于 NH_3 易挥发，所以通常采取返滴定法测定，即先量取已知量过量的 HCl 标准溶液于锥形瓶中，再加入一定量的 $NH_3·H_2O$ 样品与 HCl 充分反应，剩余的 HCl 再用 NaOH 标准溶液进行返滴定，其反应方程式如下：

$$HCl(过量) + NH_3 = NH_4Cl + HCl(剩余)$$

$$HCl(剩余) + NaOH = NaCl + H_2O$$

由于溶液中存在 NH_4Cl，NH_4^+ 是弱酸，所以终点时溶液 pH 约为 5.3，可选甲基红为指示剂，终点时溶液由红色变为橙色。结果以 NH_3 的质量浓度 $\rho(NH_3)/g·L^{-1}$ 表示，即：

$$\rho(NH_3) = \frac{[c(HCl) \times V(HCl) - c(NaOH) \times V(NaOH)] \times M(NH_3)}{V(NH_3·H_2O)}$$

【仪器和试剂】

仪器：酸式滴定管（50mL），碱式滴定管（50mL），锥形瓶（250mL），移液管（25mL）。

试剂：0.1mol·L^{-1} HCl 标准溶液[1]，0.1mol·L^{-1} NaOH 标准溶液[2]，0.1mol·L^{-1} $NH_3·H_2O$，0.1%甲基橙。

【操作步骤】

由酸式滴定管慢慢放出 40.00mL HCl 标准溶液于 250mL 锥形瓶中，用移液管量取 25.00mL $NH_3·H_2O$ 放入盛有 HCl 的锥形瓶中，加入 2 滴甲基红指示剂，溶液呈红色（若溶液呈黄色，说明 HCl 加入量不足，应适当补加 HCl），准确记录所加入 HCl 的总量。然后用 NaOH 标准溶液滴定剩余的 HCl 溶液,直至溶液由红色变为橙色,即为终点,记录所消耗 NaOH 的体积 V(NaOH),平行测定 2~3 次。计算 $NH_3 \cdot H_2O$ 中的 NH_3 的质量浓度及相对平均偏差。

实验结果也可用含氮量表示,计算公式如下:

$$\rho(N) = \rho(NH_3) \frac{M(N)}{M(NH_3)}$$

【数据处理】

见表 9-6。

表 9-6 氨水中氨含量的测定

HCl 标准溶液浓度 c(HCl)/mol·L^{-1}				
NaOH 标准溶液浓度 c(NaOH)/mol·L^{-1}				
测定序号		1	2	3
$V(NH_3 \cdot H_2O)$/mL				
HCl 用量	HCl 终读数/mL			
	HCl 初读数/mL			
	V(HCl)/mL			
NaOH 用量	NaOH 终读数/mL			
	NaOH 初读数/mL			
	V(NaOH)/mL			
$\rho(NH_3)$/g·L^{-1}				
$\bar{\rho}(NH_3)$/g·L^{-1}				
相对平均偏差				

【附注】

[1] 和 [2] 表示 HCl、NaOH 标准溶液均需有准确的浓度,此处 0.1mol·L^{-1} 为近似浓度。

【思考题】

(1) 本实验用 NaOH 标准溶液滴定过量的 HCl 溶液,化学计量点是否呈中性?为什么?

(2) 为何 NH_3 的测定不适宜用直接滴定法?

(3) 本实验中所加入的 HCl 的总量是否需要准确量取?其值是否需要准确记录?

实验 43 铵盐中含氮量的测定

A. 甲醛法测定铵盐中的含氮量

【目的要求】

(1) 掌握甲醛法测定铵盐中含氮量的原理。

(2) 学会用酸碱滴定法间接测定氮肥中的含氮量。

实验 43 铵盐中含氮量的测定

【实验原理】

铵盐为常用的氮肥之一。由于 NH_4^+ 的酸性太弱 ($K_a^\ominus = 5.6 \times 10^{-10}$),$cK_a^\ominus < 10^{-8}$,故无法用 NaOH 直接滴定,可用间接法来测定。NH_4^+ 的测定常用甲醛法,将铵盐与甲醛反应,生成与 NH_4^+ 等物质的量的酸[即质子化六亚甲基四胺 ($K_a^\ominus = 7.1 \times 10^{-6}$) 和 H^+],生成的酸用 NaOH 标准溶液直接滴定,终点时溶液呈弱碱性(pH 约为 8.7),故选酚酞为指示剂,终点时溶液由无色变为微红色,30s 不褪色。滴定反应式为:

$$4NH_4^+ + 6HCHO = (CH_2)_6N_4H^+ + 3H^+ + 6H_2O$$

$$(CH_2)_6N_4H^+ + 3H^+ + 4OH^- = (CH_2)_6N_4 + 4H_2O$$

试样中 N 的质量分数为:

$$w(N) = \frac{c(NaOH) \times V(NaOH) \times M(N)}{m_s} \times \frac{250.0}{25.00}$$

甲醛法也可用于测定有机化合物中的氮,但需将样品预处理,使其转化为铵盐后再进行测定。

甲醛法准确度较差,但简单快速,在生产实际中应用广泛。

【仪器和试剂】

仪器:碱式滴定管 (50mL),容量瓶 (250mL),移液管 (25mL),吸量管 (5mL),锥形瓶 (250mL),烧杯 (100mL)。

试剂:$0.1 mol \cdot L^{-1}$ NaOH 标准溶液,$(NH_4)_2SO_4$ (AR),37% 甲醛,0.1% 酚酞,18% 中性甲醛溶液(取 37% 甲醛[1],加等体积的蒸馏水稀释一倍,以酚酞为指示剂,用 NaOH 溶液滴定至溶液呈微红色[2])。

【操作步骤】

(1) 称样与定容

用差减法准确称取 1.4~1.5g(准确至 0.1mg)铵盐试样于烧杯中,加约 30mL 蒸馏水溶解,定量转移至 250mL 容量瓶中定容,摇匀。

(2) 测定

用移液管吸取 25.00mL 铵盐试液于锥形瓶中,加入 5mL 18% 中性甲醛溶液,放置 5min[3]。加入 1~2 滴酚酞指示剂,用 NaOH 标准溶液滴定至终点(微红色,30s 不褪色)。记录所消耗 NaOH 溶液的体积 (V),平行测定三次。计算试样中 N 的质量分数。

【数据处理】

见表 9-7。

表 9-7 铵盐含氮量的测定

倾出前(称量瓶+试样)质量 m_1/g			
倾出后(称量瓶+试样)质量 m_2/g			
试样质量 m_s/g			
测定序号	1	2	3
NaOH 终读数/mL			
NaOH 初读数/mL			
$V(NaOH)$/mL			
$c(NaOH)/mol \cdot L^{-1}$			

$w(N)$			
平均值			
相对平均偏差			

【附注】

[1] 市售甲醛中常有微量甲酸，因此使用前必须先以酚酞为指示剂，用 NaOH 中和。

[2] 如果试样中含有游离酸，也可用 NaOH 中和。但此时的指示剂应选用甲基红，终点颜色由红变橙。

[3] NH_4^+ 与甲醛的反应在室温下进行较慢，加入甲醛后须放置 5 min 再滴定。

【思考题】

(1) 为什么中和甲醛中游离酸以酚酞作指示剂，而中和铵盐中游离酸则以甲基红作指示剂？

(2) 铵盐中含 N 量的测定为何不采用 NaOH 直接滴定法？

(3) NH_4HCO_3 中含氮量的测定能否用甲醛法？为什么？

(4) 为减少甲醛在空气中的暴露，要注意什么？

B. 蒸馏法

【目的要求】

(1) 掌握蒸馏法测定铵盐中含氮量的原理。

(2) 学会凯氏定氮蒸馏装置的正确使用方法。

【实验原理】

铵盐中的含氮量还可用蒸馏法进行测定，蒸馏法准确，但操作比较繁琐且费时。在含铵盐的溶液中加入浓 NaOH，经蒸馏装置将生成的 NH_3 蒸馏出来，用已知量过量的 HCl 标准溶液吸收，再用 NaOH 标准溶液滴定剩余的 HCl。也可用 H_3BO_3 溶液来吸收蒸馏出来的 NH_3（注意：H_3BO_3 吸收时，吸收液温度不得超过 40℃，否则 NH_3 易逸出），其反应方程式为：

$$NH_3 + H_3BO_3 == NH_4H_2BO_3$$

生成的 $NH_4H_2BO_3$ 再用 HCl 标准溶液滴定：

$$NH_4H_2BO_3 + HCl == NH_4Cl + H_3BO_3$$

达到理论终点时，溶液中有 NH_4Cl 和 H_3BO_3，pH 约为 5，可选用甲基红或甲基红-溴甲酚绿混合指示剂指示滴定终点。

【仪器和试剂】

仪器：凯氏烧瓶（500mL），冷凝器，容量瓶（250mL），烧杯（100mL），锥形瓶（250mL），移液管（25mL、50mL）。

试剂：50% NaOH，$(NH_4)_2SO_4$（AR），$0.1mol·L^{-1}$ HCl 标准溶液，0.1% 甲基红，$0.1mol·L^{-1}$ NaOH 标准溶液。

其他：玻璃珠。

【操作步骤】

(1) 称样与定容

差减法准确称取 1.4~1.5g（准确至 0.1mg）铵盐试样于烧杯中，加约 30mL 蒸馏水溶解，转移至 250mL 容量瓶中，定容备用。

（2）取样并加入 NaOH 反应

按图 9-1 安装蒸馏装置，用移液管吸取 25.00mL 铵盐溶液于凯氏烧瓶中，加 100mL 蒸馏水稀释，再加入数粒玻璃珠（防止溶液爆沸）于烧瓶中。准确吸取 50.00mL 0.1 mol·L^{-1} HCl 标准溶液于 250mL 锥形瓶中，调节锥形瓶高度，使冷凝管下口恰好插入 HCl 溶液中。准备工作做好后，立即向烧瓶中倒入 10mL 50% NaOH 溶液，迅速塞紧连通连接球的塞子（为防止 NH$_3$ 逸出，这一操作要快），然后慢慢旋转摇动烧瓶中的溶液，使之混合均匀。

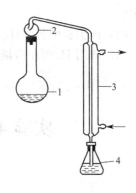

图 9-1　定氮蒸馏装置示意图
1—凯氏烧瓶；2—连接球；
3—冷凝管；4—锥形瓶

（3）加热

先用高温将烧瓶内溶液加热至沸，后慢慢调低温度，使溶液保持微沸。

（4）测定

当烧瓶内溶液蒸出近 2/3 时，放低锥形瓶，使酸液液面离开冷凝管末端，再继续蒸馏 1min，冲洗冷凝管玻璃内壁后即停止加热（注意：在酸液未离开管末端前，不能停止加热，否则会造成酸液回吸）。用少量蒸馏水冲洗冷凝管末端外沾附的酸液后移开锥形瓶，加入 1~2 滴甲基红指示剂，用 NaOH 标准溶液滴定至溶液由红色变橙色，记下所用的 NaOH 标准溶液的体积，然后计算试样中 N 的质量分数：

$$w(N) = \frac{[c(HCl) \times V(HCl) - c(NaOH) \times V(NaOH)] \times M(N)}{m_s} \times \frac{250.0}{25.00}$$

【数据处理】

见表 9-8。

表 9-8　蒸馏法测定铵盐中的含氮量

倾出前[称量瓶+(NH$_4$)$_2$SO$_4$]质量 m_1/g			
倾出后[称量瓶+(NH$_4$)$_2$SO$_4$]质量 m_2/g			
m_s[(NH$_4$)$_2$SO$_4$]/g			
c(NaOH)/mol·L^{-1}			
c(HCl)/mol·L^{-1}			
测定序号	1	2	3
V(HCl)/mL			
V(NaOH)/mL			
w(N)			
平均值			
相对平均偏差			

【思考题】

（1）蒸馏法测定铵盐中含氮量时，HCl 标准溶液起什么作用？滴定终点 pH 由哪个物质

(2) 该实验中若 NH_3 有少量逸出，会对测定结果产生什么影响？

(3) 若用 H_3BO_3 溶液吸收 NH_3，则 H_3BO_3 的浓度和体积是否需准确？

实验 44 混合碱的测定（双指示剂法）

【目的要求】

(1) 了解测定混合碱的原理。

(2) 掌握用双指示剂法测定混合碱的方法。

【实验原理】

工业混合碱通常是 Na_2CO_3 与 $NaOH$ 或 Na_2CO_3 与 $NaHCO_3$ 的混合物，常用双指示剂法测定其含量，即在同一份溶液中，先后加入两种指示剂，用同一种标准溶液进行滴定，再分别求出各自含量的方法。原理如下：

(1) 试样若为 Na_2CO_3 与 $NaOH$ 的混合物

由于 $NaOH$ 为一元强碱，它与强酸 HCl 的滴定反应突跃范围大，很容易准确滴定，到达化学计量点时 $pH=7.0$。而 Na_2CO_3 为二元弱碱，分两步解离，其 $K_{b1}^{\ominus}=1.79\times10^{-4}$，$K_{b2}^{\ominus}=2.38\times10^{-8}$ 且 $K_{b1}^{\ominus}/K_{b2}^{\ominus}\approx10^4$，由多元碱能被强酸滴定的条件 $cK_{b1}^{\ominus}\geqslant10^{-8}$ 及能被分步滴定的条件 $K_{b1}^{\ominus}/K_{b2}^{\ominus}\geqslant10^4$ 可知，Na_2CO_3 第一步和第二步解离产生的 OH^- 均可勉强被分步滴定，有两个突跃。第一化学计量点产物 $NaHCO_3$ 为两性物质，终点时，

$$pH=-\lg\sqrt{K_{a1}^{\ominus}\cdot K_{a2}^{\ominus}}=-\lg\sqrt{\frac{K_w^{\ominus}}{K_{b2}^{\ominus}}\cdot\frac{K_w^{\ominus}}{K_{b1}^{\ominus}}}=-\lg\sqrt{4.2\times10^{-7}\times5.6\times10^{-11}}\approx8.3$$

如果以酚酞为指示剂，在酚酞变色（变色范围为 8.0～10.0）时，$NaOH$ 被完全滴定，而 Na_2CO_3 被滴定至 $NaHCO_3$，滴定反应到达第一化学计量点（pH 约为 8.3）。设此时用去 HCl 的体积为 V_1（单位为 mL），其滴定反应为：

$$NaOH + HCl \xrightharpoonup{} NaCl + H_2O$$

$$Na_2CO_3 + HCl \xrightharpoonup{} NaHCO_3 + NaCl$$

第一化学计量点后，继续用 HCl 滴定，则滴定反应为：

$$NaHCO_3 + HCl \xrightharpoonup{} NaCl + CO_2 + H_2O$$

到达第二化学计量点时产物为 $H_2CO_3(CO_2+H_2O)$，在室温下，CO_2 饱和溶液浓度约为 $0.04\ mol\cdot L^{-1}$，故终点可近似按下式计算：

$$pH=-\lg\sqrt{cK_{a1}^{\ominus}}=-\lg\sqrt{0.04\times4.2\times10^{-7}}\approx3.9$$

所以在第一计量点后，可加甲基橙（变色范围 3.1～4.4）作指示剂，用 HCl 标准溶液继续滴定至溶液由黄色变为橙色。设又消耗的 HCl 标准溶液的体积为 V_2（单位为 mL）。

V_1 为中和全部 NaOH 和一半 Na_2CO_3 所需 HCl 溶液的用量，V_2 为中和另一半 Na_2CO_3 所需 HCl 溶液的用量，$V_1>V_2$。故滴定 NaOH 所消耗的 HCl 溶液的用量为 (V_1-V_2)，滴定 Na_2CO_3 所消耗的 HCl 溶液的用量为 $2V_2$。试样中各组分的含量为：

$$w(NaOH) = \frac{c(HCl) \times (V_1 - V_2) \times M(NaOH)}{m_s}$$

$$w(Na_2CO_3) = \frac{c(HCl) \times V_2 \times M(Na_2CO_3)}{m_s}$$

（2）试样若为 Na_2CO_3 与 $NaHCO_3$ 的混合物

由于 Na_2CO_3 比 $NaHCO_3$ 的碱性强，滴加 HCl 时首先和 Na_2CO_3 反应，而 Na_2CO_3 与 HCl 的反应是分两步进行的，因此，先以酚酞作指示剂，用 HCl 标准溶液滴定至溶液由红色变为无色时，Na_2CO_3 被中和为 $NaHCO_3$，即达到第一计量点（pH 约为 8.32）：

$$Na_2CO_3 + HCl = NaHCO_3 + NaCl$$

此时消耗 HCl 标准溶液的体积为 V_1。再加入甲基橙为指示剂，继续用 HCl 标准溶液滴定至第二个计量点（pH 约为 3.9），溶液由黄色变到橙色，第一计量点生成的 $NaHCO_3$ 与原混合物中的 $NaHCO_3$ 都被中和，所消耗 HCl 标准溶液的体积为 V_2：

$$NaHCO_3 + HCl = NaCl + H_2CO_3$$

此时 $V_1<V_2$，V_1 仅为 Na_2CO_3 转化为 $NaHCO_3$ 所需 HCl 溶液用量，滴定 Na_2CO_3 所需 HCl 标准溶液的用量为 $2V_1$，滴定 $NaHCO_3$ 所需 HCl 溶液的用量为 V_2-V_1，各组分的含量为：

$$w(Na_2CO_3) = \frac{c(HCl) \times V_1 \times M(Na_2CO_3)}{m_s}$$

$$w(NaHCO_3) = \frac{c(HCl) \times (V_2 - V_1) \times M(NaHCO_3)}{m_s}$$

根据双指示剂法中消耗标准酸溶液的体积 V_1 和 V_2 的关系，可以判断混合碱的组成，即：

$V_1 > V_2 > 0$	含有 Na_2CO_3 和 NaOH
$V_2 > V_1 > 0$	含有 Na_2CO_3 和 $NaHCO_3$
$V_1 = V_2 \neq 0$	只含有 Na_2CO_3
$V_1 > 0, V_2 = 0$	只含有 NaOH
$V_1 = 0, V_2 > 0$	只含有 $NaHCO_3$

【仪器和试剂】

仪器：电子分析天平，锥形瓶（250mL），烧杯（150mL），酸式滴定管（50mL），容量瓶（250mL），移液管（25mL）。

试剂：0.2%酚酞的乙醇溶液，0.1%甲基橙，0.1mol·L^{-1} HCl 标准溶液，混合碱样品。

【操作步骤】

准确称取 2.0～2.2g（准确至 0.1mg）混合碱样品于 150mL 烧杯中，加 50mL 蒸馏水溶解，然后定量转移至 250mL 容量瓶中，加蒸馏水至刻度，摇匀。用 25mL 移液管移取试液三份，分别置于三个锥形瓶中，各加入 2 滴酚酞指示剂，用 HCl 标准溶液滴定至红色恰好消失[1]，记下 HCl 用量 V_1(mL)。然后加入 2 滴甲基橙，继续用 HCl 标准溶液[2]滴定至溶液由黄色变为橙色（接近终点时应剧烈摇动锥形瓶[3]），记录又消耗的 HCl 溶液的体积 V_2(mL)。平行测定三次，根据 V_1 和 V_2 的大小，判断混合碱的组成，并计算混合碱中各组分的含量。

【数据处理】

见表 9-9。

表 9-9　混合碱 Na_2CO_3 + NaOH（或 Na_2CO_3 + $NaHCO_3$）的测定

混合碱样品及称量瓶质量 m_1/g				
倾出后混合碱样品及称量瓶质量 m_2/g				
混合碱样品质量 m/g				
测定时混合碱样品质量 m_s/g ($m_s = m \times 25/250$)				
测定序号		1	2	3
第一化学计量点(酚酞变色)	HCl 终读数/mL			
	HCl 初读数/mL			
	V_1(HCl)/mL			
第二化学计量点(甲基橙变色)	HCl 终读数/mL			
	HCl 初读数/mL			
	V_2(HCl)/mL			
混合碱组成				
混合碱中各组分含量	$w(Na_2CO_3)$			
	w(NaOH 或 $NaHCO_3$)			
平均值	$\overline{w}(Na_2CO_3)$			
	$\overline{w}$(NaOH 或 $NaHCO_3$)			

【附注】

[1] 在第一滴定终点前，HCl 标准溶液要逐滴加入，并要不断摇动锥形瓶，以防溶液局部浓度过大。否则，一部分 Na_2CO_3 会直接被滴定成 CO_2。

[2] 达第一滴定终点后，不能在滴定管中加 HCl 标准溶液，应连续滴定。

[3] 在第一滴定终点前，溶液是由 Na_2CO_3 和 $NaHCO_3$ 组成的缓冲溶液，第二滴定终点前，溶液是由 $NaHCO_3$ 和 H_2CO_3 组成的缓冲溶液。所以，在两个滴定终点附近的滴定突跃范围小，指示剂变色不敏锐，滴定速度一定要慢且充分振荡。

【思考题】

(1) Na_2CO_3 是食用碱主要成分，其中常含有少量的 $NaHCO_3$。能否用酚酞指示剂测定 Na_2CO_3 含量？

(2) 为什么移液管必须要用所移取溶液润洗，而锥形瓶则不能用所装溶液润洗？

(3) 如何判断混合碱的组成？

实验 45　食醋中总酸量的测定

【目的要求】
(1) 掌握食醋中总酸量测定的原理和方法。
(2) 进一步熟悉强碱滴定弱酸的基本原理与基本方法。
(3) 掌握指示剂的选择原则。

【实验原理】
食醋中主要成分是 HAc（质量分数为 3%～5%），此外还有少量其他有机弱酸，如乳酸等。用 NaOH 标准溶液滴定时，凡是解离常数 $K_a^{\ominus} \geqslant 10^{-7}$ 的弱酸都可以被滴定，它们与 NaOH 溶液的反应方程式为：

$$NaOH + CH_3COOH \Longrightarrow CH_3COONa + H_2O$$
$$nNaOH + H_nA(\text{有机酸}) \Longrightarrow Na_nA + nH_2O$$

因此测出的是总酸量。分析结果通常用含量最多的 HAc 来表示。由于这是强碱滴定弱酸，滴定突跃范围偏碱性，化学计量点时 pH 在 8.7 左右，可选用酚酞作指示剂，但必须注意 CO_2 对反应的影响。由于食醋是液体样品，通常是量取体积而不称其质量，因此测定结果一般以每升或每 100mL 样品中所含 HAc 的质量来表示。

【仪器和试剂】
仪器：移液管（10mL、25mL），容量瓶（250mL），酸式滴定管（50mL）。
试剂：0.1% 酚酞，0.1mol·L^{-1} NaOH 标准溶液，食醋[1]。

【操作步骤】
用移液管吸取 25.00mL 食醋原液移入 250mL 容量瓶中，用无 CO_2 蒸馏水[2]稀释[3]到刻度，摇匀。用 25.00mL 移液管平行移取已稀释的食醋三份，分别放入三个 250mL 锥形瓶中，各加 2 滴酚酞指示剂，摇匀。用 NaOH 标准溶液滴定至溶液呈浅粉红色，30s 内不褪色即为终点。

【数据处理】
根据 NaOH 标准溶液的浓度 $c(NaOH)$ 和滴定时所用的体积 $V(NaOH)$，可计算食醋的总酸量 $\rho(HAc)$，单位为 g·L^{-1}。

$$\rho(HAc) = \frac{c(NaOH) \times V(NaOH) \times M(HAc)}{V(HAc) \times \frac{25.00}{250.0}}$$

式中，$V(HAc)$ 表示测定时吸取食醋原液的体积，mL。

【附注】
[1] 如食醋的颜色很深，经稀释或活性炭脱色后，颜色仍明显，则终点无法判断，可改用电势滴定法测定。
[2] 稀释食醋的蒸馏水应经过煮沸，除去 CO_2。
[3] 食醋中约含 HAc 3%～5%，浓度较大并且颜色较深，必须稀释后再测定。

【思考题】

(1) 测定食醋含量时，所用的蒸馏水中不能含 CO_2，为什么？

(2) 测定食醋含量时，能否用甲基橙作指示剂？

(3) 如果要测定苹果中的总酸量，你认为应该怎样做？

(4) 本实验变红的溶液在空气中久置后又会变为无色的原因是什么？

实验 46 重铬酸钾法测定亚铁盐中铁的含量

【目的要求】

(1) 掌握直接配制标准溶液的方法。

(2) 学习重铬酸钾法测定亚铁盐中铁含量的原理和方法。

(3) 学习二苯胺磺酸钠指示剂的作用原理及滴定终点的判断。

【实验原理】

$K_2Cr_2O_7$ 在强酸性介质中具有很强的氧化性，可将 Fe^{2+} 定量地氧化，反应方程式如下：

$$Cr_2O_7^{2-} + 6Fe^{2+} + 14H^+ \rightleftharpoons 2Cr^{3+} + 6Fe^{3+} + 7H_2O$$

因此，用 $K_2Cr_2O_7$ 标准溶液滴定溶液中的 Fe^{2+}，可以测定试样中铁的含量[1]。滴定时常用二苯胺磺酸钠作为指示剂，终点时稍过量的 $K_2Cr_2O_7$ 使指示剂由无色变成红紫色，由于在滴定过程中生成的 Cr^{3+} 呈现绿色，故终点时溶液由绿色变为蓝紫色。二苯胺磺酸钠变色点的电势（约为 0.84V）比化学计量点电势低，指示剂变色时只能氧化 91% 左右的 Fe^{2+}。因此，为了减少误差，必须在滴定前加入 NaF 或 H_3PO_4，与 Fe^{3+} 形成配合物[2]，以降低 $\varphi^{\ominus\prime}(Fe^{3+}/Fe^{2+})$，增大突跃范围，并消除 Fe^{3+} 黄色干扰，有利于终点颜色的观察。

在农业分析中，$K_2Cr_2O_7$ 法还常用于测定土壤中有机质的含量。

【仪器和试剂】

仪器：容量瓶（250mL），烧杯（100mL、250mL），移液管（25mL），滴定管（50mL），量筒（10mL、100mL），锥形瓶（250mL）。

试剂：85% H_3PO_4，3mol·L^{-1} H_2SO_4，$K_2Cr_2O_7$（AR），$(NH_4)_2SO_4·FeSO_4·6H_2O$（试样），0.2% 二苯胺磺酸钠。

【操作步骤】

(1) 0.02mol·L^{-1} 重铬酸钾标准溶液的配制

用差减法准确称取约 1.3~1.4g（准确至 0.1mg）烘干过的 $K_2Cr_2O_7$ 于 250mL 烧杯中，加水溶解，定量转移至 250mL 容量瓶中，加水稀释至刻度，充分摇匀，计算其准确浓度。

(2) 亚铁盐中铁的测定

用差减法分别准确称取 0.7~0.9g（准确至 0.1mg）$(NH_4)_2SO_4·FeSO_4·6H_2O$ 样品三份，分别放入三个 250mL 锥形瓶中，各加 20mL 3mol·L^{-1} H_2SO_4、100mL 水，滴加6~8滴二苯胺磺酸钠指示剂，摇匀后立即用 $K_2Cr_2O_7$ 标准溶液滴定至溶液出现深绿色时，加 5.0mL 85% H_3PO_4，继续滴定至溶液变为紫色或蓝紫色即为终点。平行测定三次，计算试样中铁的含量。

【数据处理】

（1）按下式计算重铬酸钾标准溶液浓度：

$$c(K_2Cr_2O_7) = \frac{m(K_2Cr_2O_7)}{M(K_2Cr_2O_7) \times V}$$

（2）按下式计算试样中铁的含量（质量分数）：

$$w(Fe) = \frac{6c(K_2Cr_2O_7) \times V(K_2Cr_2O_7) \times M(Fe)}{m_{样}}$$

【注意事项】

[1] 若试样中含有 Fe^{3+}，则需将 Fe^{3+} 还原为 Fe^{2+}。

[2] Fe^{3+} 与 H_3PO_4 生成无色稳定的 $[Fe(HPO_4)_2]^-$。

【思考题】

（1）$K_2Cr_2O_7$ 为什么可用直接法配制标准溶液？

（2）加入 H_3PO_4 的作用是什么？为何加入 H_3PO_4 后必须立即滴定？

（3）若向三份平行试样中同时加入 H_3PO_4 后再依次滴定，后果如何？

实验 47　高锰酸钾标准溶液的配制和标定

【目的要求】

（1）了解高锰酸钾标准溶液的配制方法和保存条件。

（2）掌握以 $Na_2C_2O_4$ 为基准物质标定 $KMnO_4$ 浓度的方法及滴定条件。

（3）练习滴定管中装入深色溶液时的读数方法。

【实验原理】

市售的 $KMnO_4$ 中常含有少量的 MnO_2、硫酸盐、氯化物及硝酸盐等杂质，蒸馏水中也常含有微量还原性物质，它们可与 $KMnO_4$ 反应而析出 $MnO(OH)_2$（MnO_2 的水合物）沉淀，产生的 MnO_2 和 $MnO(OH)_2$ 又能进一步促进 $KMnO_4$ 分解，同时光线也能促进 $KMnO_4$ 分解，因此，$KMnO_4$ 标准溶液不能用直接法配制。$KMnO_4$ 溶液见光易分解，应保存于棕色瓶中，由于 $KMnO_4$ 溶液的浓度容易改变，因此长期使用必须定期进行标定。

标定 $KMnO_4$ 溶液的基准物质有 $Na_2C_2O_4$、$H_2C_2O_4 \cdot 2H_2O$、As_2O_3、$(NH_4)_2Fe(SO_4)_2 \cdot 6H_2O$（俗称摩尔盐）和纯铁丝等。其中 $Na_2C_2O_4$ 不含结晶水，容易提纯，没有吸湿性，是常用的基准物质。

在酸性溶液中，$C_2O_4^{2-}$ 与 MnO_4^- 的反应方程式为：

$$2MnO_4^- + 5C_2O_4^{2-} + 16H^+ \Longrightarrow 2Mn^{2+} + 10CO_2\uparrow + 8H_2O$$

滴定时应注意以下几点。

① 温度　在室温下，上述反应速率较慢，通常需将溶液加热至 75～85℃，并趁热滴定。加热时温度不宜过高，否则草酸会部分分解：

$$H_2C_2O_4 \Longrightarrow H_2O + CO_2\uparrow + CO\uparrow$$

② 酸度　该反应需在酸性介质中进行，通常用 H_2SO_4 控制溶液酸度，避免使用 HCl 或 HNO_3，因 Cl^- 具有还原性，可与 MnO_4^- 作用，而 HNO_3 具有氧化性，可能氧化被滴定的还原性物质。为使反应定量进行，溶液酸度[1]宜控制在 $0.5\sim1mol\cdot L^{-1}$。

③ 滴定速率　该反应为自动催化反应，反应生成的 Mn^{2+} 有自动催化作用。因此滴定开始时不宜太快，应逐滴加入，当加入的第一滴 $KMnO_4$ 溶液颜色褪去生成 Mn^{2+} 后方可加第二滴。否则加入的 $KMnO_4$ 溶液来不及与 $C_2O_4^{2-}$ 反应，就在热的酸性溶液中分解，导致结果偏低。

$$4MnO_4^- + 12H^+ = 4Mn^{2+} + 5O_2 + 6H_2O$$

④ 滴定终点　反应完全后稍过量的 $KMnO_4$ 在溶液中呈微红色，若在 30s 内不褪色即为滴定终点。长时间放置，由于空气中的还原性物质及灰尘等可与 MnO_4^- 作用而使微红色褪去。

$KMnO_4$ 溶液浓度的计算公式为：

$$c(KMnO_4) = \frac{2}{5} \times \frac{m(Na_2C_2O_4)}{V(KMnO_4) \times M(Na_2C_2O_4)}$$

【仪器和试剂】

仪器：量筒（10mL、100mL），烧杯（500mL），酸式滴定管（50mL），电子台秤，温度计，棕色试剂瓶（500mL），锥形瓶（250mL）。

试剂：$KMnO_4$(AR)，草酸钠(AR)，$3mol\cdot L^{-1} H_2SO_4$。

【操作步骤】

(1) $0.02 mol\cdot L^{-1} KMnO_4$ 溶液的配制

在台秤称取约 $1.6g\ KMnO_4$ 于 500mL 烧杯中，加 500mL 水使之溶解，将溶液贮存于带玻璃塞的棕色试剂瓶中，贴好标签，放置一周[2]后进行标定。

(2) $KMnO_4$ 标准溶液浓度的标定

在分析天平上准确称取 $0.15\sim0.20g$（准确至 0.1mg）基准物质草酸钠 3 份，分别置于 3 个 250mL 锥形瓶中，加 30mL 水使之溶解，再加入 10mL $3 mol\cdot L^{-1} H_2SO_4$。放入恒温水浴中加热至 75～85℃（瓶口开始冒蒸气时的温度），趁热用 $KMnO_4$ 溶液滴定至微红色且在 30s 内不褪色即为滴定终点，记下 $KMnO_4$ 溶液消耗的体积[3]。平行测定三份，计算出 $KMnO_4$ 溶液的浓度。

【数据处理】

见表 9-10。

表 9-10　高锰酸钾标准溶液浓度的标定

测定序号	Ⅰ	Ⅱ	Ⅲ
$m(Na_2C_2O_4)$ / g			
$KMnO_4$ 终读数/mL			
$KMnO_4$ 初读数/mL			
$V(KMnO_4)$ /mL			
$c(KMnO_4)$ /mol·L^{-1}			
$\bar{c}(KMnO_4)$(平均值)/mol·L^{-1}			
相对平均偏差			

【附注】

[1] 酸度过低，MnO_4^- 会部分被还原成 MnO_2，酸度过高，会促进 $H_2C_2O_4$ 分解。

[2] 配好的 $KMnO_4$ 溶液在暗处放置数天，使溶液中可能存在的还原性物质完全氧化。

[3] $KMnO_4$ 溶液颜色较深，读数时应以液面的上沿最高线为准。

【思考题】

(1) $KMnO_4$ 标准溶液为什么不能直接配制？

(2) $KMnO_4$ 法滴定中常用什么作为指示剂，它是怎样指示滴定终点的？

(3) 用草酸钠作为基准物质标定 $KMnO_4$ 溶液时，应注意哪些滴定条件？

(4) 标定 $KMnO_4$ 标准溶液时控制溶液酸度为何不能用 HCl 或 HNO_3 溶液？

(5) 若用 $(NH_4)_2SO_4 \cdot FeSO_4 \cdot 6H_2O$ 作为基准物质标定 $KMnO_4$ 溶液，试写出 $c(KMnO_4)$ 的计算公式。

(6) 装有 $KMnO_4$ 溶液的滴定管或烧杯放置时间较长后，其壁上常有棕色沉淀，不易洗净。该棕色沉淀是什么？应该如何清洗除去？

实验 48 高锰酸钾法测钙

【目的要求】

(1) 了解并掌握高锰酸钾法测钙的原理和方法。

(2) 了解沉淀分离法消除杂质干扰的方法。

(3) 掌握沉淀分离的操作技术。

【实验原理】

在其他一些离子与 Ca^{2+} 共存时，可用 $C_2O_4^{2-}$ 将 Ca^{2+} 以 CaC_2O_4 形式沉淀，过滤，洗涤，除去沉淀表面剩余的 $C_2O_4^{2-}$，然后用 H_2SO_4 将 CaC_2O_4 沉淀溶解，生成的 $C_2O_4^{2-}$ 用 $KMnO_4$ 标准溶液滴定，可间接测定 Ca^{2+} 的含量：

$$Ca^{2+} + C_2O_4^{2-} =\!\!=\!\!= CaC_2O_4 \downarrow$$
$$CaC_2O_4 + 2H^+ =\!\!=\!\!= Ca^{2+} + H_2C_2O_4$$
$$5H_2C_2O_4 + 2MnO_4^- + 6H^+ =\!\!=\!\!= 2Mn^{2+} + 10CO_2 + 8H_2O$$

在中性或微碱性钙盐溶液中加入 $C_2O_4^{2-}$，由于生成的 CaC_2O_4 中常混有 $Ca(OH)_2$ 或碱式草酸钙 $(CaOH)_2C_2O_4$ 等杂质，妨碍 CaC_2O_4 定量析出，而在酸性溶液中则不会产生此影响，因此，沉淀 Ca^{2+} 通常是在酸性溶液中进行。为了获得准确的测定结果，使 Ca^{2+} 沉淀完全，必须控制沉淀 Ca^{2+} 的条件，一般是在酸性溶液中加入 $C_2O_4^{2-}$（此时 $C_2O_4^{2-}$ 浓度很小，主要以 $HC_2O_4^-$ 形式存在，不会与 Ca^{2+} 形成沉淀），然后滴加氨水逐渐中和溶液中的 H^+，使 $C_2O_4^{2-}$ 浓度缓缓增大，逐渐生成 CaC_2O_4 沉淀，最后控制溶液的 pH 为 3.5～4.5，使 CaC_2O_4 沉淀完全且颗粒较大。

除碱金属外，其他多种离子也有干扰。如 Mg^{2+} 浓度高时，也能生成 MgC_2O_4 沉淀干扰测定，但当 $C_2O_4^{2-}$ 过量较多时，Mg^{2+} 形成 $[Mg(C_2O_4)_2]^{2-}$ 配离子而与 Ca^{2+} 分离。

Ca^{2+} 也可用配位滴定法测定,手续简单,但干扰较高锰酸钾法多。

【仪器和试剂】

仪器:酸式滴定管(50mL),烧杯(250mL),量筒(100mL),漏斗(60mm长颈),漏斗架,温度计。

试剂:$0.25\ mol \cdot L^{-1}\ (NH_4)_2C_2O_4$,$6mol \cdot L^{-1}\ HCl$,$20\%\ H_2SO_4$,$0.1mol \cdot L^{-1}\ CaCl_2$,$5\%\ NH_3 \cdot H_2O$,$0.02mol \cdot L^{-1}\ KMnO_4$ 标准溶液,钙盐样品,0.1%甲基红。

【操作步骤】

(1) 取样和沉淀

准确称取钙盐样品0.2~0.3g(准确至0.1mg)三份,分别放入三只250mL烧杯中,加入20mL蒸馏水,小心加入10mL $6mol \cdot L^{-1}$ 的HCl溶液使钙盐全部溶解。沿玻璃棒加入35mL $0.25mol \cdot L^{-1}\ (NH_4)_2C_2O_4$ 溶液,用水稀释至100mL,放入恒温水浴中加热至75~85℃。再加入3~4滴甲基红指示剂,在不断搅拌下,逐滴加入 $5\%\ NH_3 \cdot H_2O$ 至溶液由红色变为橙色,再过量数滴(pH=4.5~5.5)[1]。检查沉淀是否完全,如沉淀不完全,继续加入 $(NH_4)_2C_2O_4$ 溶液,至沉淀完全。继续在水浴上加热30min或放置过夜,以陈化沉淀使之形成 CaC_2O_4 粗晶型沉淀,同时用玻璃棒搅拌。

(2) 过滤和洗涤

用倾注法过滤及洗涤沉淀,先把沉淀与溶液放置一段时间,再将上层清液倾入漏斗中,让沉淀尽可能地留在烧杯内,以免沉淀堵塞滤纸小孔,影响过滤速度。清液倾注完毕后进行沉淀的洗涤。用蒸馏水洗至无 $C_2O_4^{2-}$ (用 $0.1mol \cdot L^{-1}\ CaCl_2$ 溶液检查滤液)为止[2]。

(3) 沉淀的溶解和测定

从漏斗上取下带有沉淀的滤纸附在盛有沉淀的烧杯壁上,加入25mL $20\%\ H_2SO_4$ 将 CaC_2O_4 沉淀(包括滤纸上的 CaC_2O_4)完全溶解,并将溶液稀释至约100mL,放入恒温水浴中加热至75~85℃,用 $0.2mol \cdot L^{-1}\ KMnO_4$ 标准溶液[3]滴定至溶液呈微红,再用搅拌棒将烧杯壁上滤纸放入烧杯中,滴定至微红色,且30s内不褪色即为终点。记录消耗 $KMnO_4$ 的体积 V,计算钙的含量。

【数据处理】

计算公式:

$$w(Ca) = \frac{5}{2} \times \frac{c(KMnO_4) \times V(KMnO_4) \times M(Ca)}{m_s}$$

数据记录于表9-11中。

表9-11 高锰酸钾法测钙

测定序号	1	2	3
$c(KMnO_4)/mol \cdot L^{-1}$			
钙盐样品质量 m_s/g			
$V(KMnO_4)$/mL			
$w(Ca)$			
$\overline{w}(Ca)$			
相对平均偏差			

【附注】

[1] 为了获得纯 CaC_2O_4 沉淀,必须严格控制酸度(pH=4.5~5.5),pH 过低有可能沉淀不完全,偏高可能生成 $Ca(OH)_2$ 沉淀和碱式草酸钙 $(CaOH)_2C_2O_4$ 沉淀。

[2] 由于 CaC_2O_4 溶解度较大,用蒸馏水洗涤要少量多次,每洗一次都应将溶液全部转移至滤纸中过滤。

[3] 此处的 $KMnO_4$ 溶液为本章实验 47 中标定的 $KMnO_4$ 标准溶液,应采用标定后的准确浓度。

【思考题】

(1) 如果沉淀洗涤不干净,对测定结果有何影响?
(2) 溶解样品时用 HCl,而滴定时用 H_2SO_4 溶解并控制酸度,这是为什么?
(3) 为什么滴定至接近终点时,才将滤纸从烧杯壁上放入烧杯中进行滴定?

实验 49　高锰酸钾法测定双氧水

【目的要求】

(1) 掌握高锰酸钾法测定双氧水含量的原理和方法。
(2) 了解自身指示剂和自动催化的原理。

【实验原理】

双氧水中主要成分为 H_2O_2,其具有杀菌、消毒、漂白等作用,市售商品一般为 30% 或 3% 水溶液。H_2O_2 不稳定,常加入少量乙酰苯胺等作为稳定剂。由于 H_2O_2 应用广泛,因此常需要测定它的含量。

H_2O_2 分子中有一个过氧键—O—O—,既可作氧化剂又可作还原剂,在酸性介质中遇 $KMnO_4$ 时则作为还原剂,因此,可以在室温条件下、酸性溶液中,用 $KMnO_4$ 标准溶液直接测定 H_2O_2 的含量。反应方程式如下:

$$2MnO_4^- + 5H_2O_2 + 6H^+ = 2Mn^{2+} + 5O_2 + 8H_2O$$

室温下该反应开始时速率较慢,滴入的 $KMnO_4$ 溶液不易褪色,因此,滴定时,当第一滴 $KMnO_4$ 颜色褪去后方可滴加第二滴。由于生成的 Mn^{2+} 对反应具有催化作用,使反应速率加快,故能顺利地滴定至终点,稍过量的 $KMnO_4$ 使溶液呈现微红色,且在 30s 内不褪色即为滴定终点。以每毫升双氧水中所含 H_2O_2 的质量为参考标准,则双氧水中 H_2O_2 含量的计算公式为:

$$\rho(H_2O_2) = \frac{5}{2} \times \frac{c(KMnO_4) \times V(KMnO_4) \times M(H_2O_2)}{V(H_2O_2)} \times \frac{250.0}{25.00}$$

式中,$V(H_2O_2)$ 为测定时吸取 3% H_2O_2 的体积,mL。

【仪器和试剂】

仪器:酸式滴定管(50mL),锥形瓶(250mL),容量瓶(250mL),移液管(25mL、10mL)。

试剂:$0.02 mol \cdot L^{-1} KMnO_4$ 标准溶液[1],3% H_2O_2[2],$3 mol \cdot L^{-1} H_2SO_4$。

【操作步骤】

用移液管吸取 10.00mL 3% H_2O_2 于 250mL 容量瓶中，加水定容，混匀，得 H_2O_2 稀释液。用移液管从中吸取 25.00mL H_2O_2 稀释液于 250mL 锥形瓶中，加 5mL 3mol·L^{-1} H_2SO_4，用 0.02mol·L^{-1} $KMnO_4$ 标准溶液滴定[3]至溶液呈微红色，且 30s 内不褪即为滴定终点，记下消耗的 $KMnO_4$ 的体积，计算商品液中 H_2O_2 的含量。平行测定三份。

【数据处理】

见表 9-12。

表 9-12 高锰酸钾法测定双氧水含量

测定序号	1	2	3
$c(KMnO_4)/mol·L^{-1}$			
$V(KMnO_4)$			
$\rho(H_2O_2)/g·mL^{-1}$			
$\bar{\rho}(H_2O_2)/g·mL^{-1}$			
相对平均偏差			

【附注】

[1] 此处 $KMnO_4$ 溶液用标定后的准确浓度。

[2] H_2O_2 样品若是工业产品，用 $KMnO_4$ 法测定则不合适。因为产品中常含有少量乙酰苯胺、尿素等有机物作稳定剂，滴定时要消耗 $KMnO_4$ 溶液，引起方法误差。如遇此情况，可采用碘量法或铈量法。

[3] 由于 H_2O_2 与 $KMnO_4$ 开始反应速率较慢，加入第一滴 $KMnO_4$ 溶液后，要摇动锥形瓶，待溶液颜色褪去后再继续滴定。也可以在滴定前向锥形瓶中加 2～3 滴 1 mol·L^{-1} $MnSO_4$ 作催化剂，以加快反应速率。

【思考题】

(1) H_2O_2 商品液标签中注明其含量为 30%，实验测定结果往往小于此值，为什么？

(2) 用高锰酸钾法测定 H_2O_2 含量时，为何不能通过加热来加速反应？

(3) H_2O_2 含量测定除用 $KMnO_4$ 法外，还可用碘量法进行测定。试写出碘量法测定 H_2O_2 的有关反应方程式、主要反应条件及 H_2O_2 质量浓度的计算公式。

实验 50 胆矾中铜的测定

【目的要求】

(1) 了解碘量法测定铜的原理和方法。

(2) 学会 $Na_2S_2O_3$ 标准溶液的配制及标定。

(3) 熟悉碘量法中淀粉指示剂的使用和终点颜色的正确判断。

(4) 了解碘量法的误差来源，掌握其消除方法。

【实验原理】

碘量法是在无机物和有机物分析中都广泛应用的一种氧化还原滴定法。很多含铜物质

（铜矿、铜盐、铜合金等）中铜含量的测定，常用碘量法。

胆矾（$CuSO_4 \cdot 5H_2O$）是农药波尔多液的主要原料，胆矾中铜的含量常用间接碘量法测定，即在弱酸性溶液中，Cu^{2+} 与过量的 KI 作用，生成 CuI 沉淀，同时析出 I_2（在过量 I^- 存在下，以 I_3^- 形式存在）。反应式如下：

$$2Cu^{2+} + 5I^- = 2CuI\downarrow + I_3^-$$

析出的 I_2 用 $Na_2S_2O_3$ 标准溶液滴定，以淀粉为指示剂，蓝色消失时为滴定终点。

$$I_3^- + 2S_2O_3^{2-} = 3I^- + S_4O_6^{2-}$$

Cu^{2+} 与 I^- 之间的反应是可逆的，为使 Cu^{2+} 的还原趋于完全，需加入过量 KI[1]。但由于 CuI 沉淀强烈吸附 I_3^-，使测定结果偏低，为了减少 CuI 沉淀对 I_3^- 的吸附，用 $Na_2S_2O_3$ 标准溶液滴定近终点时，加入 SCN^- 使 CuI（$K_{sp}^\ominus = 1.1 \times 10^{-12}$）转化为溶解度更小的 CuSCN（$K_{sp}^\ominus = 4.8 \times 10^{-15}$），释放出被吸附的 I_3^-，并使反应更趋于完全：

$$CuI + SCN^- = CuSCN\downarrow + I^-$$

但 SCN^- 只能在接近终点时加入，否则有可能直接还原 Cu^{2+}，使测定结果偏低：

$$6Cu^{2+} + 7SCN^- + 4H_2O = 6CuSCN\downarrow + SO_4^{2-} + CN^- + 8H^+$$

溶液的 pH 一般控制在 3～4，酸度过低，由于 Cu^{2+} 的水解，使反应不完全，结果偏低，而且反应速率慢，终点拖长；酸度过高，则 I^- 被空气中的 O_2 氧化为 I_2（Cu^{2+} 催化此反应），使结果偏高。控制溶液的酸度通常采用稀 H_2SO_4 或 HAc，而不用 HCl，因为 Cu^{2+} 易与 Cl^- 生成配离子不利于测定。

试样中若含有 Fe^{3+}，对测定有干扰：

$$2Fe^{3+} + 2I^- = 2Fe^{2+} + I_2$$

使测定结果偏高，可用 NaF 或 NH_4F 掩蔽。

【仪器和试剂】

仪器：酸式滴定管（50mL），碱式滴定管（50mL），量筒（10mL、100mL），容量瓶（250mL），移液管（25mL），锥形瓶（250mL）。

试剂：6mol·L^{-1} H_2SO_4，KI（AR），$K_2Cr_2O_7$（AR），10% KSCN，10% 淀粉，$CuSO_4·5H_2O$（试样），1mol·L^{-1} HAc，0.1mol·L^{-1} $Na_2S_2O_3$，饱和 NaF。

0.1mol·L^{-1} $Na_2S_2O_3$ 标准溶液的配制：把 25g $Na_2S_2O_3·5H_2O$ 溶解在 1L 新煮沸并冷却了的蒸馏水中，再加入 0.1g Na_2CO_3，溶液转移至棕色瓶中，放置一周后标定。

【操作步骤】

(1) $Na_2S_2O_3$ 溶液的标定

准确称取 1.2g 左右（准确至 0.1mg）的分析纯 $K_2Cr_2O_7$ 于 250mL 烧杯中，加水溶解，于 250mL 容量瓶中定容。用移液管分别量取 3 份 25.00mL $K_2Cr_2O_7$ 于三个 250mL 锥形瓶中[2]，分别加 3g KI 及 10mL 6mol·L^{-1} H_2SO_4 溶液，在暗处放置 5min，加 100mL 蒸馏水稀释，用待标定的 $Na_2S_2O_3$ 溶液滴至淡黄色，加入 2mL 1% 的淀粉溶液，继续滴定至溶液呈亮绿色即为终点。记下消耗 $Na_2S_2O_3$ 的体积，计算其浓度。

(2) 胆矾中 Cu 的测定

准确称取 0.5～0.7g（准确至 0.1mg）胆矾（$CuSO_4·5H_2O$）样品三份，分别放入三个 250mL 锥形瓶中，加入 5mL 1mol·L^{-1} 的 HAc 溶液，加 100mL 蒸馏水稀释，加入 10mL 饱和 NaF 溶液和 1g KI，然用 Na$_2$S$_2$O$_3$ 标准溶液滴定至淡黄色，再加入 2mL 1% 的淀粉溶液，继续滴定至浅蓝色，然后加入 10mL 10%KSCN 溶液，继续滴定至蓝色刚好消失即为终点。记下消耗 Na$_2$S$_2$O$_3$ 的体积，计算 Cu 的含量。

【数据处理】

按以下公式分别计算 Na$_2$S$_2$O$_3$ 标准溶液的浓度及胆矾样品中铜的质量分数：

$$c(\mathrm{Na_2S_2O_3}) = \frac{6m(\mathrm{K_2Cr_2O_7}) \times \frac{25.00}{250.0}}{M(\mathrm{K_2Cr_2O_7}) \times V(\mathrm{Na_2S_2O_3})}$$

$$w(\mathrm{Cu}) = \frac{c(\mathrm{Na_2S_2O_3}) \times V(\mathrm{Na_2S_2O_3}) \times M(\mathrm{Cu})}{m_s}$$

【注意事项】

[1] KI 既是 Cu^{2+} 的还原剂，又是生成的 Cu$^+$ 的沉淀剂，还是生成 I$_2$ 的配位剂，增加 I$_2$ 的溶解度，减少 I$_2$ 的挥发。

[2] Na$_2$S$_2$O$_3$ 的标定也可准确称取三份约 0.12g（准确至 0.1mg）分析纯 K$_2$Cr$_2$O$_7$，分别加入三个 250mL 锥形瓶中，加 50mL 蒸馏水溶解，再按本方法以上步骤标定。其浓度计算式为：

$$c(\mathrm{Na_2S_2O_3}) = \frac{6m(\mathrm{K_2Cr_2O_7})}{M(\mathrm{K_2Cr_2O_7}) \times V(\mathrm{Na_2S_2O_3})}$$

【思考题】

(1) 配制 Na$_2$S$_2$O$_3$ 溶液时，为什么要用刚煮沸过并冷却了的蒸馏水配制？加入 Na$_2$CO$_3$ 的作用是什么？

(2) 测定 Cu^{2+} 时加入 NH$_4$SCN（或 KSCN）的作用是什么？为什么不能过早地加入？

(3) 淀粉加入过早有什么不好？

(4) 用碘量法进行滴定时，酸度和温度对滴定反应有何影响？

(5) 测定铜含量时，所加 KI 为何须过量？KI 的量是否要求很准确？

(6) 已知 $\varphi^{\ominus}(\mathrm{Cu^{2+}/Cu^+}) = 0.158\mathrm{V}$，$\varphi^{\ominus}(\mathrm{I_2/I^-}) = 0.54\mathrm{V}$，为什么在本实验中 Cu^{2+} 能氧化 I$^-$ 为 I$_2$？

实验 51　自来水总硬度的测定

【目的要求】

(1) 学习配位滴定法测定水的总硬度的原理和方法。

(2) 学习 EDTA 标准溶液的配制和标定方法。

(3) 熟悉金属指示剂变色原理及滴定终点的判断。

【实验原理】

含有较多钙盐和镁盐的水称为硬水。硬度分永久硬度和暂时硬度，水中 Ca^{2+}、Mg^{2+} 以酸式碳酸盐形式存在，称为暂时硬度；若以硫酸盐、硝酸盐和氯化物形式存在则称为永久硬度。暂时硬度和永久硬度的总和称为总硬度。

水的硬度表示方法有很多，我国常以水中 Ca^{2+}、Mg^{2+} 总量折算成 CaO 来计算水的总硬度，1L 水中含有 10mg CaO 为 1 度（1°），即 $1°=10mg\cdot L^{-1} CaO$；测定水的总硬度就是测定水中 Ca^{2+}、Mg^{2+} 的总量（也可用 $mmol\cdot L^{-1}$ 表示）。

一般把小于 4° 的水称为很软的水；4°～8° 称为软水；8°～16° 称为中等硬水；16°～32° 称为硬水；大于 32° 称为很硬水。生活用水的总硬度一般不超过 25°。各种工业用水对硬度有不同的要求。水的硬度是水质的一项重要指标，测定水的硬度有着很重要的意义。

测定水的硬度需配制 EDTA 标准溶液，由于 EDTA 不是基准物质，因此只能用间接法配制标准溶液，粗配后的溶液通常可选用 Zn、ZnO 等基准物质进行标定：

$$ZnO+2HCl = ZnCl_2+H_2O$$
$$Zn^{2+}+HIn^{2-} = ZnIn^{-}+H^{+}$$

标定时　　$Zn^{2+}+HY^{3-} = ZnY^{2-}+H^{+}$

终点时　　$ZnIn^{-}+HY^{3-} = ZnY^{2-}+HIn^{2-}$

选用铬黑 T 为指示剂，终点时溶液由酒红色变为纯蓝色，EDTA 浓度的计算公式为

$$c(\text{EDTA}) = \frac{m(\text{ZnO}) \times \frac{25.00}{250.0}}{M(\text{ZnO}) \times V(\text{EDTA})}$$

测定 Ca^{2+}、Mg^{2+} 总量时，用缓冲溶液调节溶液的 pH 为 10 左右，以铬黑 T 为指示剂，用 EDTA 标准溶液滴定。铬黑 T 和 EDTA 都能与 Ca^{2+}、Mg^{2+} 形成配合物，其稳定性为 $CaY^{2-}>MgY^{2-}>MgIn^{-}>CaIn^{-}$。因此，加入铬黑 T 后，它先与部分 Mg^{2+} 配位生成 $MgIn^{-}$（酒红色）：

$$Mg^{2+}+HIn^{2-} = MgIn^{-}+H^{+}$$

当滴加 EDTA 标准溶液时，EDTA 首先与游离的 Ca^{2+} 配位，其次与游离的 Mg^{2+} 配位：

$$Ca^{2+}+HY^{3-} = CaY^{2-}+H^{+}$$
$$Mg^{2+}+HY^{3-} = MgY^{2-}+H^{+}$$

最后夺取 $MgIn^{-}$ 中的 Mg^{2+}，使铬黑 T 游离出来，溶液由酒红色变为纯蓝色，指示终点的到达：

$$MgIn^{-}+HY^{3-} = MgY^{2-}+HIn^{2-}$$

Ca^{2+} 含量的测定与总硬度的测定原理相同；另取等体积的水样，调节 $pH=12\sim13$，此时 Mg^{2+} 以 $Mg(OH)_2$ 沉淀析出不干扰 Ca^{2+} 的测定，加少量钙指示剂，用 EDTA 标准溶液滴定至溶液由紫红色变为蓝色。

【仪器和试剂】

仪器：酸式滴定管（50mL），烧杯（100mL、250mL），移液管（25mL），容量瓶（250mL），量筒（10mL、100mL），锥形瓶（250mL）。

试剂：1∶1 HCl，1∶1 $NH_3\cdot H_2O$。

0.01mol·L^{-1} EDTA 标准溶液：称取 1.9g EDTA（$Na_2H_2Y\cdot 2H_2O$，AR），溶于 150～200mL 温水中，必要时过滤，冷却后用纯水稀释至 500mL，摇匀，保存在试剂瓶中以待标定。

NH_3-NH_4Cl 缓冲溶液（pH=10）：称取 54g NH_4Cl 溶于纯水，加入 350mL $NH_3 \cdot H_2O$（15mol·L^{-1}），用蒸馏水稀释至 1L。

铬黑 T 指示剂：先将 100g NaCl 在 105～106℃下烘干，研细后加入 1g 铬黑 T 指示剂，再研磨混合均匀，保存在棕色广口瓶中备用。

【操作步骤】

(1) EDTA 溶液的标定[1]

分析天平上准确称取 0.18～0.25g（准确至 0.1mg）固体 ZnO，置于 100mL 烧杯中，加入 5mL 1∶1 HCl 溶液，使 ZnO 完全溶解，将溶液定量转移到 250mL 容量瓶中，加蒸馏水稀释至刻度，摇匀。

用移液管吸收 25.00mL 锌溶液于 250mL 锥形瓶中，逐滴加入 1∶1 $NH_3 \cdot H_2O$ 至开始出现 $Zn(OH)_2$ 白色沉淀为止，再依次加入 5～10mL pH=10 的缓冲溶液、20mL 蒸馏水、少许（约 0.1g）铬黑 T 指示剂，摇匀。然后用待标定的 EDTA 滴定至溶液由酒红色变为纯蓝色[2]，记下所消耗的 EDTA 溶液的体积 V。

平行测定三次，计算 EDTA 溶液的浓度。

(2) 水的总硬度测定[3~5]

用量筒量取水样 100.0mL 于 250mL 锥形瓶中，加入 5mL pH=10 的缓冲溶液，加少许（约 0.1g）铬黑 T 指示剂[6]摇匀。用 EDTA 标准溶液滴定至溶液由酒红色变为纯蓝色，记录消耗 EDTA 溶液的体积 V。平行测定三次。

【数据处理】

按以下公式计算水样的总硬度。

$$水的总硬度(°) = \frac{c(EDTA) \times V(EDTA) \times M(CaO)}{V(水样)} \times \frac{1000}{10}$$

数据记录见表 9-13 和表 9-14。

表 9-13 EDTA 溶液的标定

倾出前(称量瓶+ZnO)质量 m_1/g			
倾出后(称量瓶+ZnO)质量 m_2/g			
$m(ZnO)$/g			
测定序号	1	2	3
EDTA 体积终读数/mL			
EDTA 体积初读数/mL			
$V(EDTA)$/mL			
$c(EDTA)$/mol·L^{-1}			
平均值 $\bar{c}(EDTA)$/mol·L^{-1}			

表 9-14 水的总硬度的测定

测定序号	1	2	3
EDTA 体积终读数/mL			
EDTA 体积初读数/mL			
$V(EDTA)$/mL			
平均值 $\bar{V}(EDTA)$/mL			
水的总硬度/(°)			

【附注】

[1] EDTA 的标定除了用 ZnO 标定外，还可用 Zn、$CaCO_3$ 等标定，其方法参阅有关参考书。

[2] 配位反应进行缓慢，因此滴定速度不宜太快，尤其临近终点时更宜缓慢滴定并充分摇动。

[3] 测定水的硬度时，少量 Fe^{3+}、Ca^{2+}、Mn^{2+} 等离子有干扰，可加 1～3mL 1∶2 三乙醇胺水溶液以掩蔽。

[4] 若水样中含有微量 Cu^{2+}，指示剂终点变色不清楚，应先在水样中加 0.5～4.5mL 2% Na_2S 溶液，使之生成 CuS 沉淀加以掩蔽。

[5] 如果水样的硬度过低或过高，可适当改变 EDTA 的浓度。

[6] 铬黑 T 指示剂可配成溶液：0.5g 铬黑 T 加 0.5g 盐酸羟胺溶于 100mL 95% 乙醇。此指示剂仅可保存数天。

【思考题】

(1) 测定水的总硬度时，为何要控制溶液的 pH=10？

(2) 从 CaY^{2-}、MgY^{2-} 的 $\lg K_f^{\ominus}$ 值，比较它们的稳定性，如何用 EDTA 测定 Ca^{2+}、Mg^{2+} 混合溶液中 Ca^{2+} 及 Mg^{2+} 的含量？

(3) 什么是水的硬度？水的硬度有哪些表示方法？

实验 52　铅-铋混合液中铅、铋含量的连续测定

【目的要求】

(1) 学习通过控制溶液酸度来进行多种金属离子连续滴定的原理和方法。

(2) 熟悉二甲酚橙指示剂的应用条件和确定终点的方法。

【实验原理】

Bi^{3+}、Pb^{2+} 都能与 EDTA 形成 1∶1 配合物，但稳定常数相差很大：

$$\lg K_f^{\ominus}(BiY)=27.94$$

$$\lg K_f^{\ominus}(PbY)=18.04$$

$$\lg K_f^{\ominus}(BiY)-\lg K_f^{\ominus}(PbY)=9.90>6$$

因此可以利用控制溶液酸度来进行连续滴定。

测定 Bi^{3+} 与 Pb^{2+} 均以二甲酚橙为指示剂。二甲酚橙易溶于水，有七级酸式解离，其中 H_6In 至 H_2In^{4-} 呈黄色，HIn^{5-} 至 In^{6-} 呈红色，因此它在溶液中的颜色随着溶液的酸度而改变，当溶液 pH<6.3 时呈黄色，pH>6.3 时呈红色。Bi^{3+} 和 Pb^{2+} 与二甲酚橙所形成的配离子呈紫红色，稳定性比 BiY、PbY 弱一些。

测定时，先调节溶液的 pH≈1，以二甲酚橙为指示剂，用 EDTA 标准溶液进行滴定 Bi^{3+}，溶液由紫红色变为亮黄色即为终点，反应方程式如下：

$$Bi^{3+}+H_5In^-(黄色)\Longrightarrow BiIn^{3-}(紫红色)+5H^+$$

滴定时　　$Bi^{3+}+H_5Y^+\Longrightarrow BiY^-+5H^+$

终点时　　$BiIn^{3-}(紫红色)+H_5Y^+\Longrightarrow BiY^-+H_5In^-(黄色)$

根据滴定所消耗的 EDTA 体积可计算出 Bi^{3+} 含量，以 $g \cdot L^{-1}$ 表示，则计算公式为：

$$\rho(Bi^{3+}) = \frac{c(EDTA)V(EDTA) \times M(Bi^{3+})}{V(试样)}$$

在上述滴完 Bi^{3+} 的溶液中，加入六亚甲基四胺为缓冲剂，调节并控制溶液的 pH≈5～6，此时溶液再次呈现紫红色，再用 EDTA 标准溶液继续滴定 Pb^{2+}，当溶液由紫红色变为亮黄色时，即为终点。

$Pb^{2+} + H_2In^{4-}$（黄色）$== PbIn^{4-}$（紫红色）$+ 2H^+$

滴定时　$Pb^{2+} + H_2Y^{2-} == PbY^{2-} + 2H^+$

终点时　$PbIn^{4-}$（紫红色）$+ H_2Y^{2-} == PbY^{2-} + H_2In^{4-}$（黄色）

根据滴定所消耗的 EDTA 体积可计算出 Pb^{2+} 含量，以 $g \cdot L^{-1}$ 表示，则计算公式为：

$$\rho(Pb^{2+}) = \frac{c(EDTA)V(EDTA) \times M(Pb^{2+})}{V(试样)}$$

【仪器和试剂】

仪器：酸式滴定管（50mL），碱式滴定管（50mL），烧杯（100mL、250mL），移液管（25mL），量筒（10mL），锥形瓶（250mL）。

试剂：$2g \cdot L^{-1}$ 二甲酚橙，$0.1mol \cdot L^{-1} HNO_3$，$200g \cdot L^{-1}$ 六亚甲基四胺溶液，1∶1 HCl 溶液，$0.5mol \cdot L^{-1}$ NaOH 溶液。

$0.01mol \cdot L^{-1}$ EDTA 标准溶液：称取 1.9g EDTA（$Na_2H_2Y \cdot 2H_2O$，AR），溶于 150～200mL 温水中，必要时过滤，冷却后用纯水稀释至 500mL，摇匀，保存在试剂瓶中以待标定。

Bi^{3+}、Pb^{2+} 混合液：含 Bi^{3+}、Pb^{2+} 各约 $0.01mol \cdot L^{-1}$。称取 48g $Bi(NO_3)_3$ 和 33g $Pb(NO_3)_2$，加入 312mL HNO_3，在电炉上微热溶解后，稀释至 10L。

材料：0.5～5 精密 pH 试纸。

【操作步骤】

(1) Bi^{3+} 的初步实验[1]

准确移取 25.00mL Bi^{3+}、Pb^{2+} 混合液于 250mL 锥形瓶中，用玻璃棒沾取少量试液以 0.5～5 精密 pH 试纸测其 pH 值，一般无沉淀的含 Bi^{3+} 溶液 pH 值应小于 1，用 $0.5mol \cdot L^{-1}$ NaOH 溶液（装入滴定管中）调节试液的 pH 值，边滴加 NaOH 边摇动溶液，并时时以精密 pH 试纸检查，直至溶液的 pH 值达到 1 为止。记下所加 $0.5mol \cdot L^{-1}$ NaOH 溶液的体积（不必准确至小数点后第二位）。接着加入 10mL $0.1mol \cdot L^{-1} HNO_3$ 溶液及 2～3 滴二甲酚橙指示剂，用 EDTA 标准溶液滴定至溶液由紫红色变为亮黄色即为滴定的终点，粗略记下 $0.01mol \cdot L^{-1}$ EDTA 标准溶液的体积，然后开始正式滴定。

(2) Bi^{3+} 的测定

准确移取 25.00mL Bi^{3+}、Pb^{2+} 混合液于 250mL 锥形瓶中，加入初步实验中调节溶液酸度时所需的相同体积的 $0.5mol \cdot L^{-1}$ NaOH 溶液，接着加入 10mL $0.1mol \cdot L^{-1} HNO_3$ 溶液及 2～3 滴二甲酚橙指示剂，用 EDTA 标准溶液滴定至溶液由紫红色变为亮黄色即为滴定 Bi^{3+} 的终点。平行测定三次，根据所消耗 EDTA 标准溶液的体积，计算溶液中 Bi^{3+} 的质量浓度。

(3) Pb^{2+} 的测定

在滴定 Bi^{3+} 后的溶液中，滴加六亚甲基四胺溶液至溶液呈紫红色，再过量 5mL，用 EDTA 标准溶液[2] 滴定至溶液由紫红色变为亮黄色[3] 即为滴定 Pb^{2+} 的终点。平行测定三次，根据所消耗 EDTA 标准溶液的体积，计算溶液中 Pb^{2+} 的质量浓度。

【附注】

[1] 由于调节溶液酸度时要以精密 pH 试纸检验,心中无数,检验次数必然较多,为了消除因溶液损失而产生误差,故采用初步实验的方法。

[2] 滴定 Bi^{3+} 后,还要继续滴定 Pb^{2+},因此滴定管中不需要补装 EDTA 标准溶液。

[3] 溶液中原先已加入二甲酚橙指示剂,由于滴定过程中加入 EDTA 标准溶液后使体积增大等原因,指示剂的量显得不足,溶液颜色很浅,使终点变色不敏锐,所以继续滴定 Pb^{2+} 时,可适当补加二甲酚橙指示剂。

【思考题】

(1) 滴定 Bi^{3+}、Pb^{2+} 的过程中溶液颜色如何变化?请解释颜色变化的原因。

(2) 利用控制溶液酸度的方法进行混合离子连续滴定的条件是什么?Fe^{3+}、Al^{3+} 混合液能否控制酸度分步滴定?

(3) 测定 Bi^{3+} 时控制酸度为何用 HNO_3 而不用 HCl 或 H_2SO_4?

(4) 能否在同一份试液中先滴定 Pb^{2+} 再滴定 Bi^{3+}?

(5) 滴定 Pb^{2+} 时调节 pH 为 5~6,为什么加入六亚甲基四胺而不是醋酸钠?

实验 53　碘盐中含碘量的测定

【目的要求】

(1) 掌握含碘食盐中含碘量的测定原理及方法。

(2) 了解间接碘量法的误差来源,熟悉滴定时的注意事项。

【实验原理】

碘是人类生命活动不可缺少的元素之一,缺碘会导致人的一系列疾病的产生,如智力下降、甲状腺肿大等。因而在人们的日常生活中,每天摄入一定量的碘是很必要的。将碘加入食盐中是一个很有效的方法。通常是将 KI 加入食盐中以达到补碘的目的,食盐中 I^- 含量一般为 2×10^{-3}‰~5×10^{-3}‰($20\sim50\mu g \cdot g^{-1}$)。

食盐中 I^- 含量的测定原理为:在酸性溶液中 I^- 经 Br_2 氧化为 IO_3^-,过量的 Br_2 用甲酸钠除去。加入过量的 KI 使 IO_3^- 将其氧化析出 I_2,然后用 $Na_2S_2O_3$ 标准溶液滴定,测定食盐中的 I^- 含量。其反应方程式如下:

$$I^- + 3Br_2 + 3H_2O = IO_3^- + 6H^+ + 6Br^-$$

$$Br_2 + HCOO^- + H_2O = CO_3^{2-} + 3H^+ + 2Br^-$$

$$IO_3^- + 5I^- + 6H^+ = 3I_2 + 3H_2O$$

$$I_2 + 2S_2O_3^{2-} = 2I^- + S_4O_6^{2-}$$

【仪器和试剂】

仪器:碱式滴定管 (50mL),碘量瓶 (250mL),量筒 (10mL),容量瓶 (1000mL),移液管 (10mL)。

试剂:$0.0003mol \cdot L^{-1}$ KIO_3 标准溶液[1],$Na_2S_2O_3 \cdot 5H_2O$(AR),Na_2CO_3(AR),

1mol·L^{-1} HCl，饱和溴水，10%甲酸钠，5%KI（新配），0.5%淀粉（新配），加碘食盐。

【操作步骤】

(1) 0.002mol·L^{-1} Na$_2$S$_2$O$_3$ 标准溶液的配制与标定

配制：称取 5g Na$_2$S$_2$O$_3$·5H$_2$O 溶解在 1L 新煮沸并冷却了的蒸馏水中，加入 0.2g Na$_2$CO$_3$ 溶解后，贮于棕色瓶，放置一周后取上层清液 200mL 于棕色瓶中，用无 CO$_2$ 的蒸馏水稀释至 2L。

标定：取 10.00mL 0.0003mol·L^{-1} KIO$_3$ 标准溶液于 250mL 碘量瓶中，加 90mL 水、2mL 1mol·L^{-1} HCl，摇匀后加 5mL 5%KI，立即用 Na$_2$S$_2$O$_3$ 标准溶液滴定至溶液呈浅黄色时，加 5mL 0.5%淀粉溶液，继续滴定至蓝色恰好消失为止，记录消耗 Na$_2$S$_2$O$_3$ 的体积 V (mL)。

(2) 食盐中含碘量的测定

称取 10g（准确至 0.01g）碘盐，置于 250mL 碘量瓶中，加 100mL 蒸馏水溶解，加 2mL 1mol·L^{-1} HCl 和 2mL 饱和溴水，混匀，放置 5min，摇动下加入 5mL 10%甲酸钠水溶液[2]，放置 5min 后加 5mL 5%KI 溶液，静置约 10min，用 Na$_2$S$_2$O$_3$ 标准溶液滴定至溶液呈浅黄色时，加 5mL 5%淀粉溶液，继续滴定至蓝色恰好消失为止，记录所用 Na$_2$S$_2$O$_3$ 体积 V (mL)。平行滴定 3 次。

【数据处理】

分别按以下公式计算 Na$_2$S$_2$O$_3$ 浓度及食盐样品中碘的含量：

$$c(\text{Na}_2\text{S}_2\text{O}_3) = \frac{6c(\text{KIO}_3) \times V(\text{KIO}_3)}{V(\text{Na}_2\text{S}_2\text{O}_3)}$$

$$w(\text{I}^-) = \frac{1}{6} \times \frac{c(\text{Na}_2\text{S}_2\text{O}_3) \times V(\text{Na}_2\text{S}_2\text{O}_3) \times M(\text{I}^-)}{m_s}$$

偏差应小于 2×10^{-6}。

【注意事项】

[1] 0.0003mol·L^{-1} KIO$_3$ 标准溶液配制：准确称取 1.4g（准确至 0.1mg）于 (110±2)℃ 烘至恒重的 KIO$_3$，加水溶解，于 1000mL 容量瓶中定容，再用水稀释 20 倍得浓度为 0.0003 mol·L^{-1} KIO$_3$ 标准溶液。其准确浓度为：

$$c(\text{KIO}_3) = \frac{m(\text{KIO}_3)}{M(\text{KIO}_3) \times V} \times \frac{1}{20}$$

[2] 亦可用 2g 水杨酸固体代替 5mL 10%甲酸钠溶液，除去多余的 Br$_2$。

【思考题】

(1) 本实验滴定为何要使用碘量瓶？使用碘量瓶应注意些什么？

(2) 淀粉指示剂能否在滴定前加入？为什么？

实验 54 氯化物中氯含量的测定（莫尔法）

【目的要求】

(1) 掌握莫尔法的原理及方法。

(2) 学习 $AgNO_3$ 标准溶液的配制方法。

【实验原理】

某些可溶性氯化物中氯含量的测定常采用莫尔（Mohr）法。此方法是在中性或弱碱性溶液中，以 K_2CrO_4 为指示剂，用 $AgNO_3$ 标准溶液进行滴定。由于 $AgCl$ 的溶解度小于 Ag_2CrO_4，溶液中首先析出的应是 $AgCl$ 沉淀。当 $AgCl$ 沉淀完全后，过量的 $AgNO_3$ 与 CrO_4^{2-} 作用生成砖红色 Ag_2CrO_4 沉淀，指示达到终点。主要反应如下：

$$Ag^+ + Cl^- \Longrightarrow AgCl \downarrow （白色） \qquad K_{sp}^\ominus = 1.8 \times 10^{-10}$$

$$2Ag^+ + CrO_4^{2-} \Longrightarrow Ag_2CrO_4 \downarrow （砖红色） \qquad K_{sp}^\ominus = 2.0 \times 10^{-12}$$

滴定最适宜 pH 范围为 6.5～10.5。如有铵盐存在，溶液的 pH 必须控制在 6.5～7.2 之间。

指示剂 K_2CrO_4 的用量对测定的准确度有影响，根据肉眼所能观察到的指示剂色变，一般以 5×10^{-3} mol·L^{-1} 为宜。

在莫尔法测定中，干扰较多，凡是能与 Ag^+ 生成难溶性化合物或配合物的阴离子如 PO_4^{3-}、AsO_4^{3-}、AsO_3^{3-}、S^{2-}、CO_3^{2-}、$C_2O_4^{2-}$、SO_3^{2-} 等都干扰测定，其中 S^{2-} 可酸化以 H_2S 形式加热煮沸除去，SO_3^{2-} 可氧化成 SO_4^{2-} 后不再干扰测定。大量有色金属离子 Cu^{2+}、Ni^{2+}、Co^{2+} 等，将影响终点的观察。此外，能与 CrO_4^{2-} 指示剂生成沉淀的阳离子也干扰测定，如 Ba^{2+}、Pb^{2+} 等，Ba^{2+} 的干扰可通过加入过量 Na_2SO_4 消除。另外，Al^{3+}、Fe^{3+}、Bi^{3+}、Sn^{4+} 等高价金属离子在中性或弱碱性溶液中易水解产生沉淀，也会有干扰。

【仪器和试剂】

仪器：酸式滴定管（50mL），烧杯（250mL），锥形瓶（250mL），量筒（100mL、10mL），容量瓶（100mL、250mL），移液管（25mL）。

试剂：$AgNO_3$（AR），5% K_2CrO_4，NaCl 基准物质[1]，NaCl（试样）。

【操作步骤】

(1) 0.1mol·L^{-1} $AgNO_3$ 标准溶液的配制

称取 8.5g $AgNO_3$ 溶解于 500mL 水[2]中，将溶液转入棕色试剂瓶中，置于暗处保存，防止光照分解[3]。准确称取 0.5～0.65g（准确至 0.1mg）NaCl 基准物质于小烧杯中，加少量水完全溶解后，定量转移至 100mL 容量瓶中，定容，摇匀待用。

用移液管吸取 25.00mL NaCl 溶液于 250mL 锥形瓶中，加入 25mL 水[4]和 1mL 5% K_2CrO_4 溶液，在不断摇动的条件下，用 $AgNO_3$ 溶液滴定至呈现砖红色即为终点。平行测定三次，计算 $AgNO_3$ 溶液的准确浓度。

(2) 试样分析

准确称取 1.9～2.0g（准确至 0.1mg）NaCl 试样置于 250mL 烧杯中，加 30mL 水，完全溶解后转移至 250mL 容量瓶中，定容，摇匀。

用移液管准确移取 25.00mL NaCl 试液于 250mL 锥形瓶中，加 25mL 水和 1mL 5% K_2CrO_4，在不断摇动下，用 $AgNO_3$ 标准溶液滴定，至白色沉淀中呈现砖红色即为终点[5]。平行测定三次。

根据试样的质量和滴定中消耗的 $AgNO_3$ 的体积，计算试样中的 Cl^- 含量。

【数据处理】

分别按以下公式计算 $AgNO_3$ 标准溶液浓度及试样中的 Cl^- 含量。

$$c(\text{AgNO}_3) = \frac{m(\text{NaCl})}{M(\text{NaCl}) \times V(\text{AgNO}_3)} \times \frac{25.00}{100.0}$$

$$w(\text{Cl}^-) = \frac{c(\text{AgNO}_3) \times V(\text{AgNO}_3) \times M(\text{Cl})}{m_s \times \frac{25.00}{250.0}}$$

【附注】

[1] 将 NaCl(AR) 在 500～600℃ 高温炉中灼烧 0.5h，置于干燥器中冷却；也可将 NaCl 置于带盖的瓷坩埚中，加热并不断搅拌，待爆炸声停止后，继续加热 15min，将坩埚放入干燥器中冷却后使用。

[2] 配制 $AgNO_3$ 标准溶液的蒸馏水应无 Cl^-，否则配成的 $AgNO_3$ 溶液会出现白色浑浊，不能使用。

[3] $AgNO_3$ 溶液见光分解：$2AgNO_3 \stackrel{}{=\!=\!=} 2Ag + 2NO_2 + O_2$。

[4] 沉淀滴定中，为了减少沉淀对被测离子的吸附，一般滴定的体积大些为好，故需加水稀释被滴定液。

[5] 必要时进行空白校正：取 25.00mL 蒸馏水按上述同样操作测定，计算时应扣除空白测定所消耗的 $AgNO_3$ 标准溶液的体积。

【思考题】

(1) 莫尔法测 Cl^- 时，为什么溶液的 pH 需控制在 6.5～10.5？

(2) 以 K_2CrO_4 作指示剂时，其浓度太大或太小对测定有何影响？

(3) 在测定条件下，指示剂主要是以 CrO_4^{2-} 还是以 $Cr_2O_7^{2-}$ 形式存在？为什么？

(4) $AgNO_3$ 溶液应装在酸式滴定管内还是碱式滴定管内？为什么？

(5) 滴定过程中要求充分摇动锥形瓶的原因是什么？

实验 55　氯化钡样品中钡含量的测定

【目的要求】

(1) 学习重量法测定氯化钡样品中钡含量的方法。

(2) 掌握晶形沉淀的制备、过滤、洗涤、灼烧及恒重等重量分析基本操作技术。

(3) 学习重量分析中常用仪器的使用方法。

【实验原理】

硫酸钡重量法，既可用于测定 Ba^{2+}，也可用于测定 SO_4^{2-} 的含量[1]。

称取一定量 $BaCl_2 \cdot 2H_2O$，用水溶解，加稀 HCl 酸化，加热至微沸，在不断搅动下，慢慢地加入热的稀 H_2SO_4，形成晶形沉淀。沉淀经陈化、过滤、洗涤、烘干、炭化、灰化、灼烧后，以 $BaSO_4$ 形式称重，可求出 $BaCl_2$ 中钡的含量。

Ba^{2+} 可生成一系列微溶化合物，如 $BaCO_3$、BaC_2O_4、$BaCrO_4$、$BaHPO_4$、$BaSO_4$ 等，其中以 $BaSO_4$ 溶解度最小，100mL 溶液中 100℃时溶解 0.4mg，25℃时仅溶解 0.25mg，当有过量沉淀剂存在时，溶解度大为减小，一般可以忽略不计。

硫酸钡重量法一般在 0.05mol·L^{-1} 左右 HCl 介质中进行沉淀[2]，这是为了防止产生 $BaCO_3$、$BaHPO_4$、$BaHAsO_4$ 沉淀以及防止生成 $Ba(OH)_2$ 共沉淀。同时，适当提高酸度，增加 $BaSO_4$ 在沉淀过程中的溶解度，以降低其相对过饱和度，有利于获得较好的晶形沉淀。

用硫酸钡重量法测定 Ba^{2+} 时，一般用稀 H_2SO_4 作沉淀剂。为了使 $BaSO_4$ 沉淀完全，H_2SO_4 必须过量。由于 H_2SO_4 在高温下可挥发除去，故沉淀带下的 H_2SO_4 不会引起误差，因此沉淀剂可过量 50%～100%。如果用硫酸钡重量法测定 SO_4^{2-} 时，沉淀剂 $BaCl_2$ 只允许过量 20%～30%，因为 $BaCl_2$ 灼烧时不易挥发除去。

$PbSO_4$、$SrSO_4$ 的溶解度均较小，Pb^{2+}、Sr^{2+} 对 Ba^{2+} 的测定有干扰。NO_3^-、ClO_3^-、Cl^- 等阴离子和 K^+、Na^+、Ca^{2+}、Fe^{3+} 等阳离子，均可以引起共沉淀现象，故应严格控制沉淀条件，减小共沉淀现象，以获得纯净的 $BaSO_4$ 晶形沉淀。

注意：$BaCl_2$ 有毒，使用过程中一定要注意安全！

【仪器和试剂】

仪器：瓷坩埚（25mL，2～3个），玻璃漏斗（两个），烧杯（250mL），马弗炉，表面皿。

试剂：1mol·L^{-1} H_2SO_4，0.1mol·L^{-1} H_2SO_4，2mol·L^{-1} HCl，2mol·L^{-1} HNO_3，0.1mol·L^{-1} $AgNO_3$，$BaCl_2·2H_2O$(AR)。

其他：定量滤纸（慢速），沉淀帚。

【操作步骤】

(1) 称样及沉淀的制备

准确称取两份 0.4～0.6g $BaCl_2·2H_2O$ 试样，分别置于 250mL 烧杯中，加入约 100mL 水、3mL 2mol·L^{-1} HCl 溶液，搅拌溶解（玻璃棒直至过滤、洗涤完毕才能取出），加热至近沸（勿使沸腾以免溅失）。

另取 4mL 1mol·L^{-1} H_2SO_4 两份于两个 100mL 烧杯中，加水 30mL，加热至近沸，趁热将两份 H_2SO_4 溶液分别用小滴管逐滴加入到两份热的 Ba^{2+} 盐溶液中，并用玻璃棒不断搅拌，直至两份 H_2SO_4 溶液加完为止。待 $BaSO_4$ 沉淀下沉后，于上层清液中加入 1～2 滴 0.1mol·L^{-1} H_2SO_4 溶液，仔细观察是否有白色沉淀，检验是否沉淀完全。盖上表面皿（切勿将玻璃棒拿出烧杯外），放置过夜陈化。也可将沉淀放在水浴或砂浴上，保温 40min 陈化。

(2) 沉淀的过滤和洗涤

用慢速或中速滤纸倾注法过滤。用稀 H_2SO_4（1mL 1mol·L^{-1} H_2SO_4 加 100mL 水配成）洗涤沉淀 3～4 次，每次约 10mL。然后，将沉淀定量转移到滤纸上，用沉淀帚由上到下擦拭烧杯内壁，再用折叠滤纸时撕下的小片滤纸擦拭杯壁，并将此小片滤纸放于漏斗中，再用稀 H_2SO_4 洗涤 4～6 次，直至洗涤液中不含 Cl^- 为止（检查方法：用试管收集 2mL 滤液，加 1 滴 2mol·L^{-1} HNO_3 酸化，加入 2 滴 $AgNO_3$，若无白色浑浊产生，示 Cl^- 已洗净）。

(3) 空坩埚的恒重

将两个洁净的瓷坩埚放在 (800±20)℃ 的马弗炉中灼烧至恒重。第一次灼烧 40min，第二次后每次只灼烧 20min。灼烧也可在煤气灯上进行。

(4) 沉淀的灼烧和恒重

将折叠好的沉淀滤纸包置于已恒重的瓷坩埚中，经烘干、炭化、灰化[3]后，在（800±20）℃的马弗炉中灼烧至恒重[4]。计算 $BaCl_2 \cdot 2H_2O$ 中钡的含量。

【数据处理】

按下式计算钡的含量：

$$w(Ba) = \frac{m(BaSO_4) \times \dfrac{M(Ba)}{M(BaSO_4)}}{m(BaCl_2 \cdot 2H_2O)}$$

【附注】

[1] 农业上常用重量法测定土壤中可溶性 SO_4^{2-} 含量，对确定盐土类型及进行土壤改良都具有十分重要的意义。它是以 $BaCl_2$ 为沉淀剂由生成的 $BaSO_4$ 的质量计算出 SO_4^{2-} 含量。其操作步骤是：

① 土壤浸提及预处理。准确称取 100g 过筛（1mm 筛孔）的风干土壤样品，放入 1000mL 大口塑料瓶中，加入 500mL 无 CO_2 蒸馏水，在电动振荡机上振荡 3min 后，立即抽气过滤。吸取 50～100mL 土壤浸提液于 200mL 烧杯中，在水浴上蒸干，加 5mL 1∶1 HCl 处理残渣，再蒸干并继续加热 1～2h。

② 除去 SiO_2。用 2mL 1∶3 HCl 及 20mL 热水洗涤，用紧密滤纸过滤，除去 SiO_2，再用热水洗净，滤液收集在烧杯中，体积控制在 30～40mL。

③ 沉淀。在不断搅动中趁热滴加 10% $BaCl_2$ 至沉淀完全，再多加 2～4mL $BaCl_2$，在水浴上继续加热 15～20min，取下烧杯静置 2h。

④ 过滤、洗涤、灰化、灼烧、称量、恒重、空白试验均与本实验测定相同。

⑤ 计算

$$w(SO_4^{2-}) = \frac{[m(BaSO_4) - m(空白)] \times 0.4116}{m_s}$$

式中，m_s 为吸取待测液的体积所相当样品的质量；0.4116 为 $BaSO_4$ 与 SO_4^{2-} 的换算因数。

本方法用于含 SO_4^{2-} 量高的水质和可溶性 SO_4^{2-} 的测定，含量低时必须采用其他方法。

[2] $BaSO_4$ 沉淀在微酸性溶液中进行，一般控制 $c(H^+) = 0.05 \text{mol} \cdot L^{-1}$。

[3] 滤纸灰化时空气要充足，否则 $BaSO_4$ 易被滤纸的炭还原为灰黑色的 BaS，反应方程式为：

$$BaSO_4 + 4C = BaS + 4CO \qquad BaSO_4 + 4CO = BaS + 4CO_2$$

如遇此情况，可用 2～3 滴 1∶1 H_2SO_4 小心加热，冒烟后重新灼烧。

[4] 灼烧温度不能太高，如超过 950℃，可能有部分 $BaSO_4$ 分解：

$$BaSO_4 = BaO + SO_3$$

【思考题】

(1) 为什么要在稀热 HCl 溶液中且不断搅拌条件下，逐滴加入沉淀剂 H_2SO_4？HCl 加入太多有何影响？

(2) 为什么要在热溶液中沉淀 $BaSO_4$，却要在冷却后过滤？晶形沉淀为何要陈化？

(3) 什么叫倾注法过滤？洗涤沉淀时，为什么所用洗涤液或水都要少量、多次？

(4) 什么叫灼烧至恒重？

实验 56　磷钼蓝分光光度法测定磷

【目的要求】
(1) 掌握可见分光光度法测定磷的原理和方法。
(2) 进一步熟悉分光光度计的使用方法。

【实验原理】
微量磷的测定，一般采用磷钼蓝法。即在一定酸度下，加入 $(NH_4)_2MoO_4$ 试剂，可与 PO_4^{3-} 反应生成黄色的磷钼酸：

$$PO_4^{3-} + 12MoO_4^{2-} + 27H^+ \Longrightarrow H_7[P(Mo_2O_7)_6] + 10H_2O$$

若直接比色或以分光光度法测定，灵敏度较低，适用于含磷量较高的试样。如在黄色溶液中加入适量还原剂，磷钼酸中部分正六价钼被还原，生成低价的蓝色的磷钼蓝，蓝色的深浅与磷的含量成正比，提高了测定的灵敏度，还可消除 Fe^{3+} 等离子的干扰。经显色后可在 690nm 波长下测定其吸光度。含磷的质量浓度在 $1mg \cdot L^{-1}$ 以下服从朗伯-比尔定律。

最常用的还原剂有 $SnCl_2$ 和抗坏血酸。用 $SnCl_2$ 作为还原剂，反应的灵敏度高、显色快，但显色稳定性差（仅 5~20min），对酸度、$(NH_4)_2MoO_4$ 试剂的浓度控制要求比较严格。抗坏血酸的主要优点是显色较稳定、反应的灵敏度高、干扰小、反应要求的酸度范围宽 $[c(H^+)=0.48~1.44mol \cdot L^{-1}$，以 $c(H^+)=0.8mol \cdot L^{-1}$ 为宜]，但反应速率慢。为加速反应，可加入酒石酸锑钾，配制成 $(NH_4)_2MoO_4$、酒石酸锑钾和抗坏血酸的混合显色剂（此称钼锑抗法）。本实验采用 $SnCl_2$ 法。

SiO_3^{2-} 会干扰磷的测定，它也与 $(NH_4)_2MoO_4$ 生成黄色化合物 $H_8[Si(Mo_2O_7)_6]$，并被还原为硅钼蓝。但可用酒石酸来控制 MoO_4^{2-} 浓度，使它不与 SiO_3^{2-} 发生反应。

该法可适用于磷酸盐的测定，还可用于土壤、磷矿石、磷肥等全磷的分析。

【仪器和试剂】
仪器：可见分光光度计，容量瓶 (50mL)，吸量管 (5mL、10mL)。
试剂：$(NH_4)_2MoO_4$-H_2SO_4 混合液[1]，$SnCl_2$ 甘油[2]，$5mg \cdot L^{-1}$ 磷标准溶液。

【操作步骤】
(1) 标准溶液的配制
取 6 个 50mL 容量瓶，由 0（空白）开始编号。分别取 0.00mL、2.00mL、4.00mL、6.00mL、8.00mL、10.00mL $5.0mg \cdot L^{-1}$ 磷标准溶液于上述 6 个容量瓶中，各加入约 25mL 水，再各加入 2.5mL $(NH_4)_2MoO_4$-H_2SO_4 混合试剂，摇匀。然后各加入 4 滴 $SnCl_2$ 甘油，用水稀释至刻度，充分摇匀，静置 10~12min。

(2) 吸收曲线的绘制
用 2cm 吸收池（比色皿）以空白溶液作参比，调节分光光度计的透光度为 100%（吸光度为 0），选择 3 号溶液在 640~740nm 间，每隔 10nm 测定一次吸光度（每次都需调零）。

以波长为横坐标、吸光度 A 为纵坐标绘制吸收曲线。以此选择测量的适宜波长。

(3) 标准曲线的绘制

于选定波长处，用 2cm 吸收池（比色皿）以空白溶液作参比，调节分光光度计的透光度为 100%（吸光度为 0），测定各标准溶液的吸光度（在 5min 内完成操作）。以吸光度 A 为纵坐标、磷的质量浓度为横坐标、绘制标准曲线。

(4) 试样中磷含量的测定

取 10.00mL 试液于 50mL 容量瓶中，与标准溶液相同条件下显色，并测定其吸光度。从标准曲线上查出相应磷的含量，并计算原试液的质量浓度（$mg \cdot L^{-1}$）。

(1) 和 (3) 步骤可按表 9-15 的顺序同时进行。

表 9-15　磷含量测定步骤

项目 数值 序号	0(空白)	1	2	3	4	5	试液
加入磷标准溶液体积/mL	0.00	2.00	4.00	6.00	8.00	10.00	0.00
加入磷试液体积/mL	0.00	0.00	0.00	0.00	0.00	0.00	10.00
加入蒸馏水体积/mL	25	23	21	19	17	15	15
加入$(NH_4)_2MoO_4$-H_2SO_4 体积/mL	2.50	2.50	2.50	2.50	2.50	2.50	2.50
摇匀后加 $SnCl_2$ 甘油滴数	4	4	4	4	4	4	4
以下步骤				定容,摇匀,静置 10～12min,测定			

【数据处理】

见表 9-16。

表 9-16　磷含量测定数据

项目 数值 序号	0(空白)	标1	标2	标3	标4	标5	试液
$\rho/mol \cdot L^{-1}$							
吸光度(A)							

原试液 $\rho=$ _____ $mg \cdot L^{-1}$

【附注】

[1] $(NH_4)_2MoO_4$-H_2SO_4 混合液。溶解 25g $(NH_4)_2MoO_4$ 于 200mL 水中，加入 280mL 浓 H_2SO_4 和 400mL 水相混合的冷却溶液中，并稀释至 1L。

[2] $SnCl_2$ 甘油溶液。将 2.5g $SnCl_2 \cdot 2H_2O$ 溶于 100mL 甘油中，溶液可稳定数周。

【思考题】

(1) 测定吸光度时，应根据什么原则选择某一厚度的吸收池？

(2) 空白溶液中为何要加入同标准溶液及试液同样量的 $(NH_4)_2MoO_4$-H_2SO_4 和 $SnCl_2$ 甘油溶液？

(3) 本实验使用的 $(NH_4)_2MoO_4$ 显色剂的用量是否要准确加入？过多或过少对测定结果是否有影响？

(4) 何谓参比溶液？具有什么作用？本实验能否用蒸馏水作参比溶液？

实验57　可见分光光度法测定铁

【目的要求】
(1) 掌握可见分光光度法测定铁的原理和方法。
(2) 学会分光光度法确定配合物组成的测定方法。
(3) 掌握可见分光光度计的使用方法。

【实验原理】
(1) 铁含量的测定

微量 Fe 的测定最常用和最灵敏的方法是邻菲咯啉法。此法准确度高，重现性好。Fe^{2+} 和显色剂邻菲咯啉（又称邻二氮菲，简写为 phen）反应生成橘红色配合物，反应方程式如下：

$$Fe^{2+} + 3\,\text{phen} \longrightarrow [Fe(\text{phen})_3]^{2+}$$

该配合物的最大吸收波长为 510nm，摩尔吸收系数 $\varepsilon = 1.1 \times 10^4 \text{L} \cdot \text{mol}^{-1} \cdot \text{cm}^{-1}$，反应灵敏度高，稳定性好。

若溶液中存在 Fe^{3+}，则 Fe^{3+} 也会与邻菲咯啉反应，生成 3∶1 的淡蓝色配合物，因此必须将 Fe^{3+} 还原为 Fe^{2+}，再与邻菲咯啉反应。一般用盐酸羟胺作还原剂，显色前将 Fe^{3+} 全部还原为 Fe^{2+}：

$$2\,Fe^{3+} + 2NH_2OH \cdot HCl = 2Fe^{2+} + N_2 + 2H_2O + 4H^+ + 2Cl^-$$

Fe^{2+} 与邻菲咯啉在 pH=2~9 范围内都能显色。由于酸度高，反应进行缓慢，酸度太低 Fe^{2+} 水解影响显色，所以控制在 pH=5 左右较为适宜。

本法选择性很高，相当于含 Fe 量 40 倍的 Sn^{2+}、Al^{3+}、Ca^{2+}、Mg^{2+}、Zn^{2+}、SiO_3^{2-}，20 倍的 Cr^{3+}、Mn^{2+}、V(V)、PO_4^{3-}，5 倍的 Co^{2+}、Cu^{2+}、Ni^{2+} 等均不干扰测定。

用分光光度法测定铁的含量，一般采用标准曲线法，即配制一系列浓度的标准溶液，在实验条件下依次测量各标准溶液的吸光度 A，以溶液的浓度为横坐标、相应的吸光度为纵坐标，绘制标准曲线。在同样的实验条件下，测定待测溶液的吸光度，根据吸光度值从标准曲线上查出相应的浓度值，即可计算试样中被测物质的质量浓度。

(2) 配合物组成的测定

设金属离子 M 与配位剂 R 形成一种有色配合物 MR_n（电荷省略），反应如下：

$$M + nR \rightleftharpoons MR_n$$

测定配合物的组成即确定 n（配位数）的数值，可用摩尔比法（或称饱和法）进行测定：首先配制一系列溶液，各溶液的金属离子浓度（M）、酸度、温度等条件恒定，只改变

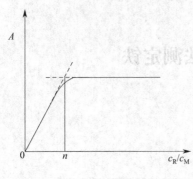

图 9-2 摩尔比法测定配合物组成

配体浓度，每份溶液的总体积保持不变。在这一系列溶液中，形成配合物的浓度是先逐渐增大后基本不变。开始时，金属离子过量，配合物的浓度取决于配体的浓度，随着加入配体的量不断增大，配合物浓度也增大，溶液颜色加深，吸光度也逐渐增大。当配位剂浓度与金属离子浓度比值恰好为 n 时，金属离子与配位剂全部生成配合物，溶液颜色最深，吸光度最大。当配位剂浓度继续增大时，由于金属离子已反应完全，不会再有配合物生成，故溶液颜色基本不变，吸光度数值也基本保持稳定。

以吸光度对摩尔比 $\dfrac{c(R)}{c(M)}$ 作图，如图 9-2 所示，将曲线的线性部分延长相交于一点，该点对应的 $\dfrac{c(R)}{c(M)}$ 值即为配位数 n。

摩尔比法适用于稳定性较高的配合物的组成测定。

【仪器和试剂】

仪器：可见分光光度计，容量瓶（50mL），吸量管（1mL、2mL、5mL、10mL），烧杯（250mL）。

试剂：$1.5g \cdot L^{-1}$ 邻菲啰啉（先用少许乙醇溶解，再用纯水稀释），10% 盐酸羟胺水溶液（新配制），$1.0mol \cdot L^{-1}$ NaAc。

$10.00mg \cdot L^{-1}$ Fe^{2+} 标准溶液：称取 0.7022g 分析纯 $(NH_4)_2SO_4 \cdot FeSO_4 \cdot 6H_2O$ 于 250mL 烧杯中，加入 50mL $6mol \cdot L^{-1}$ HCl 溶液使之溶解后，转移至 1000mL 容量瓶中，用纯水定容，摇匀。得到 $100.0mg \cdot L^{-1}$ Fe^{2+} 标准溶液，将其稀释 10 倍即可。

【操作步骤】

(1) 吸收曲线的制作

用吸量管吸取 6.00mL Fe^{2+} 标准溶液，注入一只 50mL 容量瓶中，另一只 50mL 容量瓶中不加 Fe^{2+} 标准溶液，然后各加入 1.0mL 盐酸羟胺和 5.0mL NaAc，最后加入 2.0mL 邻菲啰啉。用纯水稀释至刻度，摇匀。以试剂溶液为参比进行校正，用 2cm 比色皿，在 450～570nm 范围内，每隔 10nm 或 5nm 测定一次吸光度。每改变一次波长，均需用参比溶液重新进行仪器校正。以波长为横坐标、吸光度为纵坐标，绘制吸收曲线，以此选择测量 Fe 的适宜波长（一般选用最大吸收波长 λ_{max}）。

(2) 标准曲线的制作和铁含量的测定

取七只 50mL 容量瓶，前六只容量瓶中分别用吸量管加入 0.00mL、2.00mL、4.00mL、6.00mL、8.00mL、10.00mL Fe^{2+} 标准溶液，第七只容量瓶中加入 5.00mL Fe^{2+} 未知液，再各加入 1.0mL 盐酸羟胺和 5.0mL NaAc，最后加入 2.0mL 邻菲啰啉，用纯水稀释至刻度，摇匀。在所选择的波长下（一般选用最大吸收波长 λ_{max}），用 2cm 比色皿，以试剂溶液为参比，测定每只容量瓶中溶液的吸光度。以 Fe^{2+} 标准溶液的质量浓度 ρ 为横坐标、吸光度 A 为纵坐标，绘制标准曲线。从曲线上查出试液的浓度，再计算原未知液中 Fe^{2+} 的质量浓度 $\rho(mg \cdot L^{-1})$。

(3) 配合物组成的测定——摩尔比法

取八只 50mL 容量瓶，各加入 1.00mL Fe^{2+} 标准溶液和 1.0mL 盐酸羟胺和 5.0

NaAc，然后分别加入 0.0mL、1.0mL、1.5mL、2.0mL、2.5mL、3.0mL、3.5mL、4.0mL 邻菲咯啉，均用纯水稀释至刻度，摇匀。在 λ_{max} 波长下，用 2cm 比色皿，以试剂溶液为参比，测定各溶液的吸光度，以吸光度 A 为纵坐标、$\frac{c(R)}{c(M)}$ 为横坐标作图〔其中 $c(R)$、$c(M)$ 分别为容量瓶中邻菲咯啉和金属离子的物质的量浓度〕。根据曲线上前后两部分延长线的交点位置，确定配合物的配位比。

【数据处理】

(1) 吸收曲线的绘制和最大吸收波长的确定

① 数据记录。见表 9-17。

表 9-17 吸收波长的确定

λ/nm	450	470	490	500	505	510	515	520	530	550	570
A											

② 作吸收曲线图，确定最大吸收波长 $\lambda_{max}=$ _____ nm。

(2) 标准曲线的制作和铁含量的测定

① 数据记录（0 号为参比溶液）。见表 9-18。

表 9-18 铁含量的测定

项目 \ 序号	0	1	2	3	4	5	6
加入 Fe^{2+} 溶液的体积/mL	0.00	2.00	4.00	6.00	8.00	10.00	5.00
$\rho(Fe^{2+})$/mg·L^{-1}							
吸光度(A)							

② 作标准曲线图。

③ 从标准曲线上查得 6 号容量瓶中 $\rho(Fe^{2+})=$ _____ mg·L^{-1}，原试液中 Fe^{2+} 的质量浓度 $\rho(Fe^{2+})=$ _____ mg·L^{-1}。

(3) 配合物组成的测定——摩尔比法

① 数据记录（0 号为参比溶液）。见表 9-19。

表 9-19 配合物组成的测定

序号	0	1	2	3	4	5	6	7
$\frac{c(R)}{c(M)}$								
吸光度(A)								

② 绘制吸光度 A-$\frac{c(R)}{c(M)}$ 图。

③ 确定 Fe^{2+} 与邻菲咯啉的配位比。

【思考题】

(1) 用邻菲咯啉法测定铁时，为什么在测定前需要加入盐酸羟胺？若不加入盐酸羟胺，对测定结果有何影响？

(2) 根据本实验结果，计算邻菲咯啉-Fe(Ⅱ)配合物在 λ_{max} 时的摩尔吸收系数。

(3) 吸收曲线与标准曲线有何区别？各有何实际意义？

实验58　酱油中总酸量(度)和氨基氮的测定

【目的要求】

(1) 学习酸度计的使用方法。

(2) 掌握电势滴定法测定酱油中总酸量(度)和氨基氮的原理和方法。

【实验原理】

(1) 酱油中总酸量(度)的测定原理

食品的总酸量(度)是指食品中所有酸性成分的总量，它包括未解离的酸的浓度和已解离的酸的浓度。酱油中含有二十余种有机酸[1]，其含量可借标准碱滴定，故总酸量(度)又称"可滴定酸量(度)"。由于其中乳酸含量最高，故总酸量(度)测定结果通常以乳酸(或乙酸)含量形式表示，其滴定反应方程式可表示如下：

$$RCOOH + NaOH == RCOONa + H_2O$$

或　　$$CH_3CH(OH)COOH(乳酸) + NaOH == CH_3CH(OH)COONa + H_2O$$

反应产物为弱碱，溶液 pH≈8.2，所以只要用 NaOH 标准溶液滴定至 pH=8.2 时，即为滴定终点。指示滴定终点的方法很多，如电势法、比色法及化学法等，常用的方法是电势法，因为电势法不受氧化剂、还原剂或胶体等的干扰，也几乎不受色度、浊度的影响，准确度高，广泛应用于工农业生产及科学研究等部门。

电势法确定酸碱滴定终点的方法是：用玻璃电极作指示电极，饱和甘汞电极作参比电极，与待测溶液（酱油试液）组成原电池：

$$Ag(s) | AgCl(s) | HCl | 玻璃膜 | 试液(a_{H^+}) || KCl(饱和) | Hg_2Cl_2(s) | Hg(l)$$

在一定条件下，测得的电池电动势（E）与试液的 pH 有线性关系：

$$E(试) = K' + 0.0592 \text{ pH}(试) \quad (25℃) \tag{9-1}$$

由测得的电池电动势（E）可计算出待测溶液的 pH。但上式中的 K' 值是由内参比电极的电势及难以计算的不对称电势和液接电势所决定的常数，其值不易求得。因此在实际工作中，用酸度计测定溶液的 pH，一般先用已知 pH 的标准缓冲溶液校正酸度计（即"定位"），然后作相对测量，以避免涉及 K' 值。因为在测量标准溶液时（25℃）：

$$E(标) = K' + 0.0592 \text{ pH}(标) \quad (25℃) \tag{9-2}$$

将式(9-1)减式(9-2)得

$$\text{pH}(试) = \text{pH}(标) + \frac{E(试) - E(标)}{0.0592}$$

可见，实际测得试液的 pH 是以标准缓冲溶液为基础的，为减小测量误差，校正酸度计时应选用与待测试液的 pH 相接近的标准缓冲溶液（一般相差应在 3 个 pH 单位以内）。

酸度计校正（定位）之后，只要用 NaOH 标准溶液滴定至酸度计指示 pH=8.2 时，即可根据 NaOH 的用量计算酱油中的总酸量(度)。

(2) 酱油中氨基氮的测定原理

氨基酸具有酸性的羧基（—COOH）和碱性的氨基（—NH_2），加入甲醛与—NH_2 结合，可以固定氨基的碱性，使羧基显示出酸性，用 NaOH 标准溶液滴定后定量，以酸度计测定终点（pH＝9.2）。本法适用于粮食及其副产品豆饼、麸皮为原料酿造的酱油中氨基氮的测定。反应方程式如下：

$$RCH(NH_2)COOH + HCHO \longrightarrow RCH(N=CH_2)COOH + H_2O$$
$$RCH(N=CH_2)COOH + NaOH \longrightarrow RCH(N=CH_2)COONa + H_2O$$

【仪器和试剂】

仪器：酸度计及电极等配件，烧杯（250mL），磁力搅拌器及搅拌磁子，微量碱式滴定管（10mL），量筒（10mL、100mL），容量瓶（100mL），移液管（5mL、10mL）。

试剂：$0.05 mol \cdot L^{-1}$ NaOH 标准溶液。

pH＝4.00 的邻苯二甲酸氢钾标准缓冲溶液：称取 10.21g 邻苯二甲酸氢钾（$KHC_8H_4O_4$，AR），溶于不含 CO_2 的蒸馏水中，在容量瓶中稀释至1L，摇匀，储于塑料瓶中。在精密的测定工作中，应先将邻苯二甲酸氢钾在 (115±5)℃下烘干 2~3h。

pH＝6.86 的标准缓冲溶液：将磷酸二氢钾（KH_2PO_4，AR）与磷酸氢二钠（Na_2HPO_4，AR）在 (115±5)℃下烘干 2~3 h，冷却至室温。称取 3.40g KH_2PO_4 和 3.55g Na_2HPO_4 溶于不含 CO_2 的蒸馏水中，在容量瓶中稀释至1L，摇匀，储于塑料瓶中。

以上标准缓冲溶液（温度为 25℃）一般可以保存 2 个月。但如发现有浑浊、发霉等现象时，不能继续使用。

40％中性甲醛：以百里酚酞作指示剂，用 NaOH 将 40％甲醛中和至淡蓝色。

【操作步骤】

(1) 总酸量的测定[2]

准确吸取酱油 5.00mL，置于 100mL 容量瓶中，加水至刻度，混匀，吸取 20.00mL 置于 250mL 烧杯中，加 60mL 水，放入搅拌磁子。

用蒸馏水清洗电极，并用吸水纸将电极表面水滴吸干，把电极插入试液中，开动磁力搅拌器。用 $0.05 mol \cdot L^{-1}$ NaOH 标准溶液滴定至酸度计指示 pH＝8.2，记下消耗 NaOH 标准溶液体积 V(NaOH)，计算总酸量。

(2) 氨基氮的测定

继续在已经测定总酸量的烧杯中加入 10.0mL 中性甲醛，混匀。再用 $0.05 mol \cdot L^{-1}$ NaOH 标准溶液继续滴定至 pH＝9.2，记下消耗 NaOH 标准溶液体积 V'(NaOH)。

同时取 80mL 蒸馏水置于另一 250mL 洁净烧杯中，先用 $0.05 mol \cdot L^{-1}$ NaOH 标准溶液调节至 pH 为 8.2（此时不计耗碱量），再加入 10.0mL 中性甲醛，用 $0.05 mol \cdot L^{-1}$ NaOH 标准溶液滴定至 pH 为 9.2，作为试剂空白试验，记下试剂空白试验消耗的 NaOH 标准溶液体积 V_0(NaOH)，供计算样品中氨基氮含量使用。

(3) 结束

测量完毕，关闭电源开关，冲洗电极，妥善保存电极。

【数据处理】

(1) 总酸量（以乳酸含量形式表示）

$$\rho(乳酸) = \frac{c(NaOH) \times V(NaOH) \times M(乳酸)}{V(样品)}$$

(2) 氨基氮含量

$$\rho(N) = \frac{c(NaOH) \times [V'(NaOH) - V_0(NaOH)] \times M(N)}{V(样品)}$$

式中，ρ(乳酸)为以乳酸质量浓度，表示的酱油试样总酸量（度），$g \cdot L^{-1}$ 或 $mg \cdot mL^{-1}$；$\rho(N)$ 为酱油试样氨基氮含量，$g \cdot L^{-1}$ 或 $mg \cdot mL^{-1}$；M（乳酸）为乳酸的摩尔质量，$90.0 g \cdot mol^{-1}$；$M(N)$ 为氮的摩尔质量，$14.0 g \cdot mol^{-1}$；V（样品）为滴定用酱油试样的体积（本实验中 $V = 5.00 \times 20.00/100$），mL；$V(NaOH)$ 为样品在滴定至 pH = 8.2 时所消耗的 NaOH 标准溶液体积，mL；$V'(NaOH)$ 为样品在加入甲醛后滴定至终点（pH = 9.2）所消耗的 NaOH 标准溶液体积，mL；$V_0(NaOH)$ 为空白试验加入甲醛后滴定至终点（pH = 9.2）所消耗的 NaOH 标准溶液体积，mL。

【附注】

[1] 酱油的总酸中以乳酸含量最高，其次为乙酸、丙酸、丁酸、琥珀酸、柠檬酸等二十多种有机酸。适当的有机酸存在，对增加酱油的风味有一定的效果，但总酸含量不能过高，如酱油酸味明显，会使质量降低。总酸量（度）测定结果通常以样品中含量最多的那种酸表示，一般用乳酸或醋酸表示。

[2] 测量时，应将饱和甘汞电极上下端的橡皮塞、橡皮套或复合电极下端的塑料套拔去。电极不用时，应将下端套住，饱和甘汞电极还要用橡皮塞将上端小孔塞住，以免 KCl 溶液流失。若 KCl 溶液流失较多时，应通过电极上端小孔补充 KCl 溶液。

【思考题】

(1) 电势法测定溶液的 pH 值时，为什么需要用标准缓冲溶液校正 pH 计？校正时应注意什么问题？

(2) 玻璃电极或复合电极在使用前应如何处理？为什么？

(3) 酱油中总酸量及氨基氮测定的原理是什么？

(4) 使用酸度计应注意哪些事项？

10 综合实验和设计实验

为了切实培养学生灵活运用所学理论及实验知识解决基础化学实际问题的能力，为了他们今后从事实际工作和开展科学研究打下良好基础，我们在无机及分析化学基础实验的基础上，选择了 15 个综合实验和 10 个设计实验。

综合实验主要培养学生综合利用无机及分析化学的基本原理、无机及分析化学实验基本技能开展实验室研究的能力，系统培养学生实验设计、实验操作、数据处理等多项实验室研究技能。

设计实验主要培养学生应用无机及分析化学基本理论及无机及分析化学实验技能解决实际问题的能力，主要学习文献查阅、文献分析、设计实验、完成实验等分析和解决实际问题综合能力。

实验 59 四氧化三铅组成的测定

【实验目的】

(1) 掌握测定 Pb_3O_4 组成的基本原理。

(2) 熟悉碘量法的原理、方法及基本操作。

(3) 熟悉用 EDTA 标准溶液测定溶液中的金属离子浓度的原理、方法及基本操作。

【实验原理】

Pb_3O_4 为红色粉末状固体，俗称铅丹或红丹。该物质为混合价态氧化物，其化学式可写成 $2PbO \cdot PbO_2$，式中氧化数为 +2 的铅占 2/3，而氧化数为 +4 的铅占 1/3。根据其结构，Pb_3O_4 应为铅酸盐 Pb_2PbO_4。Pb_3O_4 与 HNO_3 反应时，由于 PbO_2 的生成，固体的颜色很快从红色变为棕黑色：

$$Pb_3O_4 + 4HNO_3 \longrightarrow PbO_2 + 2Pb(NO_3)_2 + 2H_2O$$

很多金属离子均能与螯合剂 EDTA 生成 1:1 的稳定螯合物，以 +2 价金属离子 M^{2+} 为例，其反应如下：

$$M^{2+} + EDTA^{4-} \longrightarrow [M(EDTA)]^{2-}$$

因此，只要控制溶液的 pH，选用适当的指示剂，就可用 EDTA 标准溶液对溶液中的特定金属离子进行定量测定。本实验中 Pb_3O_4 经 HNO_3 作用分解后生成的 Pb^{2+}，可用六亚甲基四胺控制溶液的 pH 为 5~6，以二甲酚橙为指示剂，用 EDTA 标准液进行测定。

PbO_2 是一种很强的氧化剂，在酸性溶液中，它能定量地氧化溶液中的 I^-：

$$PbO_2 + 4I^- + 4HAc \longrightarrow PbI_2 + 2I^- + 2H_2O + 4Ac^-$$

从而可用碘量法来测定所生成的 PbO_2。

【实验用品】

仪器：电子分析天平，电子台秤，称量瓶，干燥器，量筒 (10mL, 100mL)，烧杯

(50mL),锥形瓶(250mL),吸滤瓶,布氏漏斗,酸式滴定管(50mL),碱式滴定管(50mL),洗瓶,真空泵。

药品:四氧化三铅(AR),碘化钾(AR),HNO_3(6mol·L^{-1}),EDTA 标准溶液(0.01mol·L^{-1}),$Na_2S_2O_3$ 标准溶液(0.01mol·L^{-1}),NaAc-HAc(1:1)混合液,$NH_3·H_2O$(1:1),六亚甲基四胺(20%),淀粉(2%)。

材料:滤纸、pH 试纸。

【实验内容】

(1) Pb_3O_4 的分解

用差减法准确称取干燥的 Pb_3O_4 0.5~0.6g 置于 50mL 小烧杯中,同时加入 2.0mL 6mol·L^{-1} HNO_3 溶液,用玻璃棒搅拌,使之充分反应,可以看到红色的 Pb_3O_4 很快变为棕黑色的 PbO_2。接着通过抽滤将反应产物进行固液分离,用蒸馏水少量多次地洗涤固体,保留滤液 A 及固体 B 供下面实验用。

(2) PbO 含量的测定

把滤液 A 全部转入锥形瓶,向其中加入 4~6 滴二甲酚橙指示剂,并逐滴加入 1:1 氨水至溶液由黄色变为橙色,再加 20% 的六亚甲基四胺至溶液呈稳定的紫红色,再加入过量六亚甲基四胺 5.0mL 左右,使溶液的 pH 为 5~6。然后用 EDTA 标准液滴定至溶液由紫红色变为亮黄色,即为终点。记下所消耗的 EDTA 溶液的体积。

(3) PbO_2 含量的测定

将固体 B 连同滤纸一并置于另一锥形瓶中,往其中依次加入 30.0mL NaAc-HAc 混合液、0.8g KI 固体,晃动锥形瓶使 PbO_2 全部反应,反应后溶液应为棕色透明液体。以 $Na_2S_2O_3$ 标准溶液滴定至溶液呈淡黄色时,加入 1.0mL 2% 淀粉溶液,继续滴定至溶液蓝色刚好褪去为止,记下所用去的 $Na_2S_2O_3$ 溶液的体积。

【注意事项】

由上述实验可以计算出试样中+2 价铅与+4 价铅的物质的量之比以及 Pb_3O_4 在试样中的质量分数,本实验要求+2 价铅与+4 价铅物质的量之比为 2±0.05,Pb_3O_4 在试样中的质量分数应大于或等于 95% 方为合格。

【思考题】

(1) 能否加其他酸如 H_2SO_4 或 HCl 溶液使 Pb_3O_4 分解,为什么?

(2) 从实验结果分析可能产生误差的主要原因。

(3) PbO_2 氧化 I$^-$ 需在酸性介质中进行,能否加 HNO_3 或 HCl 溶液以替代 HAc,为什么?

(4) 自行设计另外一个实验,以测定 Pb_3O_4 的组成。

实验 60 十二钨磷酸和十二钨硅酸的制备——乙醚萃取法制备多酸

【实验目的】

(1) 掌握制备十二钨磷酸和十二钨硅酸的原理及方法。

(2) 熟悉萃取分离基本操作。

【实验原理】

钨和钼在化学性质上的显著特点之一是在一定条件下易自聚或与其他元素聚合形成多酸或多酸盐。由同种含氧酸根离子缩合形成的阴离子称同多酸阴离子，其酸称同多酸。由不同种类的含氧酸根阴离子缩合形成的阴离子称杂多酸阴离子，其酸称杂多酸。到目前为止，人们已经发现元素周期表中近 70 种元素可以参与到多酸化合物组成中来。多酸在催化化学、药物化学、功能材料等诸多方面的研究都取得了突破性进展。我国是国际上五个多酸研究中心（美国、中国、俄罗斯、法国和日本）之一。1862 年 J. Berzerius 首次合成了多酸盐 12-钼磷酸铵 $(NH_4)_3PMo_{12}O_{40} \cdot nH_2O$。1934 年英国化学家 J. F. Keggin 采用 X 射线粉末衍射技术成功测定了十二钨磷酸的分子结构。$[PW_{12}O_{40}]^{3-}$ 是具有 Keggin 结构的杂多酸化合物的典型代表。

钨、磷、硅等元素的简单化合物在溶液中经过酸化缩合便可生成相应的十二钨磷酸根离子、十二钨硅酸根离子：

$$12WO_4^{2-} + HPO_4^{2-} + 23H^+ \longrightarrow [PW_{12}O_{40}]^{3-} + 12H_2O$$

$$12WO_4^{2-} + SiO_3^{2-} + 22H^+ \longrightarrow [SiW_{12}O_{40}]^{4-} + 11H_2O$$

在反应过程中，H^+ 与 WO_4^{2-} 中的氧结合形成 H_2O 分子，在十二钨磷酸分子结构中，钨原子之间通过共享氧原子形成多核簇状结构的杂多酸阴离子，该阴离子与反荷离子 H^+ 结合，则得到相应的杂多酸。采用乙醚萃取制备十二钨磷酸和十二钨硅酸，是一经典的方法。向反应体系中加入乙醚并酸化，经乙醚萃取后液体分三层，上层是溶有少量杂多酸的醚，中间是氯化钠、盐酸和其他物质的水溶液，下层是油状的杂多酸醚合物。收集下层，将醚蒸发，即可析出杂多酸晶体。

【实验用品】

仪器：电子台秤，磁力加热搅拌器，烧杯（100mL、250mL），滴液漏斗（100mL），分液漏斗（250mL），蒸发皿，水浴锅。

药品：二水合钨酸钠，磷酸氢二钠，九水合硅酸钠，HCl($6mol \cdot L^{-1}$，浓），乙醚，H_2O_2（3%）。

【实验内容】

(1) 十二钨磷酸的制备

取 25.0g 二水合钨酸钠和 4.0g 磷酸氢二钠溶于 150mL 热水中，溶液稍呈浑浊状。加热搅拌条件下向该溶液中缓慢加入 25.0mL 浓 HCl 至溶液澄清，继续加热半分钟。若溶液呈现蓝色，是由于钨（Ⅵ）被还原的结果，需向溶液中滴加 3% 过氧化氢至蓝色褪去，冷却至室温。

将烧杯中的溶液和析出的少量固体一并转移至分液漏斗中。向分液漏斗中加入 35.0mL 乙醚，再分 3~4 次加入 10.0mL $6mol \cdot L^{-1}$ 盐酸，振荡烧杯以防止气流将液体带出，随后静置至液体分为三层。分离并收集下层油状醚合物置于蒸发皿中。在 250mL 烧杯中加开水作为热源，将蒸发皿置于烧杯上水浴蒸发乙醚（小心！醚易燃）直至液体表面出现晶膜。由于乙醚有毒性，蒸发乙醚过程应在通风橱内进行。若在蒸发过程中液体变蓝，则需滴加少许 3% 过氧化氢至蓝色褪去。将蒸发皿放在通风处（注意，防止落入灰尘），使乙醚在空气中渐渐挥发掉，即可得到白色或浅黄色十二钨磷酸固体。

(2) 十二钨硅酸的制备

称取二水合钨酸钠25.0 g溶于50.0mL水中，置于磁力加热搅拌器上猛烈地搅拌2min，然后加入1.88 g九水合硅酸钠，将混合物加热至沸，从滴液漏斗中以每秒1~2滴的速度向其中加入盐酸至溶液pH为2.0，继续加热30min左右。将混合物冷却，冷却后的溶液全部转移至分液漏斗中，首先向其中加入乙醚（约为混合液体积的1/2），然后分4次向其中加入10.0mL浓盐酸，充分振荡后静置，分层，将下层醚合物分出置于蒸发皿中，加水4.0mL，水浴蒸发，结晶，抽滤，即可得到产品。

【注意事项】

［1］由于十二钨磷酸易被还原，也可用以下方法提取：用水洗分出油状液体，并加少量乙醚，再分三层。将下层分出，用电吹风吹入干净的空气（防止尘埃使之还原）以除去乙醚。将析出的晶体移至玻璃板上，在空气中直接干燥至乙醚味消失为止。

［2］乙醚沸点低，挥发性强；燃点低，易燃、易爆，因此在使用时一定要注意安全。

【思考题】

(1) 十二钨磷酸、十二钨硅酸较易被还原，与橡胶、纸张、塑料等有机物质接触，甚至与空气中的灰尘接触时，均易被还原为"杂多酸"。因此，在制备过程中要注意哪些问题？

(2) 通过实验总结"乙醚萃取法"制多酸的方法。

实验61 铬(Ⅲ)配合物的制备和分裂能的测定

【实验目的】

(1) 了解不同配体对配合物中心离子d轨道能级分裂的影响。
(2) 学习铬(Ⅲ)配合物的制备方法。
(3) 了解配合物电子光谱的测定与绘制。
(4) 了解配合物分裂能的测定。

【实验原理】

晶体场理论认为，过渡金属离子形成配合物时，在配位场作用下，中心离子的d轨道发生能级分裂。配体与中心离子形成的配合物的对称性不同，能级分裂的方式和分裂能的大小也不同。在八面体配位场中，5个简并的d轨道分裂为2个能量较高的e_g轨道和3个能量较低的t_{2g}轨道。e_g轨道和t_{2g}轨道间的能量差称为分裂能，通常用Δ_o或10Dq表示。中心离子确定，分裂能的大小主要取决于配体配位场的强弱。

配合物的分裂能可通过测定其电子光谱求得。对于中心离子价层电子构型为d^1~d^9的配合物，用分光光度计在不同波长下测其溶液的吸光度，以吸光度对波长作图即得到配合物的电子光谱。由电子光谱上相应吸收峰所对应的波长可以计算出分裂能Δ_o，计算公式如下：

$$\Delta_o = \frac{1}{\lambda} \times 10^7 \tag{10-1}$$

式中，λ为波长，nm；Δ_o为分裂能，其单位通常为cm^{-1}。对于d电子数不同的配合物，其电子光谱不同，计算Δ_o的方法也不同。例如，中心离子价层电子构型为$3d^1$的

$[Ti(H_2O)_6]^{3+}$，只有一种 d-d 跃迁，其电子光谱上 493 nm 处有 1 个吸收峰，其分裂能为 20300 cm^{-1}。本实验中，中心离子 Cr^{3+} 的价层电子构型为 3d^3，有 3 种 d-d 跃迁，相应地在电子光谱上应有 3 个吸收峰，但实验中往往只能测得 2 个明显的吸收峰，第 3 个吸收峰则被强烈的电荷迁移吸收所覆盖。配体场理论研究结果表明，对于八面体场中 d^3 电子构型的配合物，在电子光谱中先应确定最大波长的吸收峰所对应的波长 λ_{max}，然后代入上述式(10-1)求其分裂能 Δ_o。

对于相同中心离子的配合物，按其 Δ_o 的相对大小将配位体排序，即得到光谱化学序列。

【实验用品】

仪器：722 型分光光度计，电子分析天平，电子台秤，烧杯（25mL），研钵，蒸发皿，量筒（10mL），微型漏斗，吸滤瓶，表面皿。

药品：草酸，草酸钾，重铬酸钾，硫酸铬钾，乙二胺四乙酸二钠，三氯化铬，丙酮。

材料：坐标纸。

【实验步骤】

(1) 铬（Ⅲ）配合物的合成

在 10.0mL 水中溶解 0.6 g 草酸钾和 1.4 g 草酸。再慢慢加入 0.5 g 研细的重铬酸钾并不断搅拌，待反应完毕后，蒸发溶液近干，使晶体析出。冷却后用微型漏斗及吸滤瓶过滤，并用丙酮洗涤晶体，得到暗绿色的 $K_3[Cr(C_2O_4)_3] \cdot 3H_2O$ 晶体，在烘箱内于 110℃下烘干。

(2) 铬（Ⅲ）配合物溶液的配制

$K_3[Cr(C_2O_4)_3] \cdot 3H_2O$ 溶液的配制：在分析天平上称取 0.02g $K_3[Cr(C_2O_4)_3] \cdot 3H_2O$ 晶体，溶于 10.0mL 去离子水，得待测液 A。

$K[Cr(H_2O)_6](SO_4)_2$ 溶液的配制：在分析天平上称取 0.08g 硫酸铬钾，溶于 10.0mL 去离子水中，得待测液 B。

$[Cr(EDTA)]^-$ 溶液的配制：在分析天平上称取 0.01g EDTA 溶于 10.0mL 水中，加热使其溶解，然后加入 0.01g 三氯化铬，稍加热，得到紫色的 $[Cr(EDTA)]^-$ 溶液，得待测液 C。

(3) 配合物电子光谱的测定

在 360～700nm 波长范围内，以去离子水为参比液，分别测定上述配合物待测液 A、B 和 C 的吸光度 A。比色皿厚度为 2cm。每隔 10nm 测定一组数据，当出现吸收峰（即吸光度 A 出现极大值）时可适当缩小波长间隔、增加测定次数。

【数据处理】

(1) 不同波长下各配合物的吸光度 见表 10-1。

表 10-1 数据记录表

波长/nm	$[Cr(C_2O_4)]^{3-}$	$[Cr(H_2O)_6]^{3+}$	$[Cr(EDTA)]^-$
360			
.			
.			
.			
700			

(2) 以波长 λ 为横坐标，各待测液的吸光度 A 为纵坐标作图，即得各配合物的电子光谱。

(3) 从电子光谱上确定最大波长 λ_{max} 吸收峰所对应的波长,并按式(10-1)计算各配合物的晶体场分裂能 Δ_o。

(4) 将得到的 Δ_o 数值与理论值进行对比。

【思考题】

(1) 配合物中心离子的 d 轨道在八面体场中如何分裂?写出 Cr(Ⅲ)八面体配合物中 Cr^{3+} 的 d 电子排布式。

(2) 晶体场分裂能的大小主要与哪些因素有关?

(3) 写出 $C_2O_4^{2-}$、H_2O、EDTA 在光谱化学序列中的前后顺序。

(4) 本实验中配合物的浓度是否影响 Δ_o 的测定?

实验62 三草酸合铁(Ⅲ)酸钾的制备、组成测定及表征

【实验目的】

(1) 掌握配合物制备的一般方法。

(2) 掌握用 $KMnO_4$ 法测定 $C_2O_4^{2-}$ 与 Fe^{3+} 的原理和方法。

(3) 综合训练无机合成、滴定分析的基本操作。

(4) 掌握确定配合物组成的原理和方法。

(5) 了解表征配合物结构的方法。

【实验原理】

(1) 制备

三草酸合铁(Ⅲ)酸钾 $K_3[Fe(C_2O_4)_3]\cdot 3H_2O$ 为翠绿色单斜晶体,在水中溶解度 0 ℃下为 4.7g/100g、100 ℃下为 117.7g/100g,难溶于乙醇。110 ℃下失去结晶水,230 ℃分解。该配合物对光敏感,遇光照射即发生分解:

$$2K_3[Fe(C_2O_4)_3] \longrightarrow 3K_2C_2O_4 + 2FeC_2O_4 + 2CO_2$$

三草酸合铁(Ⅲ)酸钾是制备负载型活性铁催化剂的主要原料,也是一些有机反应的良好催化剂,在工业上具有一定的应用价值。其合成工艺路线有多种,例如,可用三氯化铁或硫酸铁与草酸钾直接合成三草酸合铁(Ⅲ)酸钾,也可以铁为原料制得硫酸亚铁铵,加草酸制得草酸亚铁后,在过量草酸根离子存在下用过氧化氢氧化制得三草酸合铁(Ⅲ)酸钾。

本实验以硫酸亚铁铵为原料,采用后一种方法制得本产品。其反应方程式如下:

$$(NH_4)_2Fe(SO_4)_2\cdot 6H_2O + H_2C_2O_4 \longrightarrow FeC_2O_4\cdot 2H_2O(黄色) + (NH_4)_2SO_4 + H_2SO_4 + 4H_2O$$

$$6FeC_2O_4\cdot 2H_2O + 3H_2O_2 + 6K_2C_2O_4 \longrightarrow 4K_3[Fe(C_2O_4)_3]\cdot 3H_2O + 2Fe(OH)_3$$

加入适量草酸可使 $Fe(OH)_3$ 转化为三草酸合铁(Ⅲ)酸钾:

$$2Fe(OH)_3 + 3H_2C_2O_4 + 3K_2C_2O_4 \longrightarrow 2K_3[Fe(C_2O_4)_3]\cdot 3H_2O$$

加入乙醇,放置即可析出产物的结晶。

(2) 产物的定性分析

产物组成的定性分析采用化学分析和红外吸收光谱法。K^+ 与 $Na_3[Co(NO_2)_6]$ 在中性或稀醋酸介质中,生成亮黄色 $K_2Na[Co(NO_2)_6]$ 沉淀:

$$2K^+ + Na^+ + [Co(NO_2)_6]^{3-} \Longrightarrow K_2Na[Co(NO_2)_6]_{(s)}$$

Fe^{3+} 与 KSCN 反应生成血红色 $Fe(NCS)_n^{3-n}$,$C_2O_4^{2-}$ 与 Ca^{2+} 生成白色沉淀 CaC_2O_4,可以判断 Fe^{3+}、$C_2O_4^{2-}$ 处于配合物的内界还是外界。

草酸根离子和结晶水可通过红外光谱分析确定其存在。草酸根离子形成配合物时,红外吸收的振动频率(波数)和谱带归属见表 10-2。

表 10-2 红外吸收的振动频率(波数)和谱带归属

波数/cm^{-1}	谱带归属	波数/cm^{-1}	谱带归属
1712,1677,1649	羰基 C=O 的伸缩振动吸收带	528	C—C 的伸缩振动吸收带
1390,1270,1255,885	C—O 伸缩及 O—C=O 弯曲振动	498	环变形 O—C=O 弯曲振动
797,785	O—C=O 弯曲及 M—O 键的伸缩振动	366	M—O 伸缩振动吸收带

结晶水的吸收带在 3550~3200cm 之间,一般在 3450cm^{-1} 附近。通过与红外谱图的对照,不难得出定性分析结果。

(3) 产物的定量分析

用 $KMnO_4$ 法测定产品中的 Fe^{3+} 含量和 $C_2O_4^{2-}$ 含量,并确定 Fe^{3+} 和 $C_2O_4^{2-}$ 的配位比。在酸性介质中,用 $KMnO_4$ 标准溶液滴定试液中的 $C_2O_4^{2-}$,根据 $KMnO_4$ 标准溶液的消耗量可直接计算出 $C_2O_4^{2-}$ 的含量,其反应式为:

$$5C_2O_4^{2-} + 2MnO_4^- + 16H^+ \longrightarrow 10CO_2 + 2Mn^{2+} + 8H_2O$$

在上述测定草酸根后剩余的溶液中,用锌粉将 Fe^{3+} 还原为 Fe^{2+},再用 $KMnO_4$ 标准溶液滴定 Fe^{2+},其反应为:

$$Zn + 2Fe^{3+} \longrightarrow 2Fe^{2+} + Zn^{2+}$$

$$5Fe^{2+} + MnO_4^- + 8H^+ \longrightarrow 5Fe^{3+} + Mn^{2+} + 4H_2O$$

根据 $KMnO_4$ 标准溶液的消耗量,可计算出 Fe^{3+} 的含量。根据 $n(Fe^{3+}):n(C_2O_4^{2-}) = \dfrac{w(Fe^{3+})}{55.8} : \dfrac{w(C_2O_4^{2-})}{88.0}$ 确定 Fe^{3+} 与 $C_2O_4^{2-}$ 的配位比。

(4) 产物的表征

通过对配合物磁化率的测定,可推算出配合物中心离子的未成对电子数,进而推断出中心离子外层电子的结构以及配键类型。

【实验用品】

仪器:电子台秤,电子分析天平,烧杯(100mL、250mL),量筒(10mL、100mL),长颈漏斗,布氏漏斗,吸滤瓶,真空泵,表面皿,称量瓶,干燥器,烘箱,锥形瓶(250mL),酸式滴定管(50mL),磁天平,红外光谱仪,玛瑙研钵。

药品:H_2SO_4(2mol·L^{-1}),$H_2C_2O_4$(1mol·L^{-1}),H_2O_2($w=0.03$),$(NH_4)_2Fe(SO_4)_2·6H_2O$(s),$K_2C_2O_4$(饱和),KSCN(0.1mol·L^{-1}),$CaCl_2$(0.5mol·L^{-1}),$FeCl_3$(0.1 mol·L^{-1}),$Na_3[Co(NO_2)_6]$,$KMnO_4$ 标准溶液(0.01mol·L^{-1},自行标定),乙醇($w=0.95$),丙酮。

【实验步骤】

(1) 三草酸合铁(Ⅲ)酸钾的制备

制备 $FeC_2O_4 \cdot 2H_2O$：称取 $(NH_4)_2Fe(SO_4)_2 \cdot 6H_2O$ 6.0g 放入 250mL 烧杯中，加 1.5mL 2mol·L^{-1} H_2SO_4 和 20mL 去离子水，加热使其溶解。再称取 $H_2C_2O_4 \cdot 2H_2O$ 3.0g 放到 100mL 烧杯中，加 30.0mL 去离子水微热，溶解后取出 22.0mL 倒入上述 250mL 烧杯中，加热搅拌至沸，并维持微沸 5min。静置，得到黄色 $FeC_2O_4 \cdot 2H_2O$ 沉淀。用倾斜法倒出清液，用热去离子水洗涤沉淀 3 次，以除去可溶性杂质。

制备 $K_3[Fe(C_2O_4)_3] \cdot 3H_2O$：在上述洗涤过的沉淀中，加入 15mL 饱和 $K_2C_2O_4$ 溶液，水浴加热至 40℃，滴加 25mL $w=0.03$ 的 H_2O_2 溶液，不断搅拌溶液并维持温度在 40℃ 左右。滴加完后，加热溶液至沸以除去过量的 H_2O_2。取适量上步配制的 $H_2C_2O_4$ 溶液趁热加入，使沉淀溶解至呈现翠绿色为止。冷却后加入 15mL $w=0.95$ 的乙醇水溶液，在暗处放置使其结晶。减压过滤，抽干后用少量乙醇洗涤产品，继续抽干，称量，计算产率，并将晶体放在干燥器内避光保存。

(2) 产物的定性分析

K^+ 的鉴定：在试管中加入少量产物，用去离子水溶解，再加入 1.0mL $Na_3[Co(NO_2)_6]$ 溶液，放置片刻，观察现象。

Fe^{3+} 的鉴定：在试管中加入少量产物，用去离子水溶解。另取 1 支试管加入少量的 $FeCl_3$ 溶液。各加入 2 滴 0.1mol·L^{-1} KSCN，观察现象。在装有产物溶液的试管中加入 3 滴 2mol·L^{-1} H_2SO_4，再观察溶液颜色有何变化，解释实验现象。

$C_2O_4^{2-}$ 的鉴定：在试管中加入少量产物，用去离子水溶解。另取 1 支试管加入少量 $K_2C_2O_4$ 溶液。各加入 2 滴 0.5mol·L^{-1} $CaCl_2$ 溶液，观察实验现象有何不同。

用红外光谱鉴定 $C_2O_4^{2-}$ 与结晶水：取少量 KBr 晶体及小于 KBr 用量 1% 的样品，在玛瑙研钵中研细，压片，在红外光谱仪上测定红外吸收光谱，将谱图的各主要谱带与标准红外光谱图对照，确定是否含有 $C_2O_4^{2-}$ 及结晶水。

(3) 产物组成的定量分析

结晶水含量的测定：洗净两个称量瓶，在 110℃ 电烘箱中干燥 1h，置于干燥器中冷却，至室温时在电子分析天平上称量。然后再放到 110℃ 电烘箱中干燥 0.5h，即重复上述干燥—冷却—称量操作，直至质量恒定（两次称量相差不超过 0.3mg）为止。

在电子分析天平上准确称取两份产品各 0.5~0.6g，分别放入上述质量已恒定的两个称量瓶中。在 110℃ 电热烘箱中干燥 1h，然后置于干燥器中冷却，至室温后，称量。重复上述干燥（改为 0.5h）—冷却—称量操作，直至质量恒定。根据称量结果计算产品中结晶水的质量分数。

草酸根含量的测定：在电子分析天平上准确称取两份产品（约 0.15~0.20g），分别放入两个锥形瓶中，均加入 15mL 2mol·L^{-1} H_2SO_4 和 15mL 去离子水，微热溶解，加热至 75~85℃（即液面冒水蒸气），趁热用 0.0100mol·L^{-1} $KMnO_4$ 标准溶液滴定至粉红色为终点（保留溶液待下一步分析使用）。根据消耗 $KMnO_4$ 溶液的体积，计算产物中 $C_2O_4^{2-}$ 的质量分数。

铁含量的测定：在上述保留的溶液中加入一小匙锌粉，加热近沸，直到黄色消失，将 Fe^{3+} 还原为 Fe^{2+} 即可。趁热过滤除去多余的锌粉，滤液收集到另一锥形瓶中，再用 5.0mL

去离子水洗涤漏斗,并将洗涤液也一并收集在上述锥形瓶中。继续用 $0.0200\ mol \cdot L^{-1}\ KMnO_4$ 标准溶液进行滴定,至溶液呈粉红色。根据消耗 $KMnO_4$ 溶液的体积,计算 Fe^{2+} 的质量分数。

根据以上实验结果,计算 K^+ 的质量分数,推断出配合物的化学式。

(4) 配合物磁化率的测定

试样管的准备:洗涤磁天平的试样管时先用去离子水冲洗,再用酒精、丙酮各冲洗 1 次,用吹风机吹干或烘干即可。如果试样管中还有难以洗涤的固体难溶物或者油污,可用洗液洗涤后再重复如上洗涤步骤。

试样管的测定:在磁天平的挂钩上挂好试样管,并使其处于两磁极的中间,调节试样管的高度,使试样管底部对准电磁铁两极中心的连线(即磁场强度最强处)。在不加磁场的条件下称量试样管的质量。打开电源预热。用调节器旋钮慢慢调大输入电磁铁线圈的电流至 5.0A,在此磁场强度下测量试样管的质量。测量后,用调节器旋钮慢慢调小输入电磁铁的电流直至零为止。记录测量温度。

标准物质的测定:从磁天平上取下空试样管,装入已研细的标准物质 $(NH_4)_2Fe(SO_4)_2 \cdot 6H_2O$ 至刻度处,在不加磁场和加磁场的情况下测量标准物质和试样管的质量。取下试样管,倒出标准物,按以上步骤要求洗净并干燥试样管。

试样的测定:取产品(约 2g)在玛瑙研钵中研细,按照"标准物质的测定"的步骤及实验条件,在不加磁场和加磁场的情况下,测量试样和试样管的质量。测量后关闭电源及冷却水。测量误差的主要原因是装试样不均匀,因此需将试样一点一点地装入试样管,边装边在垫有橡皮板的台面上轻轻撞击试样管,并且还要注意每个试样填装的均匀程度、紧密状况应该一致。

【数据处理】

见表 10-3。

表 10-3 数据记录表

测量物品	无磁场时的质量	加磁场后的质量	加磁场后 Δm
空试样管 m_0			
标准物质+空试样管			
试样+空试样管			

根据实验数据和标准物质的比磁化率计算试样的摩尔磁化率 X_m,近似得到试样的摩尔顺磁化率,计算出有效磁矩 μ_{eff},求出试样 $K_3[Fe(C_2O_4)_3] \cdot 3H_2O$ 中心离子 Fe^{3+} 的未成对电子数 n,判断其外层电子结构,是属于内轨型还是外轨型配合物。或判断此配合物中心离子的电子构型,形成高自旋还是低自旋配合物,草酸根离子是属于强场配体还是弱场配体。

【注意事项】

[1] $K_3[Fe(C_2O_4)_3]$ 溶液未达饱和,冷却时不析出晶体,可以继续加热蒸发浓缩,直至稍冷后表面出现晶膜。

[2] 熟悉磁天平的使用方法。

【思考题】

(1) 氧化 $FeC_2O_4 \cdot 2H_2O$ 时,氧化温度控制在 40℃,不能太高,为什么?

(2) 以 $KMnO_4$ 滴定 $C_2O_4^{2-}$ 时,要加热,又不能使温度太高(75~85℃),为什么?

【参考文献】
[1] Aravamuidan G et al. J Chem Educ, 1974, (51): 129
[2] 王伯康主编. 新编无机化学实验. 南京: 南京大学出版社, 1998

实验 63　三氯化六氨合钴(Ⅲ)的制备及其实验式的确定

【实验目的】
(1) 掌握三氯化六氨合钴(Ⅲ)的制备原理及其组成的测定方法。
(2) 通过测量摩尔电导值, 学习确定三氯化六氨合钴(Ⅲ)实验式的方法。
(3) 加深理解配合物的形成对三价钴稳定性的影响。

【实验原理】
酸性介质中, 二价钴盐比三价钴盐稳定; 而大多数三价钴配合物比二价钴配合物稳定。因此, 常采用空气或 H_2O_2 氧化 Co(Ⅱ)配合物来制备 Co(Ⅲ)配合物。随着制备条件的不同, $CoCl_2$ 的氨合物也不一样。例如, 在没有活性炭存在时, 由 $CoCl_2$ 与过量 NH_3、NH_4Cl 反应的主要产物是二氯化一氯五氨合钴(Ⅲ); 在有活性炭存在时主要产物是三氯化六氨合钴(Ⅲ)。

本实验用活性炭作催化剂、H_2O_2 作氧化剂, 由 $CoCl_2$ 与过量 NH_3、NH_4Cl 反应制备三氯化六氨合钴(Ⅲ)。其总反应式如下:

$$2CoCl_2 + 10NH_3 + 2NH_4Cl + H_2O_2 \longrightarrow 2[Co(NH_3)_6]Cl_3 + 2H_2O$$

$[Co(NH_3)_6]Cl_3$ 溶解于酸性溶液中, 通过过滤可将混在产品中的大量活性炭除去, 然后在高浓度盐酸中使 $[Co(NH_3)_6]Cl_3$ 结晶。

$[Co(NH_3)_6]Cl_3$ 为橙黄色单斜晶体, 可溶于水、不溶于乙醇, 20℃时在水中的溶解度为 $0.26 mol \cdot L^{-1}$。其固体在 215℃ 转变为 $[Co(NH_3)_5Cl]Cl_2$; 高于 250℃ 则被还原为 $CoCl_2$; 在冷强碱或强酸作用下基本不分解; 只有在沸热条件下才被强碱分解。

$$[Co(NH_3)_6]Cl_3 + 3NaOH \longrightarrow Co(OH)_3 + 6NH_3 + 3NaCl$$

分解逸出的氨可用过量的盐酸标准溶液吸收, 剩余的盐酸用 NaOH 标准溶液返滴定, 据此可计算出氨的质量分数。氨蒸出后, 溶液中的 Co(Ⅲ)可用碘量法测定, 主要反应式如下:

$$2Co(OH)_3 + 2I^- + 6H^+ \longrightarrow 2Co^{2+} + I_2 + 6H_2O$$
$$I_2 + 2S_2O_3^{2-} \longrightarrow S_4O_6^{2-} + 2I^-$$

产品中的氯含量可用电位滴定法测定。

根据测定的 NH_3、Co、Cl 含量求出其整数比, 从而可确定配合物的实验式。配合物在溶液中的电离行为服从一般强电解质的所有规律, 所以, 其电离类型和摩尔电导 λ 之间在数值上存在着比较简单的关系, 具体如表 10-4 所示。据此, 可由配合物的摩尔电导 λ 值求出配合物所解离出离子的数目, 从而确定其电离类型, 进而验证化学方法所得结论的正确性。

表 10-4　不同离子数的电解质溶液在不同稀释度下的摩尔电导值

电解质	类型(离子数)	摩尔电导 $\lambda/(S \cdot cm^2 \cdot mol^{-1})$			
		稀释度 128	稀释度 256	稀释度 512	稀释度 1024
NaCl	1-1 型(2)	113	115	117	118
$BaCl_2$	1-2 型(3)	224	237	248	260
$AlCl_3$	1-3 型(4)	342	371	393	413
$[Co(NH_3)_6]Cl_3$	1-3 型(4)	346	383	412	432

【实验用品】

仪器：锥形瓶，研钵，水浴锅，抽滤瓶，布氏漏斗，真空泵，烘箱，蒸馏烧瓶，氨接收管，碘量瓶，电位滴定仪，电导率仪。

药品：$CoCl_2 \cdot 6H_2O$，NH_4Cl，活性炭，浓氨水，6% H_2O_2，浓 HCl，乙醇，20% NaOH 溶液，HCl 标准溶液，NaOH 标准溶液，甲基橙指示剂，20% KI 溶液，$Na_2S_2O_3$ 标准溶液，淀粉指示剂，$AgNO_3$ 标准溶液。

材料：凡士林，玻璃棉。

【实验步骤】

(1) 三氯化六氨合钴(Ⅲ)的制备

在 100mL 锥形瓶中加入 3.0 g 研细的 $CoCl_2 \cdot 6H_2O$、2.0g NH_4Cl 和 7.0mL 蒸馏水。加热溶解后加入 0.2 g 活性炭。冷却后加入 10.0mL 浓氨水，冷却至 10℃以下时缓慢加入 8.0mL 6%的 H_2O_2，水浴加热至 60℃左右并恒温 20 min (适当摇动锥形瓶)。取出锥形瓶后先用自来水冷却，然后用冰水冷却。抽滤分离后，将沉淀溶解于 53.0mL 沸热的 HCl (盐酸和水的体积比为 3:50) 中，若不溶解可适量多加稀 HCl。随后趁热过滤，在滤液中慢慢加入 6.0mL 浓 HCl，冰水冷却，过滤，洗涤 (用什么试剂？)，抽干，在真空干燥器中干燥或在 105℃以下烘干，称量。

(2) 实验式的确定

氨含量的测定：准确称取干燥过的样品约 0.5g 溶于少量蒸馏水，移至蒸馏烧瓶中；在测定氮装置的磨口部位涂上凡士林；加几粒沸石，检查蒸馏装置的气密性 (如何检查？)；加 20.0mL 20%的 NaOH 溶液；缠上玻璃棉，加热蒸馏；蒸馏出的游离 NH_3 用 50mL HCl 标准溶液吸收，接收管浸在冰水浴中。取下氨接收管，用甲基橙作指示剂，用 NaOH 标准溶液滴定剩余的盐酸，记录并处理数据。蒸馏瓶内残渣留待测钴用。

钴含量的测定：将上述蒸馏瓶内残渣完全转移到碘量瓶中，冷却后加入 20% KI 溶液 5.0mL，立即盖上瓶盖，振荡 1min 后，加入 15.0mL 浓 HCl，在暗处放置 15min。然后加入 100.0mL 蒸馏水，用 $Na_2S_2O_3$ 标准溶液滴定至溶液呈橙黄色时加入 3 滴淀粉指示剂，继续慢慢滴加 $Na_2S_2O_3$ 溶液至滴定终点，记录并处理数据。

氯含量的测定：准确称取干燥过的样品约 0.15g 于 100mL 小烧杯中，加适量二次蒸馏水溶解，定量转移至 100mL 容量瓶中，定容，摇匀备用。取 25.00mL 溶液，用 $AgNO_3$ 标准溶液进行电位滴定法滴定。开始时取点可疏一些，相隔 1.0mL 取 1 个点；接近化学计量点 (电位值有较大的突变) 时取点应密一些，相隔 0.1mL 取一个点；过了化学计量点后 (电位值变化不大) 取点又可疏一些。记录各点的 V_{AgNO_3} 值及相对应的电位 E 值；重复测定一次。绘出 E-V 曲线、$\Delta E/\Delta V$-V 曲线和 $\Delta^2 E/\Delta V^2$-V 曲线，求出样品中氯的含量。

(3) 摩尔电导的测定

计算并准确称量样品的量，分别用 100mL 容量瓶配制稀释度为 128、256、512、1024

的溶液四份，用电导率仪测定电导率。将测定出的电导率代入公式 $\lambda = \kappa(\frac{1000}{c})$，计算出溶液的摩尔电导 λ 值，并与表 10-4 所列出的摩尔电导值比较，确定出实验式中所含离子数，完成表 10-5，确定配合物电离类型。

表 10-5 摩尔电导测定的数据记录

不同稀释度溶液含离子数	样品质量/g	$\kappa/(\mu S \cdot cm^{-1})$	$\lambda/(S \cdot cm^2 \cdot mol^{-1})$
128			
256			
512			
1024			

稀释度是物质的量浓度的倒数，用电导率仪测定出电导率单位为 $\mu S \cdot cm^{-1}$，应将其换算成 $S \cdot cm^{-1}$ 代入公式计算。

【思考题】

(1) 制备 $[Co(NH_3)_6]Cl_3$ 过程中，水浴加热 60℃ 并恒温 20min 的目的是什么？能否加热至沸？为什么要趁热过滤？为什么在滤液中要加入 10mL 浓盐酸？

(2) 制备 $[Co(NH_3)_6]Cl_3$ 过程中加 H_2O_2、浓盐酸、活性炭各起什么作用？要注意什么问题？合成实验的关键是什么？怎样才能提高产率？

(3) 能否用热的稀盐酸洗涤产品？为什么？

(4) 碘量法测定钴 (Ⅲ) 离子时要注意什么问题？

(5) 确定配合物电离类型的根据是什么？

【参考文献】

[1] 北京师范大学无机化学教研室等. 无机化学实验. 北京：高等教育出版社，1991.
[2] 高小霞等. 电分析化学导论. 北京：科学出版社，1986.
[3] 陆根土，王中庸. 无机化学实验教学指导丛书. 北京：高等教育出版社，1992.
[4] 奚洁文等. 电分析化学原理及仪器使用技术. 成都：四川科学技术出版社，1988.

实验 64 从锌焙砂制备七水硫酸锌及锌含量的测定

【实验目的】

(1) 了解从粗硫酸锌溶液中除去铁、铜、镍、钴和镉等杂质离子的原理和方法。

(2) 进一步提高分离、纯化和制备无机物的实验技能。

(3) 学习 EDTA 容量法测定锌含量的原理和方法。

(4) 学习 KSCN 分光光度法测定微量铁的原理和方法。

【实验原理】

硫酸锌是合成锌钡白的主要原料之一。它可由锌精矿焙烧后的锌焙砂或其他含锌原料，经过酸浸、氧化、置换和再次氧化等步骤，除去杂质后得到。本实验以锌焙砂为原料，其中除含约 65% 的 ZnO 外还含有铁、铜、镉、钴、砷、锑、镍和硅等杂质。在用稀硫酸浸取过程中，锌的化合物和杂质都溶入溶液中。在微酸性条件下，用 H_2O_2 将 Fe^{2+} 氧化为 Fe^{3+}，其中 As^{3+} 和 Sb^{3+} 随同 Fe^{3+} 的水解而被除去。用锌粉置换法除去 Cu^{2+}、Cd^{2+}、Co^{2+} 和 Ni^{2+} 等杂质。将净化后的溶液蒸发浓缩，冷却结晶即制得 $ZnSO_4 \cdot 7H_2O$ 晶体。产品中锌的含量用 EDTA 容量法滴定，杂质铁的含量用 KSCN 分光光度法测定。

【实验用品】

仪器：冰水浴，抽滤瓶，布氏漏斗，真空泵，移液管，容量瓶，锥形瓶，比色皿，分光光度计。

药品：锌焙砂，$1.6 mol \cdot L^{-1} H_2SO_4$，$1:4 H_2SO_4$，ZnO，30% H_2O_2，锌粉，甲基橙指示剂，20%六亚甲基四胺，20%KSCN。

【实验步骤】

(1) 浸出

在 10.0g 锌焙砂中加入 56mL $1.6 mol \cdot L^{-1} H_2SO_4$，加热至沸后继续反应 15 min，过滤分离除去不溶物。

(2) 除杂

加热上述滤液至近沸，用少量 ZnO 调节溶液的酸度到应控制的 pH（用精密 pH 试纸检查）。停止加热，滴加 30% H_2O_2 数滴、煮沸。取清液检验 Fe^{2+} 除尽后，再煮沸溶液数分钟，过滤。将滤液加热至约 70℃，加入少量锌粉，搅拌 8~10 min，取清液检验 Ni^{2+} 除尽后，再取清液检查 Cd^{2+} 是否除尽。待 Cd^{2+} 除尽后，过滤。

(3) 浓缩结晶

将滤液蒸发浓缩至液面出现晶膜，冷却片刻，用冰水浴充分冷却并搅拌。抽干、称量。

(4) 产品含量检验

定性检验：取 1.0 g 产品溶于 5.0mL 蒸馏水中，分别检验 Fe^{2+}、Cd^{2+}、Co^{2+} 和 Ni^{2+} 是否存在。

产品中锌与铁含量的测定：准确称取产品约 5.0g，加入 10.0mL 水和 10.0mL $1.6mol \cdot L^{-1} H_2SO_4$、2 滴 30% H_2O_2，加热溶解试样并除去过量 H_2O_2，冷却后定量转移至 100mL 容量瓶，定容后得溶液 A。

锌含量测定：用移液管吸取 10.00mL 溶液 A 于 100mL 容量瓶，加入 2.0mL $1.6mol \cdot L^{-1} H_2SO_4$，定容后得溶液 B。吸取 10.00mL 溶液 B 于锥形瓶，加入约 50.0mL 水和 1 滴甲基橙指示剂，滴加 pH 为 5.8 的 20%六亚甲基四胺至溶液呈浅黄色，再加 1 滴甲基橙指示剂和 5.0mL pH 为 5.8 的 20%六亚甲基四胺溶液，用 $0.01 mol \cdot L^{-1}$ EDTA 标准溶液滴定至溶液由紫红色变为黄色，即为终点。计算样品中 $ZnSO_4 \cdot 7H_2O$ 的含量。

杂质铁含量的测定：吸取 10.00mL 溶液 A 于 50mL 容量瓶中，用吸量管分别依次加入 7.00mL $1:4 H_2SO_4$、5.00mL 20%KSCN，定容，放置 10min 后于 475 nm 处测定吸光度值。

标准曲线的绘制：依次吸取 $100\mu g \cdot mL^{-1}$ 铁标准溶液 0mL、10.00mL、20.00mL、30.00mL、40.00mL、50.00mL 于 5 个 50mL 容量瓶中，按上述操作做标准曲线。根据标准曲线计算样品中杂质铁的质量分数。

【思考题】

(1) 本实验中用硫酸浸取锌焙砂后，如果溶液中 Zn^{2+} 的浓度为 $140g \cdot L^{-1}$，试计算 Zn^{2+} 开始沉淀时的 pH？并拟定本实验除 Fe^{3+} 时最合适的 pH。

(2) 用 H_2O_2 氧化 Fe^{2+} 为 Fe^{3+} 时，在酸性和微酸性条件下，反应产物是否相同？写出反应式。氧化后为什么要将溶液煮沸数分钟？

(3) 产品中的铁是以 Fe^{2+} 还是 Fe^{3+} 形式存在？如何定性鉴定硫酸锌溶液中是否存在 Fe^{2+}（或 Fe^{3+}）？

(4) 用锌粉置换法除去硫酸锌溶液中的 Cu^{2+}、Cd^{2+}、Co^{2+} 和 Ni^{2+} 时，如果检验 Ni^{2+} 已除尽，是否可以认为 Cu^{2+}、Cd^{2+} 和 Co^{2+} 也已除尽？

(5) 根据锌焙砂的含锌量（以含 65% 的 ZnO 计算）和加入 ZnO、Zn 的量，计算产品的理论产量。

实验 65 配合物键合异构体的红外光谱测定

【实验目的】

(1) 通过 $[Co(NH_3)_5NO_2]Cl_2$ 和 $[Co(NH_3)_5ONO]Cl_2$ 的制备来了解配合物的键合异构现象。

(2) 学习利用红外光谱来鉴别这两种不同的键合异构体。

【实验原理】

键合异构体是配合物异构现象中的一个重要类型。配合物的键合异构体是多齿配体分别以不同配位原子和中心原子配位而形成的组成完全相同的多种配合物。如在亚硝酸根离子和硫氰酸根离子中，它们与中心原子形成配合物，都显示出这种异构现象。当亚硝酸根离子通过氮原子与中心原子配位时，这种配合物叫做硝基配合物，而当亚硝酸根离子通过氧原子与中心原子配位时，这种配合物叫做亚硝酸根配合物。同样，硫氰酸根离子通过硫原子与中心原子配位时，叫做硫氰酸根配合物，而通过氮原子与中心原子配位时，叫做异硫氰酸根配合物。

红外光谱是测定配合物键合异构体最有效的方法，每一个基团都有它自己的特定频率，基团的特征频率是受其原子质量和键的力常数等因素影响的，可用下式来表示：

$$\nu = \frac{1}{2\pi c}\sqrt{\frac{k}{\mu}} \tag{10-2}$$

式中，ν 为振动频率；k 为基团的化学键力常数；μ 为基团中成键原子的折合质量；c 为光速。由式(10-2)可知，基团的化学键力常数 k 越大，折合质量 μ 越小，则基团的特征频率就越高。反之，基团的力常数越小，折合质量越大，则基团的特征频率就越低。当基团与金属离子形成配合物时，由于配位键的形成不仅引起了金属离子与配位原子之间的振动（这种振动被称为配合物的骨架振动），而且还影响配体中原来基团的特征频率。配合物的骨架振动直接反映了配位键的特性和强度，这样，就可以通过骨架振动的测定直接研究配合物的配位键的性质。但是由于配合物中心原子的质量一般都比较大，而且配位键的力常数比较小，因此这种配位键的振动频率都很低，一般出现在 200~500 cm^{-1} 的低频范围内，这给研究配位键带来很大困难。因为频率越低，越不容易分为单色光，同时由于配合物的形成，配体中的配位原子与中心原子的配位作用会改变整个配体的对称性和配体中某些原子的电子云密度，可能还会使配体的构型发生变化，这些因素都能引起配体特征频率的变化。因此，可以利用这种配体特征频率的变化来研究配位键的性质。

本实验是测定$[Co(NH_3)_5NO_2]Cl_2$和$[Co(NH_3)_5ONO]Cl_2$配合物的红外光谱，利用它们的谱图可以识别哪一个配合物是通过氮原子配位的硝基配合物，哪一个是通过氧原子配位的亚硝酸根配合物。亚硝酸根离子（NO^-）以N原子或O原子与Co^{3+}配位，对N—O键影响不同。当N原子为配位原子时，则形成$Co^3 \leftarrow :NO_2$硝基配合物，由于N给出电荷，使N—O键力常数减弱。因为两个N—O键是等价的，所以力常数的减弱也是平均分配的。N与中心原子配位，使N—O键的伸缩振动频率降低，则在1428cm^{-1}左右出现特征吸收峰。但当O原子配位形成$Co^{3+} \leftarrow :ONO$亚硝酸根配合物时，两个O—N键是不等价的，配位的O—N键力常数减弱，其特征吸收峰出现在1065cm^{-1}附近。而另一个没有配位的O—N键力常数比用N配位的N—O键力常数大，故在1468cm^{-1}出现特征吸收峰。因此，我们可以从它们的红外光谱图来识别其键合异构体。

【实验用品】

仪器：红外光谱仪，烧杯（100mL、250mL），量筒（10mL、100mL），表面皿，吸滤瓶（附布氏漏斗）。

药品：亚硝酸钠，盐酸（4mol·L^{-1}，浓），无水乙醇，氨水（2mol·L^{-1}，浓），$[Co(NH_3)_5Cl]Cl_2$。

材料：pH试纸。

【实验内容】

(1) 键合异构体的制备

键合异构体A的制备：在15.0mL 2.0mol·L^{-1}的氨水中溶解1.0g $[Co(NH_3)_5Cl]Cl_2$。在水浴上加热使其全部溶解，过滤除去不溶物。滤液冷却后，用4mol·L^{-1}的盐酸酸化到pH为3～4，加入1.5g亚硝酸钠，加热使所生成的沉淀全部溶解。冷却溶液，在通风橱内向冷却液中小心地加入15.0mL浓盐酸，再在冰水中冷却使结晶完全，滤出棕黄色晶体，用无水乙醇洗涤，晾干，记录产量。

键合异构体B的制备：在20.0mL水和7.0mL的浓氨水的混合液中，溶解1.0g $[Co(NH_3)_5Cl]Cl_2$，在水浴上加热，使其全部溶解，过滤除去不溶物。滤液冷却后，以4mol·L^{-1}盐酸中和溶液，使pH为4～5。冷却后加入1.0g亚硝酸钠，搅拌使其溶解，再在冰水中冷却，有橙红色的晶体析出。过滤晶体，再用冰冷却的水和无水乙醇洗涤，在室温下干燥，记录产量。

二氯化亚硝酸根·五氨合钴$[Co(NH_3)_5ONO]Cl_2$不稳定，容易转变为二氯化硝基·五氨合钴$[Co(NH_3)_5NO_2]Cl_2$。因此必须用新制备的样品来测定其红外光谱。

(2) 键合异构体的红外光谱测定

在4000～700cm^{-1}范围内测定这两种异构体的红外光谱。

【实验结果与处理】

(1) 由测定的两种异构体的红外光谱图，标识并解释谱图中的主要特征吸收峰。

(2) 根据两种异构体的红外光谱图，确认哪个是氮配位的硝基化合物，哪个是氧配位的亚硝酸根配合物。

【思考题】

(1) 为何配合物中配位键的特征频率不易直接测定？

(2) 若能测得配合物中配位键的特征频率,能否利用这种特征频率来鉴别上述两种键合异构体? 在何种情况下可以直接利用这种特征来鉴别键合异构体?

【参考文献】

[1] Penland R B. J Amer Chem Soc, 1956, (78): 887.
[2] Hehman W H. J Chem Edu, 1974, (51): 553.
[3] Jackson W G, et al. J Chem Edu, 1981, (58): 734.

实验66 石灰石中钙的测定——高锰酸钾间接滴定法

【实验目的】

(1) 学习高锰酸钾法间接测定非氧化还原性物质的原理及方法。
(2) 掌握沉淀分离的操作技术。

【基本原理】

石灰石的主要成分是 $CaCO_3$,如果以 CaO 计,一般含量为 30%～55%。除钙外,还含有 SiO_2、Fe_2O_3、Al_2O_3 和 MgO 等杂质。石灰石中有一部分钙以硅酸盐的形式存在,这样的试样不能被 HCl 全部分解,需用碱性溶剂熔融。制成溶液后分离除去 SiO_2 和 Fe^{3+}、Al^{3+},然后测定钙;或者先用 HCl 分解试样,不溶物经氢氟酸除硅后,残渣再熔融,然后与 HCl 溶解的试液合并测得全钙量。如果试样含硅量很低,即酸不溶物很少,可以用 HCl 直接分解试样。

本实验采用 HCl 分解试样,测定出的钙量为石灰石中可用 HCl 溶解的钙。将 Ca^{2+} 沉淀为 CaC_2O_4,将滤出的沉淀洗涤后,溶于稀 H_2SO_4 溶液,再用 $KMnO_4$ 标准溶液间接滴定与 Ca^{2+} 相当的 $C_2O_4^{2-}$,根据 $KMnO_4$ 的用量和浓度计算试样中钙的含量。主要反应如下:

$$Ca^{2+} + C_2O_4^{2-} \longrightarrow CaC_2O_4$$

$$CaC_2O_4 + H_2SO_4 \longrightarrow CaSO_4 + H_2C_2O_4$$

$$5H_2C_2O_4 + 2MnO_4^- + 6H^+ \longrightarrow 2Mn^{2+} + 10CO_2\uparrow + 8H_2O$$

CaC_2O_4 的生成是先将溶液用 HCl 酸化,然后加入 $(NH_4)_2C_2O_4$。由于在酸性溶液中 $C_2O_4^{2-}$ 大部分以 $HC_2O_4^-$ 的形式存在,所以此时不会产生 CaC_2O_4 沉淀。向试液中慢慢滴加氨水,逐渐中和溶液中的 H^+,使 $C_2O_4^{2-}$ 浓度缓缓增加,沉淀慢慢形成,这样就可以得到大颗粒结晶状的沉淀。由于 CaC_2O_4 是弱酸盐沉淀,其溶解度随溶液酸度增大而增大,在 pH=4 时 CaC_2O_4 的溶解损失最小,所以滴加氨水中和时最终控制的溶液酸度应为 pH=3.5～4.5。

沉淀 CaC_2O_4 亦可采用均相沉淀的办法。于酸性溶液中加入 $H_2C_2O_4$,由于酸效应的影响,此时不能析出 CaC_2O_4 沉淀。向溶液中加入尿素,把溶液加热至 90℃ 左右,尿素发生水解:

$$CO(NH_2)_2 + H_2O \longrightarrow CO_2\uparrow + 2NH_3$$

随着 NH_3 的不断产生,溶液的酸度逐渐降低,$C_2O_4^{2-}$ 的浓度渐渐增大,最后均匀而缓慢地析出 CaC_2O_4 沉淀。在沉淀过程中,溶液的相对过饱和度比较小,所以得到的是粗大晶

粒的 CaC_2O_4 沉淀。表面吸附杂质少，易过滤，易洗涤。

Ca^{2+} 与 $(NH_4)_2C_2O_4$ 的沉淀反应不能在中性或氨性介质中进行，否则不仅产生的 CaC_2O_4 沉淀颗粒细小，难以过滤，而且会产生碱式草酸钙 $Ca_2(OH)_2C_2O_4$ 和 $Ca(OH)_2$ 沉淀。这些都将会对测定的准确度产生严重影响。

此测定方法也适用于多种补钙剂中 Ca^{2+} 的测定，凡能与 $C_2O_4^{2-}$ 生成难溶草酸盐的金属离子均可用本法测定。

称量试样中每份应含 Ca 约 0.05g，沉淀先用沉淀剂的稀溶液洗涤，利用同离子效应，降低沉淀的溶解度，以减少溶解损失，并且洗去大量杂质。最后再用蒸馏水洗去 $C_2O_4^{2-}$。在酸性溶液中滤纸消耗 $KMnO_4$，接触时间越长，消耗越多，因此只能在临终点时将滤纸浸入溶液。

本实验操作仅用于不含干扰物质的试样，如果试样中含有 Fe^{3+}、Al^{3+}，可用柠檬酸铵掩蔽。Mg^{2+} 在本实验条件下形成可溶性草酸镁配合物，可以过滤除去，不干扰测定。

甲基橙可用于指示调整溶液的 pH，甲基橙显红色，说明溶液呈酸性，加入 $(NH_4)_2C_2O_4$ 溶液后，不应产生沉淀。若此时生成沉淀，说明溶液的酸度不足，这时应在搅拌下滴加 $6mol·L^{-1}$HCl 至沉淀溶解，但切勿多加 HCl。

【实验用品】

仪器：天平，烧杯，表面皿，量筒，洗瓶，漏斗，酸式滴定管。

药品：$KMnO_4$（标准溶液，$0.02mol·L^{-1}$），$(NH_4)_2C_2O_4$（$5g·L^{-1}$），氨水（10%），HCL（1:1，浓），H_2SO_4（$1mol·L^{-1}$），甲基橙（$2g·L^{-1}$），硝酸银（$0.1mol·L^{-1}$），柠檬酸铵（10%）。

【实验步骤】

准确称取 0.18～0.2g 试样两份，分别置于 250mL 烧杯中，以少量水润湿，盖上表面皿，沿烧杯壁滴加 10mL1:1HCl，同时不断摇动烧杯，使试样全部溶解（加完 HCl 后亦可在水浴上加热几分钟）。用洗瓶冲洗表面皿及烧杯壁，加 5mL10%柠檬酸铵溶液，并将溶液稀释至 100mL，加入 40mL $(NH_4)_2C_2O_4$ 溶液，在水浴上加热至 70～80℃，加入 2 滴甲基橙，在不断搅拌下滴加氨水至溶液刚刚变成黄色。然后，在水浴（保持 70～80℃）上陈化 1h，如果溶液返红可再滴加氨少许。冷却至室温后过滤（先将上层清液倾入漏斗中），将烧杯中的沉淀用 0.1% $(NH_4)_2C_2O_4$ 洗涤数次后转入漏斗中，继续洗涤沉淀至无 Cl^-（承接洗液在 HNO_3 介质中，以 $AgNO_3$ 检查）。将带有沉淀的滤纸铺在原烧杯的内壁上，用 50mL $1mol·L^{-1}H_2SO_4$ 把沉淀由滤纸上洗入烧杯中，再用水洗 2 次。加入蒸馏水使总体积约 100mL，加热至 70～80℃，用 $KMnO_4$ 标准溶液滴定至溶液呈淡红色，再将滤纸搅入溶液中，若溶液褪色，则继续滴定，直至出现的淡红色 30s 内不消失即为终点。

【结果处理】

用下式计算试样中钙的质量分数：

$$w(Ca)=\frac{5}{2}\times\frac{c(KMnO_4)V(KMnO_4)M(Ca)}{m_{样}\times 1000}\times 100\%$$

【思考题】

(1) 以 $(NH_4)_2C_2O_4$ 沉淀钙时，pH 控制为多少，为什么选择这个 pH？选用什么指示剂指示 pH？

(2) 为什么要在热溶液中逐滴加入氨水？

(3) 洗涤 CaC_2O_4 沉淀时,为什么要洗至无 Cl^-?如何检查?
(4) 试比较 $KMnO_4$ 法测定 Ca^{2+} 和配位滴定法测定 Ca^{2+} 的优缺点。
(5) 实验过程中加入柠檬酸铵的目的是什么?

实验 67 铁矿中铁含量的测定

【目的要求】

(1) 学习用酸分解矿石试样的方法。
(2) 掌握不用汞盐的重铬酸钾法测定铁的原理和方法。
(3) 了解预还原的目的和方法。

【实验原理】

铁矿的主要成分是 $Fe_2O_3 \cdot xH_2O$。盐酸是溶解铁矿石的最好溶剂之一,用盐酸溶解后生成 Fe^{3+} 必须用还原剂将其先还原,才能用 $K_2Cr_2O_7$ 标准溶液滴定。经典的 $K_2Cr_2O_7$ 法测定铁时,用 $SnCl_2$ 作预还原剂,多余的 $SnCl_2$ 用 $HgCl_2$ 除去,然后用 $K_2Cr_2O_7$ 标准溶液滴定生成的 Fe^{2+}。这种方法操作简便,结果准确。但是 $HgCl_2$ 有剧毒,会造成严重的环境污染,近年来推广采用各种不用汞盐的测铁的方法。本实验采用的是 $SnCl_2$-$TiCl_3$ 联合还原铁的无汞测铁法,即先用 $SnCl_2$ 将大部分 Fe^{3+} 还原,以钨酸钠为指示剂,再用 $TiCl_3$ 溶液还原剩余的 Fe^{3+},其反应方程式如下:

$$2FeCl_3 + SnCl_2 \longrightarrow SnCl_4 + 2FeCl_2$$
$$FeCl_3 + TiCl_3 + 2H_2O \longrightarrow FeCl_2 + TiO_2 + 4HCl$$

过量的 $TiCl_3$ 使钨酸钠还原为钨蓝,然后用 $K_2Cr_2O_7$ 标准溶液使钨蓝褪色,以消除过量还原剂 $TiCl_3$ 的影响。最后以二苯胺磺酸钠为指示剂,用 $K_2Cr_2O_7$ 标准溶液滴定 Fe^{2+}。

$$6Fe^{2+} + Cr_2O_7^{2-} + 14H^+ \longrightarrow 6Fe^{3+} + 2Cr^{3+} + 7H_2O$$

由于滴定过程中生成黄色的 Fe^{3+},影响终点的正确判断,故加入 H_3PO_4 使之与 Fe^{3+} 结合成无色的 $[Fe(PO_4)_2]^{3-}$ 配离子,消除了 Fe^{3+} 的黄色影响。H_3PO_4 的加入还可以降低溶液中 Fe^{3+} 的浓度,从而降低 Fe^{3+}/Fe^{2+} 电对的电极电位,使滴定突跃范围增大,用二苯胺磺酸钠指示剂能清楚正确地指示终点。$K_2Cr_2O_7$ 标准溶液可以用干燥后的固体 $K_2Cr_2O_7$ 直接配制。

【实验用品】

仪器:天平,滴定管,容量瓶,锥形瓶。
药品:$SnCl_2$,Na_2WO_4,$TiCl_3$ 溶液 (15%~20%),二苯胺磺酸钠,浓硫酸,浓磷酸,浓盐酸,铁矿石试样。

【操作步骤】

(1) $SnCl_2$ 溶液的配制 称取 6.0g $SnCl_2 \cdot 2H_2O$ 溶于 20mL 热浓盐酸中,加水稀释至 100mL 可得 60 $g \cdot L^{-1}$ $SnCl_2$ 溶液。
(2) 硫磷混酸溶液的配制 将 200mL 浓硫酸在搅拌下缓慢注入 500mL 蒸馏水中,冷却后加入 300mL 浓磷酸充分搅拌混匀即得硫磷混酸溶液。

(3) $250g·L^{-1}Na_2WO_4$ 溶液的配置　称取 $25.0g\ Na_2WO_4$ 溶于适量水中（若浑浊应过滤），加 5mL 浓磷酸，并加水稀释至 100mL 即制得 $250g·L^{-1}\ Na_2WO_4$ 溶液。

(4) $TiCl_3$ 溶液的配制　取 15%～20% $TiCl_3$ 20mL，用浓盐酸稀释 20 倍，加一层液体石蜡保护即获得实验所需 $TiCl_3$ 溶液。

(5) $K_2Cr_2O_7$ 标准溶液的配制　按计算量称取 150℃烘了 1h 的 $K_2Cr_2O_7$ 基准物质，溶于水后移入 1000mL 容量瓶中，用水稀释至刻度，摇匀。计算出 $K_2Cr_2O_7$ 标准溶液的准确浓度。

(6) 用电子分析天平准确称取 0.15～0.20g 铁矿石试样置于 250mL 锥形瓶中，加几滴蒸馏水润湿样品，再加 10～20mL 浓盐酸，低温加热 10～20min，滴加 $60g·L^{-1}SnCl_2$ 至溶液呈浅黄色，继续加热 10～20min（此时体积约为 10mL）至剩余残渣为白色或浅粉色时表示试样溶解完全。调整溶液体积至 150～200mL，加 15 滴 $250g·L^{-1}\ Na_2WO_4$ 溶液，用 $TiCl_3$ 溶液滴至溶液呈蓝色，再滴加 $K_2Cr_2O_7$ 标准溶液至无色（不计读数），迅速加入 10mL 硫磷混酸，5 滴 $2g·L^{-1}$ 二苯胺磺酸钠指示剂，立即用 $K_2Cr_2O_7$ 标准溶液滴定至呈稳定的紫色。根据滴定结果，计算铁矿中用 Fe 及 Fe_2O_3 表示的铁的质量分数。

【思考题】

(1) 用重铬酸钾法测定铁矿中铁的质量分数的反应过程如何？指出测定过程中各步应注意的事项。

(2) 先后用 $SnCl_2$ 和 $TiCl_3$ 作还原剂的目的何在？如果不慎加入了过多的 $SnCl_2$ 和 $TiCl_3$ 应怎么办？

(3) Na_2WO_4 和二苯胺磺酸钠是什么性质的指示剂？

(4) 加入硫磷混酸的目的何在？

实验 68　水中化学需氧量（COD）的测定——重铬酸钾法

【实验目的】

(1) 了解 COD 测定的标准方法。

(2) 了解运用回流装置处理样品的方法。

【实验原理】

化学需氧量（COD）是指在一定条件下，用强氧化剂处理水样时所消耗氧化剂的量，通常以与氧化剂成一定化学计量比的 O_2 的浓度来表示。COD 反映了水体受还原性物质污染的程度。水中还原性物质包括有机物、亚硝酸盐、亚铁盐、硫化物等。水被有机物污染是很普遍的，因此化学需氧量也可作为水中有机物相对含量的指标之一。对工业废水 COD 的测定，国家标准（GB）规定用重铬酸钾法。

在强酸性溶液中，以一定量的重铬酸钾氧化水样中的还原性物质，过量的重铬酸钾以试亚铁灵作指示剂、用硫酸亚铁铵溶液回滴。根据用量即可算出水样中的 COD。

【实验用品】

仪器：COD 回流装置，电热板或变阻电炉，酸式滴定管。

药品：$K_2Cr_2O_7$，邻二氮杂菲，硫酸亚铁($FeSO_4 \cdot 7H_2O$)，硫酸汞结晶或粉末。

硫酸亚铁铵标准溶液：称取 39.5g 硫酸亚铁铵溶于水中，边搅拌边缓慢加入 20mL 浓硫酸，冷却后移入 1000mL 容量瓶中，加水稀释至刻度，摇匀。临用前，用重铬酸钾标准溶液标定。

硫酸-硫酸银溶液：于 500mL 浓硫酸中加入 5g 硫酸银放置 1~2h，不时摇动使其溶解。

【实验步骤】

(1) $K_2Cr_2O_7$ 标准溶液的配制

称取预先在 120℃ 烘了 2h 的基准级或优级纯重铬酸钾 12.2580g 溶于水中，移入 1000mL 容量瓶，加水稀释至刻度，摇匀即得 $K_2Cr_2O_7$ 标准溶液。

(2) 试亚铁灵指示液的配制

称取 1.4850g 邻二氮杂菲、0.6950g 硫酸亚铁($FeSO_4 \cdot 7H_2O$)溶于水中，稀释至 100mL，贮于棕色瓶内即得试亚铁灵指示液。

(3) 硫酸亚铁铵的配制及标定

称取 39.5g 硫酸亚铁铵溶于水中，边搅拌边缓慢加入 20.0mL 浓硫酸，冷却后移入 1000mL 容量瓶中，加水稀释至刻度，摇匀即得硫酸亚铁铵溶液。

用重铬酸钾标准溶液标定硫酸亚铁铵溶液：准确吸取 10.00mL 重铬酸钾标准溶液于 500mL 锥形瓶中，加水稀释至 110mL 左右后缓慢加入 30mL 浓硫酸，混匀。冷却后加 3 滴试亚铁灵指示液，用硫酸亚铁铵溶液滴定，溶液的颜色由黄色经蓝绿色至红褐色即为终点。

$$c = \frac{0.2500 \times 10.00}{V}$$

式中，c 表示硫酸亚铁铵标准溶液的浓度，$mol \cdot L^{-1}$；V 表示硫酸亚铁铵标准溶液的用量，mL。

(4) 水样的测定

取 20.00mL 水样（或适量水样稀释至 20.00mL）置于 250mL 磨口的回流锥形瓶中，准确加入 10.00mL 重铬酸钾标准溶液及数粒水玻璃珠或沸石，连接磨口回流冷凝管，从冷凝管上口慢慢加入 30mL 硫酸-硫酸银溶液，轻轻摇动锥形瓶使溶液混匀，加热回流 2h（自开始沸腾时计时）。

冷却后用 90mL 水冲洗冷凝管壁，取下锥形瓶。此时，溶液总体积不得少于 140mL，否则因酸度太大，滴定终点不明显。

溶液再度冷却后，加 3 滴试亚铁灵指示液，用硫酸亚铁铵标准溶液滴定，溶液的颜色由黄色经蓝绿色至红褐色即为终点，记录硫酸亚铁铵标准溶液的用量。

测定水样的同时，以 20.00mL 重蒸馏水按同样操作步骤作空白试验。记录滴定空白时硫酸亚铁铵标准溶液的用量。

水中 COD 的计算：

$$COD_{Cr} = \frac{(V_0 - V_1) \times c \times 8 \times 1000}{V} (O_2, mg \cdot L^{-1})$$

式中，c 表示硫酸亚铁铵标准溶液的浓度，$mol \cdot L^{-1}$；V_0 表示滴定空白时硫酸亚铁铵标准溶液用量，mL；V_1 表示滴定水样时硫酸亚铁铵标准溶液的用量，mL；V 表示水样的体积，mL。

【注意事项】

[1] 水样中 Cl^- 含量超过 $30mg \cdot L^{-1}$ 时应先把 0.4g 硫酸汞加入回流锥形瓶中，再加

20.00mL 水样摇匀。以下操作同"水样的测定"。若氯离子浓度较低，亦可少加硫酸汞，保持硫酸汞与氯离子的质量比为 10∶1。若出现少量氯化汞沉淀，并不影响测定。

[2] 水样取用体积可以在 10.00～50.00mL 范围之间，但试剂用量及浓度需按实验表 10-6 进行相应调整，也可得到满意的结果。

表 10-6 水样取用量和试剂用量表

水样体积 /mL	$K_2Cr_2O_7$ 标准溶液①体积/mL	$H_2SO_4-Ag_2SO_4$ 溶液体积/mL	$HgSO_4$ 质量 /g	$FeSO_4 \cdot (NH_4)_2SO_4$ 浓度/mol·L^{-1}	滴定前总体积
10.0	5	15	0.2	0.050	70
20.0	10	30	0.4	0.100	140
30.0	15	45	0.6	0.150	210
40.0	20	60	0.8	0.200	280
50.0	25	75	1.0	0.250	350

① $K_2Cr_2O_7$ 标准溶液的浓度为 $c(1/6K_2Cr_2O_7)=0.25$ mol·L^{-1}。

[3] 对于化学需氧量小于 50mg·L^{-1} 的水样，应改用 $c(1/6K_2Cr_2O_7)=0.025$ mol·L^{-1} 标准溶液。回滴时用 0.01mol·L^{-1} 硫酸亚铁铵标准溶液。

【思考题】

(1) 回流时加入硫酸-硫酸银溶液的作用是什么？
(2) 根据实验内容简述影响水样 COD 测定的因素有哪些？

实验 69　水中溶解氧的浓度测定

【实验目的】

(1) 运用学过的分析化学知识，设计实验方案，定量检测水中溶解氧的含量。
(2) 通过该实验提高学生分析问题、解决问题的能力。
(3) 要求运用已学过的化学知识与实验方法，设计实验方案、步骤，进行定量测定，以提高学生综合分析、解决问题的能力。

【实验原理】

(1) 碘量法

溶解于水中的氧称为溶解氧 (DO)。水中溶解氧的多少与水生动植物的生存及水中的某些工业设备的使用寿命均有密切关系。例如，当水中溶解氧过低（<4mol·L^{-1}）时，许多鱼类就可能发生窒息而死亡，而某些厌氧细菌则会迅速繁殖；当溶解氧过高时，则对工业用水中的金属设备和水中金属构筑物有较强的腐蚀作用。水体中溶解氧量的多少在一定程度上能够反映出水体受污染的程度。因此，水中溶解氧的测定在环境保护等方面有着重要的意义。

水中溶解氧的测定方法有碘量法和膜电极法。本实验采用碘量法，该方法测定溶解氧已有九十多年的历史，至今仍是最准确、可靠的方法并用作其他方法比较的标准。其基本原理是：在水样中加入硫酸锰及碱性碘化钾，溶解氧可将 Mn^{2+} 氧化成高价态 $MnO(OH)_2$。加入浓硫酸，高价态锰 $MnO(OH)_2$ 溶解并氧化 I^- 析出游离碘，以淀粉为指示剂，用 $Na_2S_2O_3$ 标准溶液滴定游离碘，由所消耗的硫代硫酸钠体积可计算出溶解氧含量。反应方程式如下：

碱性条件下，
$$MnSO_4 + 2NaOH \longrightarrow Mn(OH)_2 \downarrow + Na_2SO_4$$
$$2Mn(OH)_2 + O_2 \longrightarrow 2MnO(OH)_2$$

酸性条件下，
$$MnO(OH)_2 + 2I^- + 4H^+ \longrightarrow Mn^{2+} + I_2 + 3H_2O$$

$Na_2S_2O_3$ 滴定碘，
$$2Na_2S_2O_3 + I_2 \longrightarrow 2NaI + Na_2S_4O_6$$

(2) 叠氮化钠修正法和高锰酸钾修正法

若水中含有氧化性或还原性物质、藻类、悬浮物等，对该法均有干扰，因此测定时必须加以修正。常用修正法有叠氮化钠法和高锰酸钾法。

① 叠氮化钠修正法　NaN_3 主要消除亚硝基存在时引起的正干扰现象。亚硝酸盐主要存在于污水、废水、经生物处理的污水处理厂出水和河水中。NaN_3 分解亚硝酸盐类的反应只需 2～3min 即可完成，在加入浓硫酸前先加入数滴 5% 的 NaN_3 溶液即可。在酸性介质中反应如下：
$$2NaN_3 + H_2SO_4 \longrightarrow 2HN_3 + Na_2SO_4$$
$$HNO_2 + HN_3 \longrightarrow N_2O + N_2 + H_2O$$

用该法测溶解氧，除配制成碱性碘化钾-叠氮化钠外，其余步骤皆同于碘量法。

② 高锰酸钾修正法　该法主要消除试样中的亚铁离子等一些还原性物质污染的水样。在测定溶解氧之前，先加入过量的 $KMnO_4$ 和 H_2SO_4，使还原性物质氧化，过量 $KMnO_4$ 用草酸钠消除。

【实验用品】

仪器：量筒 (10mL、100mL)，锥形瓶 (250mL)，广口瓶 (250mL)，移液管 (50mL)，微量滴定管。

药品：$KMnO_4$，$Na_2C_2O_4$，淀粉溶液 (0.2%)，$MnSO_4$ 溶液 ($2mol \cdot L^{-1}$)，碱性 KI 溶液 (配制方法见附注)，标准 $Na_2S_2O_3$ 溶液 ($0.025mol \cdot L^{-1}$)，浓硫酸。

【实验内容】

(1) 水样的采集。

(2) 标准溶液的配制。

(3) 溶解氧含量的测定。

【注意事项】

[1] 碱性碘化钾溶液的配制方法：称取 500g 分析纯氢氧化钠，溶于 300～400mL 蒸馏水中，再称取 150g 分析纯碘化钾，溶于 200mL 蒸馏水中，将以上两溶液合并，加蒸馏水稀释至 1L，静置一天，使碳酸钠沉淀，倾出上层澄清液备用。

[2] 在 100kPa 下，空气中含氧量为 20.9% (体积分数) 时，氧气在淡水中不同水温下的溶解度记录于下表：

温度/℃	5	10	15	20	25	30
溶解氧/$mg \cdot L^{-1}$						

【思考题】

(1) 如何采集水样？

(2) 根据原理中有关反应方程式，列出水中溶解氧的计算公式？

【参考文献】
[1] 刘大顺，喻俊芳. 水质分析化学. 武汉：华中工学院出版社，1988.
[2] 吴鹏鸣. 环境监测原理与应用. 北京：化学工业出版社，1991.

实验 70　烟气中 SO_2 含量的测定

SO_2 是仅次于 CO 的大气污染物，是形成"酸雨"的主要污染源。SO_2 的工业分析常用库仑法和化学分析法。本实验采用化学分析法，可以测量每标准立方米烟气中含 50～2000mL 的 SO_2 样品。测定 SO_2 含量时，第一步将 SO_2 吸收固定在液体中，用氨基磺酸铵和硫酸铵混合液吸收 SO_2，再用标定好的碘溶液进行滴定，指示剂采用淀粉溶液，溶液由无色变为蓝色时达到终点：

$$SO_2 + I_2 + 2H_2O \longrightarrow H_2SO_4 + 2HI$$

为了获得准确的分析结果，必须注意以下事项：

① 烟气中的氮氧化物 NO_x 可溶于水生成酸，但氨基磺酸铵可消除这一影响。

$$2NO_2 + H_2O \longrightarrow HNO_3 + HNO_2$$
$$2HNO_2 + NH_4SO_3NH_2 \longrightarrow H_2SO_4 + 3H_2O + 2N_2$$

② 为使吸收液吸收 SO_2 的效率尽可能高，必须使气液两相充分接触，接触表面愈多愈好（可采用什么办法？），吸收液分别放在两个串联的吸收瓶中，分两级吸收。

③ 分析取样时，用 100mL 针筒吸取样品，吸收液总量为 60mL，吸收步骤完成后，转移到 200mL 锥形瓶中，加入 5mL 淀粉指示剂，用微量滴定管测定 SO_2 含量。

④ 在同样条件下进行吸收液的空白实验。

【实验用品】

仪器：吸收瓶，量筒（10mL、100mL），锥形瓶（250mL），针筒（100mL），微量滴定管（2mL）及滴定管架，白瓷板。

试剂：吸收液，淀粉溶液（0.2%），碘溶液（$0.05mol \cdot L^{-1}$），二氧化硫气体钢瓶。

【实验内容】

测定含 SO_2 及少量 NO_x 空气中的 SO_2 含量。

【注意事项】

[1] 吸收液的配制　取氨基磺酸铵 11g，硫酸铵 7g，加入少量水搅拌使其溶解稀释到 1L。以 $0.05mol \cdot L^{-1} H_2SO_4$ 和 $0.1mol \cdot L^{-1}$ 氨水调节 pH 值等于 5.4。

[2] $0.05mol \cdot L^{-1}$ 碘溶液的配制　取 40g 碘化钾，加入 25mL 水溶解。取 12.7g 碘放入该溶液中溶解，稀释于 1L 棕色瓶中，加盐酸 3 滴，保存于暗处。

[3] 学生实验所用气体　可采集符合检测范围的烟气，也可用静式配气法配制气体。即将已知体积的污染气体加到一定体积的空气中混合均匀（此步骤由实验教师完成）。

【参考文献】
徐功骅，蔡作乾. 大学化学实验. 第 2 版. 北京：清华大学出版社，1997.

实验 71 维生素 C 片剂中维生素 C 含量的测定——碘量法

【实验目的】

(1) 熟悉碘标准溶液的配制与标定。

(2) 熟悉直接碘量法测定维生素 C 的原理、方法和基本操作。

【实验原理】

维生素 C 即抗坏血酸，分子式为 $C_6H_8O_6$，因为其分子中的烯二醇基具有还原性，所以能被 I_2 定量地氧化为二酮基而生成脱氢抗坏血酸，其半反应式为：

$$\text{C-C-C-C-C-CH}_2\text{OH} + I_2 \rightleftharpoons \text{C-C-C-C-C-CH}_2\text{OH} + 2HI$$

由于维生素 C 的还原性很强，在空气中容易被氧化，特别是在碱性介质中更甚，因此测定时加入醋酸或偏磷酸-醋酸溶液使溶液呈弱酸性，以降低氧化速度，减少维生素 C 的损失。测定时，可以直接用标准碘溶液滴定，也可以用间接法滴定。本实验采用直接滴定法测定。

【实验用品】

仪器：滴定管，容量瓶，锥形瓶，研钵，天平，移液管。

药品：维生素 C 药片，$Na_2S_2O_3$ 标准溶液（$0.10 mol \cdot L^{-1}$），I_2 标准溶液（$0.05 mol \cdot L^{-1}$），淀粉溶液（0.2%），醋酸（$2 mol \cdot L^{-1}$），偏磷酸-醋酸溶液（取 15.0g 偏磷酸溶于 40.0mL 冰醋酸和 450mL 蒸馏水的混合液中，在冰箱中过滤，滤液保存在冰箱中，超过 10 天则需重新配制）。

【实验步骤】

(1) 维生素 C 试样的准备

取 20 片维生素 C 药片，称重后小心研成粉末，计算平均片重。准确称取适量药粉（相当于含 0.8~1.0g 维生素 C），以偏磷酸-醋酸溶液溶解，于 100mL 容量瓶中定容，摇匀后过滤，弃去 10mL 左右的初滤液，收集续滤液作为待测液 A。

(2) $0.05 mol \cdot L^{-1} I_2$ 标准溶液浓度的标定

准确移取 $0.1 mol \cdot L^{-1} Na_2S_2O_3$ 标准溶液 25.00mL 于 250mL 锥形瓶中，加水 25.0mL，加淀粉溶液 5.0mL，以待标定的 I_2 标准溶液滴定至溶液恰呈稳定的蓝色，即为终点。计算 I_2 标准溶液的浓度（要求几次标定的相对偏差不超过±0.2%）。

(3) 维生素 C 含量的测定

准确移取 25.00mL 上述待测液 A 于 250mL 锥形瓶中，加淀粉溶液 5.0mL，立即以 $0.05 mol \cdot L^{-1} I_2$ 标准溶液滴定至溶液恰呈蓝色稳定不褪，即为终点。计算每片维生素 C 药片中维生素 C 的含量。

【注意事项】

[1] 抗坏血酸会缓慢地氧化成脱氢抗坏血酸，所以制备液必须在每次实验时新鲜配制。

[2] 维生素C试样也可以用以下方法制备：取10mL注射液用偏磷酸-醋酸溶液稀释定容到100mL容量瓶中作为待测液；或者取50g菠菜捣碎，加偏磷酸-醋酸溶液到200mL，摇匀，3min后过滤，滤液放入碘量瓶中作为待测液。

【思考题】
（1）试用标准氧化还原电极电势说明碘为什么能氧化抗坏血酸？
（2）为什么要用偏磷酸-醋酸水溶液溶解及稀释试液？

实验72　紫菜中碘的提取及其含量测定

【实验目的】
（1）掌握从紫菜中提取碘的原理和方法。
（2）掌握离子选择性电极测定 I^- 的主要方法。

【实验原理】
紫菜中约含 $600\mu g/100g$ 的碘，且主要以碘化物的形式存在。工业上用水浸取法从紫菜中提取碘；实验室一般采用水浸取法或灼烧法来提取。水浸取法是在加热的条件下用水浸泡紫菜，紫菜中的 I^- 就会进入浸泡液中，将浸泡液经浓缩、氧化即可制得单质 I_2。灼烧法是将紫菜烧成灰烬，再用固态无水 $FeCl_3$ 直接氧化，其反应方程式为：

$$2FeCl_3 + 2KI \longrightarrow 2FeCl_2 + I_2 + 2KCl$$

然后用升华法或浓 H_2SO_4 熔融法提取碘单质。

碘离子选择性电极是碘化银、硫化银固态膜电极，是测量溶液中 I^- 浓度的一种指示电极。用碘离子选择性电极测量 I^- 浓度在医疗卫生、海水利用、药物、食品、环境保护等科研领域应用广泛。碘离子选择性电极的基本参数如表10-7所示。

表10-7　碘离子选择性电极的基本参数

测量范围	$10^{-1}\sim10^{-7}$ mol·L^{-1}	pH范围	2～10
温度范围	5～60℃	主要干扰	CN^-、S^{2-} 等
响应时间	≤2 min	内阻	>500kΩ

【实验用品】
仪器：PB-21型酸度计，碘离子选择性电极，甘汞电极，烧杯（200mL），容量瓶（50mL），坩埚，漏斗，移液管，研钵。
药品：紫菜，乙醇，无水 $FeCl_3$，稀 H_2SO_4，$0.2mol·L^{-1}KNO_3$ 溶液，KI标准溶液。

【实验步骤】
（1）碘单质的提取
用电子分析天平称取 4.0～4.2g 紫菜放入铁坩埚中并加入 5.0mL 乙醇浸湿紫菜；点燃紫菜并灼烧 30 min 后冷却至室温，取出灰烬，放入研钵后加入与灰烬同质量的无水 $FeCl_3$（稍过量），充分研磨后转移至瓷坩埚内，上面倒扣漏斗，顶端塞以少许玻璃棉，坩埚置于石棉网上，组成一套简易升华装置。加热，观察现象，最后收集提取的碘。

(2) 紫菜中 I^- 含量的测定

如上灼烧 3 份等量紫菜试样，每个试样的灰烬分别放入烧杯中加入少量去离子水，加热溶解后再加入适量 $2mol \cdot L^{-1}$ H_2SO_4，调溶液 pH 至 5~7，冷却过滤，用去离子水少量多次冲洗烧杯以将溶质尽量移到漏斗中。将溶液转入 100mL 容量瓶，再加入 50mL $0.2mol \cdot L^{-1}$ 的 KNO_3 溶液，加去离子水至刻度，摇匀，即成为待测液 A。

称 2 份 2g 的紫菜试样，分别放入 50mL 烧杯中加入 50mL 去离子水，加热煮沸 10 min，冷却后，将清液转移至 50mL 容量瓶中。再加入 5mL $0.2 mol \cdot L^{-1}$ 的 KNO_3 溶液，用去离子水稀释到刻度。摇匀后即成为待测液 B。

用碘电极测定如上两待测液 A、B 中的 I^- 含量。先由质量分数为 1×10^{-5}、2×10^{-5}、4×10^{-5}、5×10^{-5}、1×10^{-4} 的 KI 标准溶液作出工作曲线，再测定试样 A 的电势值 E，利用工作曲线通过电势值 E 大小确定试样 A 中 I^- 含量。同法可测得试样 B 中的 I^- 含量。

【数据处理】

标准曲线法：绘制 $\ln c(I^-)$-E 曲线，求出斜率 S。根据待测液的电势值 E，从标准曲线上查出对应的 I^- 浓度，计算出试样中碘的含量。

标准加入法：测定 50.00mL 待测液的电势值 E_x，再准确加入 1.00mL 质量分数为 0.001 的 KI 标准溶液，测出电势值 E_S，按下式可计算待测液的 I^- 浓度，从而计算出试样中碘的含量。

$$c_x = \frac{\Delta c}{10^{\Delta E/S} - 1}(\mu g \cdot g^{-1})$$

式中，c_x 表示待测液中 I^- 的浓度；Δc 表示浓度改变量；ΔE 表示电势改变量；S 表示工作曲线的斜率。

【注意事项】

[1] 灰烬应呈灰白色，不能烧成白色，否则碘会大量损失。

[2] 碘电极使用前应在 $0.10 mol \cdot L^{-1}$ NaI（或 KI）溶液中活化 2h，再用去离子水清洗至稳定电势值。

[3] 为使离子强度达到恒值，在被测溶液中加入 $0.2mol \cdot L^{-1}$ KNO_3，以调节离子强度。

[4] 电极敏感膜表面受污染或钝化，可在细金相砂纸上磨去表面层使电极复新继续使用。

【思考题】

(1) 为什么要用无水 $FeCl_3$ 处理紫菜灰烬？

(2) 测定紫菜中 I^- 含量时，紫菜灰烬溶于热水后为什么要调 pH 在 5~7 之间？

实验 73 大豆中钙、镁、铁含量的测定

【实验目的】

(1) 了解大豆样品分解处理方法。

(2) 掌握滴定分析法、分光光度法等分析测试方法的综合运用。

(3) 掌握大豆综合分析中测定钙、铁、镁的方法。

(4) 掌握实际试样中干扰排除等实验技术。

【基本原理】

东北是我国最大的大豆主产区,其中的大豆产量约占全国大豆总产量的一半以上。大豆的品种很多,根据皮色可分为黄、青、黑、褐色大豆,其中以黄色为主。大豆营养价值很高,兼有作为油料、粮食、副食品、饲料和工业原料等广泛的用途,在国民经济中占有很重要的地位。大豆中除了含有蛋白质等营养元素外,无机盐的含量也十分丰富,每100g大豆中含有钙(Ca)367mg、镁173mg、铁11mg、磷571mg、钾1810mg。不难看出,大豆(包括大豆和杂豆)是一种难得的高钾高镁食品。在我国有些贫困地区有一种低血钾软病,轻则四肢酸软劳动能力减退,重则四肢完全不能行动呈瘫痪状态,严重时甚至可导致呼吸困难而死亡。本病的主要原因是饮食中钾、镁不足而钠过高所致。所以在一些工地的伙食主管部门和其他集体伙食单位都应注意每天搭配一些豆类(如豆饭、豆包、豆汤、豆腐等)以保障劳动者的健康,弥补在日常食物中钾、镁的含量不足的问题。在测定大豆中的无机盐组分前,先将大豆粉碎、灼烧并以盐酸提取后,用配位滴定法以EDTA为滴定剂,在碱性条件下,以钙指示剂指示终点,测定其中钙含量。另取一份溶液控制pH=10,以铬黑T为指示剂,可测定钙镁总量。试样中铁等元素的干扰可用适量的三乙醇胺掩蔽消除。可用邻二氮菲光度法测定铁的含量。

【实验用品】

仪器:电子分析天平,722型光栅分光光度计,高温炉,煤气灯,蒸发皿,比色皿,烧杯,表面皿,量筒,移液管,容量瓶(250mL),锥形瓶(250mL),滴定管。

药品:EDTA($0.005mol \cdot L^{-1}$),NaOH(20%),NH_3-NH_4Cl缓冲溶液(pH=10),三乙醇胺(1:3),HCl(1:1),钙指示剂(按1:100与固体氯化钠混合研磨而成),铁标准溶液($100mg \cdot L^{-1}$),邻二氮菲(0.15%),盐酸羟胺(10%),NaAc($1mol \cdot L^{-1}$),$CaCO_3$(基准物质),铬黑T($1.0g \cdot L^{-1}$,称取0.1g铬黑T溶于75mL三乙醇胺和25mL乙醇混合液中)。

【实验步骤】

(1) 大豆试样的处理

称取粉碎后的大豆粉10.0~15.0g置于蒸发皿中,在煤气灯上炭化;炭化完全后置于高温炉中于650℃灼烧1~2h;取出冷却后加入10mL 1:1HCl溶液浸泡并不断搅拌20min;然后静置沉降,过滤并以250mL容量瓶承接滤液,用蒸馏水洗沉淀、蒸发皿数次。定容、摇匀后得待测液体A。

(2) EDTA溶液的标定

用差减法准确称取0.10~0.12g基准物质$CaCO_3$于小烧杯中。以少量水润湿后盖上表面皿,从烧杯嘴处往烧杯中滴加5mL 1:1 HCl溶液,使$CaCO_3$完全溶解。加水50mL,微沸几分钟以除去CO_2。冷却后用水冲洗烧杯内壁和表面皿。定量转移至250mL容量瓶中,定容,摇匀得到Ca^{2+}标准溶液。用移液管移取钙标准溶液20.00mL于锥形瓶中,加水至100mL,加5~6mL 20%NaOH溶液,加少许钙指示剂,用EDTA标准溶液滴定溶液由紫红色变为蓝色为终点。平行滴定三份。计算EDTA的浓度。

(3) 大豆试样中钙镁含量的测定

用移液管移取待测液A 20.00mL于锥形瓶中,加5.0mL 1:3的三乙醇胺溶液后加水至100mL,再加15mL pH=10的氨性缓冲溶液、2滴铬黑T指示剂,用EDTA标准溶液滴定溶液由紫红色变为蓝色为终点。平行滴定三份。

(4) 大豆试样中钙含量的测定

用移液管移取上述待测液 A 20.00mL 于锥形瓶中，加 5.0mL 1∶3 三乙醇胺，加水至 100mL，加 5~6mL 20%NaOH 溶液，加少许钙指示剂，用 EDTA 标准溶液滴定溶液由红色变为蓝色为终点。平行滴定三份，计算大豆试样中的钙含量。钙镁总量减钙含量可得镁的含量。

(5) 邻二氮菲光度法测定大豆中铁含量

标准曲线的制作：在 6 个 25mL 比色管中，用移液管分别加入 0.0mL、0.2mL、0.4mL、0.6mL、0.8mL、1.0mL $100\mu g \cdot mL^{-1}$ 铁标准溶液，分别加入 1mL 盐酸羟胺、2mL 邻二氮菲、5mL NaAc 溶液。充分摇匀后用水稀释到刻度，放置 10min。用 2cm 比色皿，以试剂空白为参比，测量各溶液的吸光度。以铁含量为横坐标、吸光度为纵坐标绘制工作曲线。

试样中铁含量的测定：准确移取上述待测液 A 10.00mL 于比色管中，以下按标准曲线制作步骤进行显色、测定吸光度，在工作曲线上查出大豆试样中铁的含量。

【思考题】

(1) 测量前为什么要将大豆粉碎？

(2) 测定钙的含量和钙镁总量时应如何控制溶液的 pH 值？

(3) 标定 EDTA 标准溶液时，还可用什么物质作基准物。

实验 74 从铬盐生产的废渣中提取无水硫酸钠

硫酸钠俗称元明粉，是维尼纶、玻璃、合成洗涤剂、造纸、染料等工业的重要原材料，通常可从生产某些化工产品所产生的副产品中获得。例如，生产重铬酸钠时就可获得副产品硫酸钠，但由于含有重铬酸钠而限制其用途，成为废渣。利用生产钛白粉的副产品硫酸亚铁可以把铬盐厂的废渣中的硫酸钠分离提纯，以废治废，变废为宝。

【设计要求】

(1) 以 25g 铬盐废渣（废渣的质量分数为 Na_2SO_4：98.4%，$Na_2Cr_2O_7$：1%，$CaCl_2$：0.2%，$MgCl_2$：0.2%，$FeCl_3$：0.22%）和七水硫酸亚铁为主要原料，制备无水硫酸钠。

(2) 定性检验产品中是否含有 $Cr_2O_7^{2-}$、Cr^{3+}、Fe^{3+}、Ca^{2+}、Mg^{2+}、Cl^- 等离子。

【提示】

(1) 本实验从铬盐生产的废渣中提取硫酸钠的基本原理是什么？

(2) 为了使杂质容易分离除去，本实验应采取何种操作方法？

【参考文献】

[1] 安家驹，王伯英. 实用精细化工辞典. 北京：轻工业出版社，1988.

[2] 天津化工研究院等. 无机盐工业手册（上）. 北京：化学工业出版社，1979.

实验 75　硝酸钾溶解度的测定与提纯

【设计要求】
（1）测定 KNO_3 在不同温度下的溶解度。
（2）提纯 10g 含有少量 NaCl 的粗硝酸钾。
（3）定性检验纯化后的产品。

【提示】
（1）测定溶解度时，硝酸钾的用量及水的体积是否需要准确？测定装置选用什么样的玻璃器皿较为合适？
（2）在测定溶解度时，水的蒸发对实验结果有何影响？应采取什么预防措施？
（3）溶解和结晶过程是否需要搅拌？
（4）纯化粗硝酸钾应采取什么样的操作步骤？

【参考文献】
西恩科 M J. 化学实验. 北京：人民教育出版社，1981.

实验 76　氯化铵的制备及氮含量的测定

【设计要求】
（1）以 NaCl 和 $(NH_4)_2SO_4$ 为原料，制备 20g 理论量 NH_4Cl。
（2）定性检验 NH_4Cl 产品。
（3）测定产品的氮含量。

【提示】
（1）NaCl 与 $(NH_4)_2SO_4$ 的反应是一个复分解反应，因此在溶液中同时存在着 NaCl、$(NH_4)_2SO_4$、NH_4Cl 和 Na_2SO_4。根据它们在不同温度下的溶解度差异，可采取怎样的实验条件和操作步骤，使 NH_4Cl 与其他三种盐分离？在保证 NH_4Cl 产品纯度的前提下，如何提高其产量？
（2）假设有 150mL NH_4Cl-Na_2SO_4 混合溶液（质量为 185g），其中含 30g NH_4Cl、40g Na_2SO_4。如果在 90℃ 左右加热，分别浓缩至 120mL、100mL、80mL 和 70mL。根据有关溶解度数据，通过近似计算，试判断在上述不同情况下，有哪些物质能够析出？如果过滤后的溶液冷至 60℃ 和 35℃ 时，又有何种物质析出？请列表表示。根据计算，请说明应如何控制蒸发浓缩条件来防止 NH_4Cl 和 Na_2SO_4 同时析出。

【参考文献】
[1]　化学工业部科学技术情报所. 国外化肥工业手册. 北京：化学工业出版社，1979.

[2] 张爱谦. 化工手册：上册. 济南：山东科学技术出版社，1984.

实验 77　由废铝箔制备硫酸铝钾大晶体

【设计要求】
(1) 主要原料：自己收集废铝箔（如食品及药品包装、易拉罐、铝质牙膏壳等）。
(2) 利用 2g 废铝箔制备硫酸铝钾。
(3) 用自制的硫酸铝钾制备硫酸铝钾大晶体。

【提示】
(1) 在水溶液中培养某种盐的大晶体，一般可先制得籽晶（即较透明的小晶体），然后把籽晶植入饱和溶液中培养。籽晶的生长受溶液的饱和度、温度、湿度及时间等因素影响，必须控制好实验条件，使饱和溶液缓慢蒸发，才能获得大晶体。
(2) 一般的废铝箔表面有一薄层塑料膜，应如何处理？
(3) 如何把籽晶植入饱和溶液？
(4) 若在饱和溶液中，籽晶长出一些小晶体或烧杯底部出现少量晶体时，对大晶体的培养有何影响？应如何处理？

【参考文献】
[1] 张克从. 近代晶体学基础：下册. 北京：科学出版社，1987.
[2] 周效贤. 大学化学新实验（二）. 兰州：兰州大学出版社，1993.
[3] 苏迪 B A. 单晶生长. 刘光译. 北京：科学技术出版社，1979.

实验 78　印刷电路腐蚀废液回收铜和氯化亚铁

印刷电路的废腐蚀液通常含有大量的 $CuCl_2$、$FeCl_2$ 及 $FeCl_3$。因此，将铜与铁化合物分离并回收是有实际意义的。因为它既可以减少污染，消除公害，又能化废为宝。

【设计要求】
(1) 取约含 $2mol \cdot L^{-1}$ $FeCl_3$、$2mol \cdot L^{-1}$ $FeCl_2$、$1mol \cdot L^{-1}$ $CuCl_2$ 的废腐蚀液 50mL，回收铜和氯化亚铁。
(2) 检验回收所得氯化亚铁的纯度。

【提示】
(1) 氯化亚铁的水合物及其脱水温度如下：
$$FeCl_3 \cdot 6H_2O \xrightarrow{12.3℃} FeCl_2 \cdot 4H_2O \xrightarrow{76.5℃} FeCl_2 \cdot 2H_2O$$
(2) 本实验根据铜、铁单质和化合物什么性质回收铜和氯化亚铁？
(3) 经放置的废三氯化铁腐蚀液，常常浑浊不清，为什么？如何处理？

(4) 回收操作过程应采取什么步骤才能得到较纯产品？

【参考文献】

[1] 冯世昌等. 无机化合物辞典. 西安：陕西科技出版社，1987.
[2] 西丁 M. 金属与无机废物回收百科全书（金属分册）. 李怀先译. 北京：冶金工业出版社，1989.

实验 79 微波辐射法制备磷酸锌纳米材料

所谓纳米材料，一般是指至少有一维的尺寸介于 1~100nm 的材料。物质尺寸的减少会使物质产生许多新性质，因此有关纳米材料与技术的研究是目前的热门领域。科学家预言，纳米技术将在 21 世纪发挥巨大的作用。

纳米材料的制备方法很多。微波辐射法不同于传统的加热方法，可以对反应物的外部与内部同时进行加热，升温速度快，因而能加快反应速度，有利于制备纳米材料。磷酸锌通常带有 2 个结晶水，是一种新型防锈颜料，配制成防锈涂料后可代替有毒的氧化铅作为底漆。

【设计要求】

(1) 以硫酸锌（$ZnSO_4 \cdot 7H_2O$）、尿素和磷酸为主要原料，利用微波辐射法制备纳米磷酸锌 [$Zn_3(PO_4)_2 \cdot 2H_2O$]，理论产量为 5g。
(2) 对产品进行定性检验。

【提示】

(1) 硫酸锌、尿素和磷酸加热反应后，产物为 $Zn_3(PO_4)_2 \cdot 4H_2O$、$(NH_4)_2SO_4$ 和 CO_2。
(2) $Zn_3(PO_4)_2 \cdot 4H_2O$ 在 110℃脱去 2 个结晶水即得磷酸锌产品。
(3) 微波辐射法为什么能显著缩短反应时间？使用微波炉时应注意哪些问题？
(4) 纳米材料制备方法一般有哪些？微波辐射法除了能显著缩短反应时间外，还有哪些优点？
(5) 本实验中加入尿素的目的是什么？其水解产物是什么？

【参考文献】

[1] 胡希明，李兴，谷云骊等. 微波诱导快速磷酸锌合成研究. 化学通报，1998，12：33.
[2] 宋宝玲，廖森，吴文伟等. 固相反应制备磷酸锌纳米晶体. 广西大学学报（自然科学版），2003，4：314.

实验 80 无氰镀锌液的成分分析

在电镀工业中随着镀层种类以及对镀层质量要求的不同，所采用的电镀液成分也有所不同。本实验主要测定氨三乙酸-氯化铵镀锌液中氯化锌、氯化铵和硫脲的含量。

【设计要求】

(1) 设计无氰镀锌液氨三乙酸-氯化铵镀锌液试样的预处理过程。
(2) 设计无氰镀锌液氨三乙酸-氯化铵镀锌液试样中氯化锌、氯化铵和硫脲的含量的分析方法。

【提示】

(1) 用配位滴定法测定氯化锌含量（以铬黑 T 为指示剂）的反应条件是什么，如何控制？

(2) 如何测定氯化铵中的氮含量？是否可用其他办法进行测定？

(3) 有机物硫脲的测定通常以间接碘量法来完成；写出测定硫脲中的有关反应式，如何计算硫脲的含量？

(4) 还有什么方法可以测定氯化锌的含量？

(5) 测定硫脲的主要误差来源是什么？应采取什么措施？

实验 81　水泥中铁、铝、钙和镁的测定

【设计要求】

(1) 设计水泥试样的预处理过程。

(2) 建立水泥中铁、铝、钙和镁的含量的定量分析方法

【提示】

(1) 水泥中一般含硅、铁、铝、钙和镁等。将水泥与固体氯化铵混匀后加酸分解，其中硅变成硅酸凝胶沉淀下来，经过滤、洗涤后弃去。滤液分别测定铁、铝、钙和镁。

(2) 酸效应在配位滴定中的重要意义。

(3) 指示剂为磺基水杨酸、PAN（吡啶偶氮萘酚）、酸性铬蓝 K-萘酚绿 B。

(4) 查 Fe^{3+}、Al^{3+}、Ca^{2+}、Mg^{2+} 与 EDTA 配合物的稳定常数，配位滴定时允许的最低 pH。在单组分体系中，配位滴定法测定 Fe^{3+}、Al^{3+}、Ca^{2+}、Mg^{2+} 含量的方法。当 Ca^{2+}、Mg^{2+} 共存时，测定含量的方法。

(5) 在几种离子共存的体系中，选择滴定的可能性，提高配位滴定选择性的途径。

【思考题】

(1) 叙述在 Fe^{3+}、Al^{3+}、Ca^{2+}、Mg^{2+} 共存的体系中测定各组分含量的实验原理。

(2) 为什么在配位滴定 Fe^{3+}、Al^{3+}、Ca^{2+}、Mg^{2+} 时，必须严格控制 pH？在测定 Fe^{3+}、Al^{3+} 的 pH 时，Ca^{2+}、Mg^{2+} 会不会干扰 Fe^{3+}、Al^{3+} 的测定？

(3) 请解释实验中 EDTA 滴定 Fe^{3+} 的终点为紫红色变为亮黄色。

(4) AlY^- 无色、CuY^{2-} 淡蓝色，试分析在测定 Fe^{3+} 后的溶液中滴定 Al^{3+} 时，溶液颜色的变化过程。

(5) 滴定 Fe^{3+}、Al^{3+} 时，应分别控制什么样的温度范围？为什么需要在热溶液中滴定？

(6) 如 Fe^{3+} 的测定结果不准确，对铝的测定结果有什么影响？

(7) 说明三乙醇胺、酒石酸钾钠的作用。

(8) 在测定钙镁时，为什么先加三乙醇胺，后调 pH？

【实验内容】

（1）试样的溶解与分离

准确称取 0.8g 试样，加入 5～6g NH_4Cl，用平头玻棒充分搅拌均匀。用滴管加入浓 HCl 至试样全部润湿（约 4mL），再滴加 4～5 滴浓 HNO_3 搅拌均匀，并轻轻碾压块状物直至无小黑粒为止，盖上表面皿（边沿留一缝隙），放在沸水浴中加热 15 min，取下。加热水约 60mL，搅拌并压碎块状物后立即用中速滤纸过滤。沉淀尽量留于原烧杯中，用热水洗涤沉淀至无 Cl^-（一般需洗 18～20 次），若不要求测定硅，则弃去沉淀。滤液及洗涤液盛于 500mL 容量瓶中冷却至室温，用水稀释至标线，摇匀，供测 Fe^{3+}、Al^{3+}、Ca^{2+}、Mg^{2+} 用。

（2）Fe_2O_3 的测定

吸取滤液 100.00mL 两份，分别放于 400mL 烧杯中，用水稀释至 150mL。加数滴 HNO_3 并加热煮沸，待冷至约 343K 时，以 1:1 氨水调节 pH 至 2.0～2.5，加 0.5mL 10% 磺基水杨酸，趁热以 $0.02mol \cdot L^{-1}$ EDTA 标准溶液滴定至溶液由紫红变为亮黄色为止。记下消耗 EDTA 标准溶液的体积 V_1，计算 $w(Fe_2O_3)$。

（3）Al_2O_3 的测定

在测定 Fe^{3+} 后的两份试液中，分别从滴定管放入 20mL 0.02 $mol \cdot L^{-1}$ EDTA 标准溶液，加热至 333～343K，保持 1～3min，滴加 1:1 氨水至 pH 约为 4，加入 20mL HAc-NaAc 缓冲溶液（pH=4.2），煮沸后取下冷却，加入 10 滴 0.3% PAN 指示剂，以 $0.02mol \cdot L^{-1} CuSO_4$ 标准溶液滴定至溶液呈紫红色（临近终点时注意剧烈摇动，并慢慢滴定）。记下消耗的 $CuSO_4$ 标准溶液体积 V_2。计算 $w(Al_2O_3)$。

（4）EDTA 标准溶液与 $CuSO_4$ 标准溶液体积比（k）的测定

由滴定管准确放出 20mL $0.02 mol \cdot L^{-1}$ EDTA 标准溶液，加 20mL HAc-NaAc 缓冲溶液，加热至约 353K，加 8 滴 0.3% PAN 指示剂，用 $0.02mol \cdot L^{-1} CuSO_4$ 标准溶液滴定至紫红色为止。平行测定两份。

$$k = \frac{\text{EDTA 标准溶液体积 } V_1 \text{(mL)}}{CuSO_4 \text{ 标准溶液体积 } V_2 \text{(mL)}}$$

（5）CaO 测定

吸取 25.00mL 滤液两份，分别置于 250mL 锥形瓶中，加水稀释至 125mL，加 4～5mL 1:2 三乙醇胺（此时 pH 约 9～10），加 4～5mL 20% NaOH 溶液，加 5～6 滴 0.5% 钙指示剂。然后用 EDTA 标准溶液滴至溶液由酒红色变为纯蓝色即为终点。记下消耗 EDTA 溶液的体积 V_3。计算 CaO 的 $w(CaO)$。

（6）MgO 测定

吸取 25.00mL 滤液两份，分别置于 250mL 锥形瓶中，加水稀释至 125mL，加 1mL 10% 酒石酸钾钠溶液、4～5mL 1:2 三乙醇胺溶液，在摇动下滴加 1:1 氨水，调节溶液 pH=10，加 20mL $NH_3 \cdot H_2O-NH_4Cl$ 缓冲溶液（pH=10）、少许酸性铬蓝 K-萘酚绿 B 混合指示剂，用 EDTA 标准溶液滴定至溶液由红色变为纯蓝色（此为 Ca^{2+}、Mg^{2+} 合量），记下消耗 EDTA 标准溶液的体积 V_4。计算 MgO 的 $w(MgO)$。

【注意事项】

[1] 滴定 Fe^{3+} 时应保持温度在 333K 以上，温度太低，需要有过量的 EDTA 才能使磺基水杨酸起变化。即使在 333K 以上滴定，在近终点时仍需剧烈摇动并缓慢滴定，否则易使结果偏高。

[2] EDTA 滴定 Fe^{3+} 时,溶液的最高允许酸度为 pH=1.5,若 pH<1.5,则配位不完全,结果偏低。pH>3 时,Al^{3+} 有干扰,使结果偏高,一般滴定 Fe^{3+} 时的 pH 应控制在 1.5~2.5 为宜。

[3] Al^{3+} 在 pH=4.3 的溶液中可能形成氢氧化铝沉淀,因此必须先加 EDTA 标准溶液,然后再加 HAc-NaAc 缓冲液。

[4] 从 Al^{3+} 的条件稳定常数可知,应在 pH=4~5 之间滴定 Al^{3+},在不分离 Ca^{2+}、Mg^{2+} 的情况下,利用酸效应可以避免 Ca^{2+}、Mg^{2+},特别是 Ca^{2+} 的干扰,滴定适宜的 pH 在 4.2 左右。

【问题】

试讨论还可用哪些方法来测定水泥中的 Fe^{3+}、Al^{3+}、Ca^{2+}、Mg^{2+}。

实验 82　硫酸亚铁铵的制备

【设计要求】

(1) 根据有关原理及数据设计并制备复盐硫酸亚铁铵。
(2) 熟悉水浴加热、溶解、过滤、蒸发、结晶等基本操作。
(3) 建立硫酸亚铁铵中杂质离子浓度的鉴别方法和定量分析方法。

【实验原理】

硫酸亚铁铵又称摩尔盐,是浅蓝绿色单斜晶体,它能溶于水,但难溶于乙醇。在空气中它不易被氧化,比硫酸亚铁稳定,所以在化学分析中可作为基准物质,用来直接配制标准溶液或标定未知溶液浓度。

由硫酸铵、硫酸亚铁和硫酸亚铁铵在水中的溶解度数据(见表 10-8)可知,在一定温度范围内,硫酸亚铁铵的溶解度比组成它的每一组分的溶解度都小。因此,很容易从浓的硫酸亚铁和硫酸铵混合溶液中制得结晶状的摩尔盐 $FeSO_4 \cdot (NH_4)_2SO_4 \cdot 6H_2O$。在制备过程中,为了使 Fe^{2+} 不被氧化和水解,溶液需保持足够的酸度。

表 10-8　几种盐的溶解度数据　　　　　　　　　　　　单位:g/100gH$_2$O

化学式＼温度/℃	10	20	30	40
$(NH_4)_2SO_4$	73.0	75.4	78.0	81.0
$FeSO_4 \cdot 7H_2O$	37.0	48.0	60.0	73.3
$FeSO_4 \cdot (NH_4)_2SO_4 \cdot 6H_2O$	36.5	45.0	53.0	

本实验是先将金属铁屑溶于稀硫酸制得硫酸亚铁溶液:

$$Fe + H_2SO_4 \longrightarrow FeSO_4 + H_2 \uparrow$$

然后加入等物质的量的硫酸铵制得混合溶液,加热浓缩,冷至室温,便析出硫酸亚铁铵复盐。

$$FeSO_4 + (NH_4)_2SO_4 + 6H_2O \longrightarrow FeSO_4 \cdot (NH_4)_2SO_4 \cdot 6H_2O$$

目视比色法是确定杂质含量的一种常用方法,在确定杂质含量后便能定出产品的级别。

将产品配成溶液，与各标准溶液进行比色，如果产品溶液的颜色比某一标准溶液的颜色浅，就可确定杂质含量低于该标准溶液中的含量，即低于某一规定的限度，所以这种方法又称为限量分析。

本实验仅做摩尔盐中 Fe^{3+} 的限量分析。

【实验内容】

(1) 根据上述原理，设计出制备复盐硫酸亚铁铵的方法。

(2) 列出实验所需的仪器、药品及材料。

(3) 制备硫酸亚铁铵。

(4) 产品检验 Fe^{3+} 的限量分析，以确定产品等级。

【注意事项】

[1] 由机械加工过程得到的铁屑表面沾有油污，可采用碱煮（Na_2CO_3 溶液，约 10min）的方法除去。

[2] 在铁屑与硫酸作用的过程中，会产生大量的 H_2 及少量的有毒气体（如 H_2S、PH_3 等），应注意通风，避免发生事故。

[3] 所制得的硫酸亚铁溶液和硫酸亚铁铵溶液均应保持较强的酸性（pH 为 1～2）。

[4] 在进行 Fe^{3+} 的限量分析时，应使用含氧较少的去离子水来配制硫酸亚铁铵溶液。

[5] Fe^{3+} 标准溶液的配制（实验室配制） 先配制 $0.01mg \cdot mL^{-1}$ 的 Fe^{3+} 标准溶液，然后用移液管吸取该标准溶液 5.00mL、10.00mL 和 20.00mL 分别放入 3 支比色管中，各加入 2.00mL（$2.0mol \cdot L^{-1}$）HCl 溶液和 0.50mL（$1.0mol \cdot L^{-1}$）KSCN 溶液。用备用的含氧较少的去离子水将溶液稀释到 25.00mL，摇匀，得到 25mL 溶液中含 Fe^{3+} 0.05mg、0.10mg 和 0.20mg 三个级别的 Fe^{3+} 标准溶液，它们分别为 I 级、II 级和 III 级试剂中 Fe^{3+} 的最高允许含量。用上述相似的方法配制 25mL 含 1.00g 摩尔盐的溶液，若溶液颜色与 I 级试剂的标准溶液的颜色相同或略浅，便可确定为 I 级产品，其中 Fe^{3+} 的质量分数 $= \dfrac{0.05 \times 10^{-3} g}{1.00g} \times 100\% = 0.005\%$，II 级和 III 级产品以此类推。

【思考题】

(1) 铁屑净化及混合硫酸亚铁和硫酸铵溶液以制备复盐时均需加热，加热时应注意什么问题？

(2) 怎样确定所需的硫酸铵用量？

(3) 抽滤得到硫酸亚铁铵晶体后，如何除去晶体表面上附着的水分？

附 录

附录1 气体在水中的溶解度

气体	$t/℃$	溶解度/ $mL \cdot 100mL\ H_2O^{-1}$	气体	$t/℃$	溶解度/ $mL \cdot 100mL\ H_2O^{-1}$	气体	$t/℃$	溶解度/ $mL \cdot 100mL\ H_2O^{-1}$
H_2	0	2.14	N_2	0	2.33	O_2	0	4.89
	20	0.85		40	1.42		25	3.16
CO	0	3.5	NO	0	7.34	H_2S	0	437
	20	2.32		60	2.37		40	186
CO_2	0	171.3	NH_3	0	89.9	Cl_2	10	310
	20	90.1		100	7.4		30	177
SO_2	0	22.8						

摘自 Weast R C. Handbook of Chemistry and Physics,B68~161. 66th Ed. 1985~1986.

附录2 常用酸、碱的浓度

试剂名称	密度/ $g \cdot cm^{-3}$	质量分数/%	浓度/ $mol \cdot L^{-1}$	试剂名称	密度/ $g \cdot cm^{-3}$	质量分数/%	浓度/ $mol \cdot L^{-1}$
浓硫酸	1.84	98	18	氢溴酸	1.38	40	7
稀硫酸	1.1	9	2	氢碘酸	1.70	57	7.5
浓盐酸	1.19	38	12	冰醋酸	1.05	99	17.5
稀盐酸	1.0	7	2	稀醋酸	1.04	30	5
浓硝酸	1.4	68	16	稀醋酸	1.0	12	2
稀硝酸	1.2	32	6	浓氢氧化钠	1.44	~41	~14.4
稀硝酸	1.1	12	2	稀氢氧化钠	1.1	8	2
浓磷酸	1.7	85	14.7	浓氨水	0.91	~28	14.8
稀磷酸	1.05	9	1	稀氨水	1.0	3.5	2
浓高氯酸	1.67	70	11.6	氢氧化钙水溶液		0.15	
稀高氯酸	1.12	19	2	氢氧化钙水溶液		2	~0.1
浓氢氟酸	1.13	40	23				

摘自北京师范大学化学系无机化学教研室编. 简明化学手册. 北京:北京出版社,1980.

附录3 弱电解质的解离常数 (离子强度等于0的稀溶液)

弱酸的电离常数

酸	$t/℃$	级	K_a	pK_a
砷酸(H_3AsO_4)	25	1	5.5×10^{-2}	2.26
	25	2	1.7×10^{-7}	6.76
	25	3	5.1×10^{-12}	11.29
亚砷酸(H_3AsO_3)	25		5.1×10^{-10}	9.29
正硼酸(H_3BO_3)	20		5.4×10^{-10}	9.27

续表

酸	$t/℃$	级	K_a	pK_a
碳酸(H_2CO_3)	25	1	4.5×10^{-7}	6.35
	25	2	4.7×10^{-11}	10.33
铬酸(H_2CrO_4)	25	1	1.8×10^{-1}	0.74
	25	2	3.2×10^{-7}	6.49
氢氰酸(HCN)	25		6.2×10^{-10}	9.21
氢氟酸(HF)	25		6.3×10^{-4}	3.20
氢硫酸(H_2S)	25	1	8.9×10^{-8}	7.05
	25	2	1×10^{-19}	19
过氧化氢(H_2O_2)	25	1	2.4×10^{-12}	11.62
次溴酸(HBrO)	18		2.8×10^{-9}	9.55
次氯酸(HClO)	25		2.95×10^{-8}	7.53
次碘酸(HIO)	25		3×10^{-11}	10.5
碘酸(HIO_3)	25		1.7×10^{-1}	0.78
亚硝酸(HNO_2)	25		5.6×10^{-4}	3.25
高碘酸(HIO_4)	25		5.6×10^{-2}	1.64
正磷酸(H_3PO_4)	25	1	6.9×10^{-3}	2.16
	25	2	6.23×10^{-8}	7.21
	25	3	4.8×10^{-13}	12.32
亚磷酸(H_3PO_3)	20	1	5×10^{-2}	1.3
	20	2	2.0×10^{-7}	6.70
焦磷酸($H_4P_2O_7$)	25	1	1.2×10^{-1}	0.91
	25	2	7.9×10^{-3}	2.10
	25	3	2.0×10^{-7}	6.70
	25	4	4.8×10^{-10}	9.32
硒酸(H_2SeO_4)	25	2	2×10^{-2}	1.7
亚硒酸(H_2SeO_3)	25	1	2.4×10^{-3}	2.62
	25	2	4.8×10^{-9}	8.32
硅酸(H_2SiO_3)	30	1	1×10^{-10}	9.9
	30	2	2×10^{-12}	11.8
硫酸(H_2SO_4)	25	2	1.0×10^{-2}	1.99
亚硫酸(H_2SO_3)	25	1	1.4×10^{-2}	1.85
	25	2	6×10^{-8}	7.2
甲酸(HCOOH)	20		1.77×10^{-4}	3.75
醋酸(HAc)	25		1.76×10^{-5}	4.75
草酸($H_2C_2O_4$)	25	1	5.90×10^{-2}	1.23
	25	2	6.40×10^{-5}	4.19

弱碱的电离常数

碱	$t/℃$	级	K_b	pK_b
氨水($NH_3 \cdot H_2O$)	25		1.79×10^{-5}	4.75
氢氧化铍[$Be(OH)_2$]	25	2	5×10^{-11}	10.30
氢氧化钙[$Ca(OH)_2$]	25	1	3.74×10^{-3}	2.43
	30	2	4.0×10^{-2}	1.4
联氨(NH_2-NH_2)	20		1.2×10^{-6}	5.9
羟胺(NH_2OH)	25		8.71×10^{-9}	8.06
氢氧化铅[$Pb(OH)_2$]	25		9.6×10^{-4}	3.02
氢氧化银(AgOH)	25		1.1×10^{-4}	3.96
氢氧化锌[$Zn(OH)_2$]	25		9.6×10^{-4}	3.02

摘译自 Lide D R. Handbook of Chemistry and Physics, 8-43～8-44. 78th Ed. 1997～1998.
Weast R C. Handbook of Chemistry and Physics, D159～163. 66th Ed. 1985～1986.

附录4 溶度积

化 合 物	溶度积(温度/℃)	化 合 物	溶度积(温度/℃)
铝		硫酸铅	$2.53\times10^{-8}(25)$
	$4\times10^{-13}(15)$	*硫化铅	$3.4\times10^{-28}(18)$
*铝酸 H_3AlO_3	$1.1\times10^{-15}(18)$	锂	
	$3.7\times10^{-15}(25)$	碳酸锂	$8.15\times10^{-4}(25)$
*氢氧化铝	$1.9\times10^{-33}(18\sim20)$	镁	
钡		*磷酸镁铵	$2.5\times10^{-13}(25)$
碳酸钡	$2.58\times10^{-9}(25)$	碳酸镁	$6.82\times10^{-6}(25)$
铬酸钡	$1.17\times10^{-10}(25)$	氟化镁	$5.16\times10^{-11}(25)$
氟化钡	$1.84\times10^{-7}(25)$	氢氧化镁	$5.61\times10^{-12}(25)$
碘酸钡 $Ba(IO_3)_2\cdot2H_2O$	$1.67\times10^{-9}(25)$	二水合草酸镁	$4.83\times10^{-6}(25)$
碘酸钡	$4.01\times10^{-9}(25)$	锰	
*草酸钡 $BaC_2O_4\cdot2H_2O$	$1.2\times10^{-7}(18)$	*氢氧化锰	$4\times10^{-14}(18)$
*硫酸钡	$1.08\times10^{-10}(25)$	*硫化锰	$1.4\times10^{-15}(18)$
镉		汞	
草酸镉 $CdC_2O_4\cdot3H_2O$	$1.42\times10^{-8}(25)$	*氢氧化汞①	$3.0\times10^{-26}(18\sim25)$
氢氧化镉	$7.2\times10^{-15}(25)$	*硫化汞(红)	$4.0\times10^{-53}(18\sim25)$
*硫化镉	$3.6\times10^{-29}(18)$	*硫化汞(黑)	$1.6\times10^{-52}(18\sim25)$
钙		氯化亚汞	$1.43\times10^{-18}(25)$
碳酸钙	$3.36\times10^{-9}(25)$	碘化亚汞	$5.2\times10^{-29}(25)$
氟化钙	$3.36\times10^{-9}(25)$	溴化亚汞	$6.4\times10^{-23}(25)$
碘酸钙 $Ca(IO_3)_2\cdot6H_2O$	$7.10\times10^{-7}(25)$	镍	
碘酸钙	$6.47\times10^{-6}(25)$	*硫化镍(Ⅱ)α-NiS	$3.2\times10^{-19}(18\sim25)$
草酸钙	$2.32\times10^{-9}(25)$	*β-NiS	$1.0\times10^{-24}(18\sim25)$
*草酸钙 $CaC_2O_4\cdot H_2O$	$2.57\times10^{-9}(25)$	*γ-NiS	$2.0\times10^{-26}(18\sim25)$
硫酸钙	$4.93\times10^{-5}(25)$	银	
钴		溴化银	$5.35\times10^{-13}(25)$
*硫化钴(Ⅱ)α-CoS	$4.0\times10^{-21}(18\sim25)$	碳酸银	$8.46\times10^{-12}(25)$
*β-CoS	$2.0\times10^{-25}(18\sim25)$	氯化银	$1.77\times10^{-10}(25)$
铜		*铬酸银	$1.2\times10^{-12}(14.8)$
一水合碘酸铜	$6.94\times10^{-8}(25)$	铬酸银	$1.12\times10^{-12}(25)$
草酸铜	$4.43\times10^{-10}(25)$	*重铬酸银	$2\times10^{-7}(25)$
*硫化铜	$8.5\times10^{-45}(18)$	氢氧化银	$1.52\times10^{-8}(20)$
溴化亚铜	$6.27\times10^{-9}(25)$	碘酸银	$3.17\times10^{-8}(25)$
氯化亚铜	$1.72\times10^{-7}(25)$	*碘化银	$0.32\times10^{-16}(13)$
碘化亚铜	$1.27\times10^{-12}(25)$	碘化银	$8.52\times10^{-17}(25)$
*硫化亚铜	$2\times10^{-47}(16\sim18)$	*硫化银	$1.6\times10^{-49}(18)$
硫氰酸亚铜	$1.77\times10^{-13}(25)$	溴酸银	$5.38\times10^{-5}(25)$
*亚铁氰化铜	$1.3\times10^{-16}(18\sim25)$	*硫氰酸银	$0.49\times10^{-12}(18)$
铁		硫氰酸银	$1.03\times10^{-12}(25)$
氢氧化铁	$2.79\times10^{-39}(25)$	锶	
氢氧化亚铁	$4.87\times10^{-17}(18)$	碳酸锶	$5.60\times10^{-10}(25)$
草酸亚铁	$2.1\times10^{-7}(25)$	氟化锶	$4.33\times10^{-9}(25)$
*硫化亚铁	$3.7\times10^{-19}(18)$	*草酸锶	$5.61\times10^{-8}(18)$
铅		*硫酸锶	$3.44\times10^{-7}(25)$
碳酸铅	$7.4\times10^{-14}(25)$	*铬酸锶	$2.2\times10^{-5}(18\sim25)$
*铬酸铅	$1.77\times10^{-14}(18)$	锌	
氟化铅	$3.3\times10^{-8}(25)$	氢氧化锌	$3\times10^{-17}(225)$
碘酸铅	$3.69\times10^{-13}(25)$	草酸锌 $ZnC_2O_4\cdot2H_2O$	$1.38\times10^{-9}(25)$
碘化铅	$9.8\times10^{-9}(25)$	*硫化锌	$1.2\times10^{-23}(18)$
*草酸铅	$2.74\times10^{-11}(18)$		

① 为 $1/2Ag_2O(s)+1/2H_2O \Longrightarrow Ag^+ +OH^-$ 和 $HgO+H_2O \Longrightarrow Hg^{2+}+2OH^-$

本表主要摘译自 Lide D R. Handbook of Chemistry and Physics,8-106~8-109.78th Ed. 1997~1998.

带 * 者摘译自 Weast R C. Handbook of Chemistry and Physics,B-222.66th Ed. 1985~1986.

附录 5　常见沉淀物的 pH

（1）金属氢氧化物沉淀的 pH（包括形成氢氧配离子的大约值）

氢氧化物	开始沉淀时的 pH 初浓度 $[M^{n+}]$		沉淀完全时的 pH（残留离子浓度 $<10^{-5}\,\text{mol}\cdot\text{L}^{-1}$）	沉淀开始溶解时的 pH	沉淀完全溶解时的 pH
	$1\,\text{mol}\cdot\text{L}^{-1}$	$0.01\,\text{mol}\cdot\text{L}^{-1}$			
$Sn(OH)_4$	0	0.5	1	13	15
$TiO(OH)_2$	0	0.5	2.0	—	—
$Sn(OH)_2$	0.9	2.1	4.7	10	13.5
$ZrO(OH)_2$	1.3	2.3	3.8	—	—
HgO	1.3	2.4	5.0	11.5	
$Fe(OH)_3$	1.5	2.3	4.1	14	
$Al(OH)_3$	3.3	4.0	5.2	7.8	10.8
$Cr(OH)_3$	4.0	4.9	6.8	12	15
$Be(OH)_2$	5.2	6.2	8.8	—	—
$Zn(OH)_2$	5.4	6.4	8.0	10.5	12～13
Ag_2O	6.2	8.2	11.2	12.7	
$Fe(OH)_2$	6.5	7.5	9.7	13.5	
$Co(OH)_2$	6.6	7.6	9.2	14.1	
$Ni(OH)_2$	6.7	7.7	9.5		
$Cd(OH)_2$	7.2	8.2	9.7		
$Mn(OH)_2$	7.8	8.8	10.4	14	
$Mg(OH)_2$	9.4	10.4	12.4		
$Pb(OH)_2$		7.2	8.7	10	13
$Ce(OH)_4$		0.8	1.2		
$Th(OH)_4$		0.5			
$Tl(OH)_3$		～0.6	～1.6	—	—
H_2WO_4		～0	～0		
H_2MoO_4				～8	～9
稀土		6.8～8.5	～9.5		
H_2UO_4		3.6	5.1	—	—

（2）金属硫化物沉淀的 pH

pH	被 H_2S 所沉淀的金属
1	Cu, Ag, Hg, Pb, Bi, Cd, Rh, Pd, Os As, Au, Pt, Sb, Ir, Ge, Se, Te, Mo
2～3	Zn, Ti, In, Ga
5～6	Co, Ni
>7	Mn, Fe

（3）在溶液中硫化物能沉淀时的盐酸最高浓度

硫化物	Ag_2S	HgS	CuS	Sb_2S_3	Bi_2S_3	SnS_2	CdS	PbS	SnS	ZnS	CoS	NiS	FeS	MnS
盐酸浓度/$\text{mol}\cdot\text{L}^{-1}$	12	7.5	7.0	3.7	2.5	2.3	0.7	0.35	0.30	0.02	0.001	0.001	0.0001	0.00008

摘自北京师范大学化学系无机化学教研室编．简明化学手册．北京：北京出版社，1980．

附录6 标准电极电势

由于电极反应处于一定的介质条件下，因此，把明显地要求碱性介质的反应列于（二）中，其余列入（一）中；另外本表以元素符号的英文字母序号和氧化数由低到高变化的顺序编排，以便查阅。

（一）在非碱性介质中

电偶氧化态	电 极 反 应	$E^{\ominus}/V$
Ag(Ⅰ)—(0)	$Ag^+ + e^- \rightleftharpoons Ag$	+0.7996
(Ⅰ)—(0)	$AgBr + e^- \rightleftharpoons Ag + Br^-$	+0.07133
(Ⅰ)—(0)	$AgCl + e^- \rightleftharpoons Ag + Cl^-$	+0.22233
(Ⅰ)—(0)	$AgI + e^- \rightleftharpoons Ag + I^-$	−0.15224
(Ⅰ)—(0)	$[Ag(S_2O_3)_2]^{3-} + e^- \rightleftharpoons Ag + 2S_2O_3^{2-}$	+0.01
(Ⅱ)—(Ⅰ)	$Ag_2CrO_4 + 2e^- \rightleftharpoons 2Ag + CrO_4^{2-}$	+0.4470
(Ⅱ)—(Ⅰ)	$Ag^{2+} + e^- \rightleftharpoons Ag^+$	+1.980
(Ⅲ)—(Ⅱ)	$Ag_2O_3(s) + 6H^+ + 4e^- \rightleftharpoons 2Ag + 3H_2O$	+1.76
(Ⅲ)—(Ⅱ)	$Ag_2O_3(s) + 2H^+ + 2e^- \rightleftharpoons 2AgO(s) + H_2O$	+1.71
Al(Ⅲ)—(0)	$Al^{3+} + 3e^- \rightleftharpoons Al$	−1.662
(Ⅲ)—(0)	$[AlF_6]^{3-} + 3e^- \rightleftharpoons Al + 6F^-$	−2.069
As(0)—(−Ⅲ)	$As + 3H^+ + 3e^- \rightleftharpoons AsH_3$	−0.608
(Ⅲ)—(0)	$HAsO_2(aq) + 3H^+ + 3e^- \rightleftharpoons As + 2H_2O$	+0.248
(Ⅴ)—(Ⅲ)	$H_3AsO_4 + 2H^+ + 2e^- \rightleftharpoons HAsO_2 + 2H_2O$	+0.560
Au(Ⅰ)—(0)	$Au^+ + e^- \rightleftharpoons Au$	+1.692
(Ⅰ)—(0)	$[AuCl_2]^- + e^- \rightleftharpoons Au(s) + 2Cl^-$	+1.15
(Ⅲ)—(0)	$Au^{3+} + 3e^- \rightleftharpoons Au$	+1.498
(Ⅲ)—(0)	$[AuCl_4]^- + 3e^- \rightleftharpoons Au(s) + 4Cl^-$	+1.002
(Ⅲ)—(Ⅰ)	$Au^{3+} + 2e^- \rightleftharpoons Au^+$	+1.401
B(Ⅲ)—(0)	$H_3BO_3 + 3H^+ + 3e^- \rightleftharpoons B + 3H_2O$	−0.8698
Ba(Ⅱ)—(0)	$Ba^{2+} + 2e^- \rightleftharpoons Ba$	−2.912
Be(Ⅱ)—(0)	$Be^{2+} + 2e^- \rightleftharpoons Be$	−1.847
Bi(Ⅲ)—(0)	$Bi^{3+} + 3e^- \rightleftharpoons Bi(s)$	+0.308
(Ⅲ)—(0)	$BiO^+ + 2H^+ + 3e^- \rightleftharpoons Bi + H_2O$	+0.320
(Ⅲ)—(0)	$BiOCl + 2H^+ + 3e^- \rightleftharpoons Bi + Cl^- + H_2O$	+0.1583
(Ⅴ)—(Ⅲ)	$Bi_2O_3 + 6H^+ + 4e^- \rightleftharpoons 2BiO^+ + 3H_2O$	+1.6
Br(0)—(−Ⅰ)	$Br_2(aq) + 2e^- \rightleftharpoons 2Br^-$	+1.0873
(0)—(−Ⅰ)	$Br_2(l) + 2e^- \rightleftharpoons 2Br^-$	+1.066
(Ⅰ)—(−Ⅰ)	$HBrO + H^+ + 2e^- \rightleftharpoons Br^- + H_2O$	+1.331
(Ⅰ)—(0)	$HBrO + H^+ + e^- \rightleftharpoons 1/2 Br_2(l) + H_2O$	+1.596
Br(Ⅴ)—(−Ⅰ)	$BrO_3^- + 6H^+ + 6e^- \rightleftharpoons Br^- + 3H_2O$	(+1.432)
(Ⅴ)—(0)	$BrO_3^- + 6H^+ + 6e^- \rightleftharpoons 1/2 Br_2 + 3H_2O$	(+1.482)
C(Ⅳ)—(Ⅱ)	$CO_2(g) + 2H^+ + 2e^- \rightleftharpoons HCOOH(aq)$	−0.199
(Ⅳ)—(Ⅱ)	$CO_2(g) + 2H^+ + 2e^- \rightleftharpoons CO(g) + H_2O$	−0.12
(Ⅳ)—(Ⅲ)	$2HCNO + 2H^+ + 2e^- \rightleftharpoons (CN)_2 + 2H_2O$	+0.33
Ca(Ⅱ)—(0)	$Ca^{2+} + 2e^- \rightleftharpoons Ca$	−2.868
Cd(Ⅱ)—(0)	$Cd^{2+} + 2e^- \rightleftharpoons Cd$	−0.4030
(Ⅱ)—(0)	$Cd^{2+} + Hg_{饱和} + 2e^- \rightleftharpoons Cd(Hg_{饱和})$	−0.3521
Ce(Ⅲ)—(0)	$Ce^{3+} + 3e^- \rightleftharpoons Ce$	−2.336
(Ⅳ)—(Ⅲ)	$Ce^{4+} + e^- \rightleftharpoons Ce^{3+}$ (1mol·L^{-1} H$_2$SO$_4$)	+1.443
(Ⅳ)—(Ⅲ)	$Ce^{4+} + e^- \rightleftharpoons Ce^{3+}$ (0.5~2mol·L^{-1} HNO$_3$)	+1.616

续表

电偶氧化态	电极反应	$E^{\ominus}/V$
(IV)—(III)	$Ce^{4+}+e^- \rightleftharpoons Ce^{3+}$ (1mol·L^{-1} $HClO_4$)	+1.70
Cl(0)—(−I)	$Cl_2+2e^- \rightleftharpoons 2Cl^-$	+1.35827
(I)—(−I)	$HClO+H^++2e^- \rightleftharpoons Cl^-+H_2O$	+1.482
(I)—(0)	$HClO+H^++2e^- \rightleftharpoons 1/2Cl_2+H_2O$	+1.611
(III)—(I)	$HClO_2+2H^++2e^- \rightleftharpoons HClO+H_2O$	+1.645
(IV)—(III)	$ClO_2+H^++e^- \rightleftharpoons HClO_2$	+1.277
(V)—(−I)	$ClO_3^-+6H^++6e^- \rightleftharpoons Cl^-+3H_2O$	(+1.451)
(V)—(0)	$ClO_3^-+6H^++5e^- \rightleftharpoons 1/2Cl_2+3H_2O$	(+1.47)
(V)—(III)	$ClO_3^-+3H^++2e^- \rightleftharpoons HClO_2+H_2O$	(+1.214)
(V)—(IV)	$ClO_3^-+2H^++e^- \rightleftharpoons ClO_2+H_2O$	(+1.152)
(VII)—(−I)	$ClO_4^-+8H^++8e^- \rightleftharpoons Cl^-+4H_2O$	(+1.389)
(VII)—(0)	$ClO_4^-+8H^++7e^- \rightleftharpoons 1/2Cl_2+4H_2O$	(+1.39)
(VII)—(V)	$ClO_4^-+2H^++2e^- \rightleftharpoons ClO_3^-+H_2O$	(+1.189)
Co(II)—(0)	$Co^{2+}+2e^- \rightleftharpoons Co$	−0.24
(III)—(II)	$Co^{3+}+e^- \rightleftharpoons Co^{2+}$ (3 摩尔 HNO_3)	(+1.842)
Cr(III)—(0)	$Cr^{3+}+3e^- \rightleftharpoons Cr$	−0.744
(II)—(0)	$Cr^{2+}+2e^- \rightleftharpoons Cr$	−0.913
(III)—(II)	$Cr^{3+}+3e^- \rightleftharpoons Cr^{2+}$	−0.407
(VI)—(III)	$Cr_2O_7^{2-}+14H^++6e^- \rightleftharpoons 2Cr^{3+}+7H_2O$	+1.232
(VI)—(III)	$HCrO_4^-+7H^++3e^- \rightleftharpoons Cr^{3+}+4H_2O$	+1.35
Cs(I)—(0)	$Cs^++e^- \rightleftharpoons Cs$	−3.026
Cu(I)—(0)	$Cu^++e^- \rightleftharpoons Cu$	+0.521
(I)—(0)	$Cu_2O(s)+2H^++2e^- \rightleftharpoons 2Cu+H_2O$	−0.36
(I)—(0)	$CuI+e^- \rightleftharpoons Cu+I^-$	−0.185
(I)—(0)	$CuBr+e^- \rightleftharpoons Cu+Br^-$	+0.033
(I)—(0)	$CuCl+e^- \rightleftharpoons Cu+Cl^-$	+0.137
(II)—(0)	$Cu^{2+}+2e^- \rightleftharpoons Cu$	+0.3419
(II)—(I)	$Cu^{2+}+e^- \rightleftharpoons Cu^+$	+0.153
(II)—(I)	$Cu^{2+}+Br^-+e^- \rightleftharpoons CuBr$	+0.640
(II)—(I)	$Cu^{2+}+Cl^-+e^- \rightleftharpoons CuCl$	+0.538
(II)—(I)	$Cu^{2+}+I^-+e^- \rightleftharpoons CuI$	+0.86
F(0)—(−I)	$F_2+2e^- \rightleftharpoons 2F^-$	+2.866
(0)—(−I)	$F_2(g)+2H^++2e^- \rightleftharpoons 2HF(aq)$	+3.053
Fe(II)—(0)	$Fe^{2+}+2e^- \rightleftharpoons Fe$	−0.447
(III)—(0)	$Fe^{3+}+3e^- \rightleftharpoons Fe$	−0.037
(III)—(II)	$Fe^{3+}+e^- \rightleftharpoons Fe^{2+}$ (1mol·L^{-1} HCl)	+0.771
(III)—(II)	$[Fe(CN)_6]^{3-}+e^- \rightleftharpoons [Fe(CN)_6]^{4-}$	+0.358
(VI)—(III)	$FeO_4^{2-}+8H^++3e^- \rightleftharpoons Fe^{3+}+4H_2O$	(+2.20)
(8/3)—(II)	$Fe_3O_4(s)+8H^++2e^- \rightleftharpoons 3Fe^{2+}+4H_2O$	+1.23
Ga(III)—(0)	$Ga^{3+}+3e^- \rightleftharpoons Ga$	−0.549
Ge(IV)—(0)	$H_2GeO_3+4H^++4e^- \rightleftharpoons Ge+3H_2O$	−0.182
H(0)—(−I)	$H_2(g)+2e^- \rightleftharpoons 2H^-$	−2.25
(I)—(0)	$2H^++2e^- \rightleftharpoons H_2(g)$	0
(I)—(0)	$2H^+([H^+]=10^{-7}mol·L^{-1})+2e^- \rightleftharpoons H_2$	−0.414
Hg(I)—(0)	$Hg_2^{2+}+2e^- \rightleftharpoons 2Hg$	(+0.7973)
(I)—(0)	$Hg_2Cl_2+2e^- \rightleftharpoons 2Hg+2Cl^-$	+0.26808
(I)—(0)	$Hg_2I_2+2e^- \rightleftharpoons 2Hg+2I^-$	−0.0405
(II)—(0)	$Hg^{2+}+2e^- \rightleftharpoons Hg$	+0.851
(II)—(0)	$[HgI_4]^{2-}+2e^- \rightleftharpoons Hg+4I^-$	−0.04
(II)—(I)	$2Hg^{2+}+2e^- \rightleftharpoons Hg_2^{2+}$	(+0.920)

续表

电偶氧化态	电 极 反 应	$E^{\ominus}/V$
I(0)—(-I)	$I_2 + 2e^- \rightleftharpoons 2I^-$	+0.5355
(0)—(-I)	$I_3^- + 2e^- \rightleftharpoons 3I^-$	(+0.536)
(I)—(-I)	$HIO + H^+ + 2e^- \rightleftharpoons I^- + H_2O$	+0.987
(I)—(0)	$HIO + H^+ + e^- \rightleftharpoons \frac{1}{2}I_2 + H_2O$	(+1.439)
(V)—(-I)	$IO_3^- + 6H^+ + 6e^- \rightleftharpoons I^- + 3H_2O$	(+1.085)
(V)—(0)	$IO_3^- + 6H^+ + 5e^- \rightleftharpoons \frac{1}{2}I_2 + 3H_2O$	(+1.195)
(VII)—(V)	$H_5IO_6 + H^+ + 2e^- \rightleftharpoons IO_3^- + 3H_2O$	(+1.601)
In(I)—(0)	$In^+ + e^- \rightleftharpoons In$	-0.14
(III)—(0)	$In^{3+} + 3e^- \rightleftharpoons In$	-0.3382
K(I)—(0)	$K^+ + e^- \rightleftharpoons K$	-2.931
La(III)—(0)	$La^{3+} + 3e^- \rightleftharpoons La$	-2.379
Li(I)—(0)	$Li^+ + e^- \rightleftharpoons Li$	-3.0401
Mg(II)—(0)	$Mg^{2+} + 2e^- \rightleftharpoons Mg$	-2.372
Mn(II)—(0)	$Mn^{2+} + 2e^- \rightleftharpoons Mn$	-1.185
(III)—(II)	$Mn^{3+} + e^- \rightleftharpoons Mn^{2+}$	+1.5415
(IV)—(II)	$MnO_2 + 4H^+ + 2e^- \rightleftharpoons Mn^{2+} + 2H_2O$	+1.224
(IV)—(III)	$2MnO_2(s) + 2H^+ + 2e^- \rightleftharpoons Mn_2O_3(s) + H_2O$	+1.04
(VII)—(IV)	$MnO_4^- + 4H^+ + 3e^- \rightleftharpoons MnO_2 + 2H_2O$	(+1.679)
(VII)—(VI)	$MnO_4^- + e^- \rightleftharpoons MnO_4^{2-}$	(+0.558)
Mo(III)—(0)	$Mo^{3+} + 3e^- \rightleftharpoons Mo$	-0.200
(VI)—(0)	$H_2MoO_4 + 6H^+ + 6e^- \rightleftharpoons Mo + 4H_2O$	0.0
N(I)—(0)	$N_2O + 2H^+ + 2e^- \rightleftharpoons N_2 + H_2O$	+1.766
(II)—(I)	$2NO + 2H^+ + 2e^- \rightleftharpoons N_2O + H_2O$	+1.591
(III)—(I)	$2HNO_2 + 4H^+ + 4e^- \rightleftharpoons N_2O + 3H_2O$	+1.297
(III)—(II)	$HNO_2 + H^+ + e^- \rightleftharpoons NO + H_2O$	+0.983
(IV)—(II)	$N_2O_4 + 4H^+ + 4e^- \rightleftharpoons 2NO + 2H_2O$	+1.035
(IV)—(III)	$N_2O_4 + 2H^+ + 2e^- \rightleftharpoons 2HNO_2$	+1.065
(V)—(III)	$NO_3^- + 3H^+ + 2e^- \rightleftharpoons HNO_2 + H_2O$	(+0.934)
(V)—(II)	$NO_3^- + 4H^+ + 3e^- \rightleftharpoons NO + 2H_2O$	(+0.957)
(V)—(IV)	$2NO_3^- + 4H^+ + 2e^- \rightleftharpoons N_2O_4 + 2H_2O$	(+0.803)
Na(I)—(0)	$Na^+ + e^- \rightleftharpoons Na$	-2.71
(I)—(0)	$Na^+ + (Hg) + e^- \rightleftharpoons Na(Hg)$	-1.84
Ni(II)—(0)	$Ni^{2+} + 2e^- \rightleftharpoons Ni$	-0.257
Ni(III)—(II)	$Ni(OH)_3 + 3H^+ + e^- \rightleftharpoons Ni^{2+} + 3H_2O$	+0.208
(IV)—(II)	$NiO_2 + 4H^+ + 2e^- \rightleftharpoons Ni^{2+} + 2H_2O$	+1.678
O(0)—(-II)	$O_3 + 2H^+ + 2e^- \rightleftharpoons O_2 + H_2O$	+2.076
(0)—(-II)	$O_2 + 4H^+ + 4e^- \rightleftharpoons 2H_2O$	+1.229
(0)—(-II)	$O(g) + 2H^+ + 2e^- \rightleftharpoons H_2O$	+2.421
(0)—(-II)	$\frac{1}{2}O_2 + 2H^+(10^{-7} mol \cdot L^{-1}) + 2e^- \rightleftharpoons H_2O$	(+0.815)
(0)—(-I)	$O_2 + 2H^+ + 2e^- \rightleftharpoons H_2O_2$	+0.695
(-I)—(-II)	$H_2O_2 + 2H^+ + 2e^- \rightleftharpoons 2H_2O$	+1.776
(II)—(-II)	$F_2O + 2H^+ + 4e^- \rightleftharpoons H_2O + F^-$	+2.153
P(0)—(-III)	$P + 3H^+ + 3e^- \rightleftharpoons PH_3(g)$	-0.063
(I)—(0)	$H_3PO_2 + H^+ + e^- \rightleftharpoons P + 2H_2O$	-0.508
(III)—(I)	$H_3PO_3 + 2H^+ + 2e^- \rightleftharpoons H_3PO_2 + H_2O$	-0.499
(V)—(III)	$H_3PO_4 + 2H^+ + 2e^- \rightleftharpoons H_3PO_3 + H_2O$	-0.276
Pb(II)—(0)	$Pb^{2+} + 2e^- \rightleftharpoons Pb$	-0.1262
(II)—(0)	$PbCl_2 + 2e^- \rightleftharpoons Pb + 2Cl^-$	-0.2675
(II)—(0)	$PbI_2 + 2e^- \rightleftharpoons Pb + 2I^-$	-0.365
(II)—(0)	$PbSO_4 + 2e^- \rightleftharpoons Pb + SO_4^{2-}$	(-0.3588)

续表

电偶氧化态	电极反应	$E^{\ominus}/V$
(II)—(0)	$PbSO_4 + (Hg) + 2e^- \rightleftharpoons Pb(Hg) + SO_4^{2-}$	(−0.3505)
(IV)—(II)	$PbO_2 + 4H^+ + 2e^- \rightleftharpoons Pb^{2+} + 2H_2O$	1.455
(IV)—(II)	$PbO_2 + SO_4^{2-} + 4H^+ + 2e^- \rightleftharpoons PbSO_4 + 2H_2O$	(+1.6913)
(IV)—(II)	$PbO_2 + 2H^+ + 2e^- \rightleftharpoons PbO(s) + H_2O$	+0.28
Pd(II)—(0)	$Pd^{2+} + 2e^- \rightleftharpoons Pd$	+0.951
(IV)—(II)	$[PdCl_6]^{2-} + 2e^- \rightleftharpoons [PdCl_4]^{2-} + 2Cl^-$	+1.228
Pt(II)—(0)	$Pt^{2+} + 2e^- \rightleftharpoons Pt$	+1.118
(II)—(0)	$[PtCl_4]^{2-} + 2e^- \rightleftharpoons Pt + 4Cl^-$	+0.7555
(II)—(0)	$Pt(OH)_2 + 2H^+ + 2e^- \rightleftharpoons Pt + 2H_2O$	+0.98
(IV)—(II)	$[PtCl_6]^{2-} + 2e^- \rightleftharpoons [PtCl_4]^{2-} + 2Cl^-$	+0.68
Rb(I)—(0)	$Rb^+ + e^- \rightleftharpoons Rb$	−2.98
S(−I)—(−II)	$(CNS)_2 + 2e^- \rightleftharpoons 2CNS^-$	+0.77
(0)—(−II)	$S + 2H^+ + 2e^- \rightleftharpoons H_2S(aq)$	+0.142
(IV)—(0)	$H_2SO_3 + 4H^+ + 4e^- \rightleftharpoons S + 3H_2O$	+0.449
(IV)—(0)	$S_2O_3^{2-} + 6H^+ + 4e^- \rightleftharpoons 2S + 3H_2O$	(+0.5)
(IV)—(II)	$2H_2SO_3 + 2H^+ + 4e^- \rightleftharpoons S_2O_3^{2-} + 3H_2O$	(+0.40)
(IV)—($2\frac{1}{2}$)	$H_2SO_3 + 4H^+ + 6e^- \rightleftharpoons S_4O_6^{2-} + 6H_2O$	(+0.51)
(VI)—(IV)	$SO_4^{2-} + 4H^+ + 2e^- \rightleftharpoons H_2SO_3 + H_2O$	(+0.172)
(VII)—(VI)	$S_2O_8^{2-} + 2e^- \rightleftharpoons SO_4^{2-}$	(+2.010)
Sb(III)—(0)	$Sb_2O_3 + 6H^+ + 6e^- \rightleftharpoons 2Sb + 3H_2O$	+0.152
(III)—(0)	$SbO^+ + 2H^+ + 3e^- \rightleftharpoons Sb + H_2O$	+0.212
(V)—(III)	$Sb_2O_5 + 6H^+ + 4e^- \rightleftharpoons 2SbO^+ + 3H_2O$	+0.581
Se(0)—(−II)	$Se + 2e^- \rightleftharpoons Se^{2-}$	−0.924
(0)—(−II)	$Se + 2H^+ + 2e^- \rightleftharpoons H_2Se(aq)$	−0.399
(IV)—(0)	$H_2SeO_3 + 4H^+ + 2e^- \rightleftharpoons Se + 3H_2O$	+0.74
(VI)—(IV)	$SeO_4^{2-} + 4H^+ + 2e^- \rightleftharpoons H_2SeO_3 + H_2O$	(+1.151)
Si(0)—(−IV)	$Si + 4H^+ + 4e^- \rightleftharpoons SiH_4(g)$	+0.102
(IV)—(0)	$SiO_2 + 4H^+ + 4e^- \rightleftharpoons Si + 2H_2O$	−0.857
(IV)—(0)	$[SiF_6]^{2-} + 4e^- \rightleftharpoons Si + 6F^-$	−0.124
Sn(II)—(0)	$Sn^{2+} + 2e^- \rightleftharpoons Sn$	−0.1375
(IV)—(II)	$Sn^{4+} + 2e^- \rightleftharpoons Sn^{2+}$	+0.151
Sr(II)—(0)	$Sr^{2+} + 2e^- \rightleftharpoons Sr$	−2.899
Ti(II)—(0)	$Ti^{2+} + 2e^- \rightleftharpoons Ti$	−1.630
(IV)—(0)	$TiO^{2+} + 2H^+ + 4e^- \rightleftharpoons Ti + H_2O$	−0.89
(IV)—(0)	$TiO_2 + 4H^+ + 4e^- \rightleftharpoons Ti + 2H_2O$	−0.86
(IV)—(III)	$TiO^{2+} + 2H^+ + e^- \rightleftharpoons Ti^{3+} + H_2O$	+0.1
(III)—(II)	$Ti^{3+} + e^- \rightleftharpoons Ti^{2+}$	−0.9
V(II)—(0)	$V^{2+} + 2e^- \rightleftharpoons V$	−1.175
(III)—(II)	$V^{3+} + e^- \rightleftharpoons V^{2+}$	−0.255
(IV)—(II)	$V^{4+} + 2e^- \rightleftharpoons V^{2+}$	−1.186
(IV)—(III)	$VO^{2+} + 2H^+ + e^- \rightleftharpoons V^{3+} + H_2O$	+0.337
(V)—(0)	$V(OH)_4^+ + 4H^+ + 5e^- \rightleftharpoons V + 4H_2O$	(−0.254)
(V)—(IV)	$V(OH)_4^+ + 2H^+ + e^- \rightleftharpoons VO^{2+} + 3H_2O$	(+1.00)
(VI)—(IV)	$VO_2^{2+} + 4H^+ + 2e^- \rightleftharpoons V^{4+} + 2H_2O$	(+0.62)
Zn(II)—(0)	$Zn^{2+} + 2e^- \rightleftharpoons Zn$	−0.7618

（二）在碱性溶液中

电偶氧化态	电极反应	$E^{\ominus}/V$
Ag(I)—(0)	$AgCN + e^- \rightleftharpoons Ag + CN^-$	−0.017
(I)—(0)	$[Ag(CN)_2]^- + e^- \rightleftharpoons Ag + 2CN^-$	−0.31
(I)—(0)	$[Ag(NH_3)_2]^+ + e^- \rightleftharpoons Ag + 2NH_3$	+0.373
(I)—(0)	$Ag_2O + H_2O + 2e^- \rightleftharpoons 2Ag + 2OH^-$	+0.342
(I)—(0)	$Ag_2S + 2e^- \rightleftharpoons 2Ag + S^{2-}$	−0.691
(II)—(I)	$2AgO + H_2O + 2e^- \rightleftharpoons Ag_2O + 2OH^-$	+0.607
Al(III)—(0)	$H_2AlO_3^- + H_2O + 3e^- \rightleftharpoons Al + 4OH^-$	(−2.33)
As(III)—(0)	$AsO_2^- + 2H_2O + 3e^- \rightleftharpoons As + 4OH^-$	(−0.68)
(V)—(III)	$AsO_4^{3-} + 2H_2O + 3e^- \rightleftharpoons AsO_2^- + 4OH^-$	(−0.71)
Au(I)—(0)	$[Au(CN)_2]^- + e^- \rightleftharpoons Au + 2CN^-$	−0.60
B(III)—(0)	$H_2BO_3^- + H_2O + 3e^- \rightleftharpoons B + 4OH^-$	(−1.79)
Ba(II)—(0)	$Ba(OH)_2 \cdot 8H_2O + 2e^- \rightleftharpoons Ba + 2OH^- + 8H_2O$	(−2.99)
Be(II)—(0)	$Be_2O_3^{2-} + 3H_2O + 4e^- \rightleftharpoons 2Be + 6OH^-$	(−2.63)
Bi(III)—(0)	$Bi_2O_3 + 3H_2O + 6e^- \rightleftharpoons 2Bi + 6OH^-$	−0.46
Br(I)—(−I)	$BrO^- + H_2O + 2e^- \rightleftharpoons Br^- + 2OH^-$（1 摩尔 NaOH）	+0.761
(I)—(0)	$2BrO^- + 2H_2O + 2e^- \rightleftharpoons Br_2 + 4OH^-$	+0.45
(V)—(−I)	$BrO_3^- + 3H_2O + 6e^- \rightleftharpoons Br^- + 6OH^-$	(+0.61)
Ca(II)—(0)	$Ca(OH)_2 + 2e^- \rightleftharpoons Ca + 2OH^-$	−3.02
Cd(II)—(0)	$Cd(OH)_2 + 2e^- \rightleftharpoons Cd + 2OH^-$	−0.809
Cl(I)—(−I)	$ClO^- + H_2O + 2e^- \rightleftharpoons Cl^- + 2OH^-$	+0.81
(III)—(−I)	$ClO_2^- + 2H_2O + 4e^- \rightleftharpoons Cl^- + 4OH^-$	(+0.76)
(III)—(I)	$ClO_2^- + H_2O + 2e^- \rightleftharpoons ClO^- + 2OH^-$	(+0.66)
(V)—(I)	$ClO_3^- + 3H_2O + 6e^- \rightleftharpoons Cl^- + 6OH^-$	(+0.62)
(V)—(III)	$ClO_3^- + H_2O + 2e^- \rightleftharpoons ClO_2^- + 2OH^-$	(+0.33)
(VII)—(V)	$ClO_4^- + H_2O + 2e^- \rightleftharpoons ClO_3^- + 2OH^-$	(+0.36)
Co(II)—(0)	$Co(OH)_2 + 2e^- \rightleftharpoons Co + 2OH^-$	−0.73
(III)—(II)	$Co(OH)_3 + e^- \rightleftharpoons Co(OH)_2 + OH^-$	+0.17
(III)—(II)	$[Co(NH_3)_6]^{3+} + e^- \rightleftharpoons [Co(NH_3)_6]^{2+}$	+0.108
Cr(III)—(0)	$Cr(OH)_3 + 3e^- \rightleftharpoons Cr + 3OH^-$	−1.48
(III)—(0)	$CrO_2^- + 3H_2O + 3e^- \rightleftharpoons Cr + 4OH^-$	(−1.2)
(VI)—(III)	$CrO_4^{2-} + 4H_2O + 3e^- \rightleftharpoons Cr(OH)_3 + 5OH^-$	(−0.13)
Cu(I)—(0)	$[Cu(CN)_2]^- + e^- \rightleftharpoons Cu + 2CN^-$	−0.429
(I)—(0)	$[Cu(NH_3)_2]^+ + e^- \rightleftharpoons Cu + 2NH_3$	−0.12
(I)—(0)	$Cu_2O + H_2O + 2e^- \rightleftharpoons 2Cu + 2OH^-$	−0.360
Fe(II)—(0)	$Fe(OH)_2 + 2e^- \rightleftharpoons Fe + 2OH^-$	−0.877
(III)—(II)	$Fe(OH)_3 + e^- \rightleftharpoons Fe(OH)_2 + OH^-$	−0.56
(III)—(II)	$[Fe(CN)_6]^{3-} + e^- \rightleftharpoons [Fe(CN)_6]^{4-}$ (0.01 mol·L^{-1} NaOH)	(+0.358)
H(I)—(0)	$2H_2O + 2e^- \rightleftharpoons H_2 + 2OH^-$	−0.8277
Hg(II)—(0)	$HgO + H_2O + 2e^- \rightleftharpoons Hg + 2OH^-$	+0.0977
I(I)—(−I)	$IO^- + H_2O + 2e^- \rightleftharpoons I^- + 2OH^-$	+0.485
(V)—(−I)	$IO_3^- + 3H_2O + 6e^- \rightleftharpoons I^- + 6OH^-$	(+0.26)
(VII)—(V)	$H_3IO_6^{2-} + 2e^- \rightleftharpoons IO_3^- + 3OH^-$	(+0.7)
La(III)—(0)	$La(OH)_3 + 3e^- \rightleftharpoons La + 3OH^-$	−2.90
Mg(II)—(0)	$Mg(OH)_2 + 2e^- \rightleftharpoons Mg + 2OH^-$	−2.690
Mn(II)—(0)	$Mn(OH)_2 + 2e^- \rightleftharpoons Mn + 2OH^-$	−1.56
(IV)—(II)	$MnO_2 + 2H_2O + 2e^- \rightleftharpoons Mn(OH)_2 + 2OH^-$	−0.05
(VI)—(IV)	$MnO_4^{2-} + 2H_2O + 2e^- \rightleftharpoons MnO_2 + 4OH^-$	(+0.60)
(VII)—(IV)	$MnO_4^- + 2H_2O + 3e^- \rightleftharpoons MnO_2 + 4OH^-$	(+0.595)
Mo(VI)—(0)	$MoO_4^{2-} + 4H_2O + 6e^- \rightleftharpoons Mo + 8OH^-$	(−0.92)
N(V)—(III)	$NO_3^- + H_2O + 2e^- \rightleftharpoons NO_2^- + 2OH^-$	(+0.01)

续表

电偶氧化态	电极反应	$E^{\ominus}/V$
(V)—(Ⅳ)	$2NO_3^- + 2H_2O + 2e^- \rightleftharpoons N_2O_4 + 4OH^-$	(−0.85)
Ni(Ⅱ)—(0)	$Ni(OH)_2 + 2e^- \rightleftharpoons Ni + 2OH^-$	−0.72
(Ⅲ)—(Ⅱ)	$Ni(OH)_3 + e^- \rightleftharpoons Ni(OH)_2 + OH^-$	+0.48
O(0)—(−Ⅱ)	$O_2 + 2H_2O + 4e^- \rightleftharpoons 4OH^-$	+0.401
(0)—(−Ⅱ)	$O_3 + H_2O + 2e^- \rightleftharpoons O_2 + 2OH^-$	+1.24
P(0)—(−Ⅲ)	$P + 3H_2O + 3e^- \rightleftharpoons PH_3(g) + 3OH^-$	−0.87
(V)—(Ⅲ)	$PO_4^{3-} + 2H_2O + 2e^- \rightleftharpoons HPO_3^{2-} + 3OH^-$	(−1.05)
Pb(Ⅳ)—(Ⅱ)	$PbO_2 + H_2O + 2e^- \rightleftharpoons PbO + 2OH^-$	+0.47
Pt(Ⅱ)—(0)	$Pt(OH)_2 + 2e^- \rightleftharpoons Pt + 2OH^-$	+0.14
S(0)—(−Ⅱ)	$S + 2e^- \rightleftharpoons S^{2-}$	−0.47627
$(2\frac{1}{2})$—(Ⅱ)	$S_4O_6^{2-} + 2e^- \rightleftharpoons 2S_2O_3^{2-}$	(+0.08)
(Ⅳ)—(−Ⅱ)	$SO_3^{2-} + 3H_2O + 6e^- \rightleftharpoons S^{2-} + 6OH^-$	(−0.66)
(Ⅳ)—(Ⅱ)	$2SO_3^{2-} + 3H_2O + 4e^- \rightleftharpoons S_2O_3^{2-} + 6OH^-$	(−0.571)
(Ⅵ)—(Ⅳ)	$SO_4^{2-} + H_2O + 2e^- \rightleftharpoons SO_3^{2-} + 2OH^-$	(−0.93)
Sb(Ⅲ)—(0)	$SbO_2^- + 2H_2O + 3e^- \rightleftharpoons Sb + 4OH^-$	(−0.66)
(V)—(Ⅲ)	$H_3SbO_6^{4-} + 2e^- + H_2O \rightleftharpoons SbO_2^- + 5OH^-$	(−0.40)
Se(Ⅵ)—(Ⅳ)	$SeO_4^{2-} + H_2O + 2e^- \rightleftharpoons SeO_3^{2-} + 2OH^-$	(+0.05)
Si(Ⅳ)—(0)	$SiO_3^{2-} + 3H_2O + 4e^- \rightleftharpoons Si + 6OH^-$	(−1.697)
Sn(Ⅱ)—(0)	$SnS + 2e^- \rightleftharpoons Sn + S^{2-}$	−0.94
(Ⅱ)—(0)	$HSnO_2^- + H_2O + 2e^- \rightleftharpoons Sn + 3OH^-$	(−0.909)
(Ⅵ)—(Ⅱ)	$[Sn(OH)_6]^{2-} + 2e^- \rightleftharpoons HSnO_2^- + 3OH^- + H_2O$	(−0.93)
Zn(Ⅱ)—(0)	$[Zn(CN)_4]^{2-} + 2e^- \rightleftharpoons Zn + 4CN^-$	−1.26
(Ⅱ)—(0)	$[Zn(NH_3)_4]^{2+} + 2e^- \rightleftharpoons Zn + 4NH_3(aq)$	−1.04
(Ⅱ)—(0)	$Zn(OH)_2 + 2e^- \rightleftharpoons Zn + 2OH^-$	−1.249
(Ⅱ)—(0)	$ZnO_2^{2-} + 2H_2O + 2e^- \rightleftharpoons Zn + 2OH^-$	(−1.216)
(Ⅱ)—(0)	$ZnS + 2e^- \rightleftharpoons Zn + S^{2-}$	−1.44

以上数据大部分摘自 Lide D R, Handbook of Chemistry and Physics, 8-20~8-25, 78th Ed. 1997~1998

附录7 常见离子的稳定常数

配离子	$K_稳$	$\lg K_稳$	配离子	$K_稳$	$\lg K_稳$
1:1			$[CoY]^-$	1.0×10^{36}	36.00
$[NaY]^{3-}$	5.0×10^1	1.69	$[GaY]^-$	1.8×10^{20}	20.25
$[AgY]^{3-}$	2.0×10^7	7.30	$[InY]^-$	8.9×10^{24}	24.94
$[CuY]^{2-}$	6.8×10^{18}	18.79	$[TlY]^-$	3.2×10^{22}	22.51
$[MgY]^{2-}$	4.9×10^8	8.69	$[TlHY]$	1.5×10^{23}	23.17
$[CaY]^{2-}$	3.7×10^{10}	10.56	$[Cu(OH)]^+$	1.0×10^5	5.00
$[SrY]^{2-}$	4.2×10^8	8.62	$[Ag(NH_3)]^+$	2.0×10^3	3.30
$[BaY]^{2-}$	6.0×10^7	7.77	1:2		
$[ZnY]^{2-}$	3.1×10^{16}	16.49	$[Cu(NH_3)_2]^+$	7.4×10^{10}	10.87
$[CdY]^{2-}$	3.8×10^{16}	16.57	$[Cu(CN)_2]^-$	2.0×10^{38}	38.30
$[HgY]^{2-}$	6.3×10^{21}	21.79	$[Ag(NH_3)_2]^+$	1.7×10^7	7.24
$[PbY]^{2-}$	1.0×10^{18}	18.00	$[Ag(en)_2]^+$	7.0×10^7	7.84
$[MnY]^{2-}$	1.0×10^{14}	14.00	$[Ag(NCS)_2]^-$	4.0×10^8	8.60
$[FeY]^{2-}$	2.1×10^{14}	14.32	$[Ag(CN)_2]^-$	1.0×10^{21}	21.00
$[CoY]^{2-}$	1.6×10^{16}	16.20	$[Au(CN)_2]^-$	2.0×10^{38}	38.3
$[NiY]^{2-}$	4.1×10^{18}	18.61	$[Cu(en)_2]^{2+}$	4.0×10^{19}	19.60
$[FeY]^-$	1.2×10^{25}	25.07	$[Ag(S_2O_3)_2]^{3-}$	1.6×10^{13}	13.20

续表

配离子	$K_{稳}$	$\lg K_{稳}$	配离子	$K_{稳}$	$\lg K_{稳}$
1:3			$[Cd(CN)_4]^{2-}$	1.3×10^{18}	18.11
$[Fe(SCN)_3]^0$	2.0×10^3	3.30	$[Hg(CN)_4]^{2-}$	3.1×10^{41}	41.51
$[CdI_3]^-$	1.2×10^1	1.07	$[Hg(SCN)_4]^{2-}$	7.7×10^{21}	21.88
$[Cd(CN)_3]^-$	1.1×10^4	4.04	$[HgCl_4]^{2-}$	1.6×10^{15}	15.20
$[Ag(CN)_3]^{2-}$	5×10^0	0.69	$[HgI_4]^{2-}$	7.2×10^{29}	29.80
$[Ni(en)_3]^{2+}$	3.9×10^{18}	18.59	$[Co(SCN)_4]^{2-}$	3.8×10^2	2.58
$[Al(C_2O_4)_3]^{3-}$	2.0×10^{16}	16.30	$[Ni(CN)_4]^{2-}$	1.0×10^{22}	22.00
$[Fe(C_2O_4)_3]^{3-}$	1.6×10^{20}	20.20	1:6		
1:4			$[Cd(NH_3)_6]^{2+}$	1.4×10^6	6.15
$[Cu(NH_3)_4]^{2+}$	4.8×10^{12}	12.68	$[Co(NH_3)_6]^{2+}$	2.4×10^4	4.38
$[Zn(NH_3)_4]^{2+}$	5×10^8	8.69	$[Ni(NH_3)_6]^{2+}$	1.1×10^8	8.04
$[Cd(NH_3)_4]^{2+}$	3.6×10^6	6.55	$[Co(NH_3)_6]^{3+}$	1.4×10^{35}	35.15
$[Zn(SCN)_4]^{2-}$	2.0×10^1	1.30	$[AlF_6]^{3-}$	6.9×10^{19}	19.84
$[Zn(CN)_4]^{2-}$	1.0×10^{16}	16.00	$[Fe(CN)_6]^{3-}$	1.0×10^{24}	24.00
$[Cd(SCN)_4]^{2-}$	1.0×10^3	3.00	$[Fe(CN)_6]^{4-}$	1.0×10^{35}	35.00
$[CdCl_4]^{2-}$	3.1×10^2	2.49	$[Co(CN)_6]^{3-}$	1.0×10^{64}	64.00
$[CdI_4]^{2-}$	3.0×10^6	6.43	$[FeF_6]^{3-}$	1.0×10^{16}	16.00

表中 Y 表示 EDTA 的酸根；En 表示乙二胺。

摘自 O. Д. Куриленко，Краткий Справочник По Химии，增订四版，1974.

附录 8　某些试剂溶液的配制

试剂	浓度/mol·L^{-1}	配制方法
三氯化铋 $BiCl_3$	0.1	溶解 31.6g $BiCl_3$ 于 330mL 6mol·L^{-1} HCl 中，加水稀释至 1L
三氯化锑 $SbCl_3$	0.1	溶解 22.8g $SbCl_3$ 于 330mL 6mol·L^{-1} HCl 中，加水稀释至 1L
氯化亚锡 $SnCl_2$	0.1	溶解 22.6g $SnCl_2·2H_2O$ 于 330mL 6mol·L^{-1} HCl 中，加水稀释至 1L，加入数粒纯锡，以防氧化
硝酸汞 $Hg(NO_3)_2$	0.1	溶解 33.4g $Hg(NO_3)_2·\frac{1}{2}H_2O$ 于 0.6mol·L^{-1} HNO$_3$ 中，加水稀释至 1L
硝酸亚汞 $Hg_2(NO_3)_2$	0.1	溶解 56.1g $Hg_2(NO_3)_2·2H_2O$ 于 0.6mol·L^{-1} HNO$_3$ 中，加水稀释至 1L，并加入少许金属汞
碳酸铵 $(NH_4)_2CO_3$	1	96g 研细的 $(NH_4)_2CO_3$ 溶于 1L 2mol·L^{-1} 氨水
硫酸铵 $(NH_4)_2SO_4$	饱和	50g $(NH_4)_2SO_4$ 溶于 100mL 热水，冷却后过滤
硫酸亚铁 $FeSO_4$	0.5	溶解 69.5g $FeSO_4·7H_2O$ 于适量水中，加入 5mL 18mol·L^{-1} H$_2$SO$_4$，再用水稀释至 1L，置入小铁钉数枚
六羟基锑酸钠 $Na[Sb(OH)_6]$	0.1	溶解 12.2g 锑粉于 50mL 浓 HNO$_3$ 中微热，使锑粉全部作用成白色粉末，用倾析法洗涤数次，然后加入 50mL 6mol·L^{-1} NaOH，使之溶解，稀释至 1L
六硝基钴酸钠 $Na_3[Co(NO_2)_6]$		溶解 230g NaNO$_2$ 于 500mL H$_2$O 中，加入 165mL 6mol·L^{-1} HAc 和 30g Co(NO$_3$)$_2$·6H$_2$O 放置 24 小时，取其清夜，稀释至 1L，并保存在棕色瓶中。此溶液应呈橙色，若变成红色，表示已分解，应重新配制
硫化钠 Na_2S	2	溶解 240g Na$_2$S·9H$_2$O 和 40g NaOH 于水中，稀释至 1L
仲钼酸铵 $(NH_4)_6Mo_7O_{24}·4H_2O$	0.1	溶解 124g $(NH_4)_6Mo_7O_{24}·4H_2O$ 于 1L H$_2$O 中，将所得溶液倒入 1L 6mol·L^{-1} HNO$_3$ 中，放置 24h，取其澄清液
硫化铵 $(NH_4)_2S$	3	取一定量氨水，将其均分成两份，往其中一份通硫化氢至饱和，而后与另一份氨水混合

续表

试　　剂	浓度/mol·L^{-1}	配　制　方　法
铁氰化钾 K$_3$[Fe(CN)$_6$]		取铁氰化钾约 0.7~1g 溶解于水,稀释至 100mL(使用前临时配制)
铬黑 T		将铬黑 T 和烘干的 NaCl 按 1∶100 的比例研细,均匀混合,贮于棕色瓶中
二苯胺		将 1g 二苯胺在搅拌下溶于 100mL 密度为 1.84g·cm^{-3} 硫酸或 100mL 密度为 1.70g·cm^{-3} 磷酸中(该溶液可保存较长时间)
镍试剂		溶解 10g 镍试剂(二乙酰二肟)于 1L 95% 的酒精中
镁试剂		溶解 0.01g 镁试剂于 1L 1mol·L^{-1} NaOH 溶液中
铝试剂		1g 铝试剂溶于 1L 水中
镁铵试剂		将 100g MgCl$_2$·6H$_2$O 和 100g NH$_4$Cl 溶于水中,加 50mL 浓氨水,用水稀释至 1L
奈氏试剂		溶解 115g HgI$_2$ 和 80g KI 于水中,稀释至 500mL,加入 500mL 6mol·L^{-1} NaOH 溶液,静置后,取其清液,保存在棕色瓶中
亚硝酰铁氰酸钠 Na$_2$[Fe(CN)$_5$NO]		10g 亚硝酰铁氰酸钠溶解于 100mL 水中,保存于棕色瓶内,如果溶液变绿则不能使用
格里斯试剂		(1) 在加热下溶解 0.5g 对氨基苯磺酸于 50mL 30%HAc 中,贮于暗处保存; (2) 将 0.4g α-萘胺与 100mL 水混合煮沸,再从蓝色渣滓中倾出的无色溶液中加入 6mL 80%HAc 使用前将(1)、(2)两液等体积混合
打萨宗(二苯缩氨硫脲)		溶解 0.1g 打萨宗于 1L CCl$_4$ 和 CHCl$_3$ 中
甲基红		每升 60% 乙醇中溶解 2g
甲基橙	0.1%	每升水中溶解 1g
酚酞		每升 90% 乙醇中溶解 1g
溴甲酚蓝(溴甲酚绿)		0.1g 该指示剂与 2.9mL 0.05mol·L^{-1}NaOH 一起搅匀,用水稀释至 250mL;或每升 20% 乙醇中溶解 1g 该指示剂
石蕊		2g 石蕊溶于 50mL 水中,静置一昼夜后过滤,在滤液中加 30mL 95% 乙醇,再加水稀释至 100mL
氯水		在水中通入氯气直至饱和,该溶液使用时临时配制
溴水		在水中滴入液溴至饱和
碘液	0.01	溶解 1.3g 碘和 5g KI 于尽可能少的水中,加水稀释至 1L
品红溶液		0.1% 的水溶液
淀粉溶液	0.2%	将 0.2g 淀粉和少量冷水调成糊状,倒入 100mL 沸水中,煮沸后冷却即可
NH$_3$-NH$_4$Cl 缓冲溶液		2g NH$_4$Cl 溶于适量水中,加入 100mL 氨水(密度为 0.9g·cm^{-3}),混合后稀释至 1L,即为 pH=10 的缓冲溶液

附录9　危险药品的分类、性质和管理

一、危险药品是指受光、热、空气、水或撞击等外界因素的影响,可能引起燃烧、爆炸的药品,或具有强腐蚀性、剧毒性的药品。常用危险药品按危害性可分为以下几类来管理。

类　别	举　例	性　质	注意事项
1.爆炸品	硝酸铵、苦味酸、三硝基甲苯	遇高热、摩擦、撞击等,引起剧烈反应,放出大量气体和热量,产生猛烈爆炸	存放于阴凉、低下处,轻拿、轻放

续表

类别		举例	性质	注意事项
2. 易燃品	易燃液体	丙酮、乙醚、甲醇、乙醇、苯等有机溶剂	沸点低,易挥发,遇火则燃烧,甚至引起爆炸	存放阴凉处,远离热源。使用时注意通风,不得有明火
	易燃固体	赤磷、硫、萘、硝化纤维	燃点低,受热、摩擦、撞击或遇氧化剂,可引起剧烈连续燃烧、爆炸	同上
	易燃气体	氢气、乙炔、甲烷	因撞击、受热引起燃烧。与空气按一定比例混合,则会爆炸	使用时注意通风。如为钢瓶气,不得在实验室存放
	遇水易燃品	钠、钾	遇水剧烈反应,产生可燃气体并放出热量,此反应热会引起燃烧	保存于煤油中,切勿与水接触
	自燃物品	黄磷	在适当温度下被空气氧化、放热,达到燃点而引起自燃	保存于水中
3. 氧化剂		硝酸钾、氯酸钾、过氧化氢、过氧化钠、高锰酸钾	具有强氧化性,遇酸、受热,与有机物、易燃品、还原剂等混合时,因反应引起燃烧或爆炸	不得与易燃品、爆炸品、还原剂等一起存放
4. 剧毒品		氰化钾、三氧化二砷、升汞、氯化钡、六六六	剧毒,少量侵入人体(误食或接触伤口)引起中毒,甚至死亡	专人、专柜保管,使用现领,用后的剩余物,不论是固体或液体都应交回保管人,并应设有使用登记制度
5. 腐蚀性药品		强酸、氟化氢、强碱、溴、酚	具有强腐蚀性,触及物品造成腐蚀、破坏,触及人体皮肤,引起化学烧伤	不要与氧化剂、易燃品、爆炸品放在一起

二、中华人民共和国公安部 1993 年发布并实施了中华人民共和国公共安全行业标准 GA58—93,将剧毒药品分为 A、B 两级。

剧毒药品急性毒性分级标准

级别	口服剧毒药品的半致死量 /mg·kg^{-1}	皮肤接触剧毒药品的半致死量/mg·kg^{-1}	吸入剧毒药品粉尘烟雾的半致死浓度/mg·L^{-1}	吸入剧毒药品液体的蒸汽或气体的半致死浓度/mL·m^{-3}
A	≤5	≤40	≤0.5	≤1000
B	5~50	40~200	0.5~2	≤3000(A 级除外)

A 级无机剧毒药品品名表

品名	别名	品名	别名	品名	别名
氰化钠	山奈	氰化钾		氧化铬(粉状)	
氰化钡		氰化钴		叠氮(化)钠	
氰化钴钾	钴氰化钾	氰化镍	氰化亚镍	氟化氢(无水)	无水氢氟酸
氰化铜	氰化高铜	氰化银		磷化钾	
五羟基铁	羟基铁	氰化铬		磷化铝农药	
叠氮酸		氰化铈		磷化氢	磷化三氢,膦
磷化钠		氰化溴	溴化氰	锑化氢	锑化三氢
磷化铝		三氧化(二)砷	白砒、砒霜、亚砷(酸)酐	二氧化硫(液化的)	亚硫酸酐
氯(液化的)		液氯		三氟化氯	
硒化氢		氰化锌		四氟化硅	氟化硅
四氧化二氮(液化的)	二氧化氮	氰化铅		六氟化硒	
二氟化氧		氰化金钾		氯化溴	
四氟化硫		氢氰酸		氰(液化的)	
五氟化磷		五氟化(二)砷	砷(酸)酐	氰化钙	
六氟化钨		硒酸钾		氰化亚钴	
溴化羰	溴光气	氧氯化硒	氯化亚砷酰,二氯氧化硒	氰化镍钾	氰化钾镍

续表

品　　名	别　　名	品　　名	别　　名	品　　名	别　　名
氰化银钾	银氰化钾	亚硒酸钠		一氧化氮	
亚砷酸钾		氯化汞	氯化高汞，	二氧化氯	
硒酸钠			二氯化汞	三氟化磷	
亚硒酸钾		羰基镍	四羰基镍，	五氟化氯	
氧氰化汞	氰氧化汞		四碳酰镍	六氟化碲	
氰化汞	氰化高汞	叠氮(化)钡		氯化氰	氰化氯，氯甲腈
氰化亚铜		黄磷		白磷	氰化钾汞，
氰化氢[液化的]	无水氢氰酸	磷化镁		氰化汞钾	汞氰化钾
亚砷酸钠	偏亚砷酸钠	氟			
三氯化砷	氯化亚砷	砷化氢	砷化三氢，胂		

三、化学实验室毒品管理规定

1. 实验室使用毒品和剧毒品（无论 A 类或 B 类毒品）应预先计算使用量，按用量到毒品库领取，尽量做到用多少领多少。使用后剩余毒品应送回毒品库统一管理。毒品库对领取和退回毒品要详细登记。

2. 实验室在领用毒品和剧毒品后，由两位老师（辅导人员）共同负责保证领用毒品的安全管理，实验室建立毒品使用账目。账目包括：药品名称，领用日期，领用量，使用日期，使用量，剩余量，使用人签名，两位管理人签名。

3. 实验室使用毒品时，如剩余量较少且近期仍需使用须存放实验室内，此药品必须放于实验室毒品保险柜内，钥匙由两位管理教师掌握，保险柜上锁和开启均须两人同时在场。实验室配制有毒药品溶液时也应按用量配制，该溶液的使用、归还和存放也必须履行使用账目登记制度。

附录 10　几种常见的化学手册

在工农业生产和科学实验工作中，为了说明问题、理解现象，经常需要了解各种物质的性质（如物质的状态、熔点、沸点、密度、溶解度、化学特性等），在实验数据处理计算时也常常需要一些常数（如电离常数、配合物稳定常数等）。为此，人们编辑了各种类型的手册，供有关人员查用。学会使用这些手册，对于培养分析问题和解决问题的能力是很重要的。下面介绍几种常用的化学手册。

《Handbook of Chemistry and Physics》（化学和物理手册），现由 Lide D 主编，CRC PRESS 出版。它介绍了数学、物理、化学常用的参考资料和数据，逐年修改出版，现已出至第 88 版，是应用最广的手册。

《Stability Constants of Metal-ion Complexes》（金属络合物的稳定常数），Sillen L G 和 Martell A E 编，1964 年出版。本书不仅包括金属离子配合物的稳定常数，而且也包括有关金属离子和配位体的水解常数、酸碱常数、溶解度、氧化还原平衡常数等。

《Lange's Handbook of Chemistry》（兰氏化学手册），这是较常用的化学手册，目前已出至第 16 版，内容包括：原子和分子结构、无机化学、分析化学、电化学、有机化学、光谱学、热力学性质、物理性质等方面的资料和数据。

附录11 国际相对原子质量表

（按原子序数排列）

序数	名称	符号	相对原子质量	序数	名称	符号	相对原子质量
1	氢	H	1.00794	41	铌	Nb	92.90638
2	氦	He	4.002602	42	钼	Mo	95.94
3	锂	Li	6.941	43	锝	Tc	(98)
4	铍	Be	9.012182	44	钌	Ru	101.07
5	硼	B	10.811	45	铑	Rh	102.90550
6	碳	C	12.0107	46	钯	Pd	106.42
7	氮	N	14.00674	47	银	Ag	107.8682
8	氧	O	15.9994	48	镉	Cd	112.411
9	氟	F	18.9984032	49	铟	In	114.818
10	氖	Ne	20.1797	50	锡	Sn	118.710
11	钠	Na	22.989770	51	锑	Sb	121.760
12	镁	Mg	24.3050	52	碲	Te	127.60
13	铝	Al	26.981538	53	碘	I	126.90447
14	硅	Si	28.0855	54	氙	Xe	131.29
15	磷	P	30.973761	55	铯	Cs	132.90543
16	硫	S	32.066	56	钡	Ba	137.327
17	氯	Cl	35.4527	57	镧	La	138.9055
18	氩	Ar	39.948	58	铈	Ce	140.116
19	钾	K	39.0983	59	镨	Pr	140.90765
20	钙	Ca	40.078	60	钕	Nd	144.23
21	钪	Sc	44.955910	61	钷	Pm	(145)
22	钛	Ti	47.867	62	钐	Sm	150.36
23	钒	V	50.9415	63	铕	Eu	151.964
24	铬	Cr	51.9961	64	钆	Gd	157.25
25	锰	Mn	54.938049	65	铽	Tb	158.92534
26	铁	Fe	55.845	66	镝	Dy	162.50
27	钴	Co	58.933200	67	钬	Ho	164.93032
28	镍	Ni	58.6934	68	铒	Er	167.26
29	铜	Cu	63.546	69	铥	Tm	168.93421
30	锌	Zn	65.39	70	镱	Yb	173.04
31	镓	Ga	69.723	71	镥	Lu	174.967
32	锗	Ge	72.61	72	铪	Hf	178.49
33	砷	As	74.92160	73	钽	Ta	180.9479
34	硒	Se	78.96	74	钨	W	183.84
35	溴	Br	79.904	75	铼	Re	186.207
36	氪	Kr	83.80	76	锇	Os	190.23
37	铷	Rb	85.4678	77	铱	Ir	192.217
38	锶	Sr	87.62	78	铂	Pt	195.078
39	钇	Y	88.90585	79	金	Au	196.96655
40	锆	Zr	91.224	80	汞	Hg	200.59

续表

序数	名称	符号	相对原子质量	序数	名称	符号	相对原子质量
81	铊	Tl	204.3833	97	锫	Bk	(247)
82	铅	Pb	207.2	98	锎	Cf	(251)
83	铋	Bi	208.98038	99	锿	Es	(252)
84	钋	Po	(209)	100	镄	Fm	(257)
85	砹	At	(210)	101	钔	Md	(258)
86	氡	Rn	(222)	102	锘	No	(259)
87	钫	Fr	(223)	103	铹	Lr	(262)
88	镭	Ra	(226)	104		Rf	(261)
89	锕	Ac	(227)	105		Db	(262)
90	钍	Th	232.0381	106		Sg	(263)
91	镤	Pa	231.03588	107		Bh	(262)
92	铀	U	238.0289	108		Hs	(265)
93	镎	Np	(237)	109		Mt	(266)
94	钚	Pu	(244)	110		Uun	(269)
95	镅	Am	(243)	111		Uuu	
96	锔	Cm	(247)	112		Uub	

摘自 Lide D R. Handbook of Chemistry and Physics. 78 th Ed,CRC PRESS,1997~1998.

参 考 文 献

[1] 呼世斌,翟彤宇. 无机及分析化学. 北京:高等教育出版社,2010.
[2] 南京大学《无机及分析化学》编写组. 无机及分析化学. 北京:高等教育出版社,2006.
[3] 董元彦,王运,张方钰. 无机及分析化学. 北京:科学出版社,2011.
[4] 贾之慎. 无机及分析化学. 北京:中国农业大学出版社,2009.
[5] 武汉大学化学与分子科学学院实验中心. 无机化学实验. 武汉:武汉大学出版社,2002.
[6] 北京师范大学无机化学考研室. 无机化学实验. 北京:高等教育出版社,2011.
[7] 吴世华,邱晓航,王庆伦. 无机化学实验,北京:科学出版社,2010.
[8] 文利柏,虎玉森,白红进. 无机化学实验. 北京:化学工业出版社,2010.
[9] 大连理工大学无机化学教研室. 无机化学实验. 北京:高等教育出版社,2004.
[10] 武汉大学化学与分子科学学院实验中心. 分析化学实验. 武汉:武汉大学出版社,2004.
[11] 黄杉生. 分析化学实验. 北京:科学出版社,2008.
[12] 马全红,邱凤仙. 分析化学实验. 南京:南京大学出版社,2009.
[13] 戴大模,何英. 分析化学实验. 上海:华东师范大学出版社,2008.
[14] 马忠革. 分析化学实验. 北京:清华大学出版社,2011.
[15] 北京大学化学与分子工程学院分析化学教学组. 基础分析化学实验. 北京:北京大学出版社,2010.
[16] 刘约权,李贵深. 实验化学. 北京:高等教育出版社,2000.
[17] 张立庆. 无机及分析化学实验. 杭州:浙江大学出版社,2011.
[18] 魏琴,盛永丽. 无机及分析化学实验. 北京:科学出版社,2008.
[19] 叶芬霞. 无机及分析化学实验. 北京:高等教育出版社,2008.
[20] 倪静安. 无机及分析化学实验. 北京:高等教育出版社,2007.

元素周期表

IUPAC 2013

氧化态(单质的氧化态为0，未列入；常见的为红色)

以 $^{12}C=12$ 为基准的原子量(注✦的是半衰期最长同位素的原子量)

图例	
+2 +3 +4 +5 +6	氧化态
95	原子序数
Am	元素符号(红色的为放射性元素)
镅˄	元素名称(注˄的为人造元素)
$5f^7 7s^2$	价层电子构型
243.06138(2)✦	原子量

s区元素　p区元素　d区元素　ds区元素　f区元素　稀有气体

族 / 周期	1 IA	2 IIA	3 IIIB	4 IVB	5 VB	6 VIB	7 VIIB	8	9 VIIIB(VIII)	10	11 IB	12 IIB	13 IIIA	14 IVA	15 VA	16 VIA	17 VIIA	18 VIIIA(0)	电子层
1	−1 +1 1 H 氢 $1s^1$ 1.008																	2 He 氦 $1s^2$ 4.002602(2)	K
2	+1 3 Li 锂 $2s^1$ 6.94	+2 4 Be 铍 $2s^2$ 9.0121831(5)											+3 5 B 硼 $2s^2 2p^1$ 10.81	−4 +2 +4 6 C 碳 $2s^2 2p^2$ 12.011	−3 −2 −1 +1 +2 +3 +4 +5 7 N 氮 $2s^2 2p^3$ 14.007	−2 −1 8 O 氧 $2s^2 2p^4$ 15.999	−1 9 F 氟 $2s^2 2p^5$ 18.998403163(6)	10 Ne 氖 $2s^2 2p^6$ 20.1797(6)	L K
3	−1 +1 11 Na 钠 $3s^1$ 22.98976928(2)	+2 12 Mg 镁 $3s^2$ 24.305											+3 13 Al 铝 $3s^2 3p^1$ 26.9815385(7)	−4 +2 +4 14 Si 硅 $3s^2 3p^2$ 28.085	−3 −2 +1 +3 +5 15 P 磷 $3s^2 3p^3$ 30.973761998(5)	−2 +2 +4 +6 16 S 硫 $3s^2 3p^4$ 32.06	−1 +1 +3 +5 +7 17 Cl 氯 $3s^2 3p^5$ 35.45	18 Ar 氩 $3s^2 3p^6$ 39.948(1)	M L K
4	−1 +1 19 K 钾 $4s^1$ 39.0983(1)	+2 20 Ca 钙 $4s^2$ 40.078(4)	+3 21 Sc 钪 $3d^1 4s^2$ 44.955908(5)	−1 0 +2 +3 +4 22 Ti 钛 $3d^2 4s^2$ 47.867(1)	0 ±1 +2 +3 +4 +5 23 V 钒 $3d^3 4s^2$ 50.9415(1)	−3 0 ±1 ±2 +3 +4 +5 +6 24 Cr 铬 $3d^5 4s^1$ 51.9961(6)	−2 0 ±1 +2 ±3 +4 +5 +6 +7 25 Mn 锰 $3d^5 4s^2$ 54.938044(3)	−2 0 ±1 +2 +3 +4 +5 +6 26 Fe 铁 $3d^6 4s^2$ 55.845(2)	0 ±1 +2 +3 +4 +5 27 Co 钴 $3d^7 4s^2$ 58.933194(4)	0 ±1 +2 +3 +4 28 Ni 镍 $3d^8 4s^2$ 58.6934(4)	+1 +2 +3 +4 29 Cu 铜 $3d^{10} 4s^1$ 63.546(3)	+1 +2 30 Zn 锌 $3d^{10} 4s^2$ 65.38(2)	+1 +3 31 Ga 镓 $4s^2 4p^1$ 69.723(1)	+2 +4 32 Ge 锗 $4s^2 4p^2$ 72.630(8)	−3 +3 +5 33 As 砷 $4s^2 4p^3$ 74.921595(6)	−2 +2 +4 +6 34 Se 硒 $4s^2 4p^4$ 78.971(8)	−1 +1 +3 +5 +7 35 Br 溴 $4s^2 4p^5$ 79.904	+2 +4 36 Kr 氪 $4s^2 4p^6$ 83.798(2)	N M L K
5	−1 +1 37 Rb 铷 $5s^1$ 85.4678(3)	+2 38 Sr 锶 $5s^2$ 87.62(1)	+3 39 Y 钇 $4d^1 5s^2$ 88.90584(2)	+1 +2 +3 +4 40 Zr 锆 $4d^2 5s^2$ 91.224(2)	0 ±1 +2 +3 +4 +5 41 Nb 铌 $4d^4 5s^1$ 92.90637(2)	0 ±1 ±2 +3 +4 +5 +6 42 Mo 钼 $4d^5 5s^1$ 95.95(1)	0 ±1 +2 +3 +4 +5 +6 +7 43 Tc 锝˄ $4d^5 5s^2$ 97.90721(3)✦	0 +1 ±2 +3 +4 +5 +6 +7 +8 44 Ru 钌 $4d^7 5s^1$ 101.07(2)	0 ±1 +2 +3 +4 +5 +6 45 Rh 铑 $4d^8 5s^1$ 102.90550(2)	0 +1 +2 +3 +4 46 Pd 钯 $4d^{10}$ 106.42(1)	+1 +2 +3 47 Ag 银 $4d^{10} 5s^1$ 107.8682(2)	+1 +2 48 Cd 镉 $4d^{10} 5s^2$ 112.414(4)	+1 +3 49 In 铟 $5s^2 5p^1$ 114.818(1)	+2 +4 50 Sn 锡 $5s^2 5p^2$ 118.710(7)	−3 +3 +5 51 Sb 锑 $5s^2 5p^3$ 121.760(1)	−2 +2 +4 +6 52 Te 碲 $5s^2 5p^4$ 127.60(3)	−1 +1 +3 +5 +7 53 I 碘 $5s^2 5p^5$ 126.90447(3)	+2 +4 +6 +8 54 Xe 氙 $5s^2 5p^6$ 131.293(6)	O N M L K
6	−1 +1 55 Cs 铯 $6s^1$ 132.90545196(6)	+2 56 Ba 钡 $6s^2$ 137.327(7)	57~71 La~Lu 镧系	+1 +2 +3 +4 72 Hf 铪 $5d^2 6s^2$ 178.49(2)	0 ±1 +2 +3 +4 +5 73 Ta 钽 $5d^3 6s^2$ 180.94788(2)	0 ±1 ±2 +3 +4 +5 +6 74 W 钨 $5d^4 6s^2$ 183.84(1)	0 ±1 +2 +3 +4 +5 +6 +7 75 Re 铼 $5d^5 6s^2$ 186.207(1)	0 +1 +2 +3 +4 +5 +6 +7 +8 76 Os 锇 $5d^6 6s^2$ 190.23(3)	0 ±1 +2 +3 +4 +5 +6 77 Ir 铱 $5d^7 6s^2$ 192.217(3)	0 +2 +3 +4 +5 +6 78 Pt 铂 $5d^9 6s^1$ 195.084(9)	+1 +2 +3 +5 79 Au 金 $5d^{10} 6s^1$ 196.966569(5)	+1 +2 +3 80 Hg 汞 $5d^{10} 6s^2$ 200.592(3)	+1 +3 81 Tl 铊 $6s^2 6p^1$ 204.38	+2 +4 82 Pb 铅 $6s^2 6p^2$ 207.2(1)	−3 +3 +5 83 Bi 铋 $6s^2 6p^3$ 208.98040(1)	−2 +2 +3 +4 +6 84 Po 钋 $6s^2 6p^4$ 208.98243(2)✦	±1 +5 +7 85 At 砹 $6s^2 6p^5$ 209.98715(5)✦	+2 86 Rn 氡 $6s^2 6p^6$ 222.01758(2)✦	P O N M L K
7	+1 87 Fr 钫˄ $7s^1$ 223.01974(2)✦	+2 88 Ra 镭 $7s^2$ 226.02541(2)✦	89~103 Ac~Lr 锕系	104 Rf 𬬻˄ $6d^2 7s^2$ 267.122(4)✦	105 Db 𬭊˄ $6d^3 7s^2$ 270.131(4)✦	106 Sg 𬭳˄ $6d^4 7s^2$ 269.129(3)✦	107 Bh 𬭛˄ $6d^5 7s^2$ 270.133(2)✦	108 Hs 𬭶˄ $6d^6 7s^2$ 270.134(2)✦	109 Mt 鿏˄ $6d^7 7s^2$ 278.156(5)✦	110 Ds 𫟼˄ 281.165(4)✦	111 Rg 𬬭˄ 281.166(6)✦	112 Cn 鿔˄ 285.177(4)✦	113 Nh 鿭˄ 286.182(5)✦	114 Fl 𫓧˄ 289.190(4)✦	115 Mc 镆˄ 289.194(6)✦	116 Lv 𫟷˄ 293.204(4)✦	117 Ts 鿬˄ 293.208(6)✦	118 Og 鿫˄ 294.214(5)✦	Q P O N M L K

	57	58	59	60	61	62	63	64	65	66	67	68	69	70	71
★ 镧系	+3 La★ 镧 $5d^1 6s^2$ 138.90547(7)	+2 +3 +4 Ce 铈 $4f^1 5d^1 6s^2$ 140.116(1)	+3 +4 Pr 镨 $4f^3 6s^2$ 140.90766(2)	+2 +3 +4 Nd 钕 $4f^4 6s^2$ 144.242(3)	+3 Pm 钷˄ $4f^5 6s^2$ 144.91276(2)✦	+2 +3 Sm 钐 $4f^6 6s^2$ 150.36(2)	+2 +3 Eu 铕 $4f^7 6s^2$ 151.964(1)	+3 Gd 钆 $4f^7 5d^1 6s^2$ 157.25(3)	+3 +4 Tb 铽 $4f^9 6s^2$ 158.92535(2)	+3 +4 Dy 镝 $4f^{10} 6s^2$ 162.500(1)	+3 Ho 钬 $4f^{11} 6s^2$ 164.93033(2)	+3 Er 铒 $4f^{12} 6s^2$ 167.259(3)	+2 +3 Tm 铥 $4f^{13} 6s^2$ 168.93422(2)	+2 +3 Yb 镱 $4f^{14} 6s^2$ 173.045(10)	+3 Lu 镥 $4f^{14} 5d^1 6s^2$ 174.9668(1)

	89	90	91	92	93	94	95	96	97	98	99	100	101	102	103
★ 锕系	+3 Ac★ 锕 $6d^1 7s^2$ 227.02775(2)✦	+3 +4 Th 钍 $6d^2 7s^2$ 232.0377(4)	+3 +4 +5 Pa 镤 $5f^2 6d^1 7s^2$ 231.03588(2)	+2 +3 +4 +5 +6 U 铀 $5f^3 6d^1 7s^2$ 238.02891(3)	+3 +4 +5 +6 +7 Np 镎 $5f^4 6d^1 7s^2$ 237.04817(2)✦	+3 +4 +5 +6 +7 Pu 钚 $5f^6 7s^2$ 244.06421(4)✦	+2 +3 +4 +5 +6 Am 镅˄ $5f^7 7s^2$ 243.06138(2)✦	+3 +4 Cm 锔˄ $5f^7 6d^1 7s^2$ 247.07035(3)✦	+3 +4 Bk 锫˄ $5f^9 7s^2$ 247.07031(4)✦	+2 +3 +4 Cf 锎˄ $5f^{10} 7s^2$ 251.07959(3)✦	+2 +3 Es 锿˄ $5f^{11} 7s^2$ 252.0830(3)✦	+2 +3 Fm 镄˄ $5f^{12} 7s^2$ 257.09511(5)✦	+2 +3 Md 钔˄ $5f^{13} 7s^2$ 258.09843(3)✦	+2 +3 No 锘˄ $5f^{14} 7s^2$ 259.1010(7)✦	+3 Lr 铹˄ $5f^{14} 6d^1 7s^2$ 262.110(2)✦